SOLUTION'S MANUAL TO ACCOMPANY
STRUCTURAL ANALYSIS

THIRD EDITION

HAROLD I. LAURSEN

Oregon State University

McGraw-Hill Book Company
New York St. Louis San Francisco Auckland Bogotá Caracas
Colorado Springs Hamburg Lisbon London Madrid Mexico
Milan Montreal New Delhi Oklahoma City Panama Paris
San Juan São Paulo Singapore Sydney Tokyo Toronto

Solutions Manual to Accompany
STRUCTURAL ANALYSIS / Third Edition
Copyright ©1988 by McGraw-Hill, Inc. All rights reserved.
Printed in the United States of America. The contents, or
parts thereof, may be reproduced for use with
STRUCTURAL ANALYSIS / Third Edition
by Harold I. Laursen
provided such reproductions bear copyright notice, but may not
be reproduced in any form for any other purpose without
permission of the publisher.

0-07-036646-2

1 2 3 4 5 6 7 8 9 0 WHT WHT 8 9 3 2 1 0 9 8

2-1 (a)

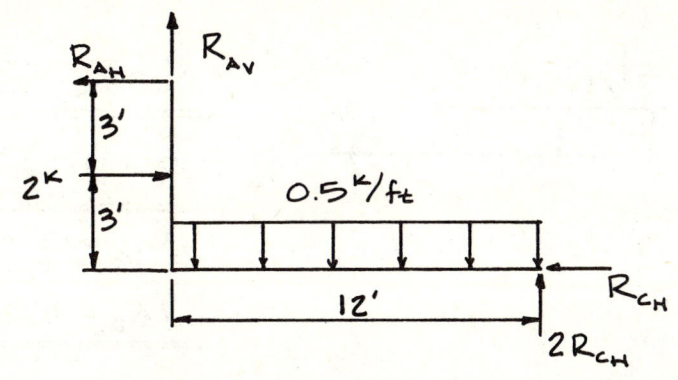 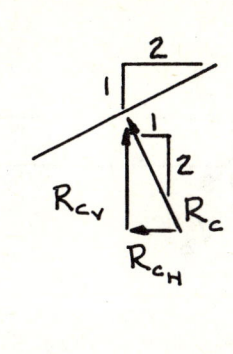

$$\Sigma M_A = 0 \quad +\circlearrowright$$

$$6R_{CH} - (2R_{CH})(12) - (2)(3) + (0.5)(12)(6) = 0$$

$$\underline{R_{CH} = 1.67^k \leftarrow}$$

$$R_{CV} = 2R_{CH} = (2)(1.67) = 3.34$$

$$\underline{R_{CV} = 3.34^k \uparrow}$$

$\Sigma F_H = 0$ $\qquad$ $\Sigma F_V = 0$

$2 - 1.67 - R_{AH} = 0$ $\qquad$ $R_{AV} + 3.34 - (0.5)(12) = 0$

$\underline{R_{AH} = 0.33^k \leftarrow}$ $\qquad$ $\underline{R_{AV} = 2.66^k \uparrow}$

(b)

$$\underline{P_A = R_{AV} = 2.66^k \uparrow}$$

$$\underline{V_A = R_{AH} = 0.33^k \leftarrow}$$

$$\underline{M_A = 0}$$

$\Sigma F_H = 0$

$2 - 0.33 - V_B = 0$

$\underline{V_B = 1.67^k \leftarrow}$

$\Sigma F_V = 0$

$2.66 - P_B = 0$

$\underline{P_B = 2.66^k \downarrow}$

$\Sigma M_B = 0$

$(2)(3) - (0.33)(6) - M_B = 0$

$\underline{M_B = 4.0 \text{ ft-k} \circlearrowright}$

2-1 (CONT)

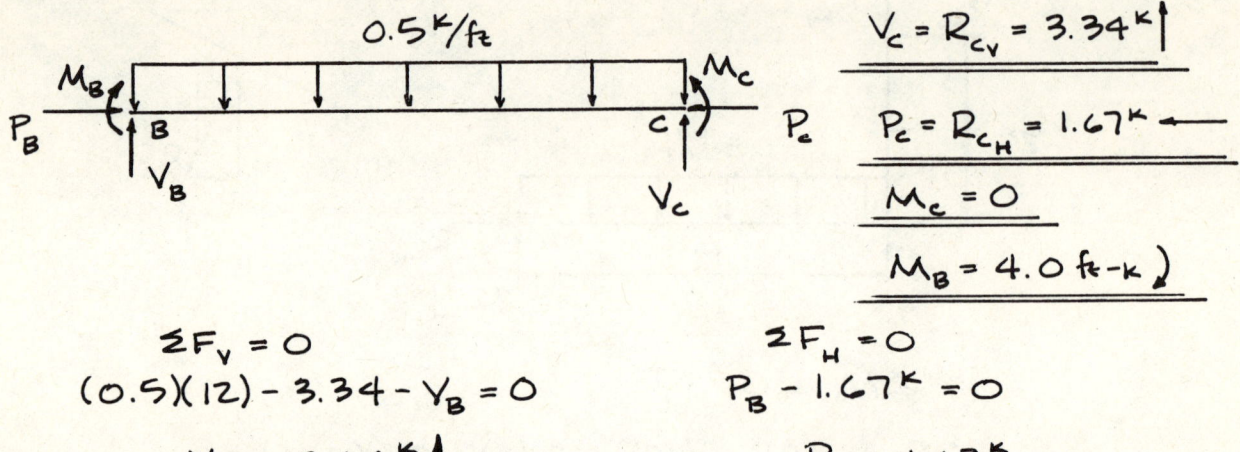

$V_c = R_{c_V} = 3.34^k \uparrow$

$P_c = R_{c_H} = 1.67^k \leftarrow$

$M_c = 0$

$M_B = 4.0 \text{ ft-k} \;\curvearrowright$

$\Sigma F_V = 0$
$(0.5)(12) - 3.34 - V_B = 0$
$\underline{\underline{V_B = 2.66^k \uparrow}}$

$\Sigma F_H = 0$
$P_B - 1.67^k = 0$
$\underline{\underline{P_B = 1.67^k \rightarrow}}$

2-2

(a)

$\Sigma M_c = 0 \;\curvearrowleft+$

$4R_{AV} + 2R_{AH} - (10)(3)(1.5+1) - (15)(1) = 0$

$4(3R_{AH}) + 2R_{AH} - 90 = 0$

$\underline{\underline{R_{AH} = 6.43^{kN} \rightarrow}}$

$R_{AV} = 3R_{AH} = 3(6.43)$

$\underline{\underline{R_{AV} = 19.28^{kN} \uparrow}}$

$\Sigma F_V = 0$
$19.28 + R_{CV} - (10)(3) = 0$
$\underline{\underline{R_{CV} = 10.72^{kN} \uparrow}}$

$\Sigma F_H = 0$
$6.43 + R_{CH} - 15 = 0$
$\underline{\underline{R_{CH} = 8.57^{kN} \rightarrow}}$

(b)

2

2-2 (CONT)

$\underline{\underline{P_A = R_{A_H} = 6.43^{KN} \longrightarrow}}$

$\underline{\underline{V_A = R_{A_V} = 19.28^{KN} \uparrow}}$

$\underline{\underline{M_A = 0}}$

$\Sigma M_B = 0$

$(3)(19.28) - (10)(3)(1.5) + M_B = 0$

$\underline{\underline{M_B = -12.84^{KN-M} \ (\curvearrowleft)}}$

$\Sigma F_V = 0$

$19.28 - (3)(10) + V_B = 0$

$\underline{\underline{V_B = 10.72^{KN} \uparrow}}$

$\Sigma F_H = 0$

$6.43 - P_B = 0$

$\underline{\underline{P_B = 6.43^{KN} \longleftarrow}}$

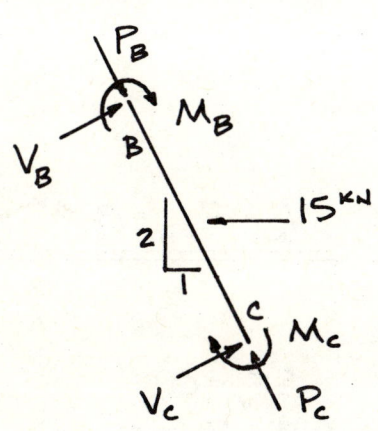

$P_C = (2/\sqrt{5})(10.72) - (1/\sqrt{5})(8.57)$

$\underline{\underline{P_C = 5.76^{KN} \nwarrow}}$

$P_B = 5.76 + (15)(1/\sqrt{5})$

$M_B = 12.84^{KN}$

$\underline{\underline{M_C = 0}}$

$\Sigma M_B = 0$

$12.84 + (15)(1) - \sqrt{5} \, V_C = 0$

$\underline{\underline{V_C = 12.45^{KN} \nearrow}}$

$\Sigma M_C = 0$

$12.84 - (15)(1) + \sqrt{5} \, V_B = 0$

$\underline{\underline{V_B = 0.966 \longrightarrow}}$

$\underline{\underline{P_B = 12.46^{KN} \searrow}}$

2-3

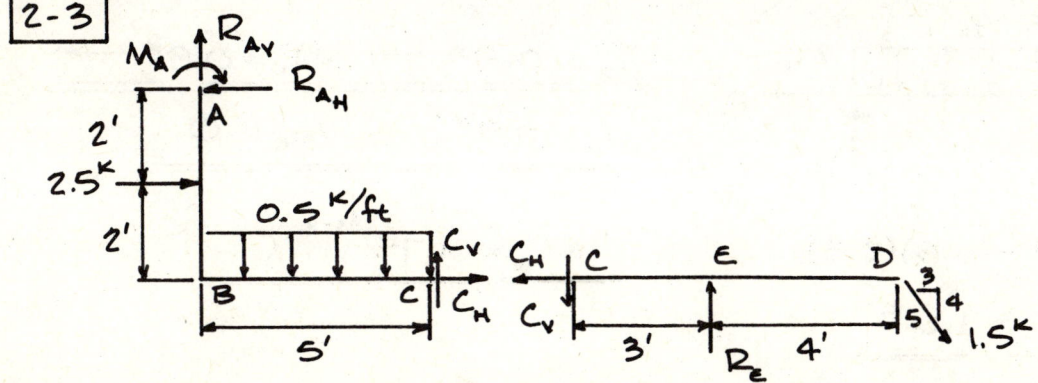

2-3 (CONT) (a)

$\Sigma M_c = 0$ ON CD: $+\circlearrowleft$

$3R_E - (4/5)(1.5)(7) = 0$

$\underline{\underline{R_E = 2.8^k \uparrow}}$

$\Sigma F_H = 0$ ON WHOLE STRUCTURE:

$-R_{AH} + 2.5 + (3/5)(1.5) = 0$

$\underline{\underline{R_{AH} = 3.4^k \leftarrow}}$

$\Sigma F_V = 0$ ON WHOLE STRUCTURE:

$R_{AV} + 2.8 - (0.5)(5) - (4/5)(1.5) = 0$

$\underline{\underline{R_{AV} = 0.9^k \uparrow}}$

$\Sigma F_V = 0$ ON CD:

$-C_V + 2.8 - 1.2 = 0$

$\underline{\underline{C_V = 1.6^k \downarrow}}$

$\Sigma M_A = 0$ ON ABC:

$-(0.9)(4) + M_A - (2.5)(2) + (0.5)(5)(2.5) - (1.6)(5) = 0$

$\underline{\underline{M_A = 10.35^{ft-k} \circlearrowright}}$

$\Sigma F_H = 0$ ON CD:

$\underline{\underline{C_H = (3/5)(1.5) = 0.9^k \leftarrow}}$

(b)

$\underline{\underline{P_A = R_{AV} = 0.9^k \uparrow}}$ $\underline{\underline{V_A = R_{AH} = 3.4^k \leftarrow}}$

$\underline{\underline{M_A = 10.35^{ft-k} \circlearrowright}}$

$\Sigma F_H = 0$
$-3.4 + 2.5 + V_B = 0$
$\underline{\underline{V_B = 0.9^k \rightarrow}}$

$\Sigma F_V = 0$
$0.9 - P_B = 0$
$\underline{\underline{P_B = 0.9^k \downarrow}}$

$\Sigma M_B = 0$
$10.35 - (3.4)(4) + (2.5)(2) - M_B = 0$
$\underline{\underline{M_B = 1.75^{ft-k} \circlearrowleft}}$

$\underline{\underline{P_B = 0.9^k \leftarrow}}$ $\underline{\underline{P_C = 0.9^k \rightarrow}}$

$\underline{\underline{V_B = 0.9^k \uparrow}}$ $\underline{\underline{M_C = 0}}$

$V_C = 0.9 - (0.5)(2.5)$

$\underline{\underline{V_C = 1.6^k \uparrow}}$

$\underline{\underline{M_B = 1.75^{ft-k} \circlearrowleft}}$

2-3 (CONT)

$P_C \leftarrow$ C   E   D $\rightarrow 0.9^k$
$\downarrow V_C$ $\uparrow 2.8^k$ $\downarrow 1.2^k$

$\underline{P_C = 0.9^k \leftarrow}$

$\underline{V_C = 2.8 - 1.2 = 1.6^k \downarrow}$

2-4

(a)

$\Sigma F_V = 0$
$R_{CV} - 10 - 6 = 0$
$\underline{R_{CV} = 16^{kN} \uparrow}$

$\Sigma M_C = 0 \; +\!\!\circlearrowleft$
$2R_A - (8)(1) - (10)(2) - (6)(1) = 0$
$\underline{R_A = 17^{kN} \leftarrow}$

$\Sigma F_H = 0$
$8 + R_{CH} - 17 = 0$
$\underline{R_{CH} = 9^{kN} \rightarrow}$

(b)

$P_A = (1/\sqrt{5})(17) = 7.60^{kN} \nearrow$

$V_A = (2/\sqrt{5})(17) = 15.20^{kN} \nwarrow$

$\underline{M_A = 0}$

$\Sigma M_B = 0$
$M_B + (15.2)(\sqrt{5}) - (8)(1) = 0$
$\underline{M_B = -26.0^{kN\text{-}m} \; (\circlearrowright)}$

$\Sigma M_A = 0$
$-26.0 - \sqrt{5} V_B + (8)(1) = 0$
$\underline{V_B = -8.05^{kN} \; (\searrow)}$

$\Sigma F = 0$
$-7.60 + (1/\sqrt{5})(8) + P_B = 0$
$\underline{P_B = 4.02^{kN} \nearrow}$

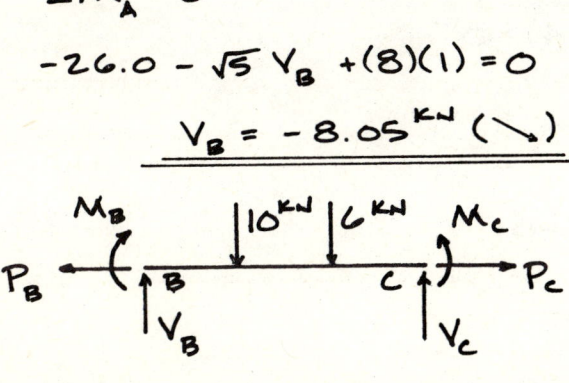

$\underline{V_C = R_{CV} = 16^{kN} \uparrow}$

$\underline{P_C = R_{CH} = 9^{kN} \rightarrow} \quad \underline{M_C = 0}$

5

2-4 (CONT)

$\Sigma M_B = 0$
$M_B + (10)(1) + (6)(2) - (16)(3) = 0$
$\underline{\underline{M_B = 26^{kN-m} \; \curvearrowleft}}$

$\Sigma F_V = 0$
$V_B + 16 - 10 - 6 = 0$
$\underline{\underline{V_B = 0}}$

$\Sigma F_H = 0$
$P_B - 9 = 0 \quad \underline{\underline{P_B = 9^{kN} \leftarrow}}$

2-5 (a)

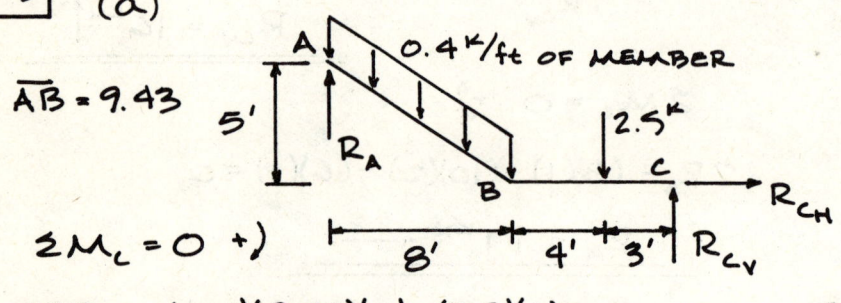

$\overline{AB} = 9.43$

$\Sigma M_C = 0 \; +\!\rangle$
$15 R_A - (0.4)(9.43)(11) - (2.5)(3) = 0$
$\underline{\underline{R_A = 3.27^k \uparrow}}$

$\Sigma F_V = 0$
$3.27 + R_{CV} - (0.4)(9.43) - 2.5 = 0$
$\underline{\underline{R_{CV} = 3.0^k \uparrow}}$

(b)

$M_A = 0$
$\underline{\underline{V_A = (8/9.43)(3.27) = 2.77^k \nearrow}}$

$\underline{\underline{P_A = (5/9.43)(3.27) = 1.73^k \nwarrow}}$

$\Sigma M_B = 0 \; +\!\rangle$
$M_B + (2.77)(9.43) - (0.4)(9.43)(4) = 0$
$\underline{\underline{M_B = -11.0^{ft-k} \; (\curvearrowright)}}$

$\Sigma M_A = 0 \; +\!\rangle$
$-11.0 - 9.43 V_B + (0.4)(9.43)(4) = 0$
$\underline{\underline{V_B = 0.43^k \nearrow}}$

$\Sigma F = 0$
$1.73 - (5/9.43)(9.43)(0.4) - P_B = 0$
$\underline{\underline{P_B = -0.27^k \; (\searrow)}}$

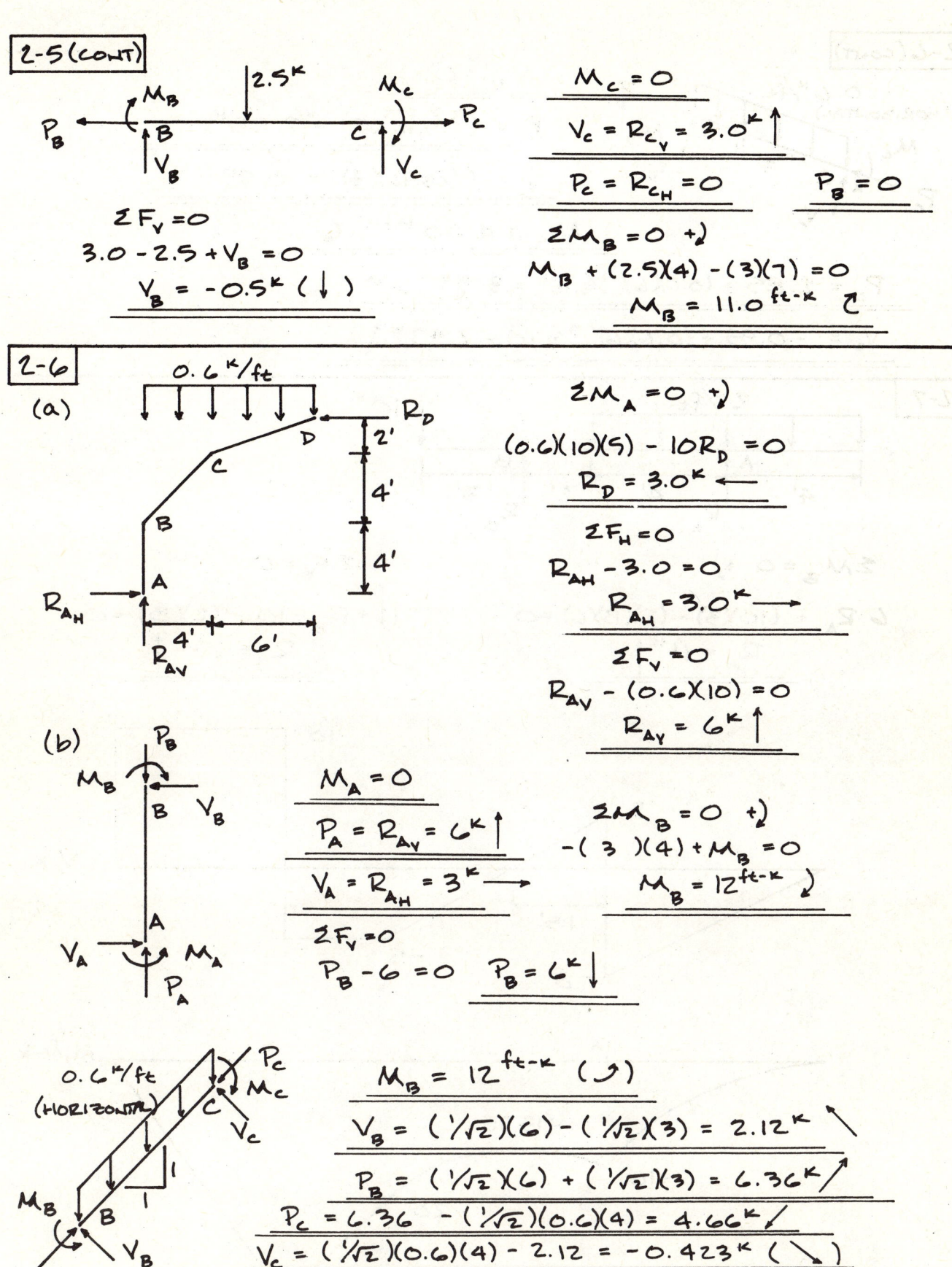

2-6 (CONT)

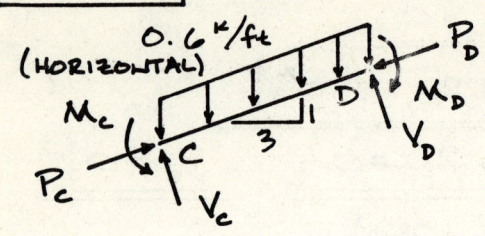

$M_D = 0$

$P_D = (3/3.16)(3) = 2.85^k$ ↗

$V_D = (1/3.16)(3) = 0.95^k$ ↑

$M_C = 4.80$ ft-k ↶

$P_C = 2.85 + (0.6)(6)(1/3.16) = 3.99^k$ ↗

$V_C = -0.95 + (0.6)(6)(3/3.16) = 2.47^k$ ↑

2-7

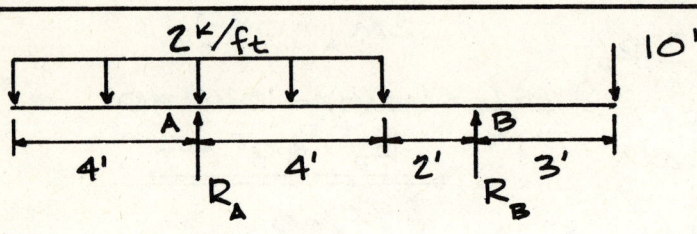

$\Sigma M_B = 0$ ↶+

$6R_A + (10)(3) - (2)(8)(6) = 0$

$R_A = 11^k$ ↑

$\Sigma F_v = 0$

$11 + R_B - 10 - (2)(8) = 0$

$R_B = 15^k$ ↑

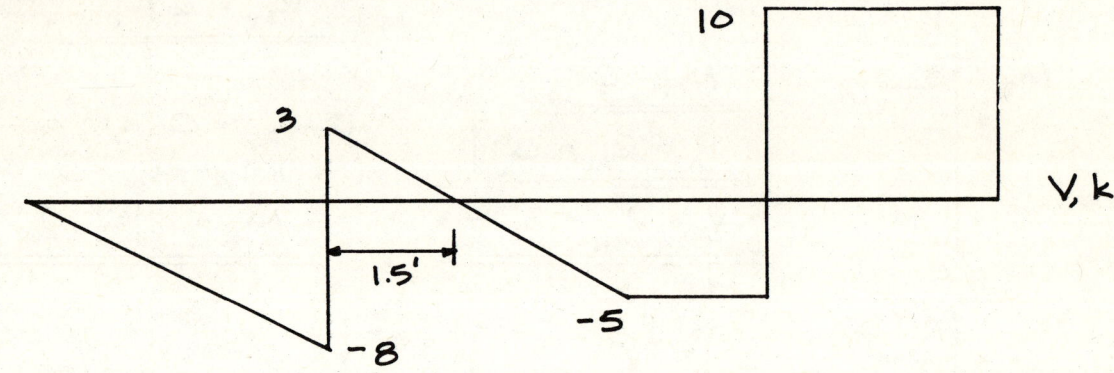

V, k

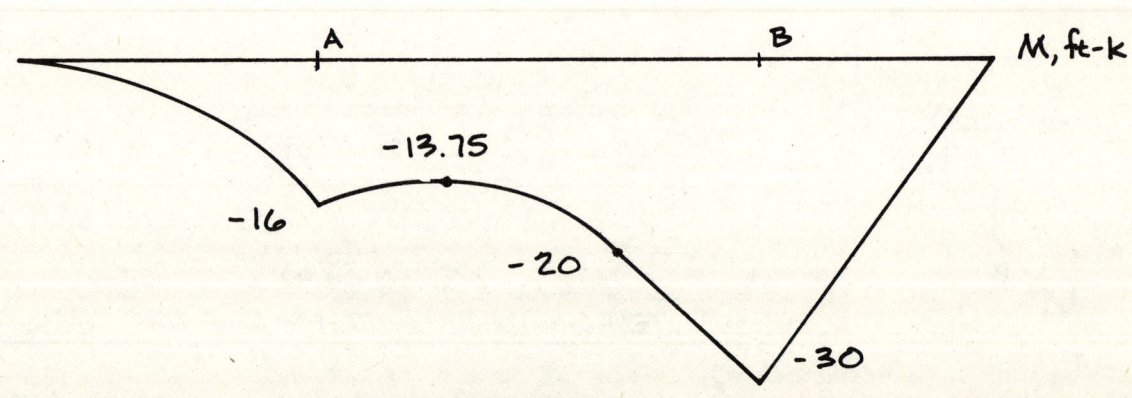

M, ft-k

2-8

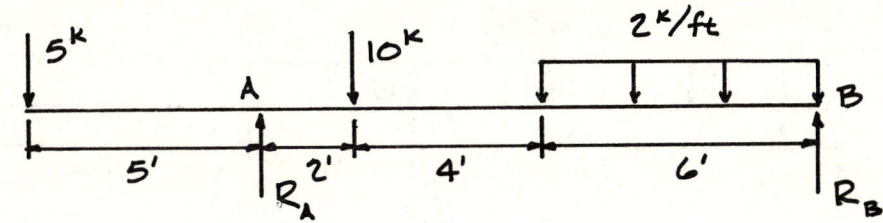

$\Sigma M_B = 0 \; +\circlearrowleft$

$12 R_A - (5)(17) - (10)(10) - (2)(6)(3) = 0$

$\underline{\underline{R_A = 18.42^k \uparrow}}$

$\Sigma F_v = 0$

$18.42 + R_B - 5 - 10 - (2)(6) = 0$

$\underline{\underline{R_B = 8.58^k \uparrow}}$

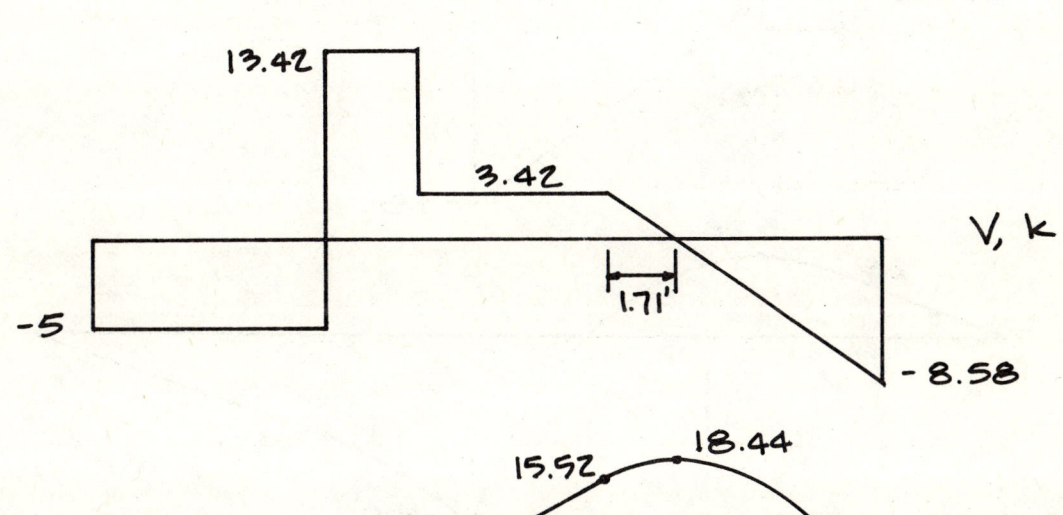

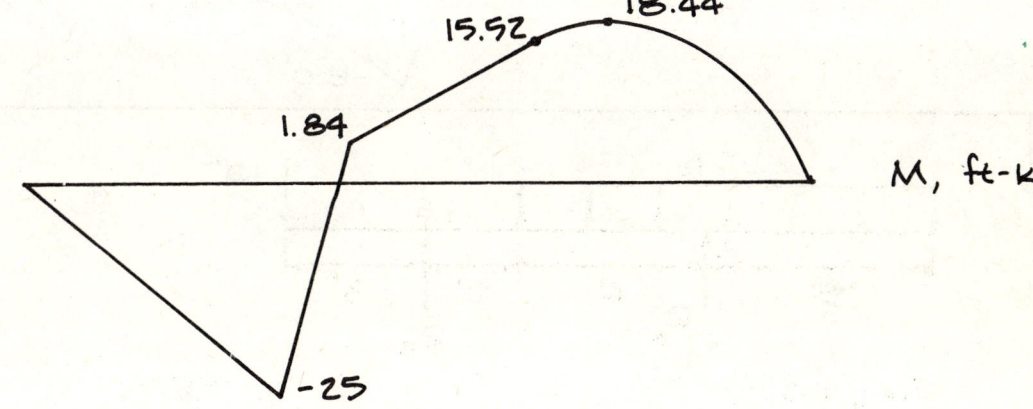

2-9

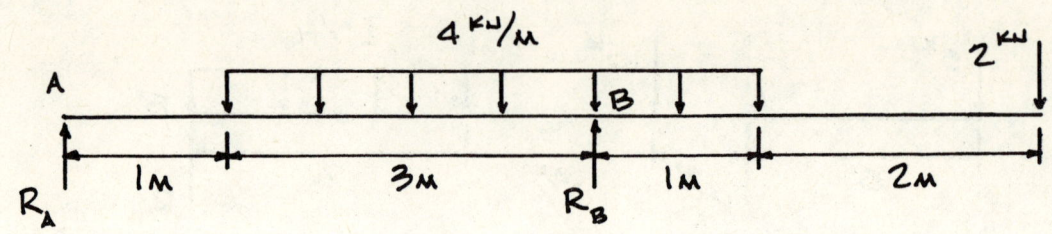

$\Sigma M_A = 0 \;+\!\!\downarrow$
(4)(4)(3) + (2)(7) − 4R_B = 0
$R_B = 15.5^{kN} \uparrow$

$\Sigma F_v = 0$
15.5 + R_A − (4)(4) − 2 = 0
$R_A = 2.5^{kN} \uparrow$

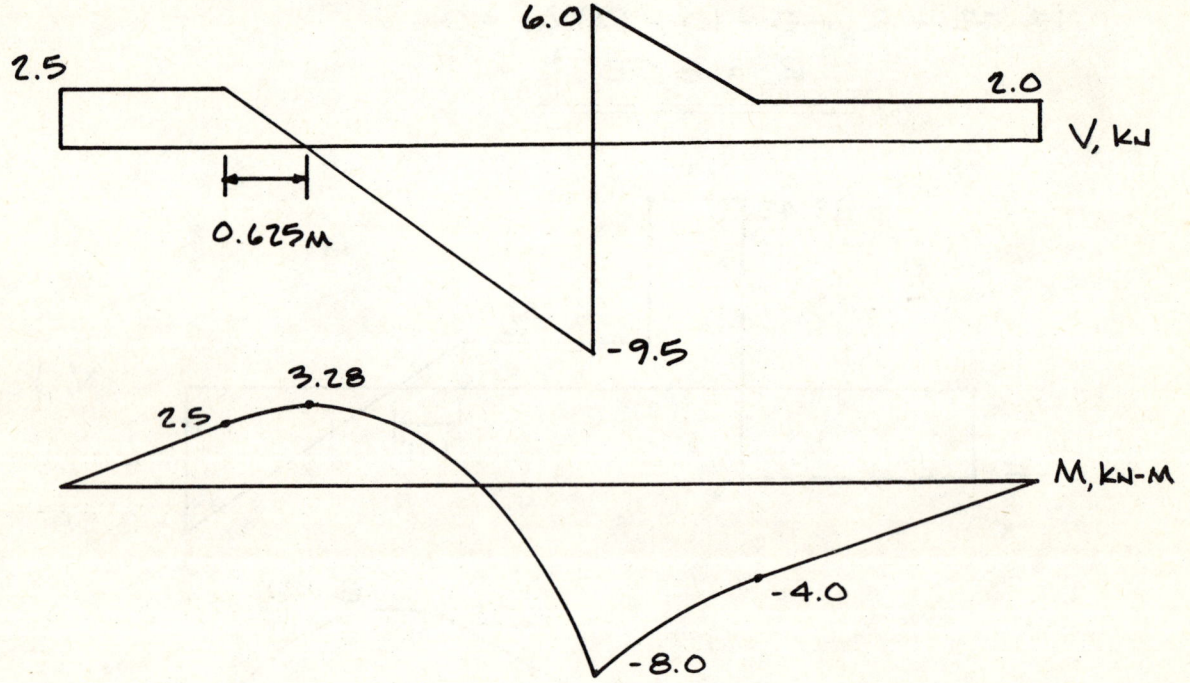

2-10

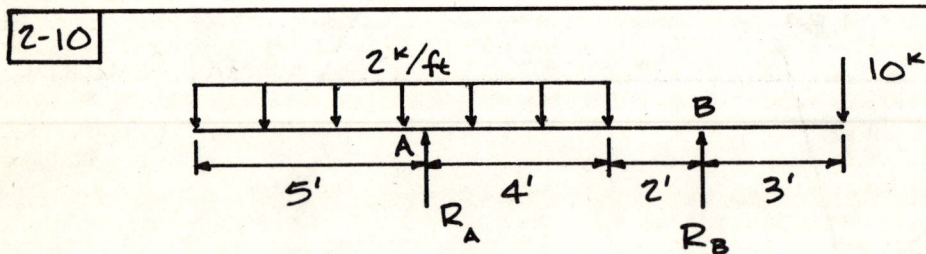

$\Sigma M_B = 0 \;+\!\!\downarrow$
6R_A + (10)(3) − (2)(9)(6.5) = 0
$R_A = 14.5^k \uparrow$

$\Sigma F_v = 0$
14.5^k + R_B − 10 − (2)(9) = 0
$R_B = 13.5^k \uparrow$

10

2-10 (CONT)

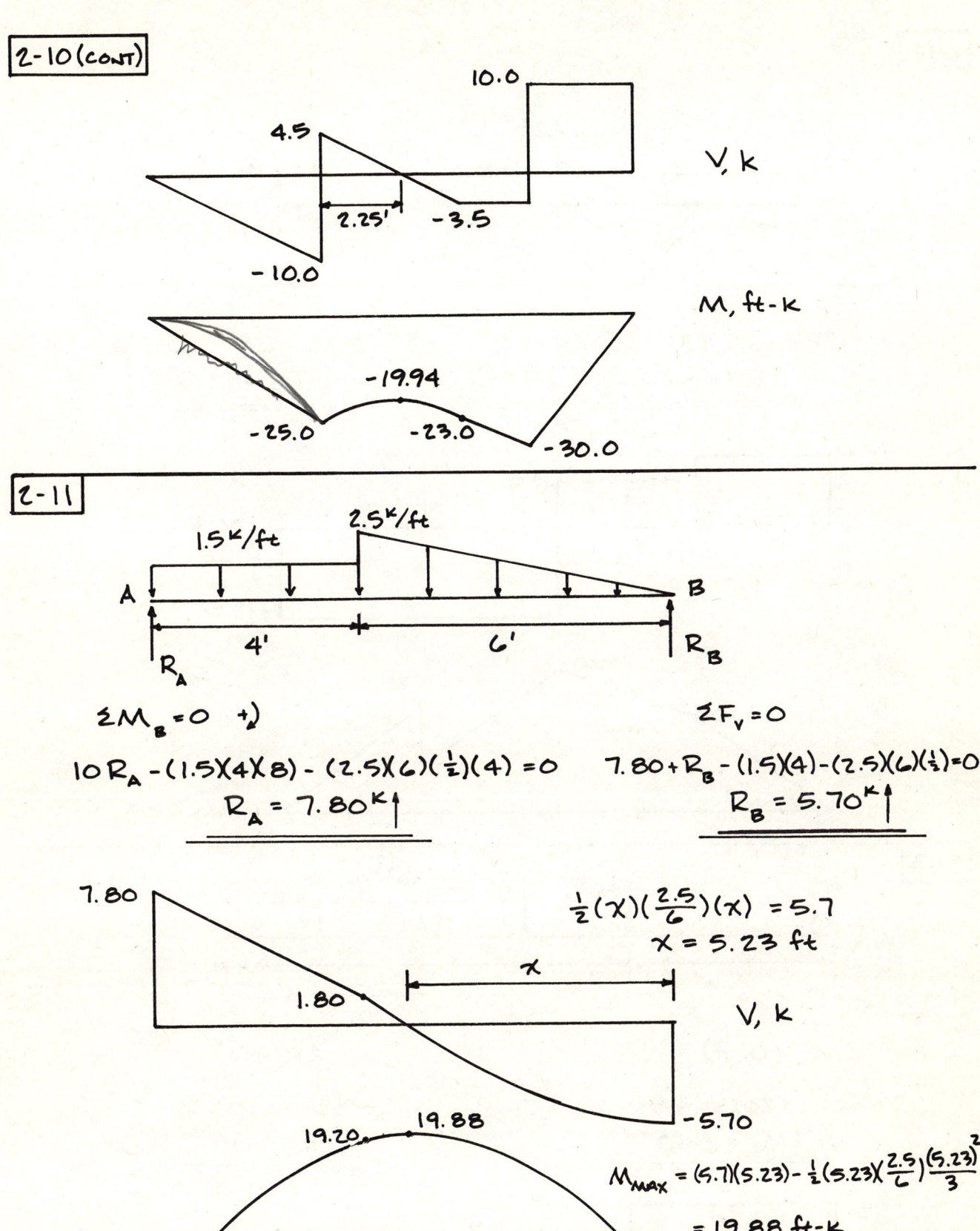

2-11

$\Sigma M_B = 0 \;+\!\!\circlearrowleft$

$10 R_A - (1.5)(4)(8) - (2.5)(6)(\frac{1}{2})(4) = 0$

$R_A = 7.80^k \uparrow$

$\Sigma F_v = 0$

$7.80 + R_B - (1.5)(4) - (2.5)(6)(\frac{1}{2}) = 0$

$R_B = 5.70^k \uparrow$

$\frac{1}{2}(x)(\frac{2.5}{6})(x) = 5.7$

$x = 5.23 \text{ ft}$

$M_{MAX} = (5.7)(5.23) - \frac{1}{2}(5.23)(\frac{2.5}{6})\frac{(5.23)^2}{3}$

$= 19.88 \text{ ft-k}$

2-12

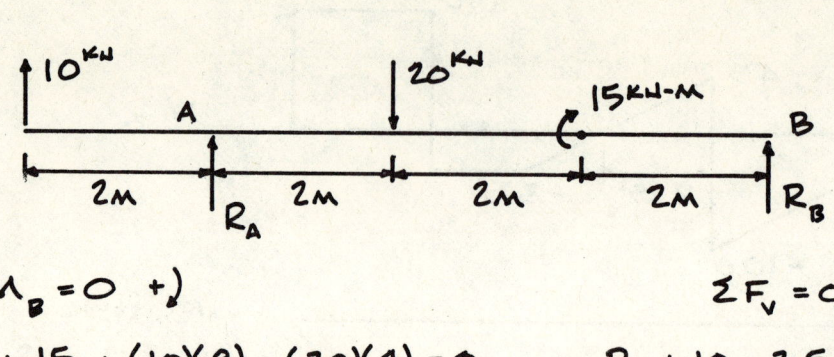

$\Sigma M_B = 0 \;\; +\circlearrowleft$

$6R_A + 15 + (10)(8) - (20)(4) = 0$

$\underline{\underline{R_A = -2.5^{KN} (\downarrow)}}$

$\Sigma F_v = 0$

$R_B + 10 - 2.5 - 20 = 0$

$\underline{\underline{R_B = 12.5^{KN} \uparrow}}$

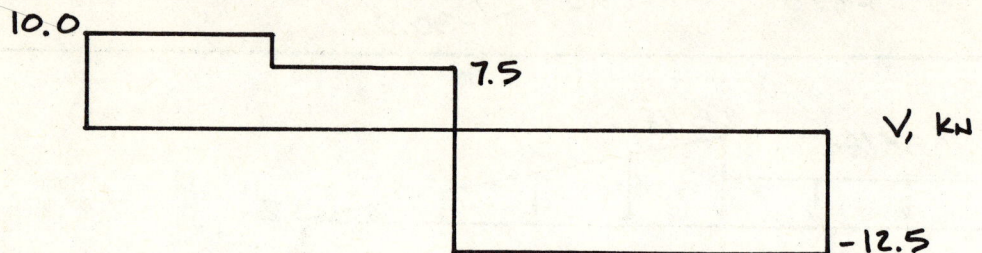

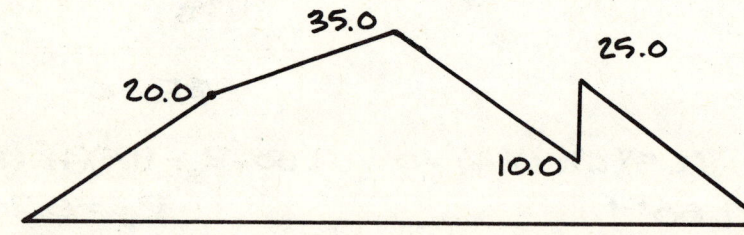

2-13

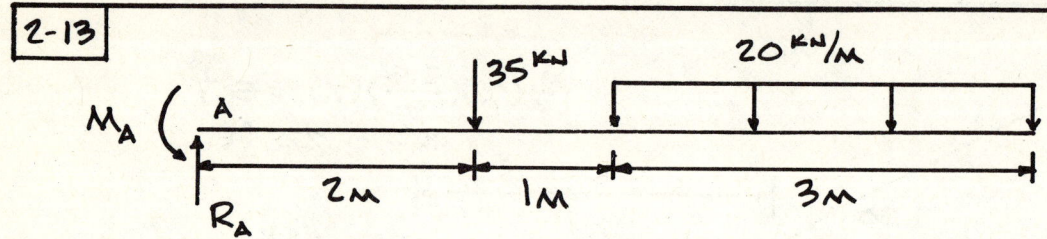

$\Sigma M_A = 0 \;\; +\circlearrowleft$

$(35)(2) + (20)(3)(4.5) - M_A = 0$

$\underline{\underline{M_A = 340^{KN-M} \circlearrowleft}}$

$\Sigma F_v = 0$

$R_A - 35 - (20)(3) = 0$

$\underline{\underline{R_A = 95^{KN} \uparrow}}$

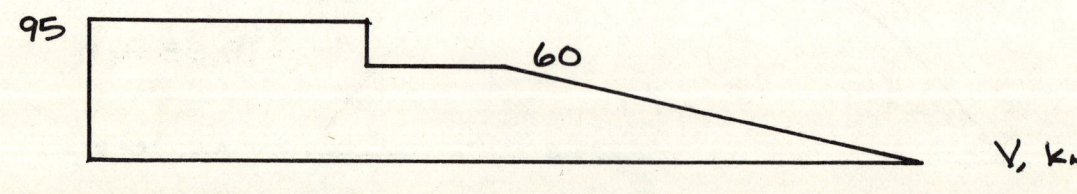

2-13 (CONT)

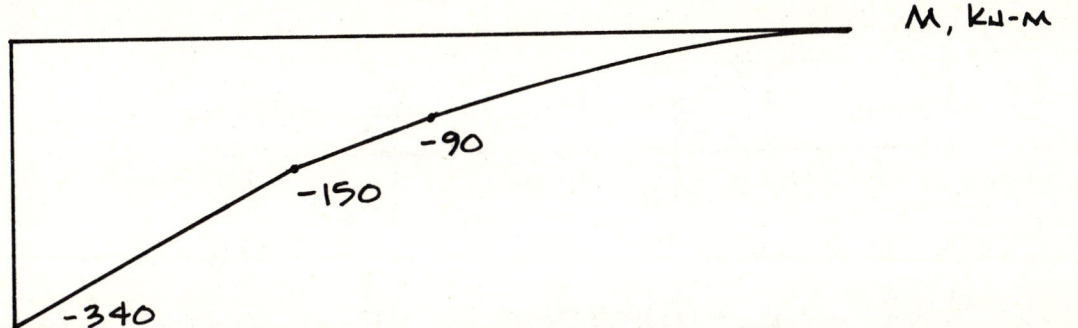

2-14

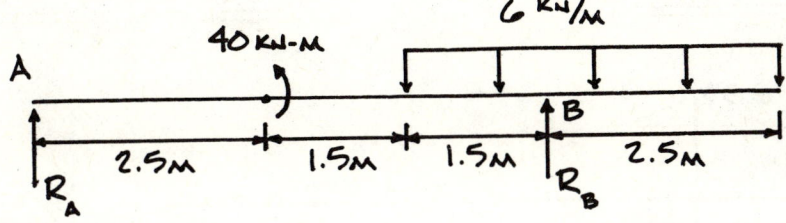

$\Sigma M_A = 0 \quad +\circlearrowleft$

$-5.5 R_B - 40 + (6)(4)(6) = 0$

$\underline{\underline{R_B = 18.91^{kN} \uparrow}}$

$\Sigma F_v = 0$

$R_A + 18.91 - (6)(4) = 0$

$\underline{\underline{R_A = 5.09^{kN} \uparrow}}$

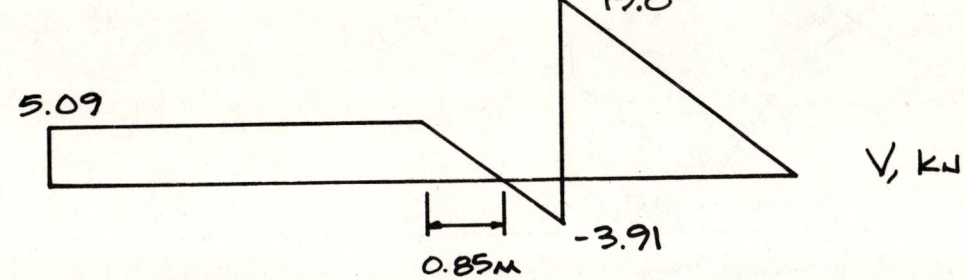

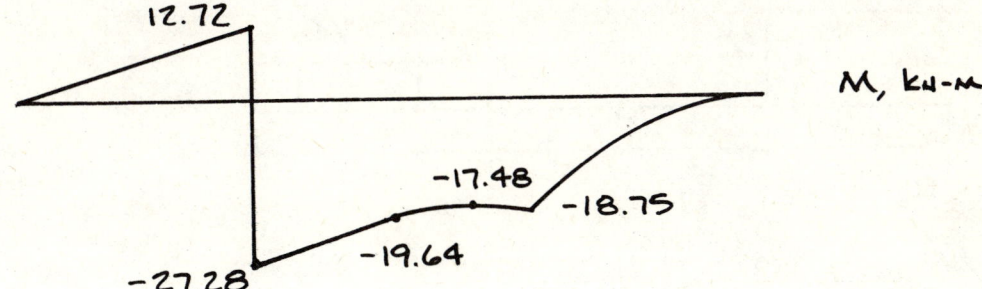

2-15

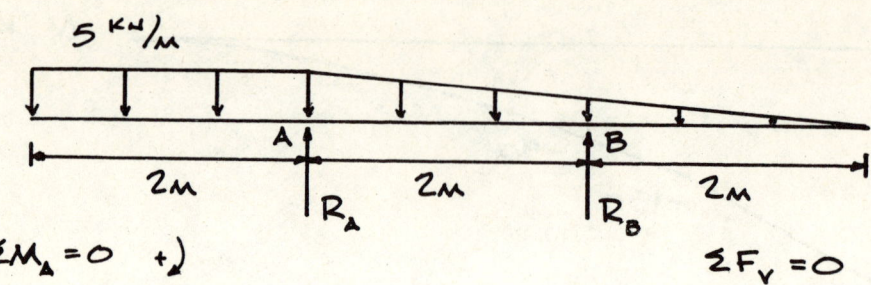

$\Sigma M_A = 0 \quad +\circlearrowleft$

$(5)(4)(\frac{1}{2})(\frac{4}{3}) - 2R_B - (5)(2)(1) = 0$

$\underline{R_B = 1.67^{KN} \uparrow}$

$\Sigma F_V = 0$

$R_A + 1.67 - (5)(2) - (5)(4)(\frac{1}{2}) = 0$

$\underline{R_A = 18.33^{KN} \uparrow}$

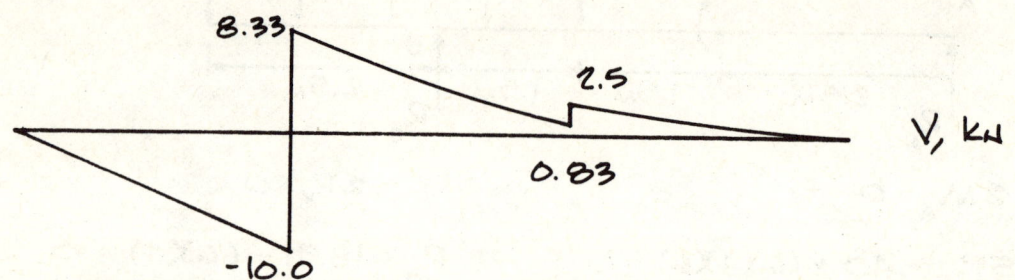

2-16

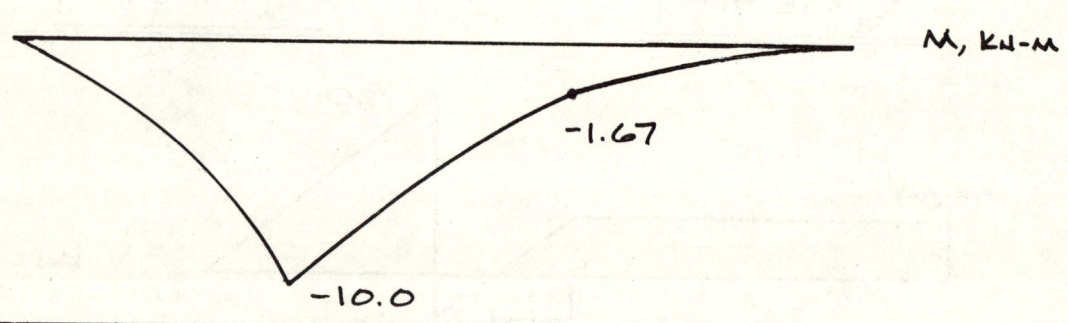

$\Sigma M_{HINGE} = 0 \quad +\circlearrowleft$
(TO THE RIGHT)

$(0.6)(5)(5.5) - 3R_B = 0$

$\underline{R_B = 5.5^K \uparrow}$

$\Sigma F_V = 0$

$R_A + 5.5 - 5 - (0.6)(5) = 0$

$\underline{R_A = 2.5^K \uparrow}$

$\Sigma M_{HINGE} = 0 \quad +\circlearrowleft$
(TO THE LEFT)

$(2.5)(7) - (5)(3) - M_A = 0 \quad \underline{M_A = 2.5^{ft-k} \circlearrowleft}$

2-16 (CONT)

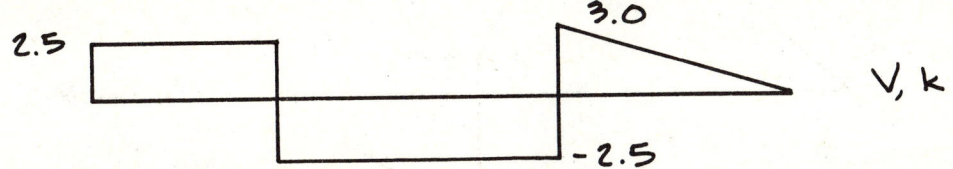

V, k

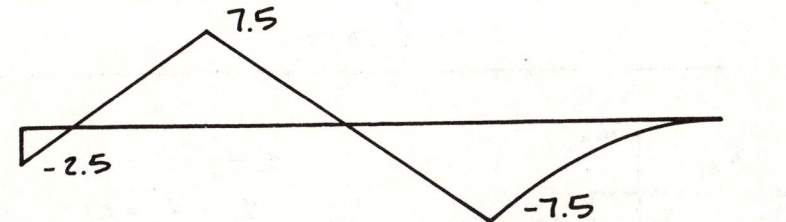

M, ft-k

2-17

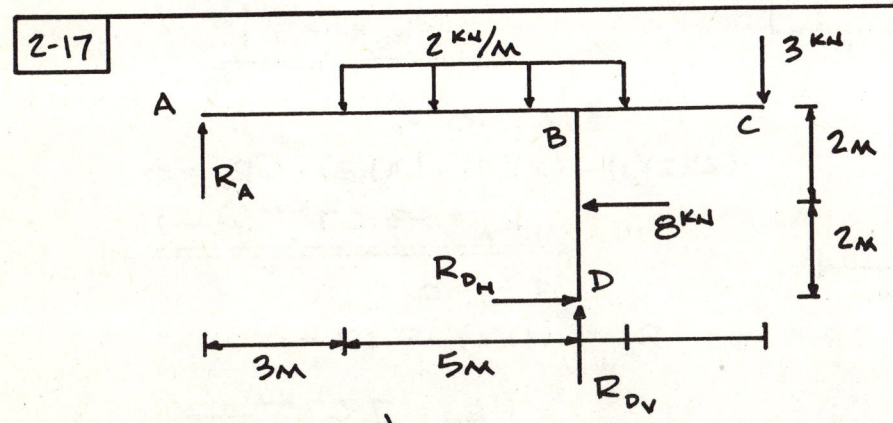

$\Sigma F_H = 0$
$R_{D_H} - 8 = 0$
$\underline{\underline{R_{D_H} = 8^{KN} \rightarrow}}$

$\Sigma M_A = 0 \quad +\curvearrowleft$

$(2)(6)(6) + (3)(12) + (8)(2) - (8)(4) - 8R_{D_V} = 0$
$\underline{\underline{R_{D_V} = 11.5^{KN} \uparrow}}$

$\Sigma F_V = 0$
$11.5 + R_A - (2)(6) - 3 = 0$
$\underline{\underline{R_A = 3.5^{KN} \uparrow}}$

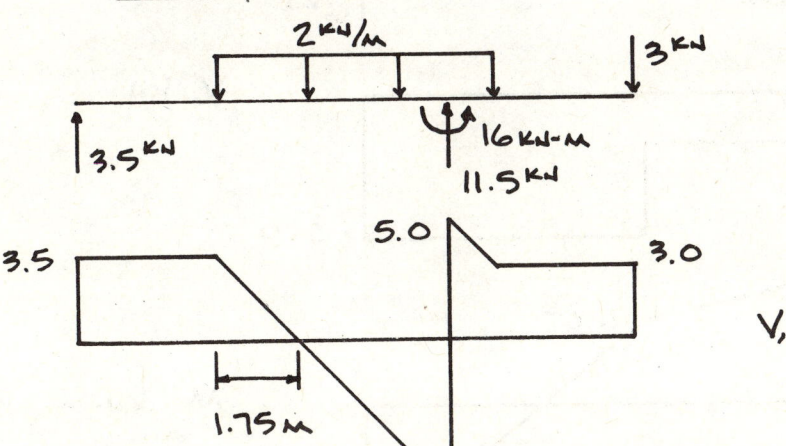

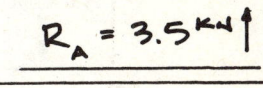

V, kN

15

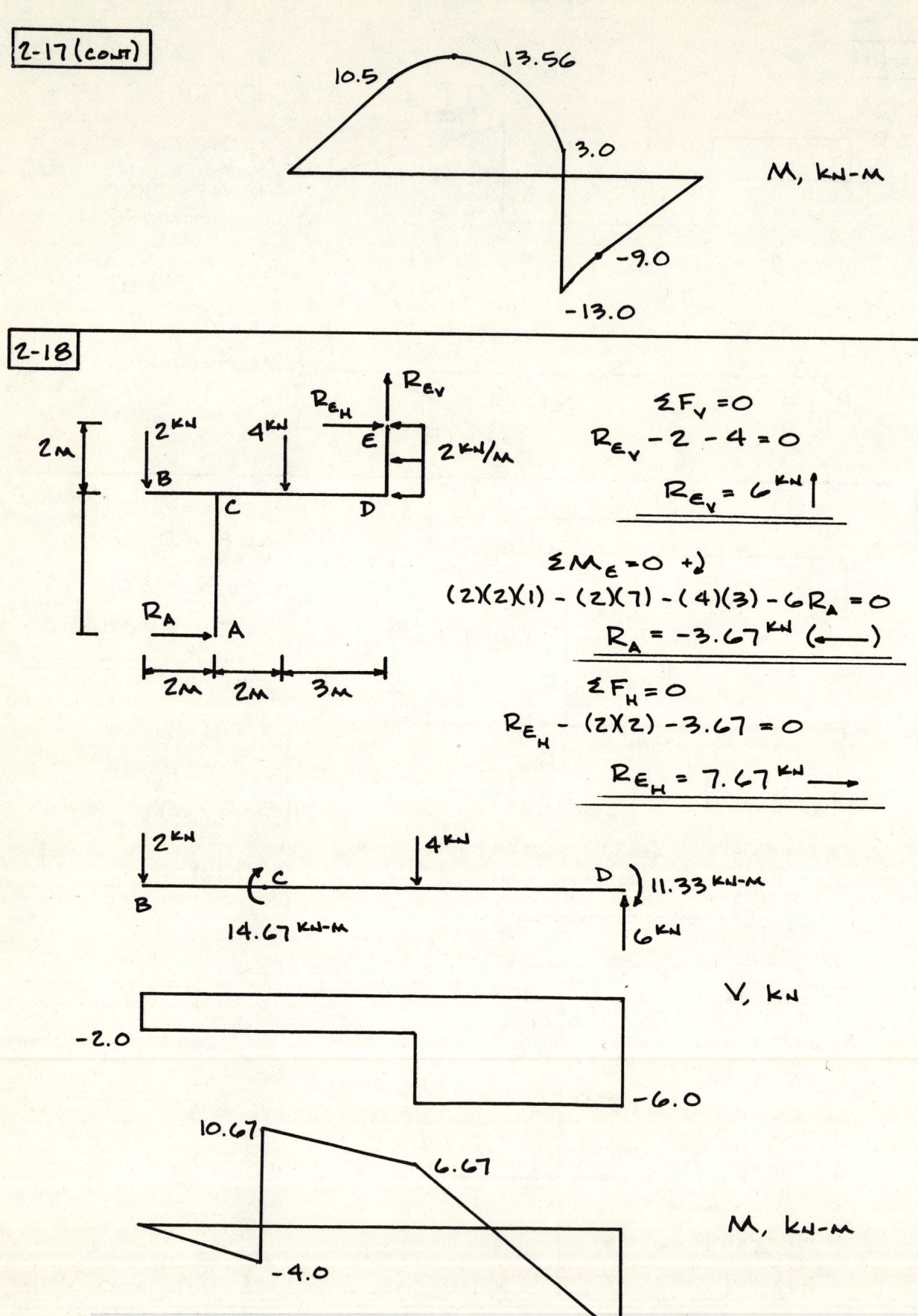

2-19

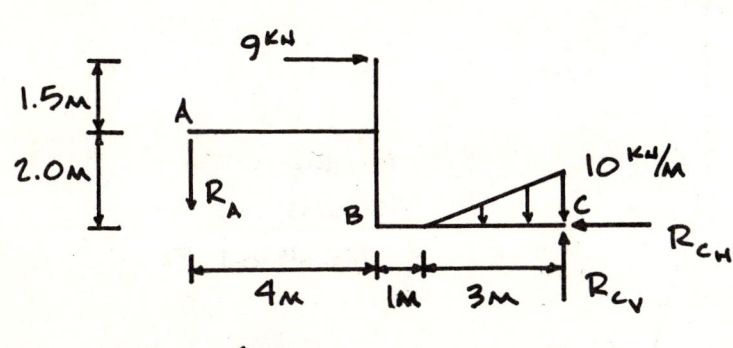

$\Sigma F_H = 0$
$9 - R_{C_H} = 0$
$\underline{\underline{R_{C_H} = 9^{kN} \leftarrow}}$

$\Sigma M_C = 0 \; \circlearrowleft+$
$(9)(3.5) - 8R_A - (10)(3)(\frac{1}{2})(1) = 0$
$\underline{\underline{R_A = 2.06^{kN} \downarrow}}$

$\Sigma F_V = 0$
$R_{C_V} - 2.06 - (10)(3)(\frac{1}{2}) = 0$
$\underline{\underline{R_{C_V} = 17.06^{kN} \uparrow}}$

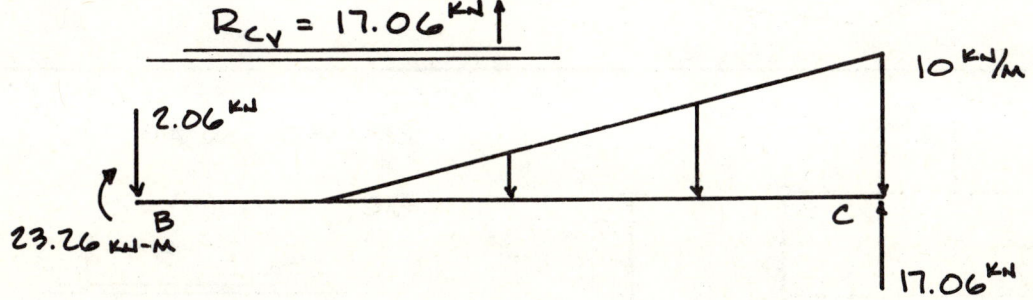

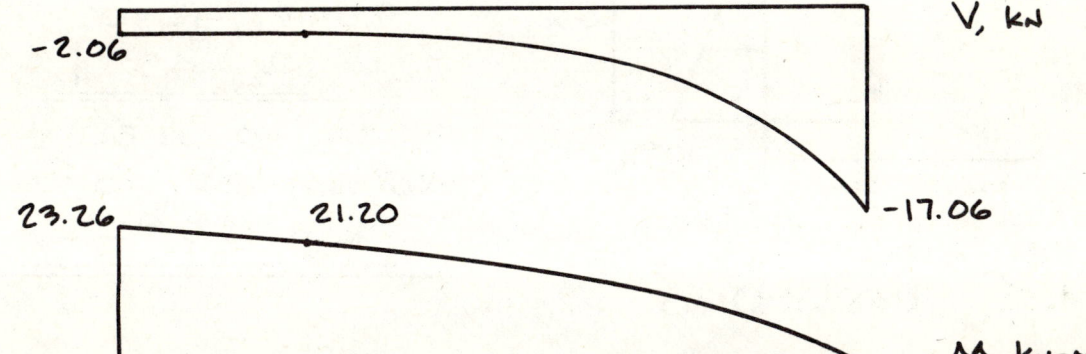

2-20

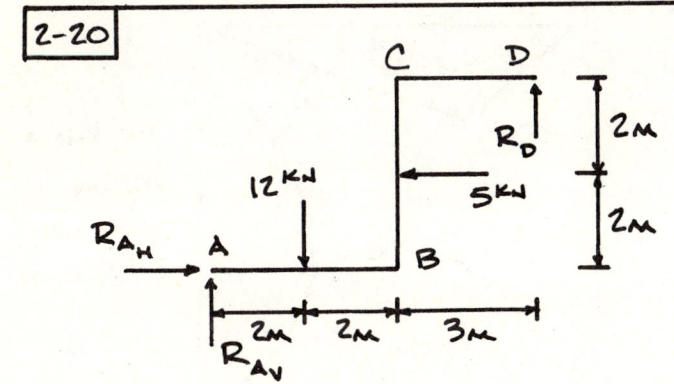

$\Sigma F_H = 0$
$R_{A_H} - 5 = 0 \qquad \underline{\underline{R_{A_H} = 5^{kN} \rightarrow}}$

$\Sigma M_A = 0 \; \circlearrowleft+$
$(12)(2) - (5)(2) - 7R_D = 0$
$\underline{\underline{R_D = 2.0^{kN} \uparrow}}$

$\Sigma F_V = 0$
$R_{A_V} + 2.0 - 12 = 0 \qquad \underline{\underline{R_{A_V} = 10.0^{kN} \uparrow}}$

2-20 (CONT)

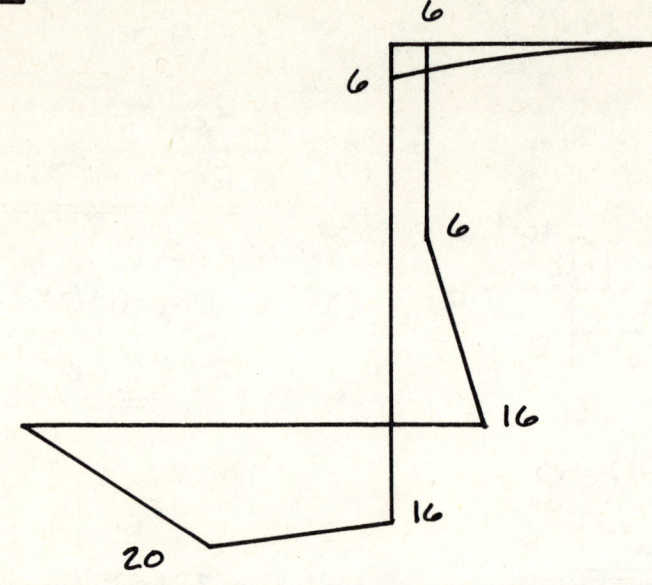

M, kN-m
DRAWN ON
TENSION FACE

2-21

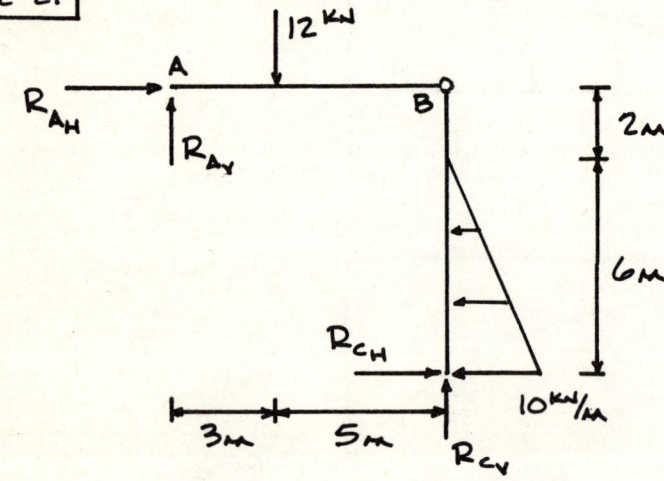

$\Sigma F_H = 0$
$22.5 + R_{A_H} - (10)(6)(\tfrac{1}{2}) = 0$
$\underline{\underline{R_{A_H} = 7.5^{kN} \rightarrow}}$

$\Sigma M_B = 0$ ON AB $+\curvearrowleft$
$8R_{A_Y} - (12)(5) = 0$
$\underline{\underline{R_{A_Y} = 7.5^{kN} \uparrow}}$

$\Sigma F_V = 0$
$7.5 + R_{C_Y} - 12 = 0$
$\underline{\underline{R_{C_Y} = 4.5^{kN} \uparrow}}$

$\Sigma M_B = 0$ ON BC $+\curvearrowleft$
$(10)(6)(\tfrac{1}{2})(6) - 8R_{C_H} = 0$
$\underline{\underline{R_{C_H} = 22.5^{kN} \rightarrow}}$

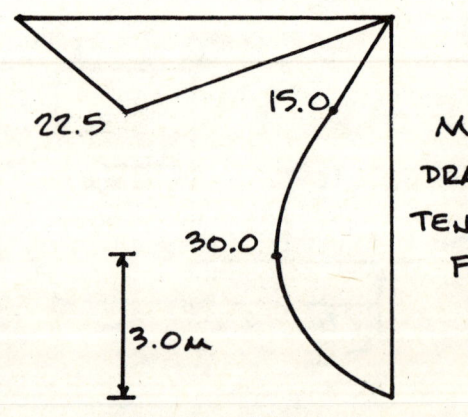

M, kN-m
DRAWN ON
TENSION FACE

2-22

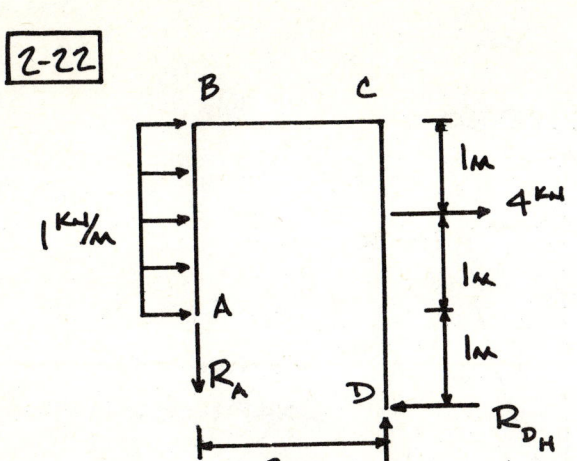

$\Sigma M_D = 0 \; +\circlearrowleft$

$(4)(2) + (1)(2)(2) - 2R_A = 0$

$\underline{\underline{R_A = 6^{kN} \downarrow}}$

$\Sigma F_V = 0$

$R_{D_V} - 6 = 0$

$\underline{\underline{R_{D_V} = 6^{kN} \uparrow}}$

$\Sigma F_H = 0$

$(1)(2) + 4 - R_{D_H} = 0$

$\underline{\underline{R_{D_H} = 6^{kN} \leftarrow}}$

M, kN-m
DRAWN ON
TENSION FACE

2-23

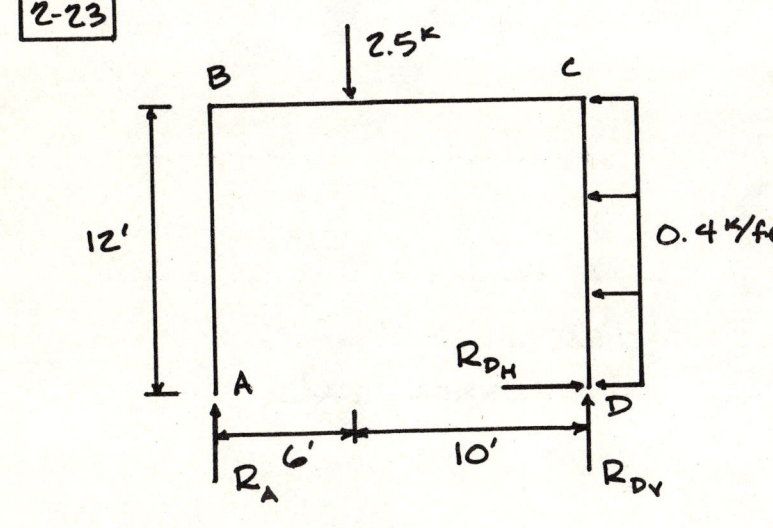

$\Sigma F_H = 0$

$R_{D_H} - (0.4)(12) = 0$

$\underline{\underline{R_{D_H} = 4.8^k \rightarrow}}$

$\Sigma M_A = 0 \; +\circlearrowleft$

$(2.5)(6) - (0.4)(12)(6) - 16 R_{D_V} = 0$

$\underline{\underline{R_{D_V} = -0.86^k \; (\downarrow)}}$

$\Sigma F_V = 0$

$R_A - 2.5 - 0.86 = 0$

$\underline{\underline{R_A = 3.36^k \uparrow}}$

19

2-23 (CONT)

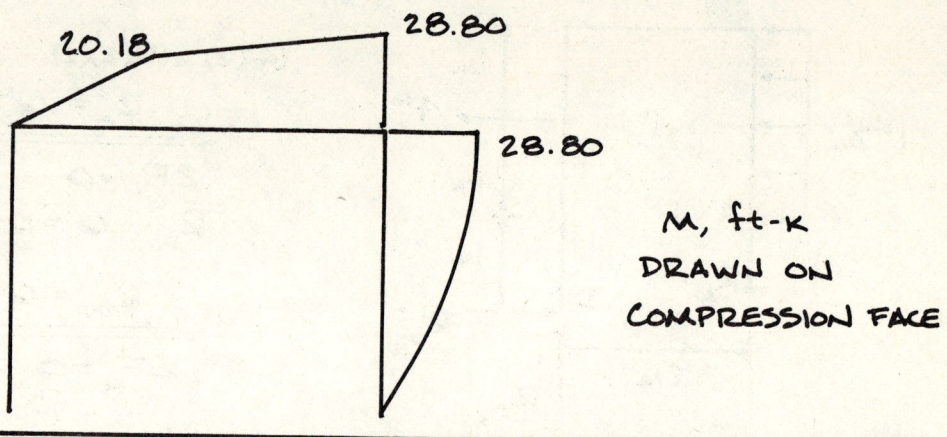

M, ft-k
DRAWN ON
COMPRESSION FACE

2-24

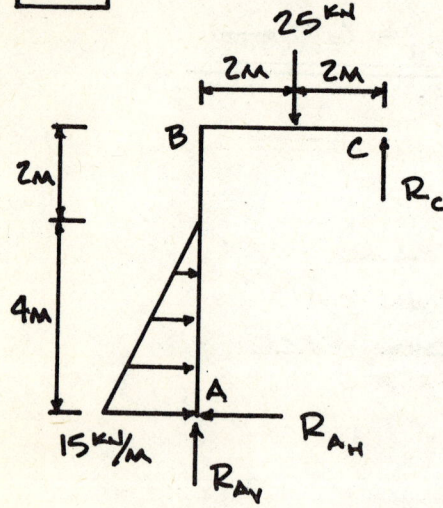

$\Sigma F_H = 0$
$-R_{AH} + (15)(4)(\frac{1}{2}) = 0$
$\underline{\underline{R_{AH} = 30^{kN} \leftarrow}}$

$\Sigma M_A = 0 \quad +\circlearrowleft$
$(15)(4)(\frac{1}{2})(\frac{4}{3}) + (25)(2) - 4R_C = 0$
$\underline{\underline{R_C = 22.50^{kN} \uparrow}}$

$\Sigma F_V = 0$
$22.5 + R_{AV} - 25 = 0$
$\underline{\underline{R_{AV} = 2.5^{kN} \uparrow}}$

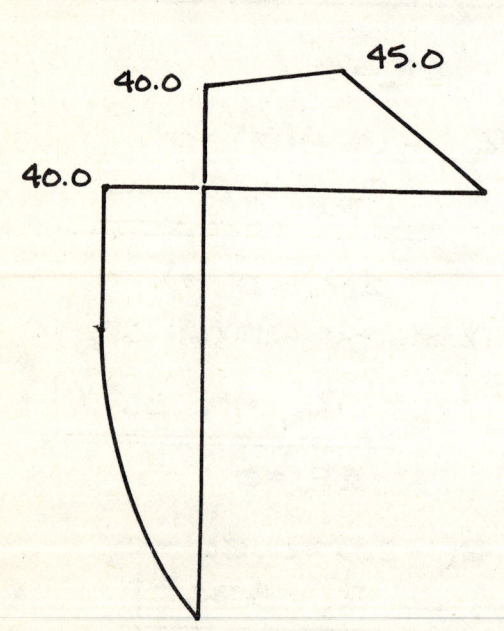

M, kN-m
DRAWN ON
COMPRESSION FACE

2-25

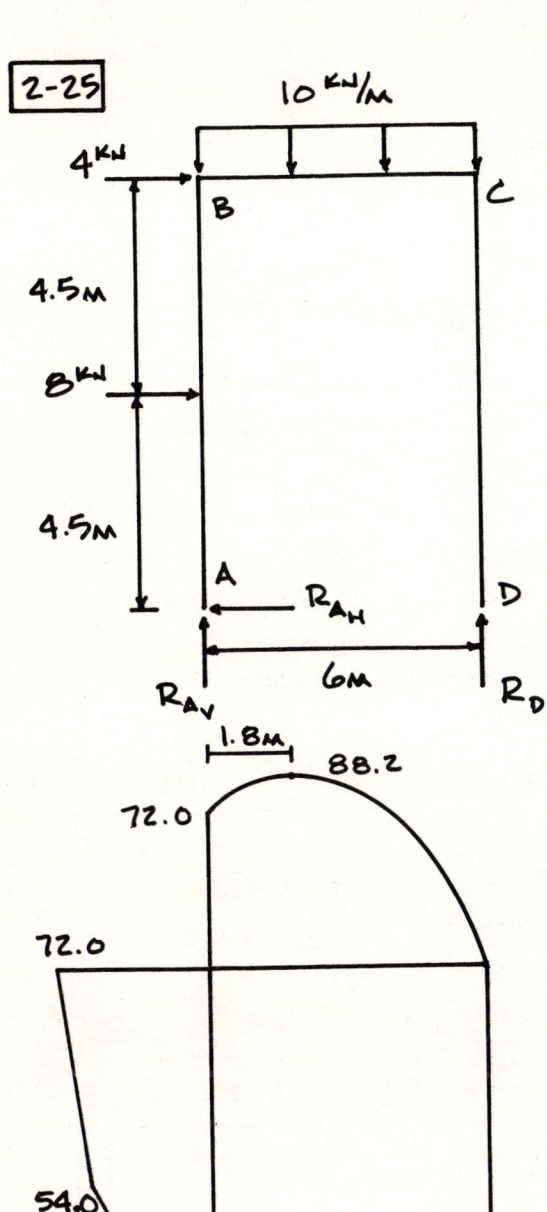

$\Sigma F_H = 0$

$-R_{A_H} + 4 + 8 = 0$

$\underline{\underline{R_{A_H} = 12^{KN} \leftarrow}}$

$\Sigma M_D = 0 \; +\circlearrowleft$

$(4)(9) + (8)(4.5) + 6R_{A_V} - (10)(6)(3) = 0$

$\underline{\underline{R_{A_V} = 18^{KN} \uparrow}}$

$\Sigma F_V = 0$

$18 + R_D - (10)(6) = 0$

$\underline{\underline{R_D = 42^{KN} \uparrow}}$

M, kN-m
DRAWN ON
COMPRESSION FACE

2-26 (a)

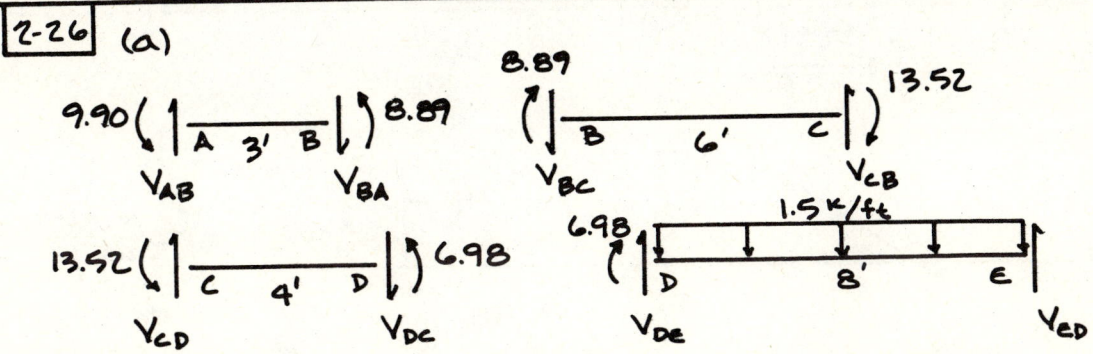

21

2-26 (CONT) (b)

ON AB:
$\Sigma M_B = 0 \;\; +\circlearrowleft$
$3V_{AB} - 9.90 - 8.89 = 0$
$V_{AB} = 6.26$
$\underline{\underline{V_{AB} = -V_{BA} = 6.26^k}}$

ON BC:
$\Sigma M_C = 0 \;\; +\circlearrowleft$
$8.89 + 13.52 - 6V_{BC} = 0$
$V_{BC} = 3.74$
$\underline{\underline{V_{BC} = -V_{CB} = 3.74^k}}$

ON CD:
$\Sigma M_D = 0 \;\; +\circlearrowleft$
$4V_{CD} - 13.52 - 6.98 = 0$
$V_{CD} = 5.12$
$\underline{\underline{V_{CD} = -V_{DC} = 5.12^k}}$

ON DE:
$\Sigma M_E = 0 \;\; +\circlearrowleft$
$6.98 + 8V_{DE} - (1.5 \times 8 \times 4) = 0$
$\underline{\underline{V_{DE} = 5.13^k}}$

$\Sigma F_V = 0$
$5.13 + V_{ED} - (1.5)(8) = 0 \quad \underline{\underline{V_{ED} = 6.87^k}}$

(c)

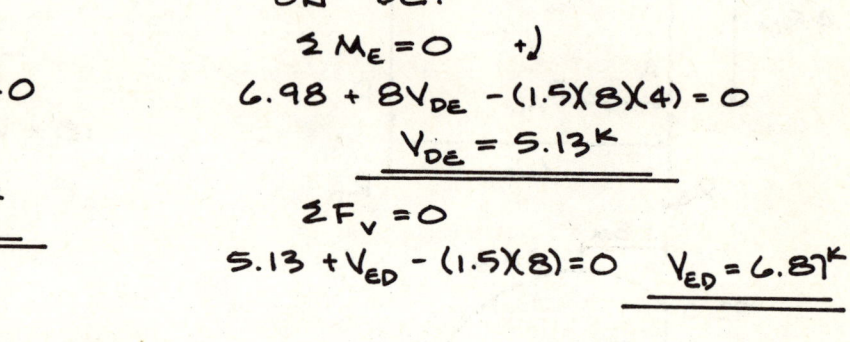

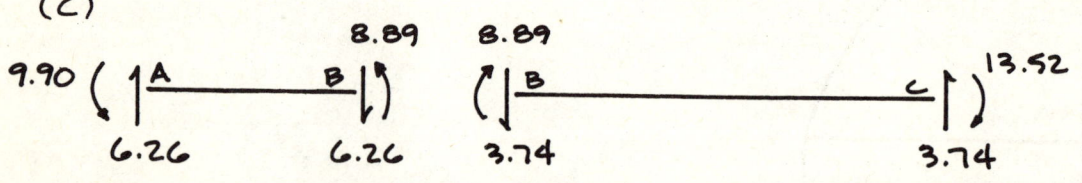

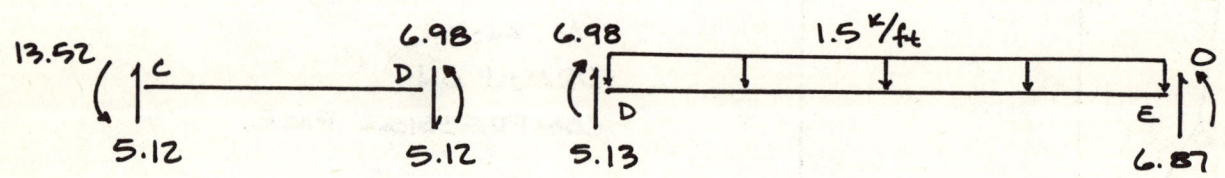

ALL AXIAL FORCES ARE ZERO.

(d)
$\underline{\underline{R_A = V_{AB} = 6.26^k \uparrow}}$ $\qquad \underline{\underline{R_C = V_{CB} + V_{CD} = 3.74 + 5.12 = 8.86^k \uparrow}}$

$\underline{\underline{R_E = V_{ED} = 6.87^k \uparrow}}$

(e)

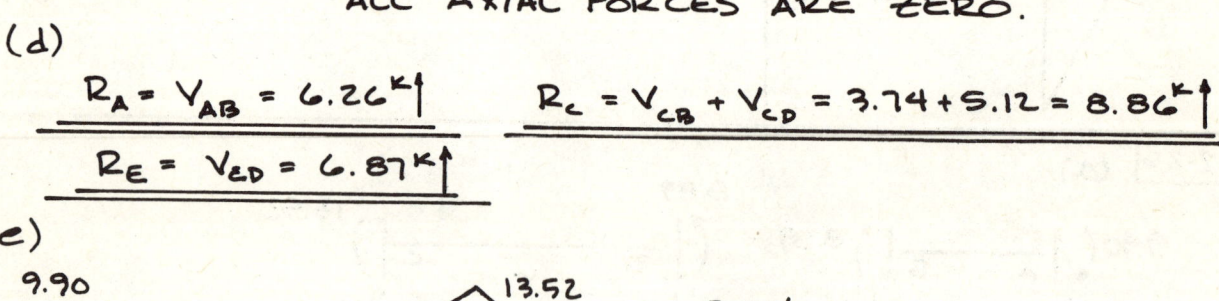

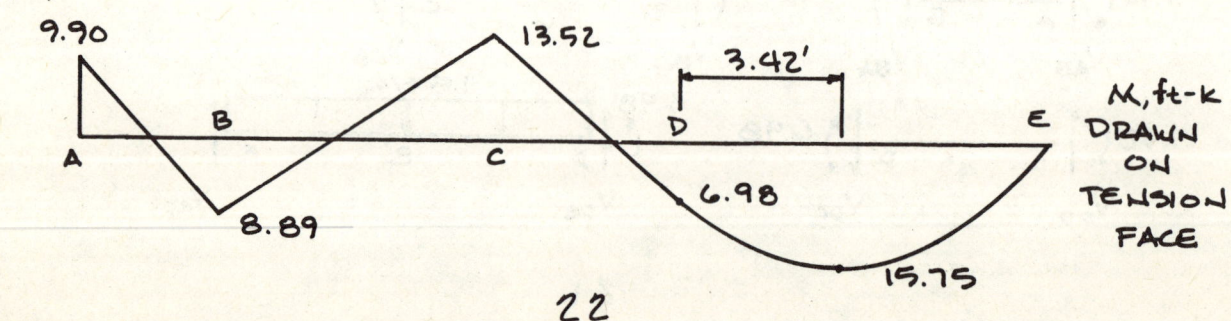

M, ft-k DRAWN ON TENSION FACE

2-27 (a)

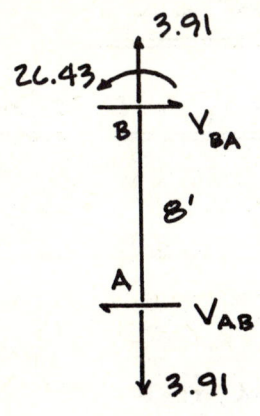

(b)

ON AB:
$\Sigma M_B = 0 \;\; +\circlearrowleft$
$8 V_{AB} - 26.43 = 0$
$V_{AB} = 3.30$
$\underline{\underline{V_{AB} = -V_{BA} = 3.30^k}}$

ON BC:
$\Sigma M_C = 0 \;\; +\circlearrowleft$
$26.43 + 32.22 - 15 V_{BC} = 0$
$V_{BC} = 3.91$
$\underline{\underline{V_{BC} = -V_{CB} = 3.91^k}}$

ON CD:
$\Sigma M_D = 0 \;\; +\circlearrowleft$
$12 V_{CD} - 32.22 - 48.14 = 0$
$V_{CD} = 6.70$
$\underline{\underline{V_{CD} = -V_{DC} = 6.70^k}}$

(c)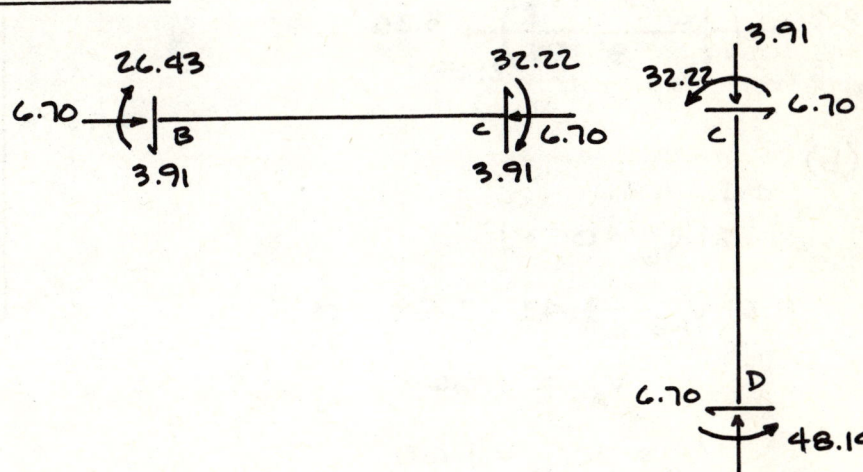

2-27 (CONT) (d)

$$R_{AV} = P_{AB} = 3.91^k \downarrow \qquad R_{AH} = V_{AB} = 3.30^k \leftarrow$$

$$M_D = 48.14^{ft-k} \circlearrowright \qquad R_{DV} = P_{DC} = 3.91^k \uparrow \qquad R_{DH} = V_{DC} = 6.70^k \leftarrow$$

(e)

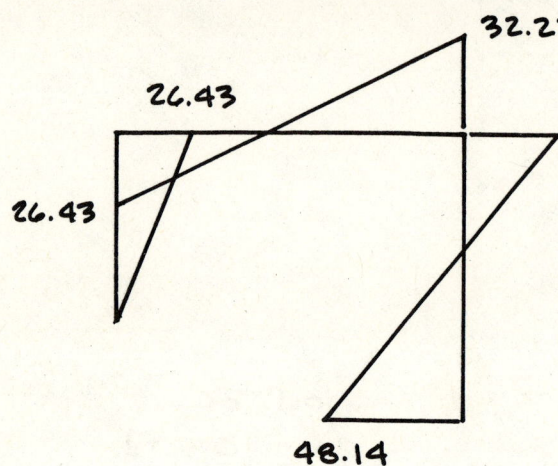

M, ft-k
DRAWN ON
TENSION FACE

2-28 (a)

[Free body diagrams of members AB, BC, CD, and DE with forces labeled: 5.02, 2.59, V_{AB}, 3.61', 3.42, V_{BA}, 5.02 on AB; 2.81, 3.42, V_{BC}, 3.61', 2.57, V_{CB}, 2.81 on BC; 2.57, 3.26, V_{CD}, 3', V_{DC}, 3.26, 2.05 on CD; 0.17, V_{ED}, 0.75 k/ft, 8', V_{DE}, 2.05, 0.17 on DE]

(b) ON AB:

$\Sigma M_B = 0 \quad +\circlearrowleft$

$3.61 V_{AB} - 3.42 - 2.59 = 0$

$V_{AB} = 1.66$

$\underline{\underline{V_{AB} = -V_{BA} = 1.66^k}}$

2-2B (CONT)

ON BC:
$\Sigma M_C = 0 \quad +\circlearrowleft$

$-3.42 - 2.57 + 3.61 V_{BC} = 0$

$V_{BC} = 1.66$

$V_{BC} = -V_{CB} = 1.66^k$

ON CD:
$\Sigma M_D = 0 \quad +\circlearrowleft$

$-2.57 + 2.05 - 3 V_{CD} = 0$

$V_{CD} = -0.17$

$V_{CD} = -V_{DC} = -0.17^k$

ON DE:
$\Sigma M_E = 0 \quad +\circlearrowleft$

$8 V_{DE} - 2.05 - (0.75)(8)(4) = 0$

$V_{DE} = 3.26^k$

$\Sigma F_H = 0$

$-V_{ED} - 3.26 + (0.75)(8) = 0$

$V_{ED} = 2.74^k$

(c)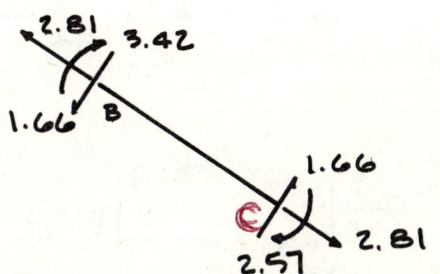

(d)
$R_{AV} = \left(\frac{2}{3.61}\right)(5.02) + \left(\frac{3}{3.61}\right)(1.66) = 4.17^k \uparrow$

$R_{AH} = \left(\frac{3}{3.61}\right)(5.02) - \left(\frac{2}{3.61}\right)(1.66) = 3.26^k \leftarrow$

$M_A = 2.59^{ft-k} \circlearrowleft$

$R_{EV} = P_{DE} = 0.17^k \downarrow$

$R_{EH} = V_{ED} = 2.74^k \leftarrow$

2-28 (CONT)

(e)

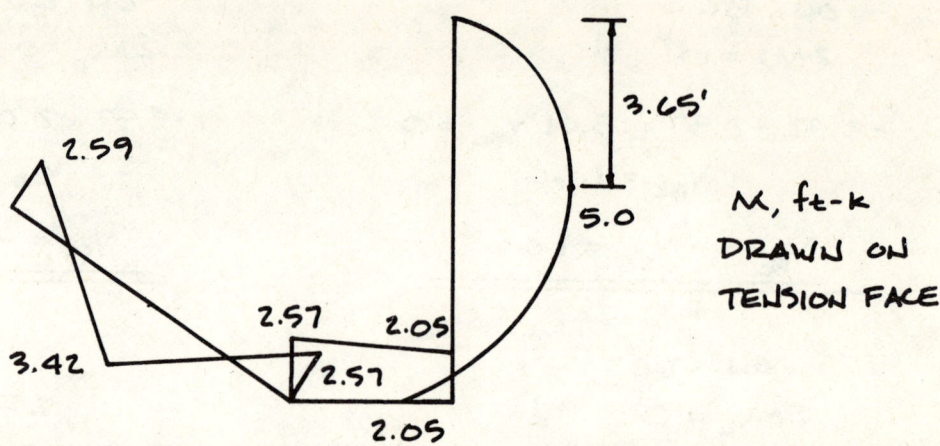

M, ft-k DRAWN ON TENSION FACE

2-29 (a)

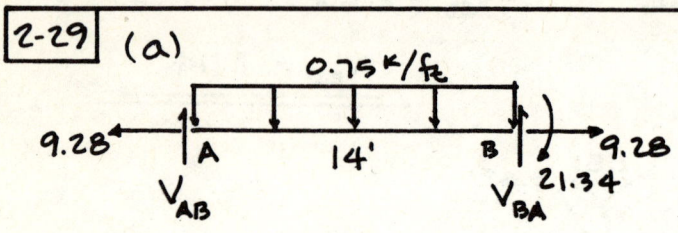

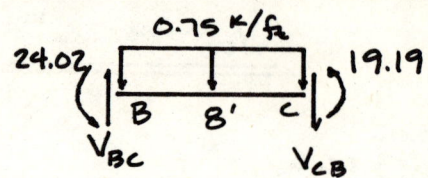

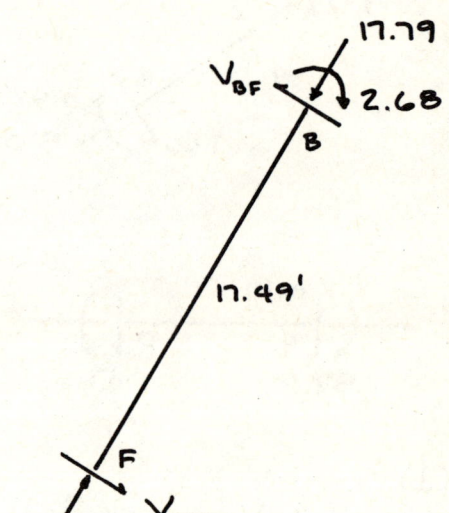

(b)

ON AB:
$\Sigma M_B = 0 \;\;+\circlearrowleft$

$21.34 - (.75)(14)(7) + 14 V_{AB} = 0$

$\underline{\underline{V_{AB} = 3.73^k}}$

$\Sigma F_y = 0$
$3.73 + V_{BA} - (.75)(14) = 0$

$\underline{\underline{V_{BA} = 6.77^k}}$

ON BC:
$\Sigma M_C = 0 \;\;+\circlearrowleft$
$8 V_{BC} - 19.19 - 24.02 - (.75)(8)(4) = 0$
$\underline{\underline{V_{BC} = 8.40^k}}$

$\Sigma F_y = 0$
$8.40 - V_{CB} - (.75)(8) = 0$
$\underline{\underline{V_{CB} = 2.40^k}}$

2-29 (CONT)

ON CD:
$$\Sigma M_D = 0 \;\; +\circlearrowleft$$
$$19.19 + 6V_{CD} - 33.60 = 0$$
$$V_{CD} = 2.40$$

$$\underline{\underline{V_{CD} = -V_{DC} = 2.40^k}}$$

ON DE:
$$\Sigma M_E = 0 \;\; +\circlearrowleft$$
$$33.60 - 6V_{DE} = 0$$
$$V_{DE} = 5.60$$

$$\underline{\underline{V_{DE} = -V_{ED} = 5.60^k}}$$

ON BF:
$$\Sigma M_F = 0 \;\; +\circlearrowleft$$
$$2.68 - 17.49 V_{BF} = 0$$
$$V_{BF} = 0.15$$

$$\underline{\underline{V_{BF} = -V_{FB} = 0.15^k}}$$

(c)

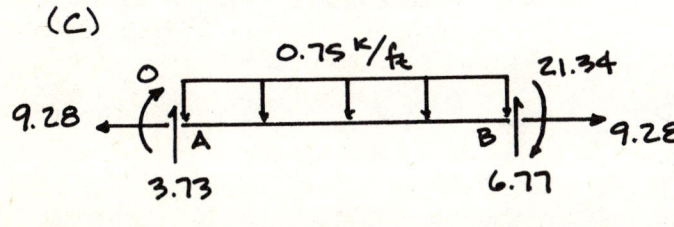
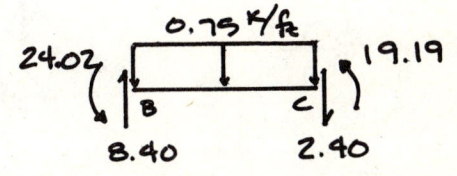
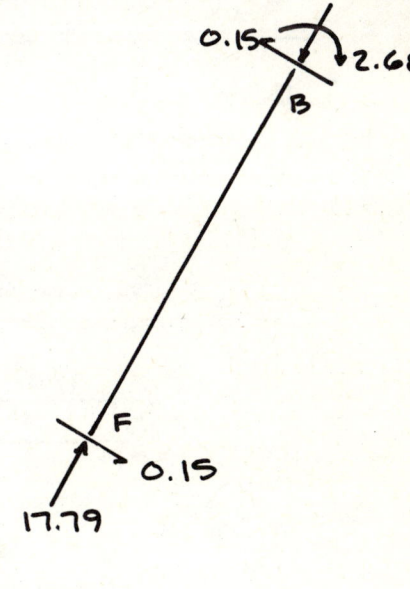

(d)

$$\underline{\underline{R_{AV} = V_{AB} = 3.73^k \uparrow}}$$

$$\underline{\underline{R_{AH} = P_{AB} = 9.28^k \leftarrow}}$$

$$\underline{\underline{R_E = V_{ED} = 5.60^k \uparrow}}$$

$$\underline{\underline{R_{FV} = \left(\tfrac{15}{17.49}\right)(17.79) - \left(\tfrac{9}{17.49}\right)(0.15) = 15.18^k \uparrow}}$$

$$\underline{\underline{R_{FH} = \left(\tfrac{9}{17.49}\right)(17.79) + \left(\tfrac{15}{17.49}\right)(0.15) = 9.28^k \rightarrow}}$$

2-29 (CONT)
(e)

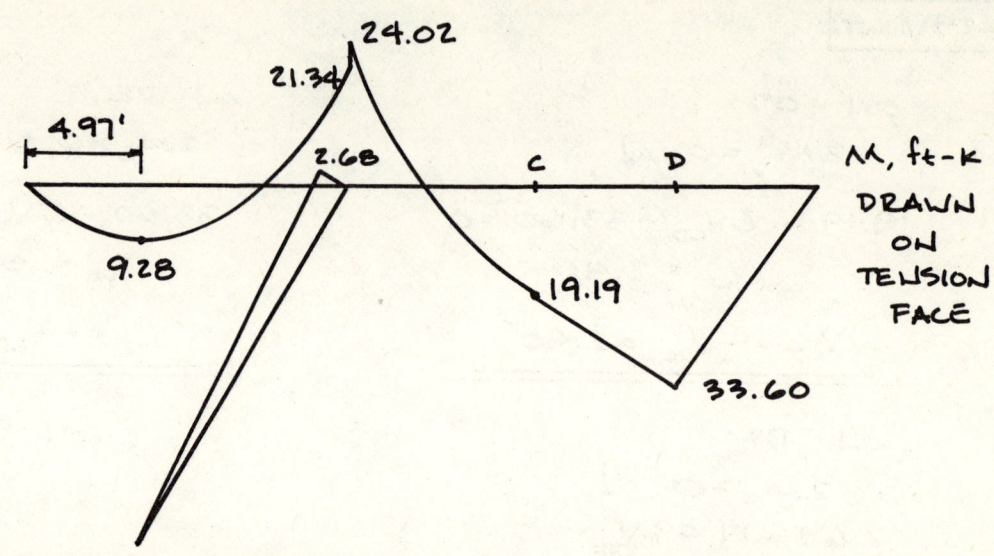

M, ft-k DRAWN ON TENSION FACE

2-30 (a)

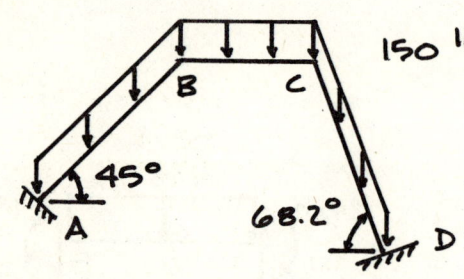

150 lbs/ft OF MEMBER

$w_\perp = w\cos\theta \quad w_= = w\sin\theta$

AB:
$w_\perp = 150\cos 45° = 106 \qquad w_= = 150\sin 45° = 106$

BC:
$w_\perp = 150\cos 0° = 150 \qquad w_= = 150\sin 0° = 0$

CD:
$w_\perp = 150\cos 68.2° = 56 \qquad w_= = 150\sin 68.2° = 139$

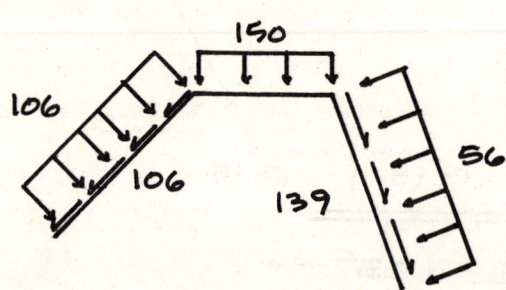

lbs/ft OF MEMBER

2-30 (CONT) (b)

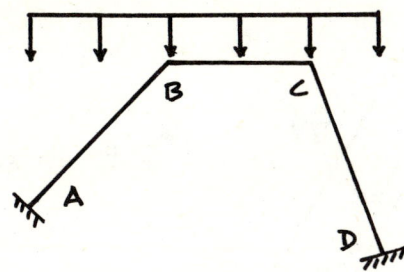

450 lbs/HORIZONTAL FOOT

$W_\perp = W\cos^2\theta$

$W_= = W\sin\theta\cos\theta$

AB:
$W_\perp = (450)(\cos 45°)^2 = 225$ $W_= = (450)(\sin 45°)(\cos 45°)$
                                        $W_= = 225$

BC:
$W_\perp = (450)(\cos 0°)^2 = 450$ $W_= = 0$

CD:
$W_\perp = (450)(\cos 68.2°)^2 = 62$ $W_= = (450)(\sin 68.2°)(\cos 68.2°)$
                                        $W_= = 155$

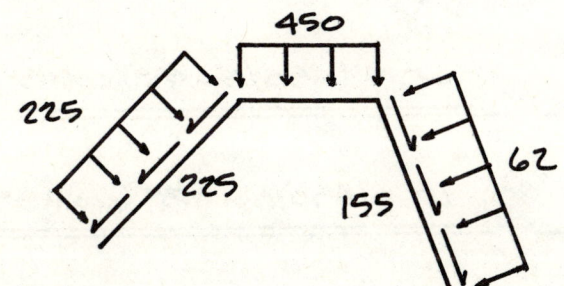

lbs/ft OF MEMBER

2-31
(a)

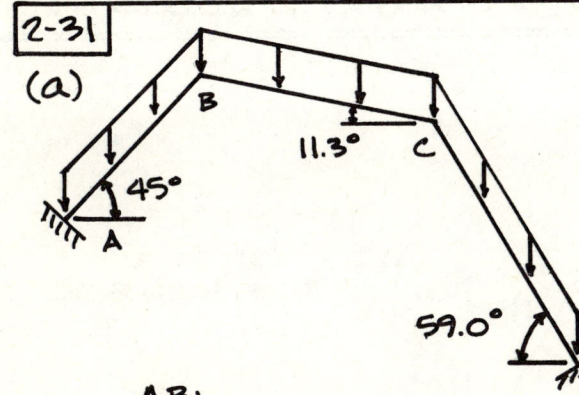

150 lbs/ft OF MEMBER

$W_\perp = W\cos\theta$

$W_= = W\sin\theta$

AB:
$W_\perp = 150\cos 45° = 106$ $W_= = 150\sin 45° = 106$

BC:
$W_\perp = 150\cos 11.3° = 147$ $W_= = 150\sin 11.3° = 29$

CD:
$W_\perp = 150\cos 59.0° = 77$ $W_= = 150\sin 59.0° = 129$

2-31 (CONT)

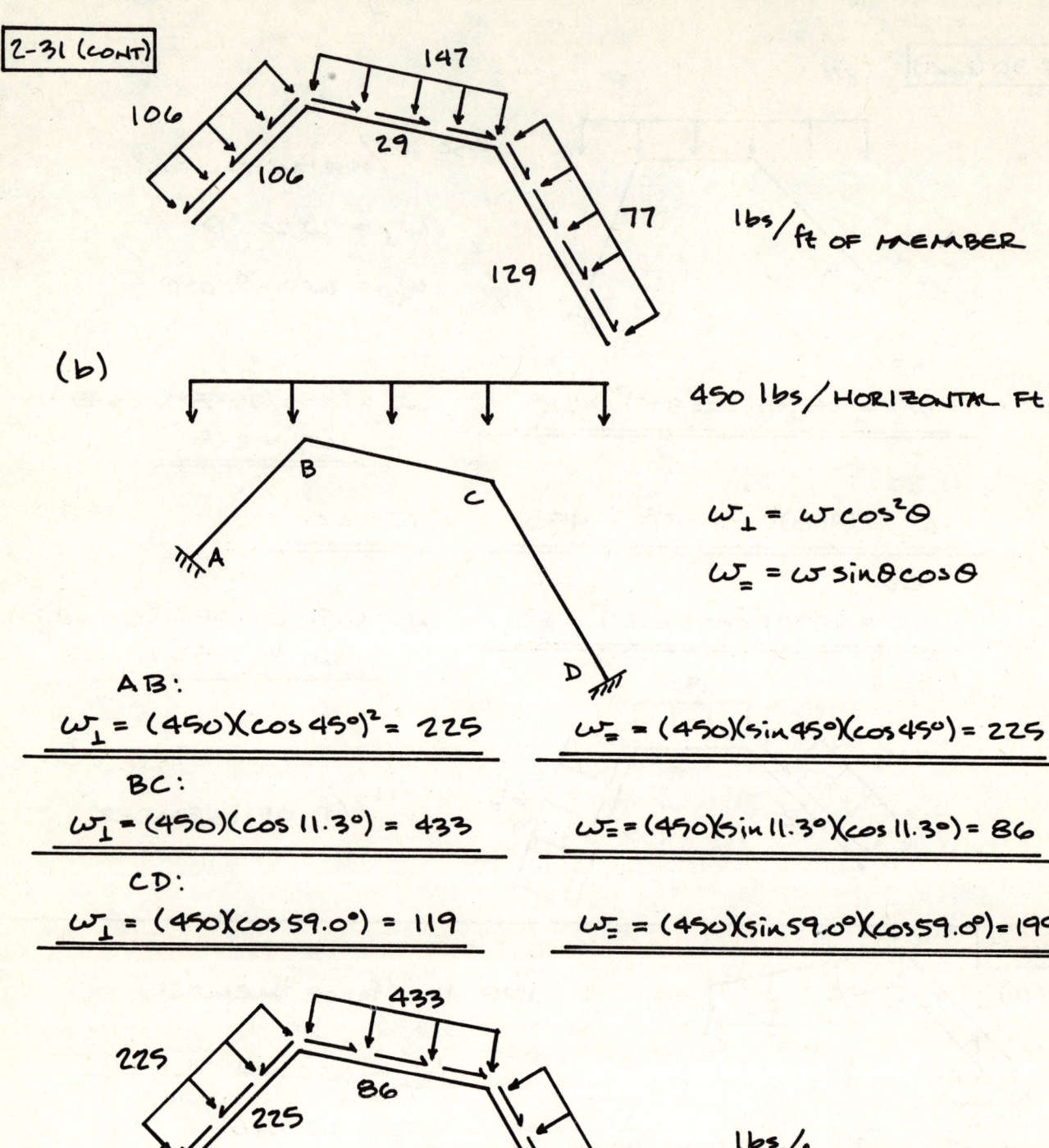

(b)

450 lbs/HORIZONTAL FT.

$\omega_\perp = \omega \cos^2\theta$

$\omega_= = \omega \sin\theta\cos\theta$

AB:
$\omega_\perp = (450)(\cos 45°)^2 = 225$ $\omega_= = (450)(\sin 45°)(\cos 45°) = 225$

BC:
$\omega_\perp = (450)(\cos 11.3°) = 433$ $\omega_= = (450)(\sin 11.3°)(\cos 11.3°) = 86$

CD:
$\omega_\perp = (450)(\cos 59.0°) = 119$ $\omega_= = (450)(\sin 59.0°)(\cos 59.0°) = 199$

lbs/ft OF MEMBER

2-32 (a)

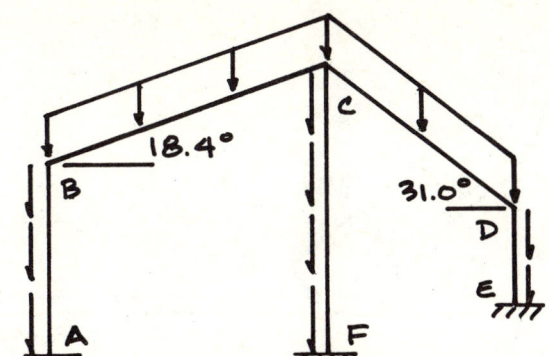

150 lbs/ft OF MEMBER

$\omega_\perp = \omega \cos\theta$

$\omega_= = \omega \sin\theta$

BC:
$\omega_\perp = 150 \cos 18.4° = 142$ $\omega_= = 150 \sin 18.4° = 47$

CD:
$\omega_\perp = 150 \cos 31.0° = 129$ $\omega_= = 150 \sin 31.0° = 77$

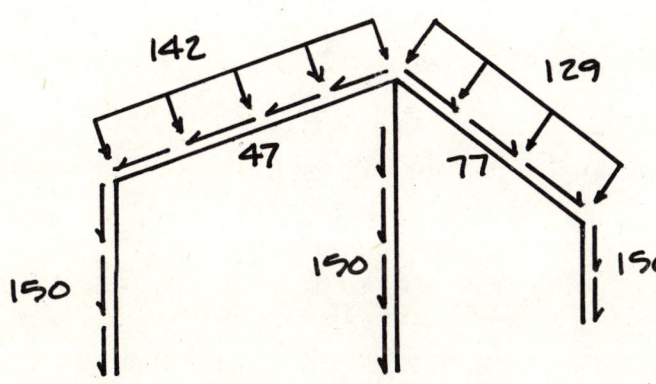

lbs/ft OF MEMBER

(b)

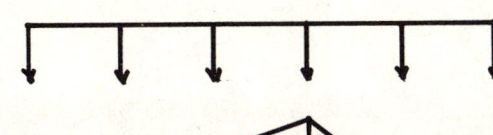

450 lb/HORIZONTAL Ft.

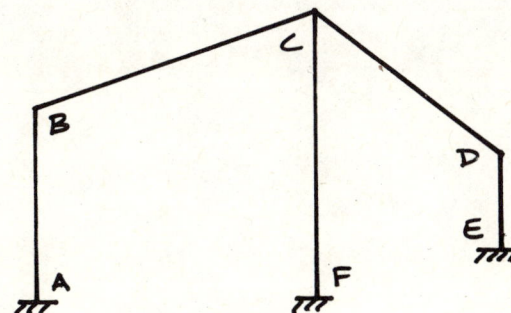

$\omega_\perp = \omega \cos^2\theta$

$\omega_= = \omega \sin\theta \cos\theta$

BC:
$\omega_\perp = (450)(\cos 18.4°)^2 = 405$ $\omega_= = (450)(\sin 18.4°)(\cos 18.4°) = 135$

CD:
$\omega_\perp = (450)(\cos 31.0°)^2 = 331$ $\omega_= = (450)(\sin 31.0°)(\cos 31.0°) = 199$

2-32 (CONT)

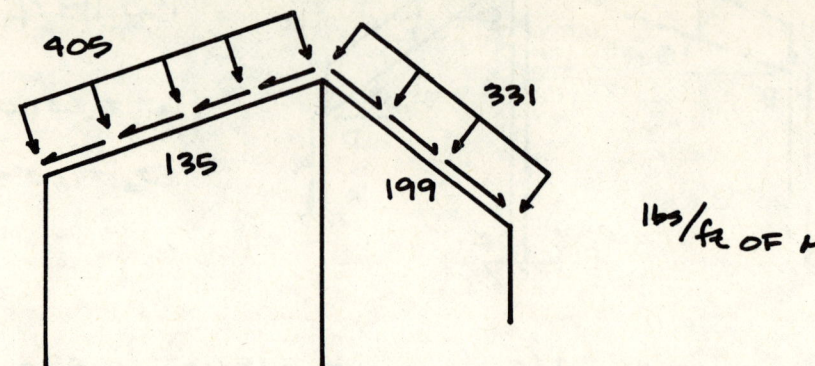

lbs/ft OF MEMBER

3-1

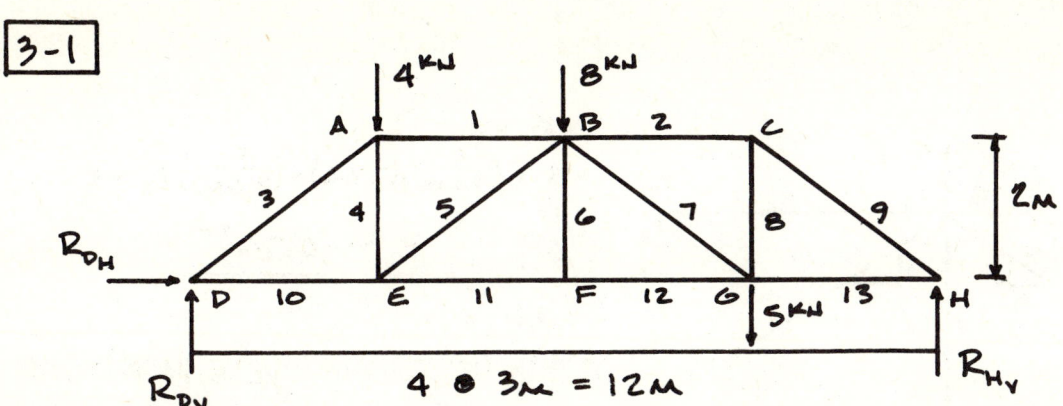

$\Sigma M_D = 0 \; +\!\!\curvearrowleft$
$(4)(3) + (8)(6) + (5)(9) - 12 R_H = 0$
$\underline{\underline{R_{H_V} = 8.75^{KN} \uparrow}}$

$\Sigma F_V = 0$
$R_{D_V} + 8.75 - 4 - 8 - 5 = 0$
$\underline{\underline{R_{D_V} = 8.25^{KN} \uparrow}}$

$\Sigma F_H = 0 \quad \underline{\underline{R_{D_H} = 0}}$

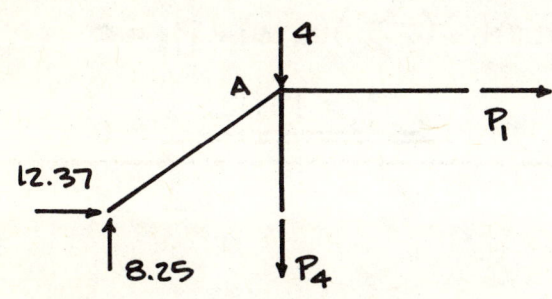

$\Sigma F_V = 0$
$8.25 + \frac{2}{3.606} P_3 = 0$
$\underline{\underline{P_3 = -14.87^{KN}}}$

$\Sigma F_H = 0$
$P_{10} - \left(\frac{3}{3.606}\right)(14.87) = 0$
$\underline{\underline{P_{10} = 12.37^{KN}}}$

$\Sigma F_H = 0$
$12.37 + P_1 = 0$
$\underline{\underline{P_1 = -12.37^{KN}}}$

$\Sigma F_V = 0$
$8.25 - P_4 - 4 = 0$
$\underline{\underline{P_4 = 4.25^{KN}}}$

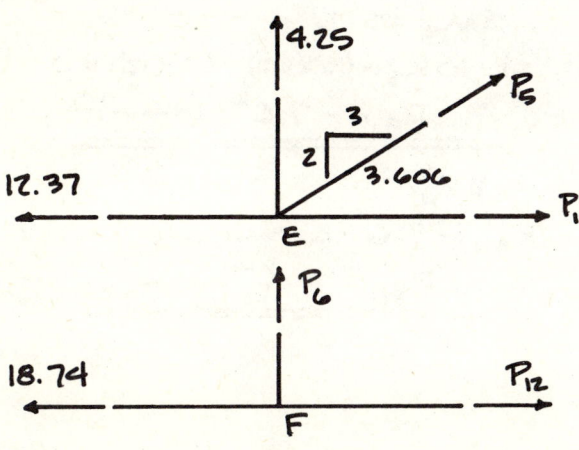

$\Sigma F_V = 0$
$4.25 + \left(\frac{2}{3.606}\right) P_5 = 0$
$\underline{\underline{P_5 = -7.66^{KN}}}$

$\Sigma F_H = 0$
$P_{11} - 12.37 - \left(\frac{3}{3.606}\right)(7.66) = 0$
$\underline{\underline{P_{11} = 18.74^{KN}}}$

BY OBSERVATION:
$\underline{\underline{P_6 = 0}} \quad \underline{\underline{P_{12} = 18.74^{KN}}}$

3-1 (CONT)

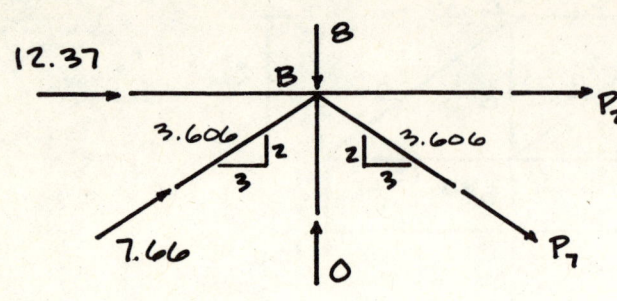

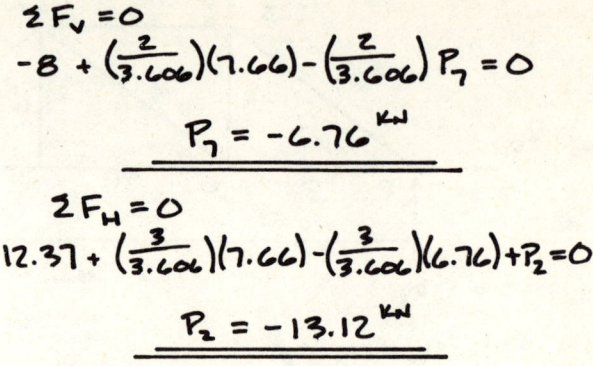

$\Sigma F_v = 0$
$-8 + \left(\frac{2}{3.606}\right)(7.66) - \left(\frac{2}{3.606}\right) P_7 = 0$

$\underline{\underline{P_7 = -6.76^{kN}}}$

$\Sigma F_H = 0$
$12.37 + \left(\frac{3}{3.606}\right)(7.66) - \left(\frac{3}{3.606}\right)(6.76) + P_2 = 0$

$\underline{\underline{P_2 = -13.12^{kN}}}$

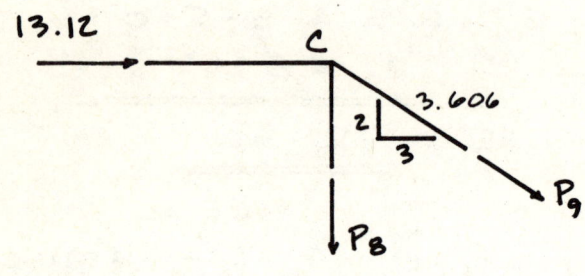

$\Sigma F_H = 0$
$13.12 + \left(\frac{3}{3.606}\right) P_9 = 0$
$\underline{\underline{P_9 = -15.77}}$

$\Sigma F_v = 0$
$-P_8 + \left(\frac{2}{3.606}\right)(15.77) = 0$

$\underline{\underline{P_8 = 8.75}}$

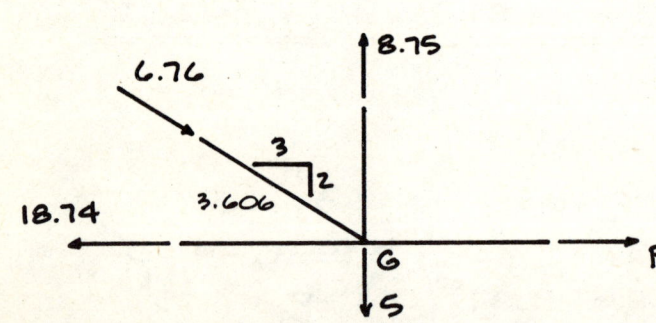

$\Sigma F_H = 0$
$-18.74 + \left(\frac{3}{3.606}\right)(6.76) + P_{13} = 0$

$\underline{\underline{P_{13} = 13.12}}$

3-2

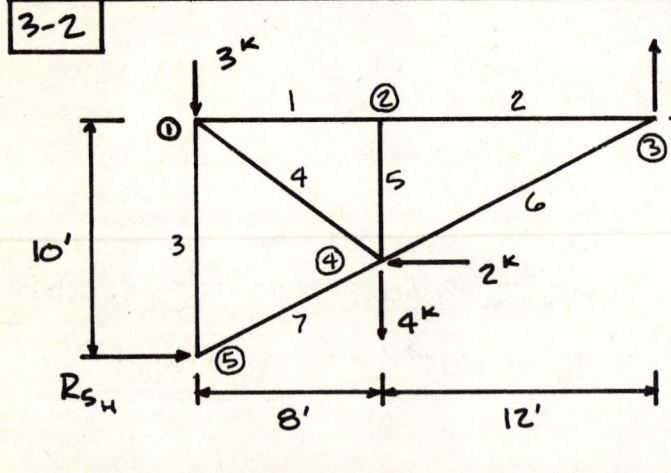

$\Sigma M_{\circled{3}} = 0 \; +\circlearrowleft$
$(2)(6) - 10 R_5 - (3)(20) - (4)(12) = 0$
$\underline{\underline{R_{5H} = -9.6^k \; (\leftarrow)}}$

$\Sigma F_H = 0$
$R_{3H} - 9.6 - 2 = 0$
$\underline{\underline{R_{3H} = 11.6^k \longrightarrow}}$

$\Sigma F_v = 0$
$R_{3v} - 3 - 4 = 0$
$\underline{\underline{R_{3v} = 7^k \uparrow}}$

34

3-2 (CONT)

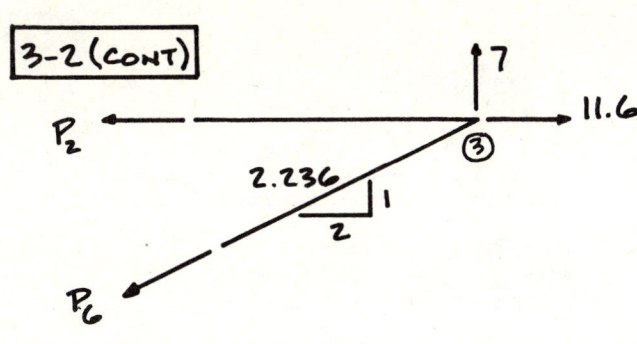

$\Sigma F_V = 0$
$7 - \left(\frac{1}{2.236}\right) P_6 = 0$
$\underline{\underline{P_6 = 15.65^K}}$

$\Sigma F_H = 0$
$11.6 - \left(\frac{2}{2.236}\right)(15.65) - P_2 = 0$
$\underline{\underline{P_2 = -2.40^K}}$

BY INSPECTION AT ②:
$\Sigma F_V = 0 \quad \underline{\underline{P_5 = 0}}$
$\Sigma F_H = 0 \quad \underline{\underline{P_1 = -2.40^K}}$

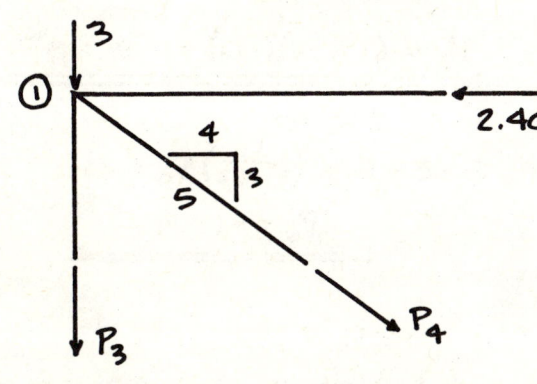

$\Sigma F_H = 0$
$-2.40 + \left(\frac{4}{5}\right) P_4 = 0$
$\underline{\underline{P_4 = 3.0^K}}$

$\Sigma F_V = 0$
$-3 - \left(\frac{3}{5}\right)(3) - P_3 = 0$
$\underline{\underline{P_3 = -4.80^K}}$

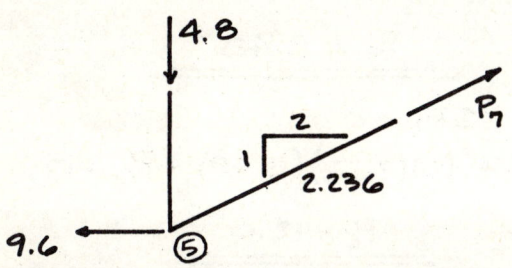

$\Sigma F_H = 0$
$-9.6 + \left(\frac{2}{2.236}\right) P_7 = 0$
$\underline{\underline{P_7 = 10.73^K}}$

3-3

$\Sigma M_D = 0 \;+\circlearrowleft$
$(8)(6) + (4)(12) - 24 R_G = 0$
$\underline{\underline{R_{GV} = 4^K \uparrow}}$

$\Sigma F_V = 0$
$R_{DV} + 4 - 8 - 4 = 0$
$\underline{\underline{R_{DV} = 8^K \uparrow}}$

$\Sigma F_H = 0$
$\underline{\underline{R_{DH} = 0}}$

35

3-3 (CONT)

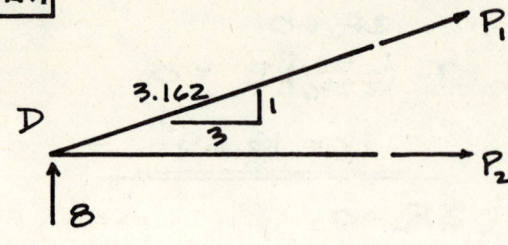

$\Sigma F_V = 0$
$8 + \left(\frac{1}{3.162}\right) P_1 = 0$
$\underline{\underline{P_1 = -25.30^k}}$

$\Sigma F_H = 0$
$-\left(\frac{3}{3.162}\right)(25.30) + P_2 = 0$
$\underline{\underline{P_2 = 24.0^k}}$

$\Sigma M_D = 0 \;\; +\!\downarrow$
$(8)(6) + 8 P_{3V} = 0$
$P_{3V} = -6$
$\underline{\underline{P_3 = (1.414)(-6) = -8.48^k}}$

$\Sigma F_V = 0$
$8 - 8 + 6 + \left(\frac{1}{3.162}\right) P_4 = 0$
$\underline{\underline{P_4 = -18.97^k}}$

$\Sigma F_V = 0$
$-\left(\frac{1}{1.414}\right)(8.48) + \left(\frac{1}{1.414}\right) P_5 = 0$
$\underline{\underline{P_5 = 8.48^k}}$

$\Sigma F_H = 0$
$-24 + (2)\left(\frac{1}{1.414}\right)(8.48) + P_6 = 0$
$\underline{\underline{P_6 = 12.0^k}}$

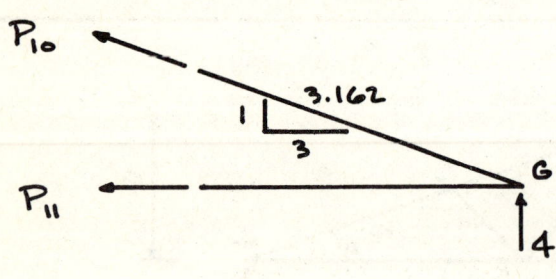

$\Sigma F_V = 0$
$4 + \left(\frac{1}{3.162}\right) P_{10} = 0$
$\underline{\underline{P_{10} = -12.65^k}}$

$\Sigma F_H = 0$
$-P_{11} + \left(\frac{3}{3.162}\right)(12.65) = 0$
$\underline{\underline{P_{11} = 12.0^k}}$

3-3 (CONT)

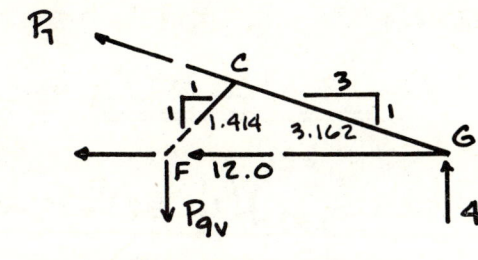

$\Sigma M_G = 0$

$P_{9V} = 0 \qquad \underline{\underline{P_9 = 0}}$

$\therefore \underline{\underline{P_7 = P_{10} = -12.65^K}}$

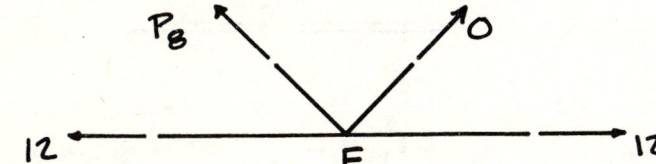

$\Sigma F_V = 0$

$\underline{\underline{P_8 = 0}}$

3-4

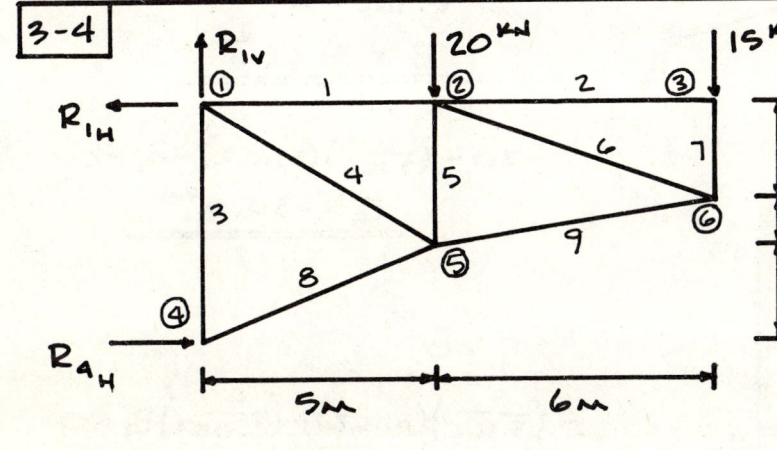

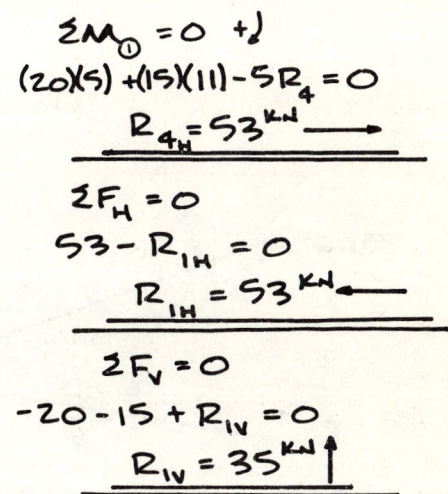

$\Sigma M_{\textcircled{1}} = 0 \;+\!\!\downarrow$

$(20)(5) + (15)(11) - 5R_4 = 0$

$\underline{\underline{R_{4H} = 53^{kN} \longrightarrow}}$

$\Sigma F_H = 0$

$53 - R_{1H} = 0$

$\underline{\underline{R_{1H} = 53^{kN} \longleftarrow}}$

$\Sigma F_V = 0$

$-20 - 15 + R_{1V} = 0$

$\underline{\underline{R_{1V} = 35^{kN} \uparrow}}$

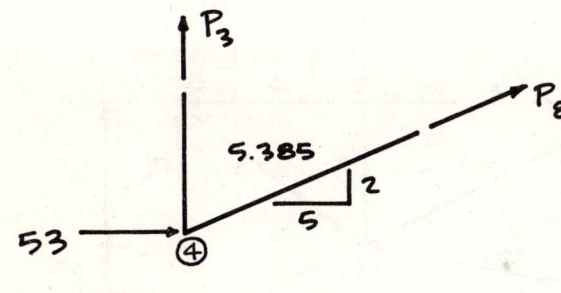

$\Sigma F_H = 0$

$53 + \left(\dfrac{5}{5.385}\right) P_8 = 0$

$\underline{\underline{P_8 = -57.08^{kN}}}$

$\Sigma F_V = 0$

$P_3 - \left(\dfrac{2}{5.385}\right)(57.08) = 0$

$\underline{\underline{P_3 = 21.20^{kN}}}$

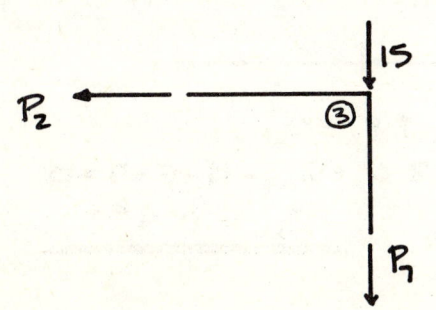

BY INSPECTION:

$\underline{\underline{P_2 = 0}}$

$\underline{\underline{P_7 = -15^{kN}}}$

37

3-4 (CONT)

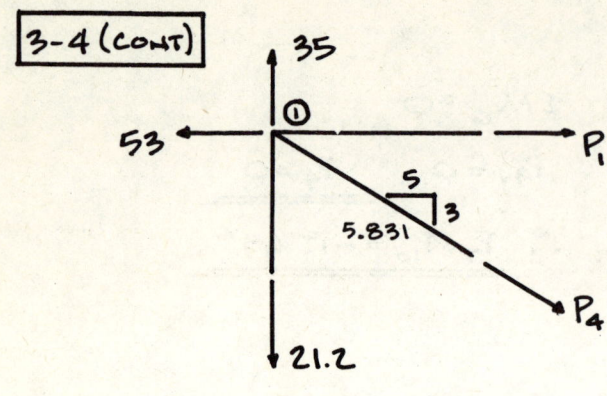

$\Sigma F_V = 0$
$-21.2 + 35 - \left(\frac{3}{5.831}\right) P_4 = 0$

$\underline{\underline{P_4 = 26.82^{kN}}}$

$\Sigma F_H = 0$
$-53 + \left(\frac{5}{5.831}\right)(26.82) + P_1 = 0$

$\underline{\underline{P_1 = 30.0^{kN}}}$

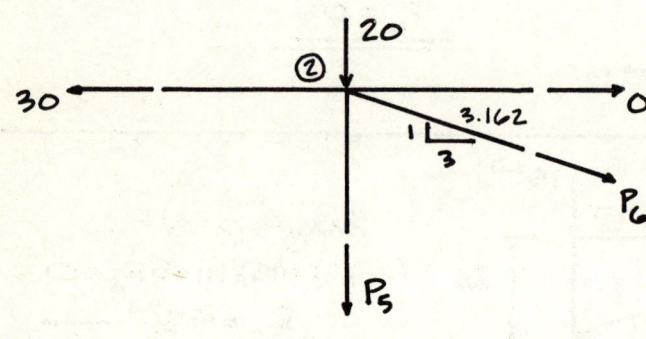

$\Sigma F_H = 0$
$-30 + \left(\frac{3}{3.162}\right) P_6 = 0$

$\underline{\underline{P_6 = 31.62^{kN}}}$

$\Sigma F_V = 0$
$-20 - \left(\frac{1}{3.162}\right)(31.62) - P_5 = 0$

$\underline{\underline{P_5 = -30.0^{kN}}}$

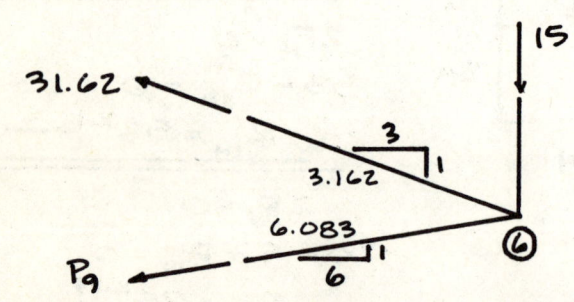

$\Sigma F_H = 0$
$-\left(\frac{3}{3.162}\right)(31.62) - \left(\frac{6}{6.083}\right) P_9 = 0$

$\underline{\underline{P_9 = -30.42^{kN}}}$

3-5

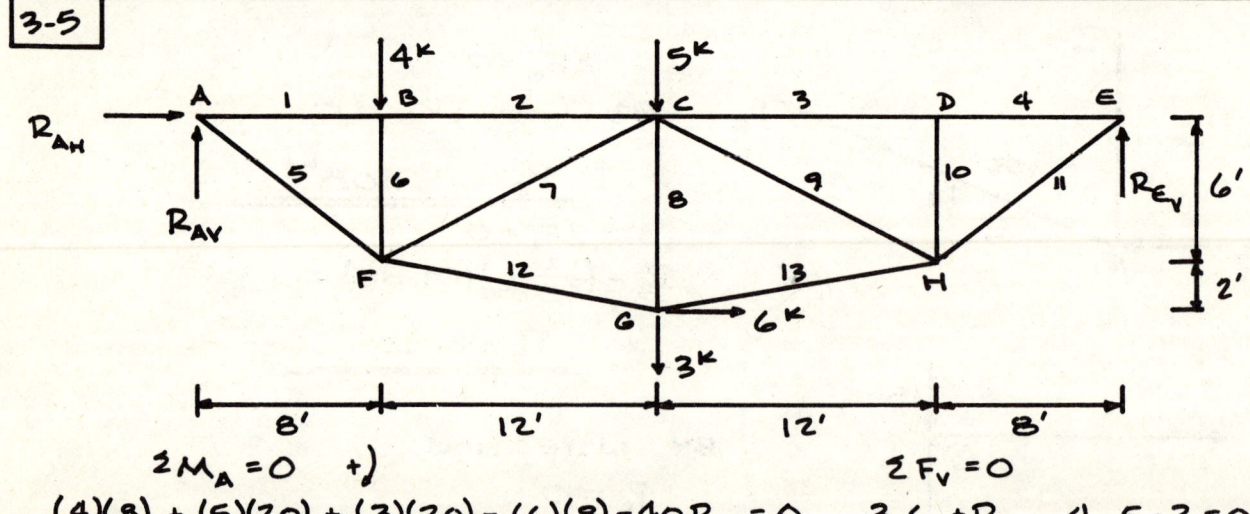

$\Sigma M_A = 0 \quad +\circlearrowleft$
$(4)(8) + (5)(20) + (3)(20) - (6)(8) - 40 R_E = 0$
$\underline{\underline{R_{E_V} = 3.6^k \uparrow}}$

$\Sigma F_V = 0$
$3.6 + R_{AY} - 4 - 5 - 3 = 0$
$\underline{\underline{R_{AY} = 8.4^k \uparrow}}$

3-5 (CONT) $\Sigma F_H = 0$ $R_{AH} + 6 = 0$ $\underline{\underline{R_{AH} = -6^k (\leftarrow)}}$

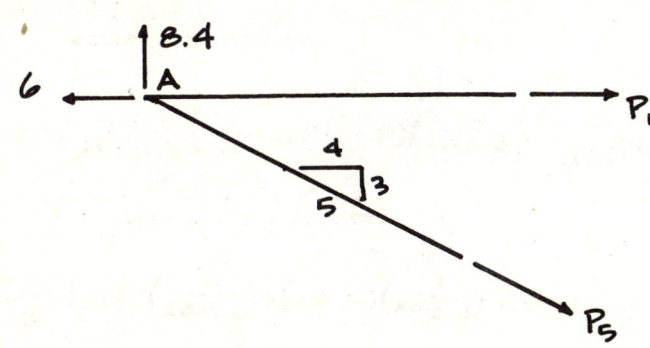

$\Sigma F_V = 0$
$8.4 - (3/5) P_5 = 0$
$\underline{\underline{P_5 = 14.0^k}}$

$\Sigma F_H = 0$
$-6 + (4/5)(14) + P_1 = 0$
$\underline{\underline{P_1 = -5.20^k}}$

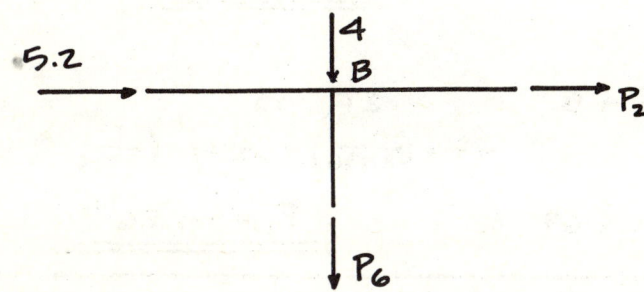

BY INSPECTION:
$\underline{\underline{P_2 = -5.20^k}}$

$\underline{\underline{P_6 = -4.0^k}}$

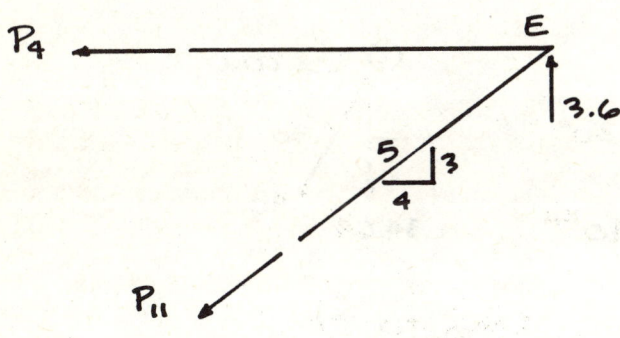

$\Sigma F_V = 0$
$3.6 - (3/5) P_{11} = 0$
$\underline{\underline{P_{11} = 6.0^k}}$

$\Sigma F_H = 0$
$-P_4 - (4/5)(6) = 0$
$\underline{\underline{P_4 = -4.80^k}}$

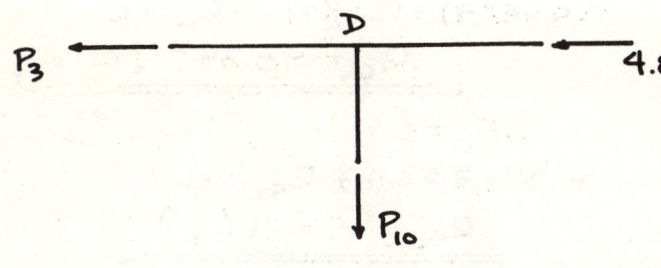

BY INSPECTION:
$\underline{\underline{P_3 = -4.80^k}}$

$\underline{\underline{P_{10} = 0}}$

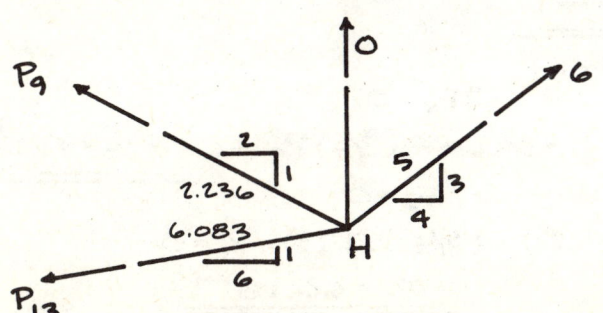

$\Sigma F_V = 0$
$(3/5)(6) + \left(\frac{1}{2.236}\right) P_9 - \left(\frac{1}{6.083}\right) P_{13} = 0$
$P_9 - 0.368 P_{13} = -8.050$

$\Sigma F_H = 0$
$(4/5)(6) - \left(\frac{2}{2.236}\right) P_9 - \left(\frac{6}{6.083}\right) P_{13} = 0$
$-P_9 - 1.103 P_{13} = -5.366$

3-5 (CONT)   SOLVING SIMULTANEOUS EQNS: $\underline{\underline{P_{13} = 9.12^K}}$

$\underline{\underline{P_9 = -4.69^K}}$

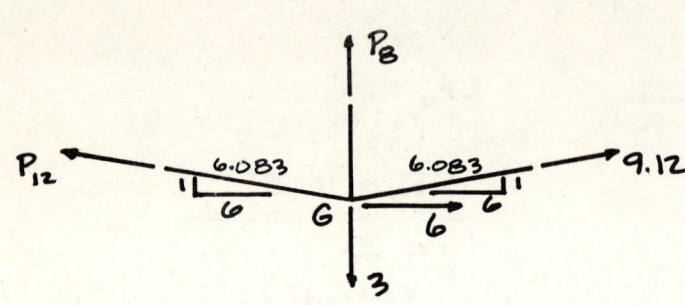

$\Sigma F_H = 0$
$(\frac{6}{6.083})(9.12) + 6 - (\frac{6}{6.083}) P_{12} = 0$
$\underline{\underline{P_{12} = 15.20^K}}$

$\Sigma F_V = 0$
$-3 + (\frac{1}{6.083})(15.20) + (\frac{1}{6.083})(9.12) + P_8 = 0$
$\underline{\underline{P_8 = -1.0^K}}$

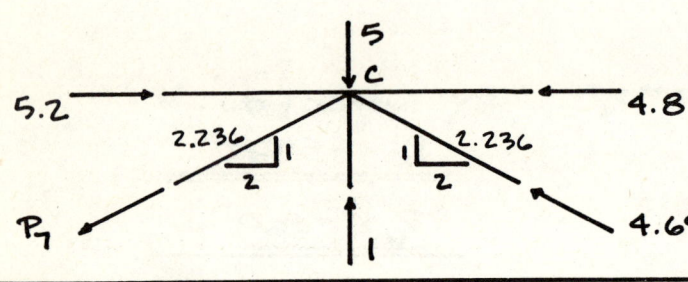

$\Sigma F_V = 0$
$-5 + (\frac{1}{2.236})(4.69) + 1 - (\frac{1}{2.236}) P_7 = 0$
$\underline{\underline{P_7 = -4.26^K}}$

3-6

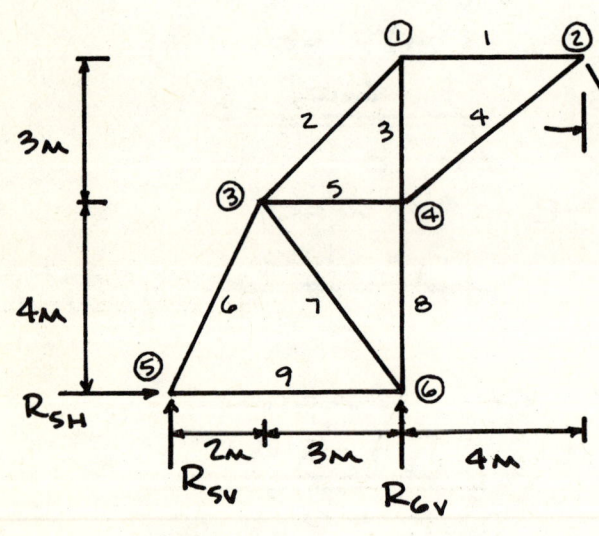

$\Sigma M_{\circled{5}} = 0 \;\; +)$
$(34.64)(9) + (20)(7) - 5 R_6 = 0$
$\underline{\underline{R_{6V} = 90.35^{KN} \uparrow}}$

$\Sigma F_V = 0$
$90.35 - 34.64 + R_{SV} = 0$
$\underline{\underline{R_{SV} = -55.71 \; (\downarrow)}}$

$\Sigma F_H = 0$
$R_{SH} + 20 = 0 \quad \underline{\underline{R_{SH} = -20^{KN} \; (\leftarrow)}}$

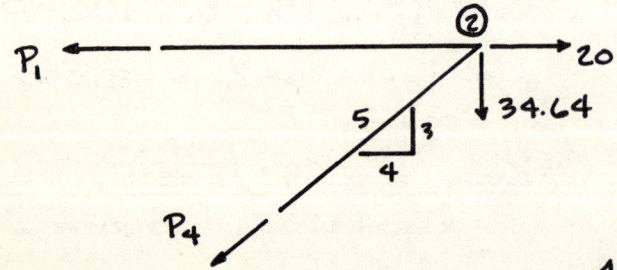

$\Sigma F_V = 0$
$-34.64 - (3/5) P_4 = 0 \quad \underline{\underline{P_4 = -57.73^{KN}}}$
$\Sigma F_H = 0$
$20 + (4/5)(57.73) - P_1 = 0$
$\underline{\underline{P_1 = 66.18^{KN}}}$

3-6 (CONT)

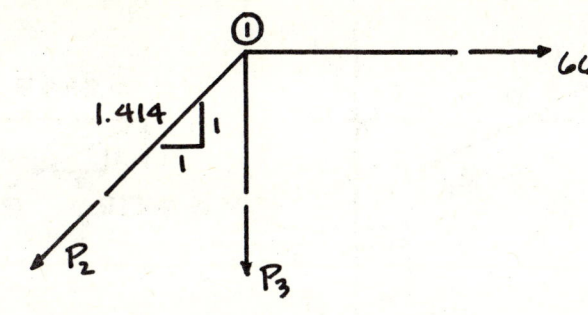

$\Sigma F_H = 0$
$66.18 - \left(\frac{1}{1.414}\right) P_2 = 0$
$\underline{\underline{P_2 = 95.38^{kN}}}$

$\Sigma F_V = 0$
$-\left(\frac{1}{1.414}\right)(93.58) - P_3 = 0$
$\underline{\underline{P_3 = -66.18^{kN}}}$

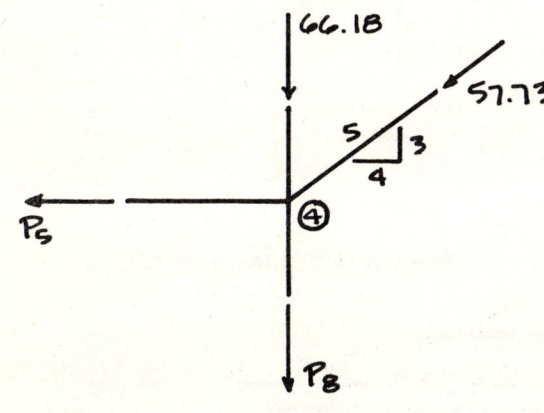

$\Sigma F_H = 0$
$-P_5 - \left(\frac{4}{5}\right)(57.73) = 0$
$\underline{\underline{P_5 = -46.18^{kN}}}$

$\Sigma F_V = 0$
$-66.18 - \left(\frac{3}{5}\right)(57.73) - P_8 = 0$
$\underline{\underline{P_8 = -100.82^{kN}}}$

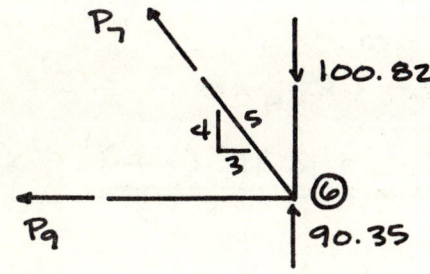

$\Sigma F_V = 0$
$-100.82 + 90.35 + \left(\frac{4}{5}\right) P_7 = 0$
$\underline{\underline{P_7 = 13.09^{kN}}}$

$\Sigma F_H = 0$
$-\left(\frac{3}{5}\right)(13.09) - P_9 = 0 \qquad \underline{\underline{P_9 = -7.85^{kN}}}$

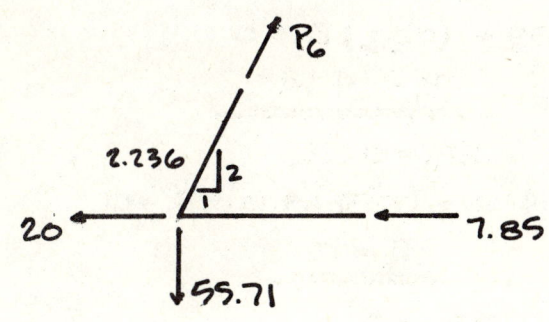

$\Sigma F_V = 0$
$-55.71 + \left(\frac{2}{2.236}\right) P_6 = 0$
$\underline{\underline{P_6 = 62.28^{kN}}}$

3-7

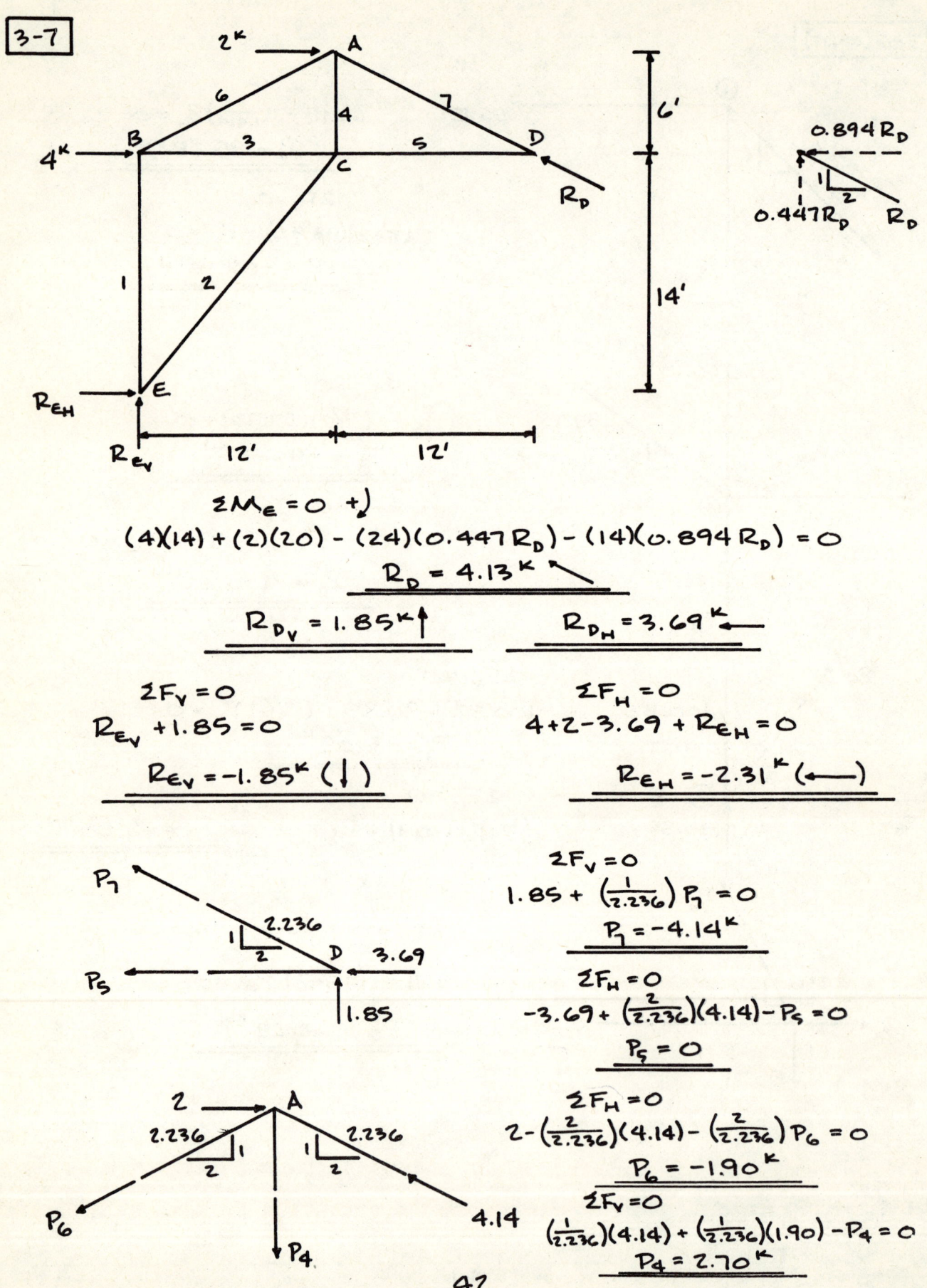

$\Sigma M_E = 0 \; +\circlearrowleft$
$(4)(14) + (2)(20) - (24)(0.447 R_D) - (14)(0.894 R_D) = 0$
$\underline{R_D = 4.13^K \swarrow}$

$\underline{R_{D_V} = 1.85^K \uparrow}$ $\qquad$ $\underline{R_{D_H} = 3.69^K \leftarrow}$

$\Sigma F_V = 0$ $\qquad\qquad$ $\Sigma F_H = 0$
$R_{E_V} + 1.85 = 0$ $\qquad$ $4 + 2 - 3.69 + R_{E_H} = 0$
$\underline{R_{E_V} = -1.85^K (\downarrow)}$ $\qquad$ $\underline{R_{E_H} = -2.31^K (\leftarrow)}$

$\Sigma F_V = 0$
$1.85 + \left(\frac{1}{2.236}\right) P_7 = 0$
$\underline{P_7 = -4.14^K}$

$\Sigma F_H = 0$
$-3.69 + \left(\frac{2}{2.236}\right)(4.14) - P_5 = 0$
$\underline{P_5 = 0}$

$\Sigma F_H = 0$
$2 - \left(\frac{2}{2.236}\right)(4.14) - \left(\frac{2}{2.236}\right) P_6 = 0$
$\underline{P_6 = -1.90^K}$

$\Sigma F_V = 0$
$\left(\frac{1}{2.236}\right)(4.14) + \left(\frac{1}{2.236}\right)(1.90) - P_4 = 0$
$\underline{P_4 = 2.70^K}$

42

3-7 (CONT)

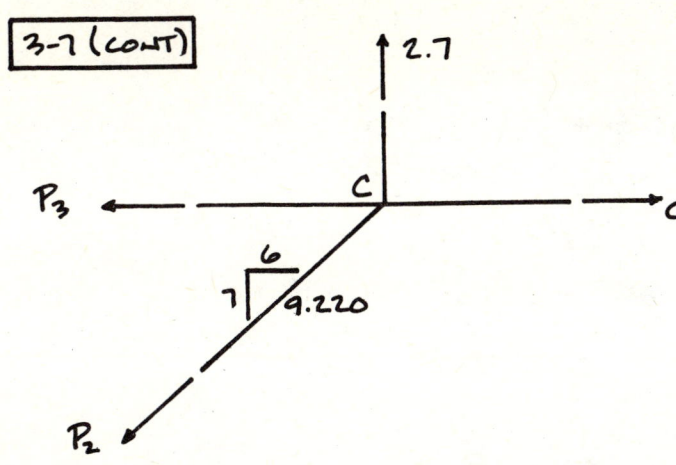

$\Sigma F_V = 0$
$2.7 - \left(\frac{7}{9.22}\right) P_2 = 0$
$\underline{\underline{P_2 = 3.56^k}}$

$\Sigma F_H = 0$
$-P_3 - \left(\frac{6}{9.22}\right)(3.56) = 0$
$\underline{\underline{P_3 = -2.32^k}}$

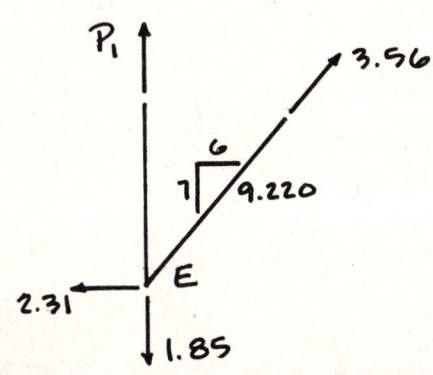

$\Sigma F_V = 0$
$P_1 + \left(\frac{7}{9.22}\right)(3.56) - 1.85 = 0$
$\underline{\underline{P_1 = -0.85^k}}$

3-8

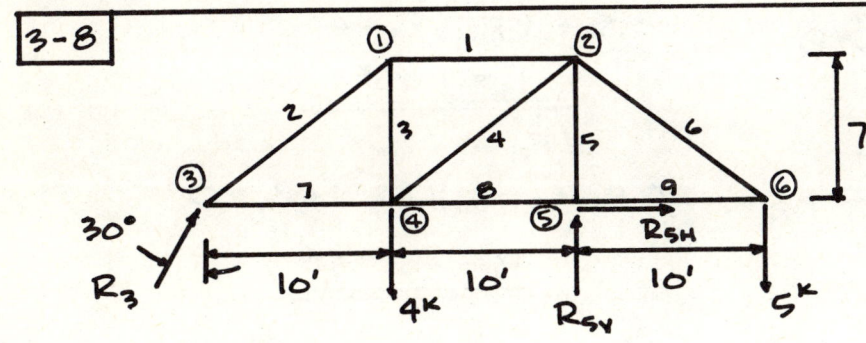

$\Sigma M_{\circled{5}} = 0 \ +\circlearrowleft$

$(5)(10) - (4)(10) + (20)(0.866 R_3) = 0$

$\underline{\underline{R_3 = -0.58^k \ (\nearrow)}} \qquad \underline{\underline{R_{3V} = 0.5^k \downarrow}} \qquad \underline{\underline{R_{3H} = 0.29^k \leftarrow}}$

$\Sigma F_V = 0$ $\qquad\qquad\qquad\qquad$ $\Sigma F_H = 0$

$-5 - 4 - 0.5 + R_{5V} = 0$ $\qquad$ $-0.29 + R_{5H} = 0$

$\underline{\underline{R_{5V} = 9.5^k \uparrow}}$ $\qquad\qquad$ $\underline{\underline{R_{5H} = 0.29^k \rightarrow}}$

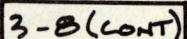

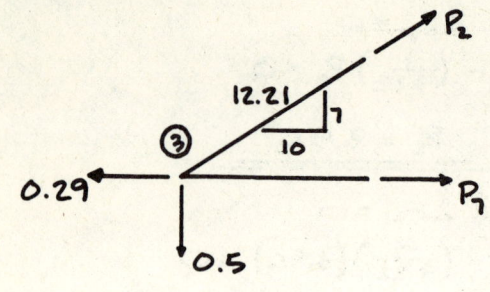

$\Sigma F_V = 0$
$-0.5 + \left(\frac{7}{12.21}\right) P_2 = 0$
$\underline{\underline{P_2 = 0.87^K}}$

$\Sigma F_H = 0$
$-0.29 + \left(\frac{10}{12.21}\right)(0.87) + P_7 = 0$
$\underline{\underline{P_7 = -0.42^K}}$

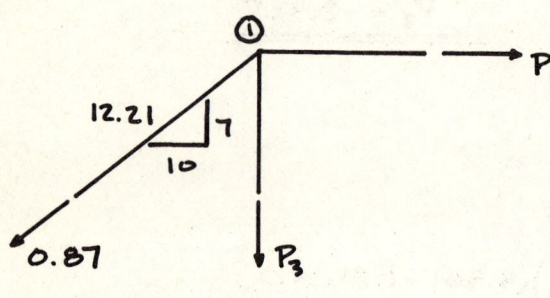

$\Sigma F_H = 0$
$-\left(\frac{10}{12.21}\right)(0.87) + P_1 = 0$
$\underline{\underline{P_1 = 0.71^K}}$

$\Sigma F_V = 0$
$-\left(\frac{7}{12.21}\right)(0.87) - P_3 = 0$
$\underline{\underline{P_3 = -0.50^K}}$

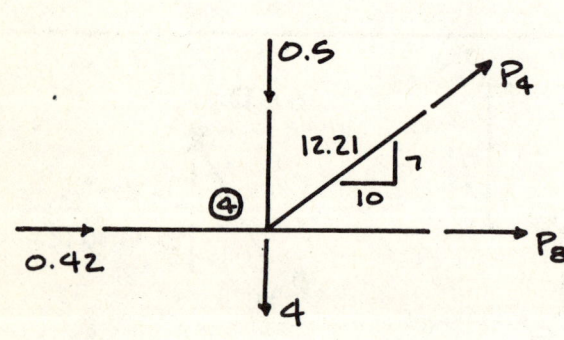

$\Sigma F_V = 0$
$-0.5 + \left(\frac{7}{12.21}\right) P_4 - 4 = 0$
$\underline{\underline{P_4 = 7.85^K}}$

$\Sigma F_H = 0$
$0.42 + \left(\frac{10}{12.21}\right)(7.85) + P_8 = 0$
$\underline{\underline{P_8 = -6.85^K}}$

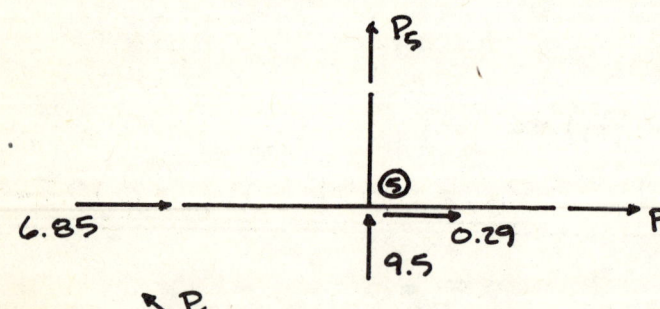

$\Sigma F_V = 0$
$P_5 + 9.5 = 0 \quad \underline{\underline{P_5 = -9.5^K}}$

$\Sigma F_H = 0$
$6.85 + 0.29 + P_9 = 0$
$\underline{\underline{P_9 = -7.14^K}}$

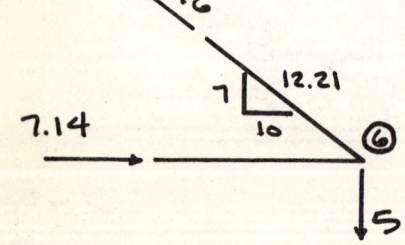

$\Sigma F_V = 0$
$-5 + \left(\frac{7}{12.21}\right) P_6 = 0$
$\underline{\underline{P_6 = 8.72^K}}$

3-9

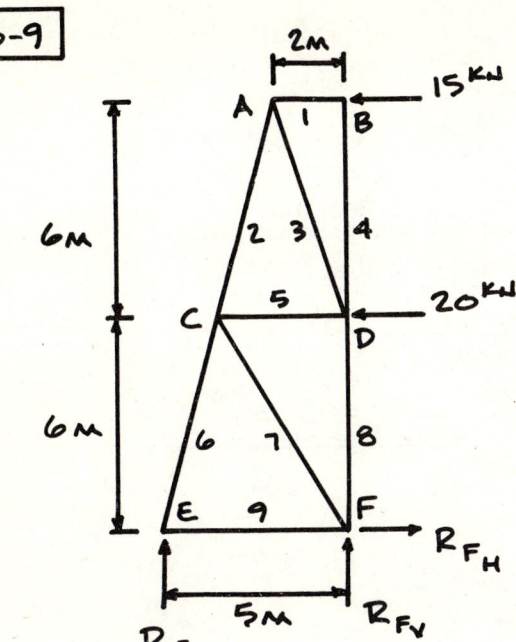

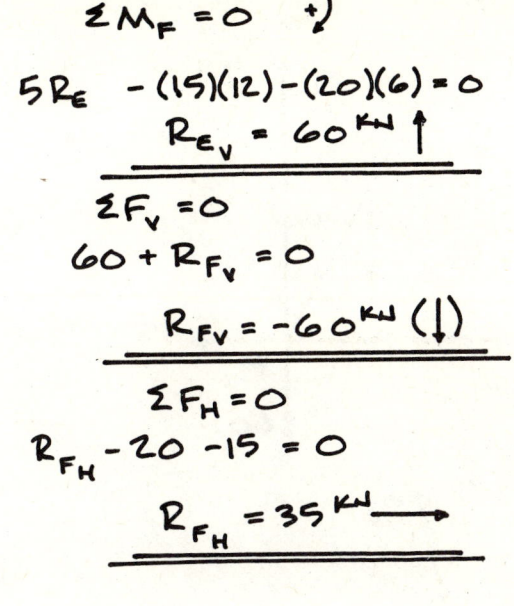

$\Sigma M_F = 0 \quad +\circlearrowleft$

$5R_E - (15)(12) - (20)(6) = 0$

$\underline{\underline{R_{E_V} = 60^{KN} \uparrow}}$

$\Sigma F_V = 0$

$60 + R_{F_V} = 0$

$\underline{\underline{R_{F_V} = -60^{KN} (\downarrow)}}$

$\Sigma F_H = 0$

$R_{F_H} - 20 - 15 = 0$

$\underline{\underline{R_{F_H} = 35^{KN} \rightarrow}}$

BY INSPECTION:

$\underline{\underline{P_1 = -15^{KN}}}$

$\underline{\underline{P_4 = 0}}$

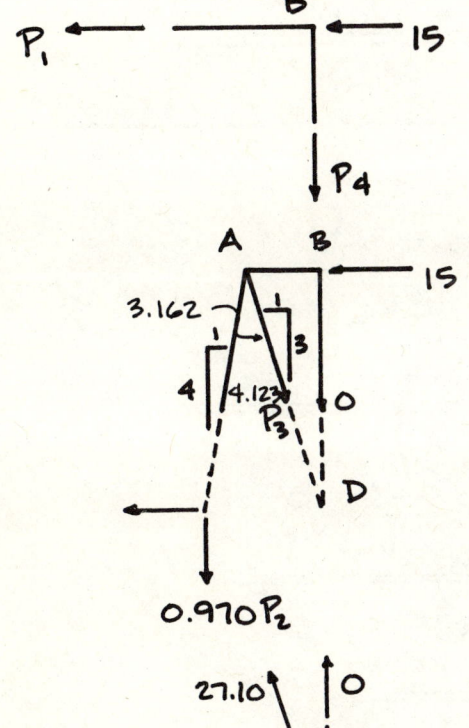

$\Sigma M_D = 0$

$-(15)(6) - (3.5)(0.970 P_2) = 0$

$\underline{\underline{P_2 = -26.51^{KN}}}$

$\Sigma F_V = 0$

$(0.970)(26.51) - \left(\frac{3}{3.162}\right) P_3 = 0$

$\underline{\underline{P_3 = 27.10^{KN}}}$

$\Sigma F_H = 0$

$-\left(\frac{1}{3.162}\right)(27.10) - P_5 - 20 = 0$

$\underline{\underline{P_5 = -28.57^{KN}}}$

$\Sigma F_V = 0$

$\left(\frac{3}{3.162}\right)(27.10) - P_8 = 0 \quad \underline{\underline{P_8 = 25.71^{KN}}}$

3-9 (CONT)

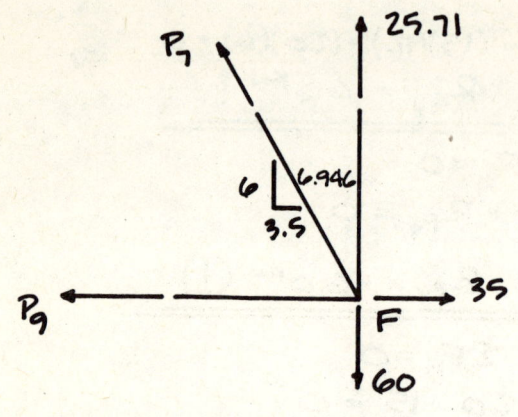

$\Sigma F_V = 0$

$25.71 + \left(\frac{6}{6.946}\right) P_7 - 60 = 0$

$\underline{\underline{P_7 = 39.70^{kN}}}$

$\Sigma F_H = 0$

$-\left(\frac{3.5}{6.946}\right)(39.70) + 35 - P_9 = 0$

$\underline{\underline{P_9 = 15.0^{kN}}}$

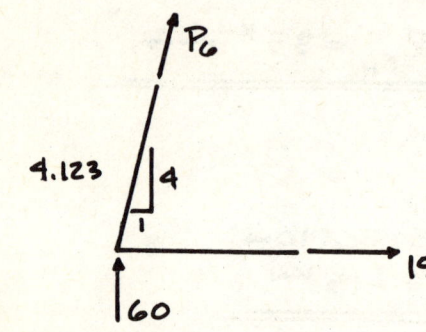

$\Sigma F_V = 0$

$60 + \left(\frac{4}{4.123}\right) P_6 = 0$

$\underline{\underline{P_6 = -61.85^{kN}}}$

3-10

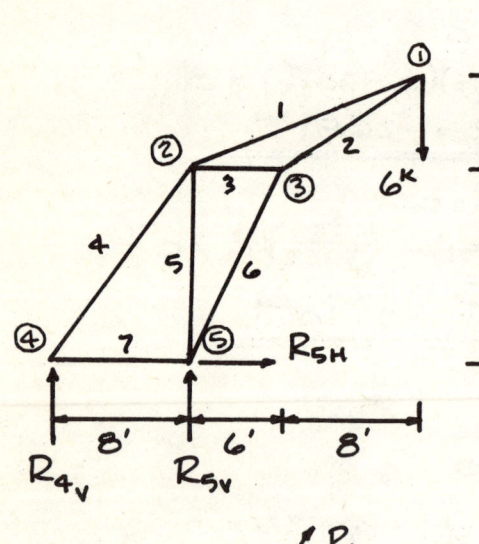

$\Sigma M_{\circledS} = 0 \;+\!\!\downarrow$

$(6)(14) + 8 R_{4V} = 0$

$\underline{\underline{R_{4V} = -10.5^k (\downarrow)}}$

$\Sigma F_V = 0$

$R_{5V} - 10.5 - 6 = 0$

$\underline{\underline{R_{5V} = 16.5^k \uparrow}}$

$\Sigma F_H = 0$

$\underline{\underline{R_{5H} = 0}}$

$\Sigma F_V = 0$

$-10.5 + \left(\frac{3}{3.606}\right) P_4 = 0 \qquad \underline{\underline{P_4 = 12.62^k}}$

$\Sigma F_H = 0$

$P_7 + \left(\frac{2}{3.606}\right)(12.62) = 0 \qquad \underline{\underline{P_7 = -7.0^k}}$

3-10 (CONT)

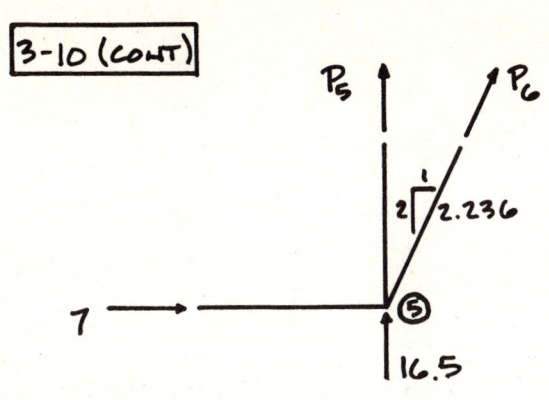

$\Sigma F_H = 0$

$7 + \left(\frac{1}{2.236}\right) P_6 = 0 \quad \underline{P_6 = -15.65^K}$

$\Sigma F_V = 0$

$16.5 - \left(\frac{2}{2.236}\right)(15.65) + P_5$

$\underline{P_5 = -2.50^K}$

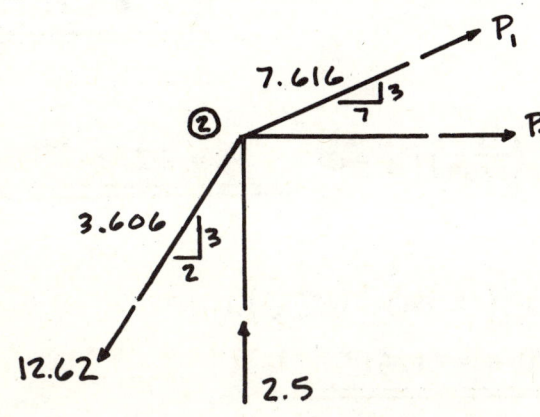

$\Sigma F_V = 0$

$-\left(\frac{3}{3.606}\right)(12.62) + 2.5 + \left(\frac{3}{7.616}\right) P_1 = 0$

$\underline{P_1 = 20.31^K}$

$\Sigma F_H = 0$

$-\left(\frac{2}{3.606}\right)(12.62) + \left(\frac{7}{7.616}\right)(20.31) + P_3 = 0$

$\underline{P_3 = -11.67^K}$

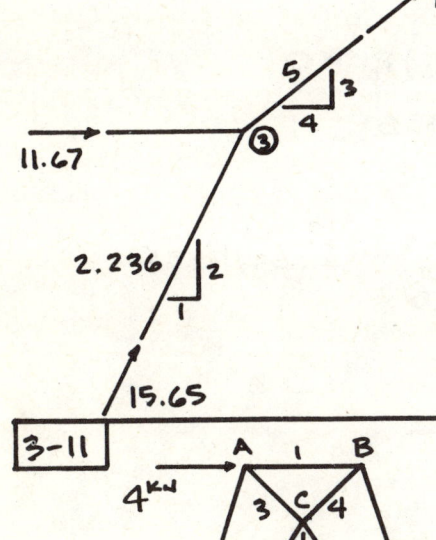

$\Sigma F_V = 0$

$\left(\frac{2}{2.236}\right)(15.65) + (3/5) P_2 = 0$

$\underline{P_2 = -23.33^K}$

3-11

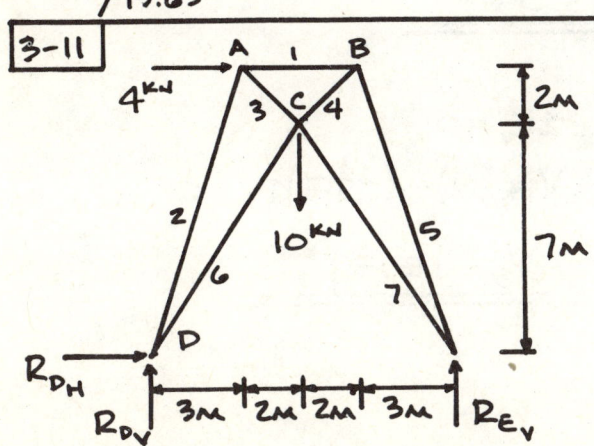

$\Sigma M_D = 0 \;+\!\circlearrowleft$

$(10)(5) + (4)(9) - 10 R_E = 0 \quad \underline{R_{E_V} = 8.6^{kN} \uparrow}$

$\Sigma F_V = 0$

$8.6 + R_{D_V} - 10 = 0 \quad \underline{R_{D_V} = 1.4^{kN} \uparrow}$

$\Sigma F_H = 0$

$\underline{R_{D_H} = 4^{kN}}$

3-11 (CONT)

$\Sigma F_H = 0$

$-\left(\dfrac{5}{8.602}\right)P_7 - \left(\dfrac{1}{3.162}\right)P_5 = 0$

$P_5 = -1.838 P_7$

$\Sigma F_V = 0$

$8.6 + \left(\dfrac{7}{8.602}\right)P_7 + \left(\dfrac{3}{3.162}\right)(-1.838 P_7) = 0$

$\underline{\underline{P_7 = 9.25^{KN}}}$

$\underline{\underline{P_5 = -17.0^{KN}}}$

$\Sigma F_V = 0$

$\left(\dfrac{3}{3.162}\right)(17) - \left(\dfrac{1}{1.414}\right)P_4 = 0$ $\underline{\underline{P_4 = 22.81^{KN}}}$

$\Sigma F_H = 0$

$-P_1 - \left(\dfrac{1}{1.414}\right)(22.81) - \left(\dfrac{1}{3.162}\right)(17) = 0$

$\underline{\underline{P_1 = -21.51^{KN}}}$

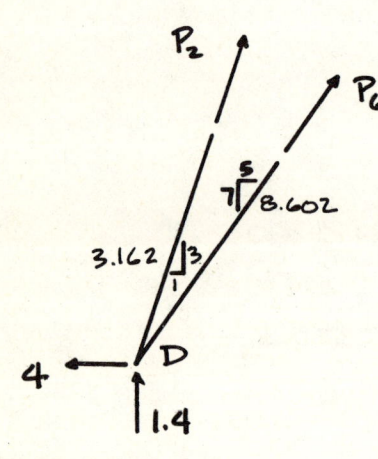

$\Sigma F_H = 0$

$-4 + \left(\dfrac{1}{3.162}\right)P_2 + \left(\dfrac{5}{8.602}\right)P_6 = 0$

$P_2 = 12.65 - 1.838 P_6$

$\Sigma F_V = 0$

$1.4 + \left(\dfrac{3}{3.162}\right)(12.65 - 1.838 P_6) + \left(\dfrac{7}{8.602}\right)P_6 = 0$

$\underline{\underline{P_6 = 14.41^{KN}}}$

$\underline{\underline{P_2 = -13.84^{KN}}}$

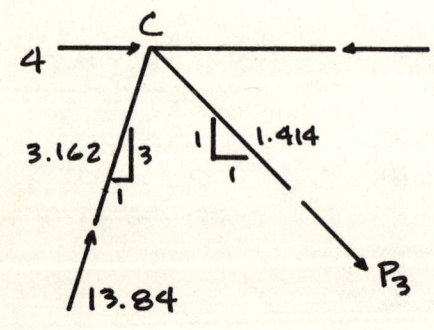

$\Sigma F_V = 0$

$\left(\dfrac{3}{3.162}\right)(13.84) - \left(\dfrac{1}{1.414}\right)P_3 = 0$

$\underline{\underline{P_3 = 18.57^{KN}}}$

48

3-12

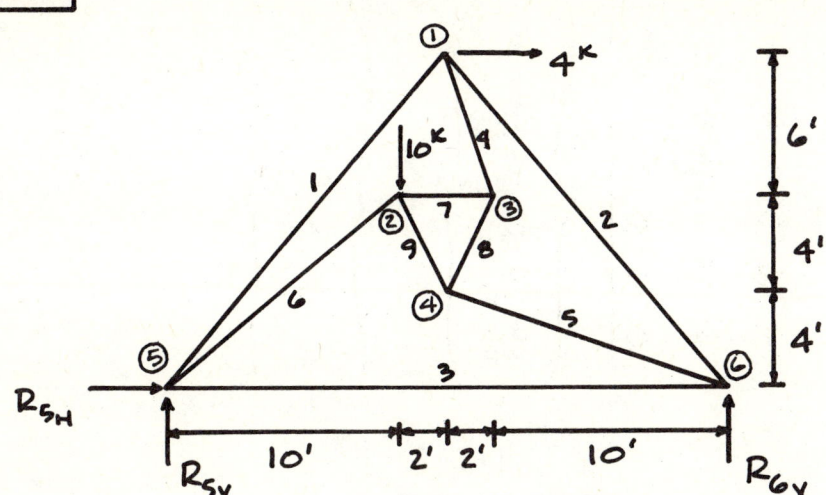

$$\Sigma M_{\text{⑤}} = 0 \quad +)$$
$$(10)(10) + (4)(14) - 24 R_6 = 0$$
$$\underline{R_{6V} = 6.5^K \uparrow}$$

$$\Sigma F_V = 0$$
$$R_{5V} + 6.5 - 10 = 0$$
$$\underline{R_{5V} = 3.5^K \uparrow}$$

$$\Sigma F_H = 0$$
$$\underline{R_{5H} = 4^K \leftarrow}$$

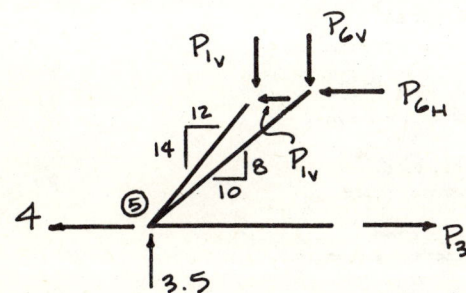

$$14 P_{1H} = 12 P_{1V}$$
$$8 P_{6H} = 10 P_{6V}$$
$$\Sigma F_V = 0$$
$$P_{1V} + P_{6V} = 3.5 \Rightarrow \tfrac{14}{12} P_{1H} + \tfrac{8}{10} P_{6H} = 3.5$$
$$\Sigma F_H = 0$$
$$P_{1H} + P_{6H} - P_3 = -4$$

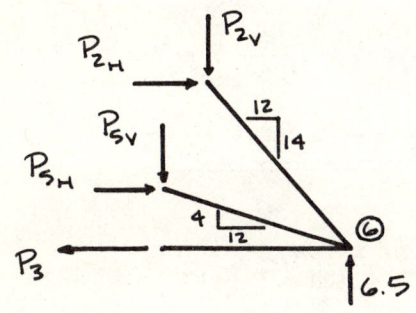

$$12 P_{5V} = 4 P_{5H}$$
$$\Sigma F_V = 0$$
$$P_{5V} + P_{2V} = 6.5 \Rightarrow \tfrac{14}{12} P_{2H} + \tfrac{4}{12} P_{5H} = 6.5$$
$$\Sigma F_H = 0$$
$$P_{5H} + P_{2H} - P_3 = 0$$

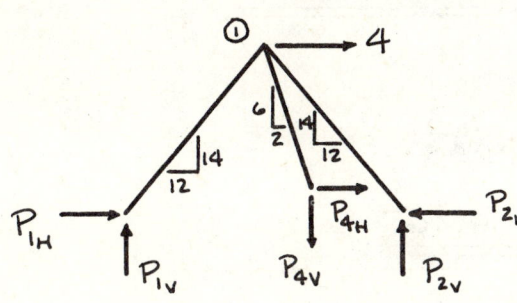

$$6 P_{4H} = 2 P_{4V} \Rightarrow 3 P_{4H} = P_{4V}$$
$$\Sigma F_V = 0$$
$$P_{1V} + P_{2V} - P_{4V} = 0 \Rightarrow \tfrac{14}{12} P_{1H} + \tfrac{14}{12} P_{2H} - 3 P_{4H} = 0$$
$$\Sigma F_H = 0$$
$$P_{1H} - P_{2H} + P_{4H} + 4 = 0$$

3-12 (CONT)

$$\begin{bmatrix} \frac{14}{12} & 0 & 0 & 0 & 0 & \frac{8}{10} \\ 1 & 0 & -1 & 0 & 0 & 1 \\ 0 & \frac{14}{12} & 0 & 0 & \frac{4}{12} & 0 \\ 0 & 1 & -1 & 0 & 1 & 0 \\ \frac{14}{12} & \frac{14}{12} & 0 & -3 & 0 & 0 \\ 1 & -1 & 0 & 1 & 0 & 0 \end{bmatrix} \begin{Bmatrix} P_{1H} \\ P_{2H} \\ P_{3H} \\ P_{4H} \\ P_{5H} \\ P_{6H} \end{Bmatrix} = \begin{Bmatrix} 3.5 \\ -4 \\ 6.5 \\ 0 \\ 0 \\ -4 \end{Bmatrix}$$

$P_{1H} = -1.0$ $\qquad\qquad$ $\underline{\underline{P_1 = 1.54^K}}$

$P_{2H} = 4.27$ $\qquad\qquad$ $\underline{\underline{P_2 = -6.56^K}}$

$P_{3H} = 8.84$ $\qquad\qquad$ $\underline{\underline{P_3 = 8.84^K}}$

$P_{4H} = 1.27$ $\qquad\qquad$ $\underline{\underline{P_4 = 4.01^K}}$

$P_{5H} = 4.57$ $\qquad\qquad$ $\underline{\underline{P_5 = -4.82^K}}$

$P_{6H} = 5.84$ $\qquad\qquad$ $\underline{\underline{P_6 = -7.84^K}}$

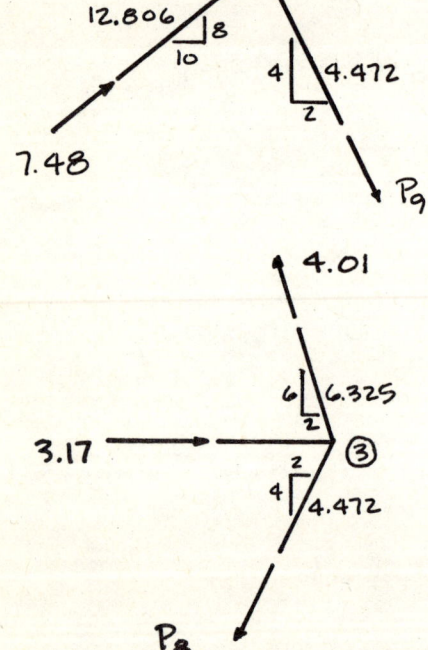

$\Sigma F_V = 0$

$\left(\frac{8}{12.806}\right)(7.48) - 10 - \left(\frac{4}{4.472}\right)(P_9) = 0$

$\underline{\underline{P_9 = -5.96^K}}$

$\Sigma F_H = 0$

$\left(\frac{10}{12.806}\right)(7.48) - \left(\frac{2}{4.472}\right)(5.96) + P_7 = 0$

$\underline{\underline{P_7 = -3.17^K}}$

$\Sigma F_V = 0$

$\left(\frac{6}{6.325}\right)(4.01) - \left(\frac{4}{4.472}\right)(P_8) = 0$

$\underline{\underline{P_8 = 4.26^K}}$

3-13

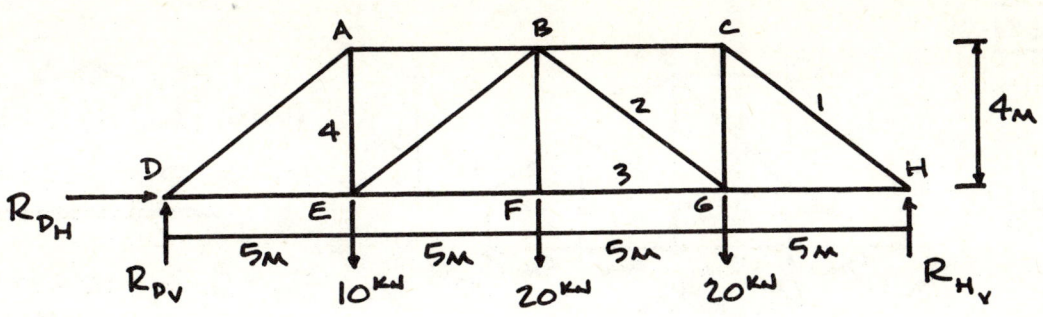

$\Sigma M_D = 0 \;+\!\!\downarrow$
$(10)(5) + (20)(10) + (20)(15) - 20 R_H = 0$ $\underline{R_{H_V} = 27.50^{kN} \uparrow}$

$\Sigma F_V = 0$
$R_{D_V} + 27.50 - 10 - 20 - 20 = 0$ $\underline{R_{D_V} = 22.50^{kN} \uparrow}$

$\Sigma F_H = 0$ $\underline{R_{D_H} = 0}$

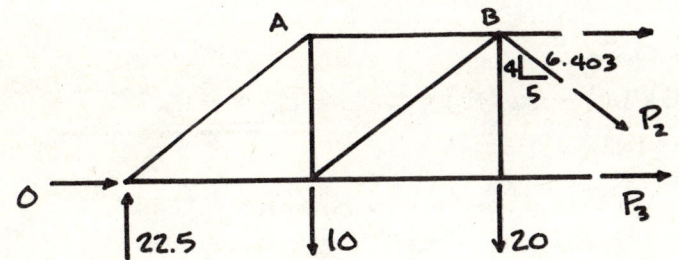

$\Sigma F_V = 0$
$27.50 + \left(\dfrac{4}{6.403}\right) P_1 = 0$
$\underline{P_1 = -44.02^{kN}}$

$\Sigma F_V = 0$
$22.5 - 10 - 20 - \left(\dfrac{4}{6.403}\right) P_2 = 0$
$\underline{P_2 = -12.01^{kN}}$

$\Sigma M_B = 0 \;+\!\!\downarrow$
$(22.5)(10) - (10)(5) - 4 P_3 = 0$ $\underline{P_3 = 43.75^{kN}}$

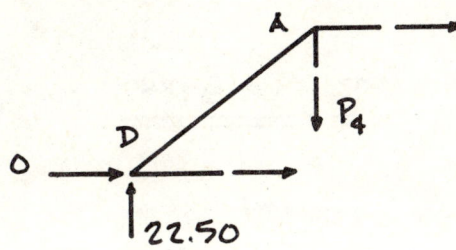

$\Sigma F_V = 0$
$\underline{P_4 = 22.50^{kN}}$

51

3-14

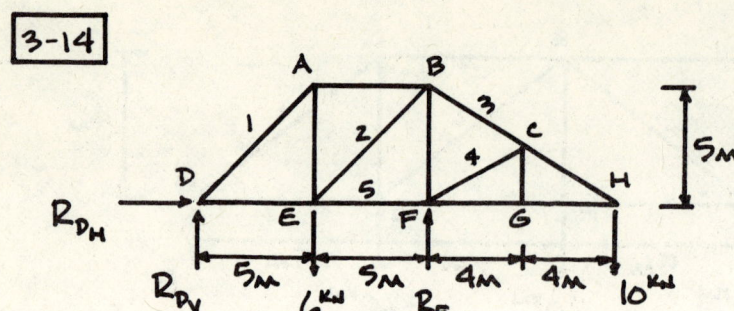

$\Sigma M_F = 0 \;+\!\curvearrowleft$
$(10)(8) - (6)(5) + 10 R_{D_V} = 0$
$\underline{R_{D_V} = -5^{kN}(\downarrow)}$

$\Sigma F_V = 0 \qquad\qquad \Sigma F_H = 0$
$R_F - 5 - 6 - 10 = 0 \qquad \underline{R_{D_H} = 0}$
$\underline{R_{F_V} = 21^{kN} \uparrow}$

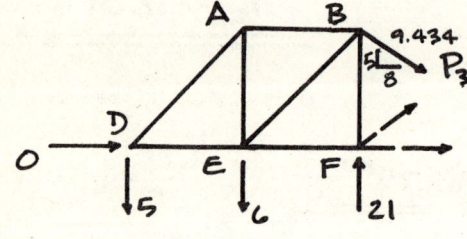

$\Sigma F_V = 0$
$-5 + \left(\frac{1}{1.414}\right) P_1 = 0$
$\underline{P_1 = 7.07^{kN}}$

$\Sigma F_V = 0$
$-5 - 6 + \left(\frac{1}{1.414}\right) P_2 = 0$
$\underline{P_2 = 15.55^{kN}}$

$\Sigma M_B = 0 \;+\!\curvearrowleft$
$-5 P_5 - (5)(10) - (6)(5) = 0 \qquad \underline{P_5 = -16^{kN}}$

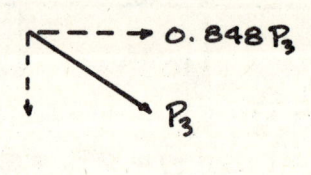

$\Sigma M_F = 0 \;+\!\curvearrowleft$
$-(5)(10) - (6)(5) + (5)(0.848 P_3) = 0 \qquad \underline{P_3 = 18.87^{kN}}$

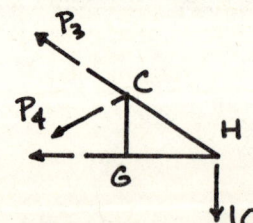

$\Sigma M_H = 0 \;+\!\curvearrowleft$
BY INSPECTION:
$\underline{P_4 = 0}$

52

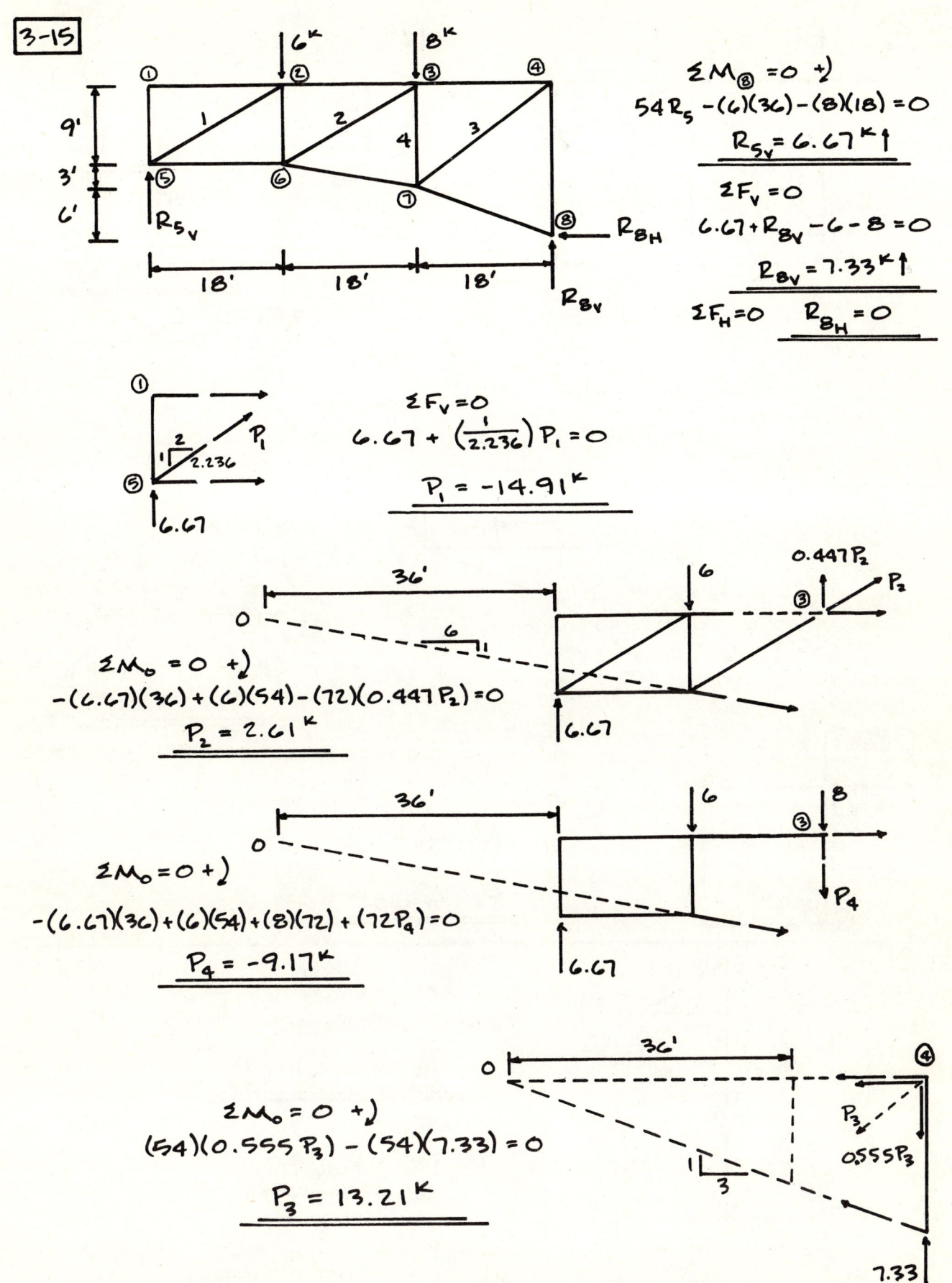

3-16

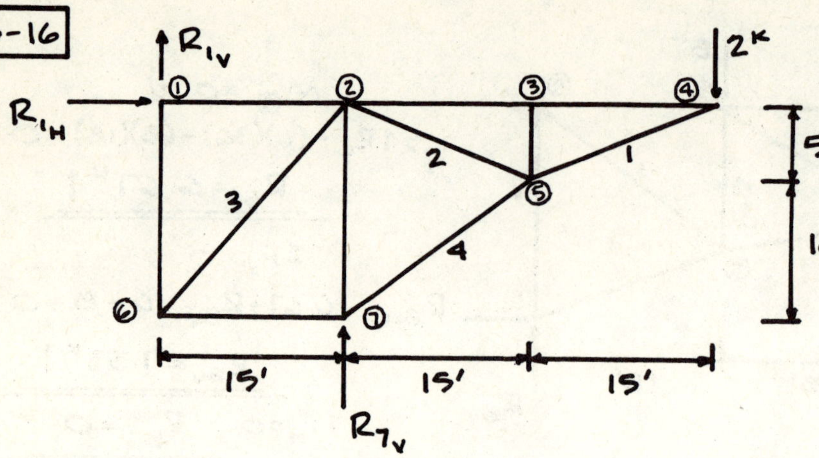

$\Sigma M_{\circled{7}} = 0 \;+\!\!\downarrow$
$(2)(45) - 15 R_7 = 0$
$\underline{\underline{R_{7v} = 6^K \uparrow}}$

$\Sigma F_v = 0$
$6 - 2 + R_{1v} = 0$
$\underline{\underline{R_{1v} = -4^K (\downarrow)}}$

$\Sigma F_H = 0 \quad \underline{\underline{R_{1H} = 0}}$

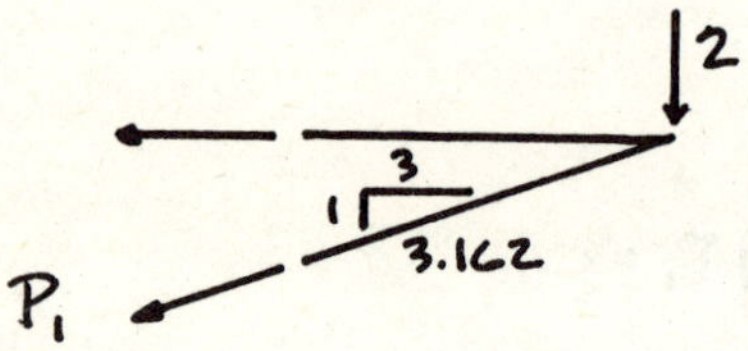

$\Sigma F_v = 0$
$-2 - \left(\dfrac{1}{3.162}\right) P_1 = 0 \quad \underline{\underline{P_1 = -6.32^K}}$

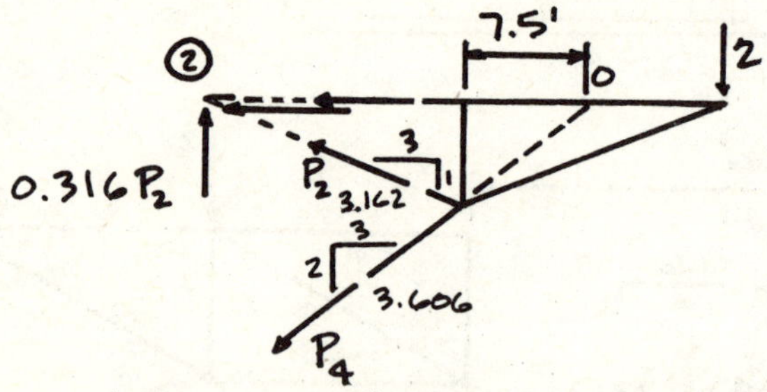

$\Sigma M_{\circled{\circ}} = 0 \;+\!\!\downarrow$
$(2)(7.5) + (22.5)(0.316 P_2) = 0$
$\underline{\underline{P_2 = -2.11^K}}$

$\Sigma F_v = 0$
$-2 - (0.316)(2.11) - \left(\dfrac{2}{3.606}\right) P_4 = 0$
$\underline{\underline{P_4 = -4.81^K}}$

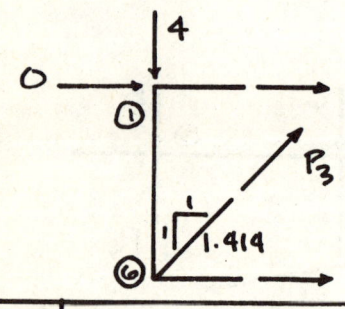

$\Sigma F_v = 0$
$-4 + \left(\dfrac{1}{1.414}\right) P_3 = 0$
$\underline{\underline{P_3 = 5.66^K}}$

3-17

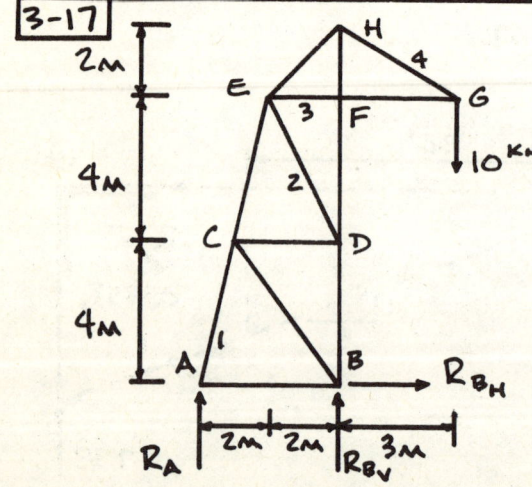

$\Sigma M_B = 0 \;+\!\!\downarrow$
$(10)(3) + 4 R_A = 0$
$\underline{\underline{R_A = -7.5^{KN} (\downarrow)}}$

$\Sigma F_v = 0$
$-7.5 - 10 + R_{Bv} = 0$
$\underline{\underline{R_{Bv} = 17.5^{KN} \uparrow}}$

$\Sigma F_H = 0 \quad \underline{\underline{R_{BH} = 0}}$

3-17 (CONT)

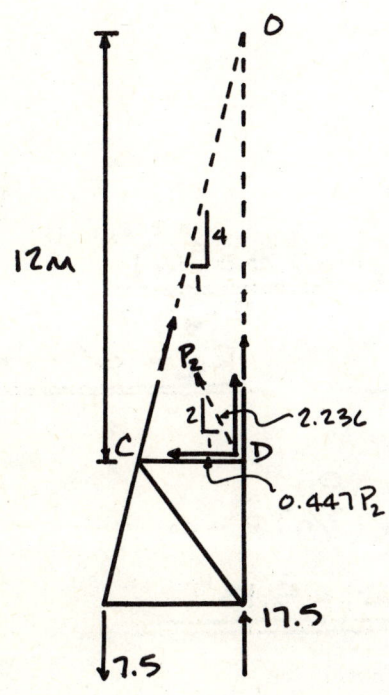

$\Sigma F_v = 0$
$-7.5 + \left(\frac{4}{4.123}\right) P_1 = 0$
$\underline{\underline{P_1 = 7.73^{kN}}}$

$\Sigma M_o = 0 \; \circlearrowleft$
$-(7.5)(4) + (12)(0.447 P_2) = 0$
$\underline{\underline{P_2 = 5.59^{kN}}}$

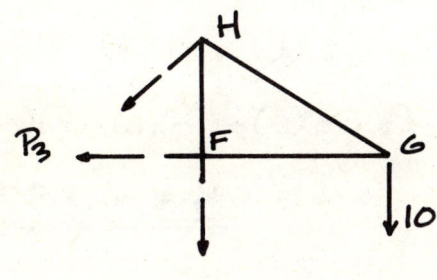

$\Sigma M_H = 0 \; \circlearrowleft$
$(10)(3) + 2 P_3 = 0$
$\underline{\underline{P_3 = -15.0^{kN}}}$

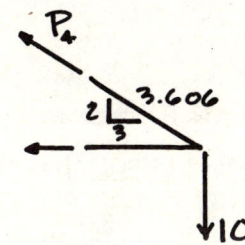

$\Sigma F_v = 0$
$-10 + \left(\frac{2}{3.606}\right) P_4 = 0$
$\underline{\underline{P_4 = 18.03^{kN}}}$

3-18

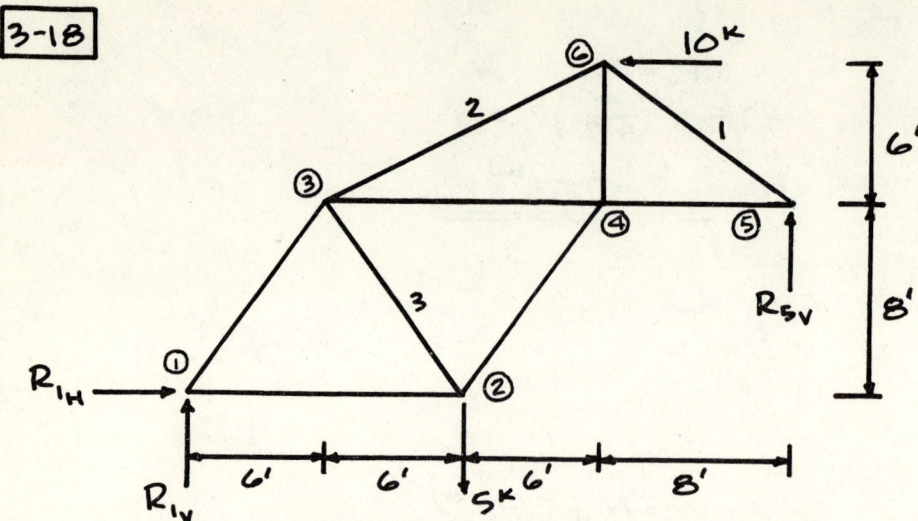

$\Sigma M_① = 0 \; +\circlearrowleft$
$(26)R_5 - (10)(14) + (5)(12) = 0$ $\qquad \underline{\underline{R_{5V} = -3.08^K (\downarrow)}}$
$\Sigma F_V = 0 \qquad\qquad\qquad\qquad\qquad\qquad \Sigma F_H = 0$
$-5 - 3.08 + R_{1V} = 0 \quad \underline{\underline{R_{1V} = 8.08^K \uparrow}} \qquad \underline{\underline{R_{1H} = 10^K \rightarrow}}$

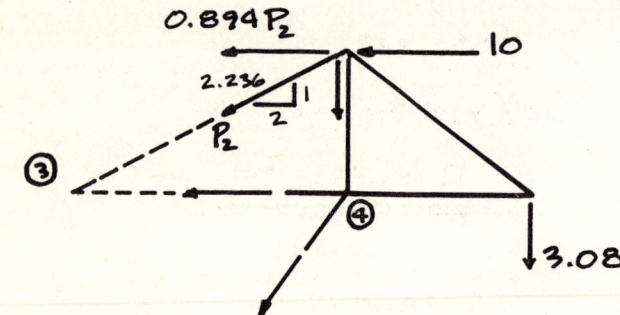

$\Sigma F_V = 0$
$-3.08 + (3/5) P_1 = 0$
$\underline{\underline{P_1 = 5.13^K}}$

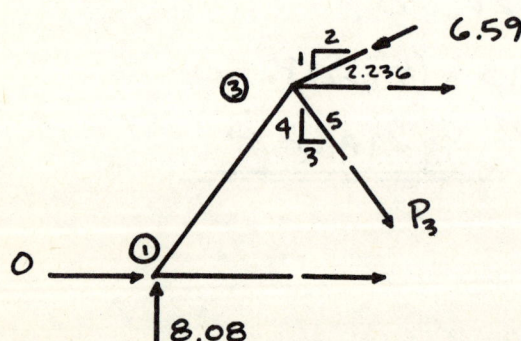

$\Sigma M_④ = 0 \; +\circlearrowleft$
$(3.08)(8) - (10)(6) - (6)(0.894 P_2) = 0$
$\underline{\underline{P_2 = -6.59^K}}$

$\Sigma F_V = 0$
$8.08 - (\frac{1}{2.236})(6.59) - (4/5) P_3 = 0$
$\underline{\underline{P_3 = 6.41^K}}$

56

3-19

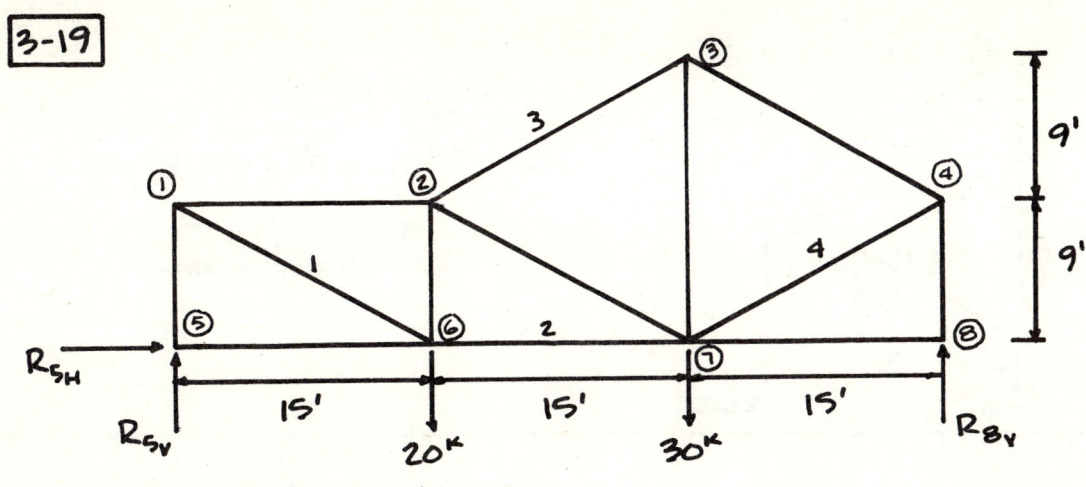

$\Sigma M_{\circled{5}} = 0 \; +\curvearrowleft$
$(20)(15) + (30)(30) - 45 R_8 = 0$ $\qquad \underline{R_{8v} = 26.67^k \uparrow}$
$\Sigma F_v = 0$
$26.67 + R_{5v} - 20 - 30 = 0 \qquad \underline{R_{5v} = 23.33^k \uparrow} \qquad \underline{\Sigma F_H = 0 \; R_{5H} = 0}$

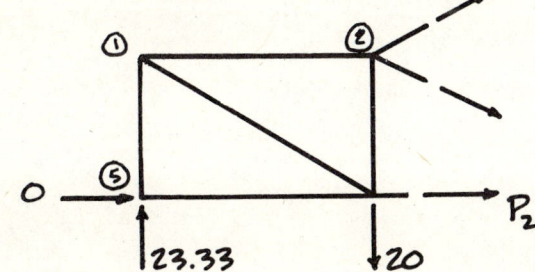

$\Sigma F_v = 0$
$23.33 - \left(\dfrac{3}{5.831}\right) P_1 = 0$
$\underline{P_1 = 45.35^k}$

$\Sigma M_{\circled{2}} = 0 \; +\curvearrowleft$
$(23.33)(15) - 9 P_2 = 0$
$\underline{P_2 = 38.88^k}$

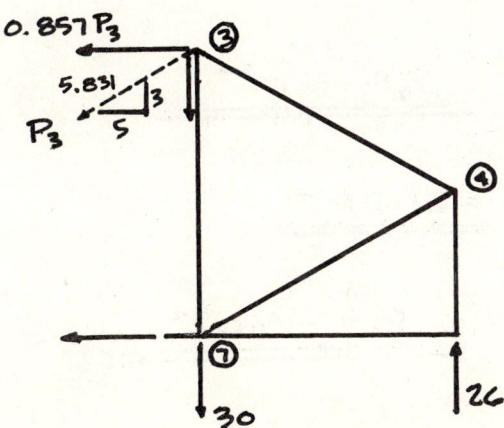

$\Sigma M_{\circled{7}} = 0 \; +\curvearrowleft$
$-(26.67)(15) - (18)(0.857 P_3) = 0$
$\underline{P_3 = -25.93^k}$

3-19 (CONT)

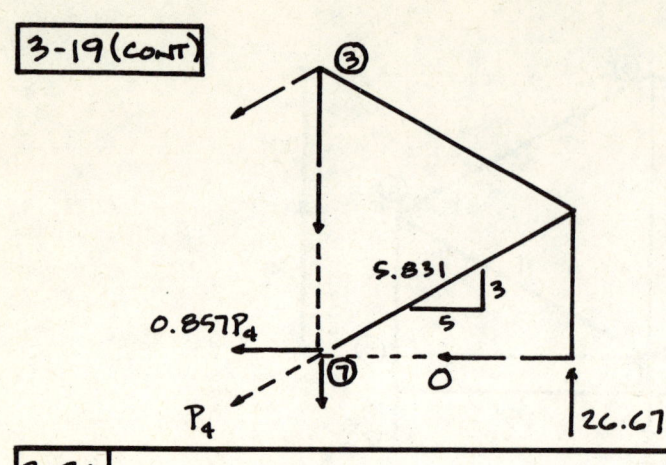

$\Sigma M_{③} = 0 \;\; ↻$

$-(26.67)(15) + (18)(0.857 P_4) = 0$

$\underline{\underline{P_4 = 25.94^k}}$

3-20

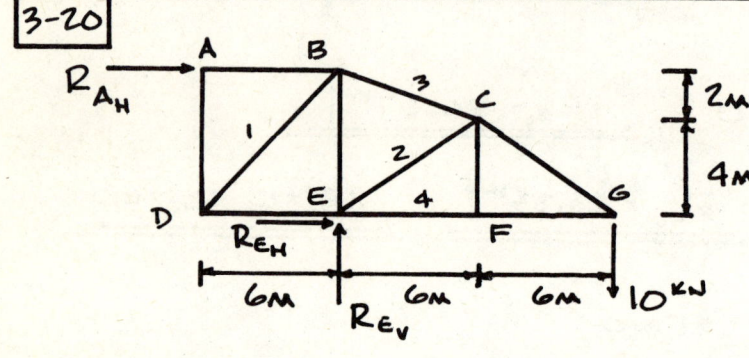

$\Sigma M_E = 0 \;\; ↻$

$(10)(12) + 6 R_A = 0$

$\underline{\underline{R_{A_H} = -20^{kN} \; (←)}}$

$\Sigma F_V = 0 \qquad \Sigma F_H = 0$

$\underline{\underline{R_{E_V} = 10^{kN} ↑}} \qquad \underline{\underline{R_{E_H} = 20^{kN} →}}$

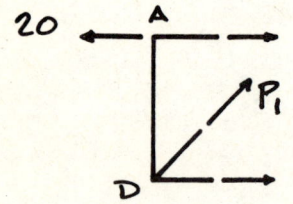

$\Sigma F_V = 0$

BY INSPECTION:

$\underline{\underline{P_1 = 0}}$

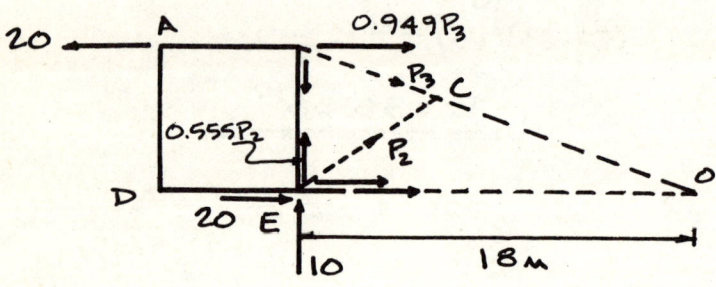

$\Sigma M_O = 0 \;\; ↻$

$-(20)(6) + (10)(18) + (18)(0.555 P_2) = 0 \qquad \underline{\underline{P_2 = -6.0^{kN}}}$

$\Sigma M_E = 0 \;\; ↻$

$-(20)(6) + (6)(0.949 P_3) = 0 \qquad \underline{\underline{P_3 = 21.08^{kN}}}$

$\Sigma M_C = 0 \;\; ↻$

$4 P_4 + (10)(6) - (20)(4) - (20)(2) = 0 \qquad \underline{\underline{P_4 = -15.0^{kN}}}$

3-21

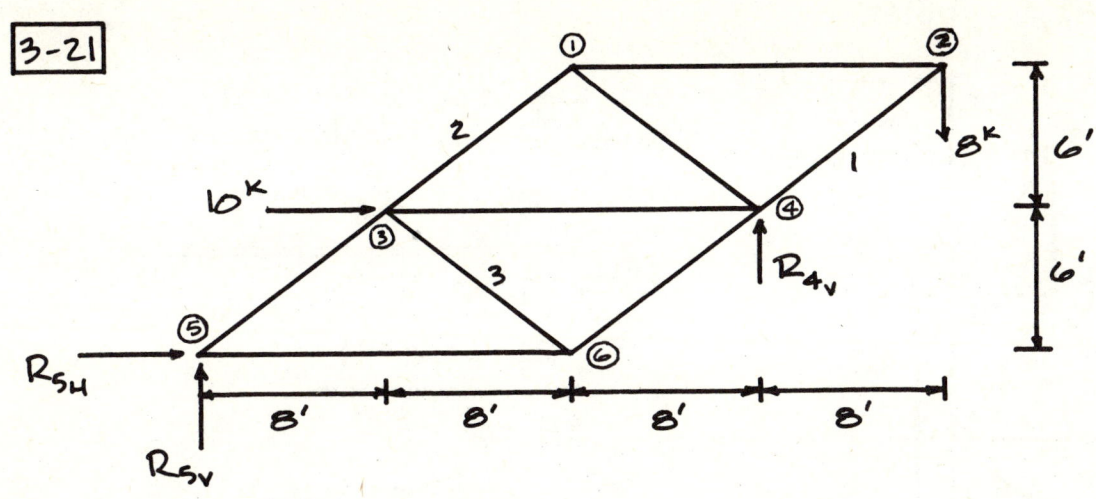

$\Sigma M_5 = 0 \;+\!\!\downarrow$
$(8)(32)+(10)(6)-24R_4=0$
$\underline{\underline{R_{4v}=13.17^K \uparrow}}$

$\Sigma F_v = 0$
$13.17-8+R_{sv}=0$
$\underline{\underline{R_{sv}=-5.17^K (\downarrow)}}$

$\Sigma F_H = 0$
$\underline{\underline{R_{sH}=10^K \leftarrow}}$

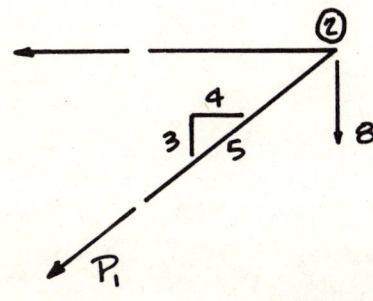

$\Sigma F_v = 0$
$-8-(3/5)P_1=0$
$\underline{\underline{P_1=-13.33^K}}$

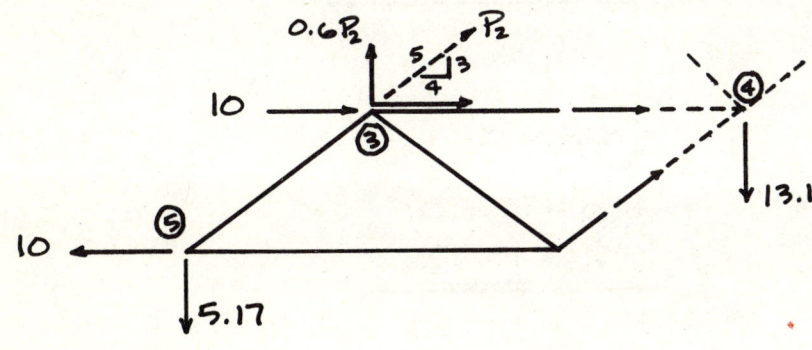

$\Sigma M_4 = 0 \;+\!\!\downarrow$
$(10)(6)-(24)(5.17)+(16)(0.6P_2)=0$
$\underline{\underline{P_2=6.67^K}}$

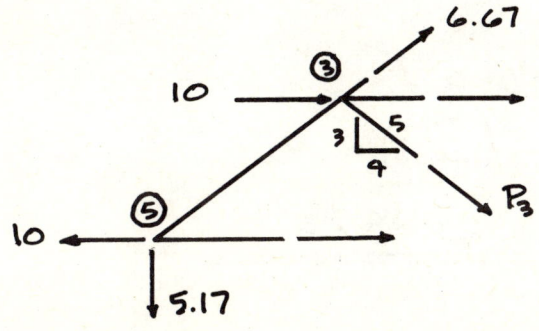

$\Sigma F_v = 0$
$-5.17-(3/5)P_3+(3/5)(6.67)=0$
$\underline{\underline{P_3=-1.95^K}}$

3-22

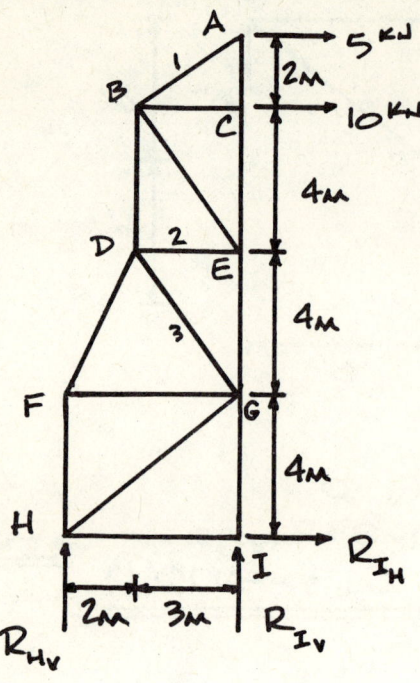

$\Sigma M_I = 0 \;\; +\!\!\circlearrowleft$

$(5)(14) + (10)(12) + (20)(4) + 5R_{H_V} = 0$

$\underline{\underline{R_{H_V} = -54^{KN}\;(\downarrow)}}$

$\Sigma F_V = 0$

$\underline{\underline{R_{I_V} = 54^{KN}\uparrow}}$

$\Sigma F_H = 0$

$\underline{\underline{R_{I_H} = 35^{KN} \leftarrow}}$

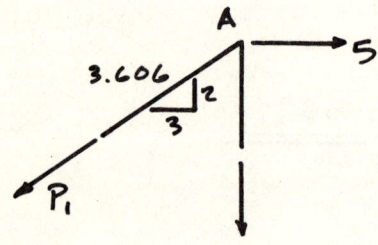

$\Sigma F_H = 0$

$5 - \left(\dfrac{3}{3.606}\right) P_1 = 0$

$\underline{\underline{P_1 = 6.01^{KN}}}$

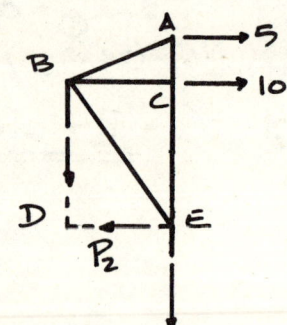

$\Sigma F_H = 0$

$5 + 10 - P_2 = 0$

$\underline{\underline{P_2 = 15^{KN}}}$

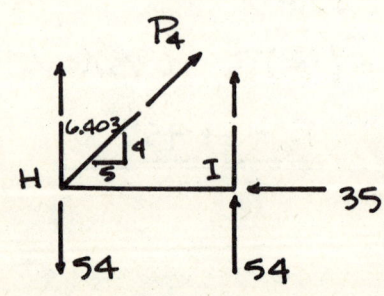

$\Sigma F_H = 0$

$-35 + \left(\dfrac{5}{6.403}\right) P_4 = 0$

$\underline{\underline{P_4 = 44.82^{KN}}}$

3-22 (CONT)

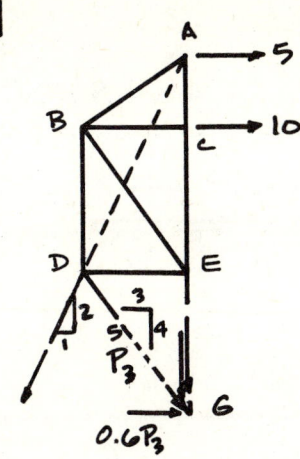

$\Sigma M_A = 0 \;\;\circlearrowleft+$

$-(10)(2) - (10)(0.6 P_3) = 0$

$\underline{\underline{P_3 = -3.33^{KN}}}$

3-23 (a)

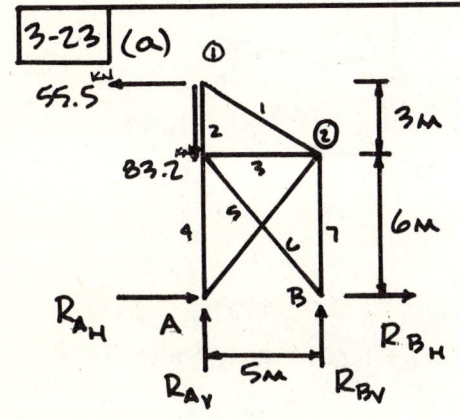

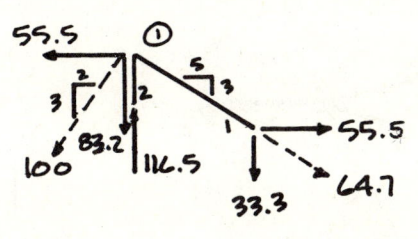

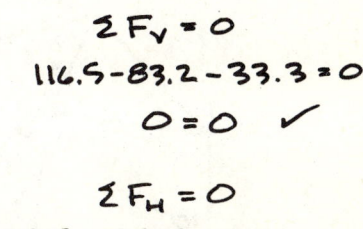

$\Sigma F_V = 0$
$116.5 - 83.2 - 33.3 = 0$
$0 = 0 \;\checkmark$

$\Sigma F_H = 0$
$55.5 - 55.5 = 0$
$0 = 0 \;\checkmark$

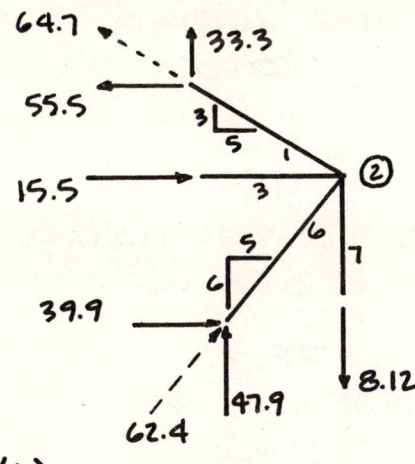

$\Sigma F_V = 0$
$33.3 + 47.9 - 81.2 = 0$
$0 = 0 \;\checkmark$

$\Sigma F_H = 0$
$15.5 + 39.9 - 55.5 = 0$
$0 = 0 \;\checkmark$

(b)

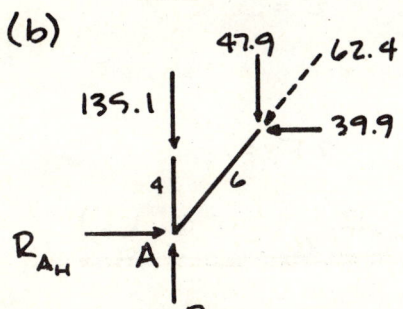

$\underline{\underline{R_{A_H} = 39.9^{KN} \rightarrow}}$

$\underline{\underline{R_{A_V} = 135.1 + 47.9 = 183.0^{KN} \uparrow}}$

3-23 (CONT)

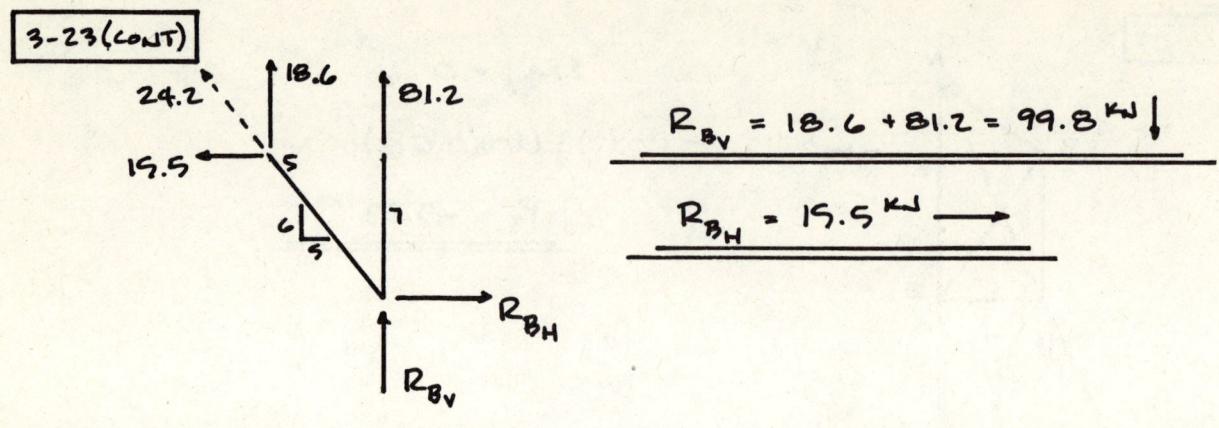

$R_{B_V} = 18.6 + 81.2 = 99.8^{KN} \downarrow$

$R_{B_H} = 15.5^{KN} \rightarrow$

3-24 (a)

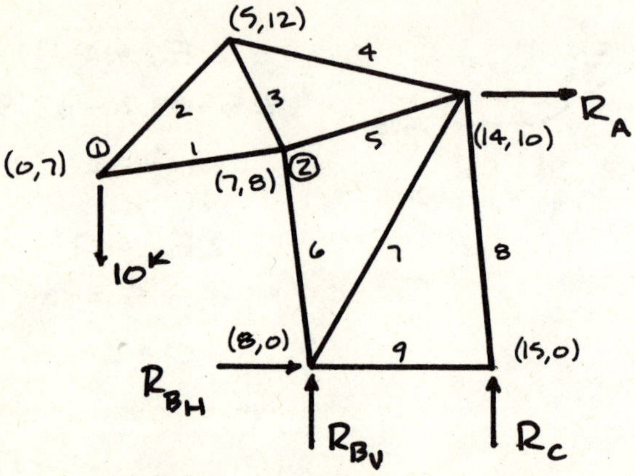

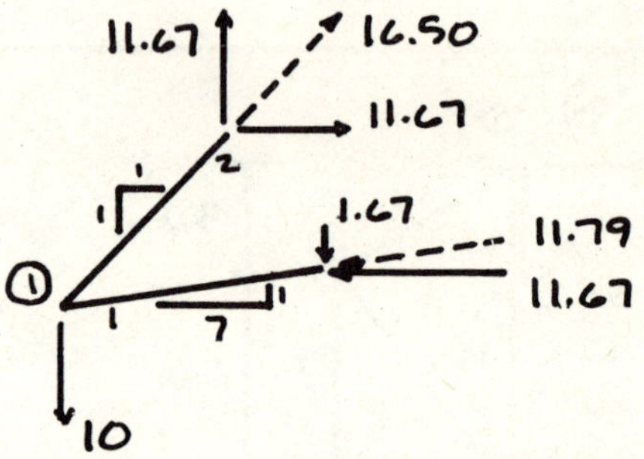

$\Sigma F_V = 0$
$11.67 - 1.67 - 10.0 = 0$
$0 = 0$ ✓

$\Sigma F_H = 0$
$11.67 - 11.67 = 0$
$0 = 0$ ✓

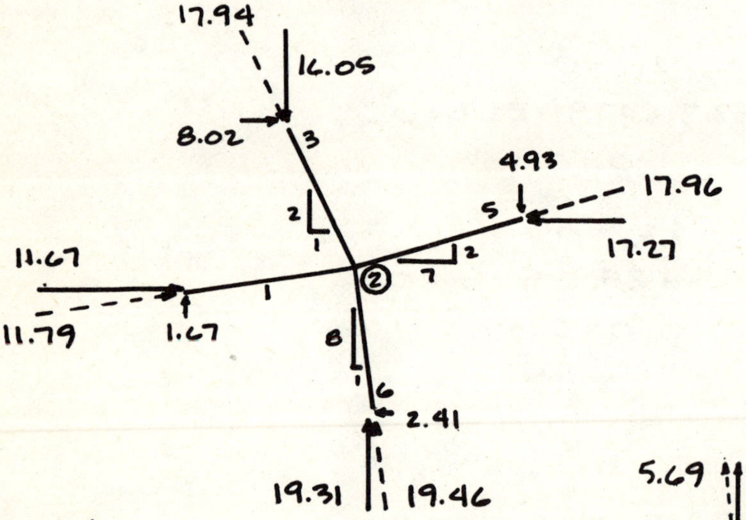

$\Sigma F_H = 0$
$8.02 + 11.67 - 2.41 - 17.27 = 0$
$0 = 0$ ✓

$\Sigma F_V = 0$
$1.67 + 19.31 - 16.05 - 4.93 = 0$
$0 = 0$ ✓

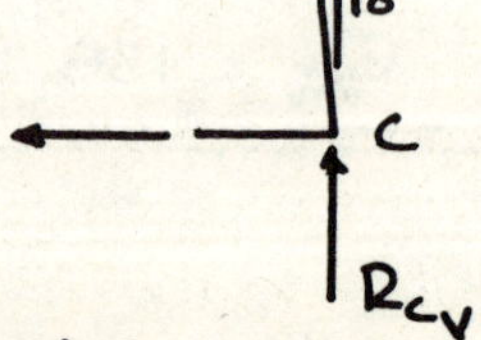

$\Sigma F_V = 0$
$R_{C_V} = 5.66^K (\downarrow)$

(b)

62

3-24 (CONT)

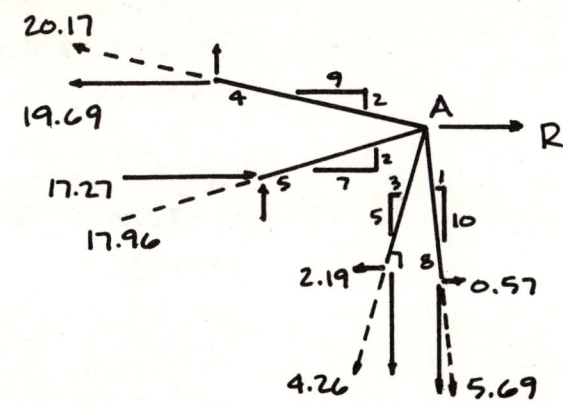

$\Sigma F_H = 0$

$17.27 + 0.57 - 19.69 - 2.19 + R_A = 0$

$\underline{\underline{R_A = 4.04^k \longrightarrow}}$

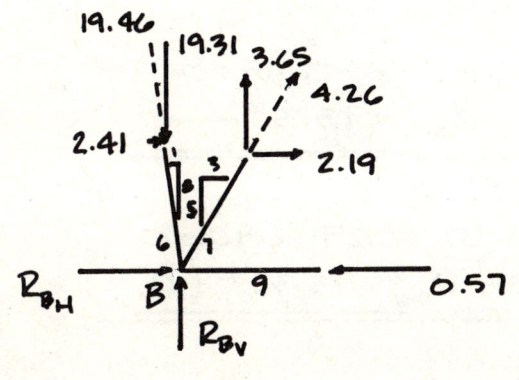

$\Sigma F_V = 0$

$-19.31 + 3.65 + R_{BV} = 0$

$\underline{\underline{R_{BV} = 15.66^k \uparrow}}$

$\Sigma F_H = 0$

$2.41 + 2.19 - 0.57 + R_{BH} = 0$

$\underline{\underline{R_{BH} = -4.03^k \; (\longleftarrow)}}$

3-25 (a)

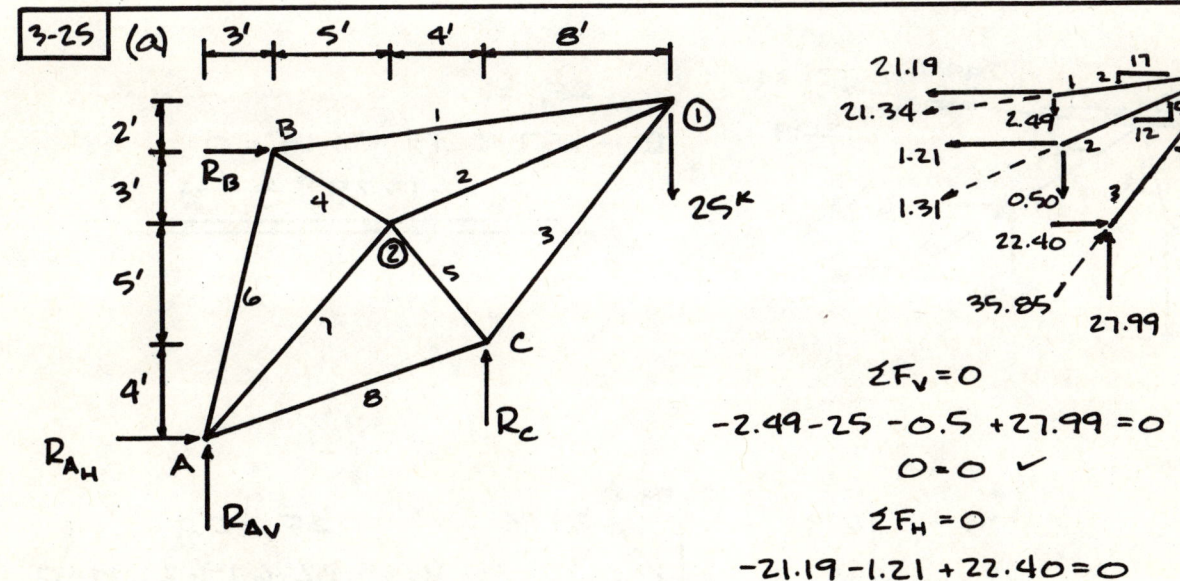

$\Sigma F_V = 0$

$-2.49 - 25 - 0.5 + 27.99 = 0$

$0 = 0 \checkmark$

$\Sigma F_H = 0$

$-21.19 - 1.21 + 22.40 = 0$

$0 = 0 \checkmark$

3-25 (CONT)

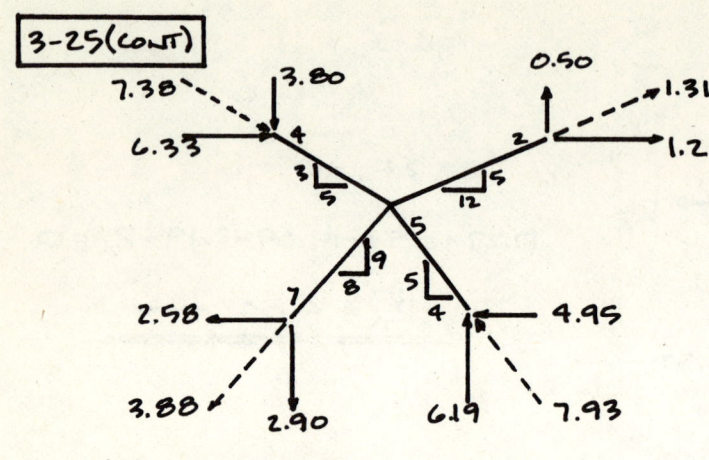

$\Sigma F_V = 0$
$0.50 + 6.19 - 3.80 - 2.90 = 0$
$0 = 0$ ✓

$\Sigma F_H = 0$
$6.33 + 1.21 - 2.58 - 4.95 = 0$
$0 = 0$ ✓

(b)

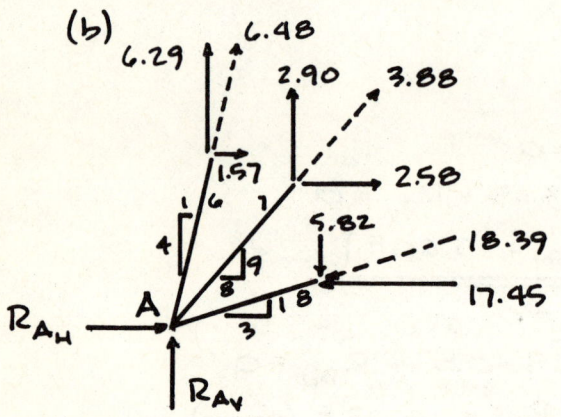

$\Sigma F_H = 0$
$R_{A_H} + 1.57 + 2.58 - 17.45 = 0$
$\underline{\underline{R_{A_H} = 13.3^K \longrightarrow}}$

$\Sigma F_V = 0$
$R_{A_V} - 5.82 + 6.29 + 2.90 = 0$
$\underline{\underline{R_{A_V} = -3.37^K \;(\downarrow)}}$

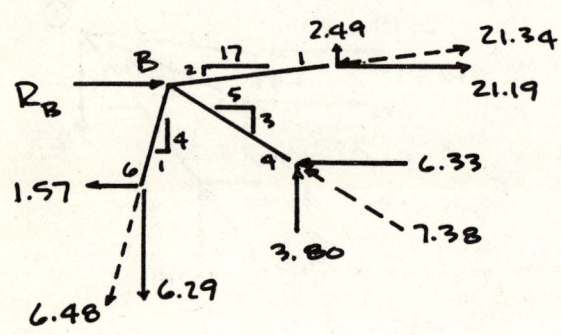

$\Sigma F_H = 0$
$R_B - 1.57 - 6.33 + 21.19 = 0$
$\underline{\underline{R_B = -13.29^K \;(\longleftarrow)}}$

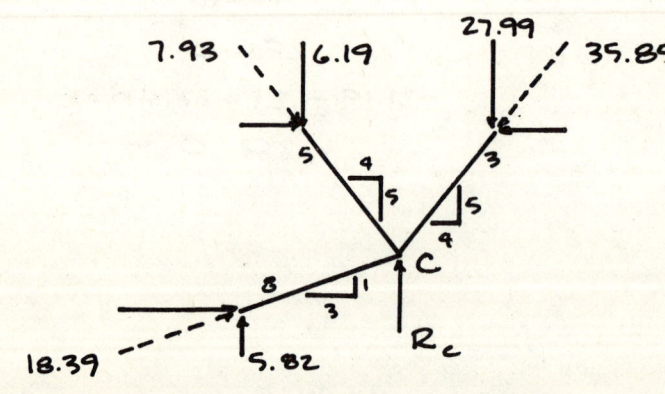

$\Sigma F_V = 0$
$R_C + 5.82 - 6.19 - 27.99 = 0$
$\underline{\underline{R_C = 28.36^K \uparrow}}$

3-26 (a)

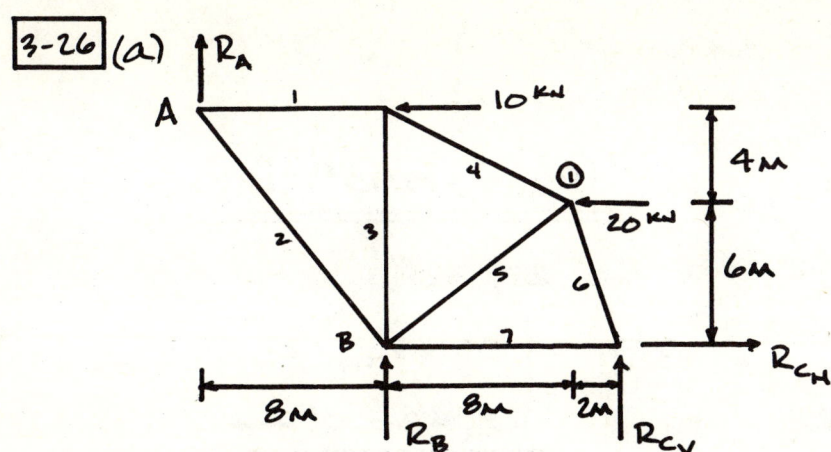

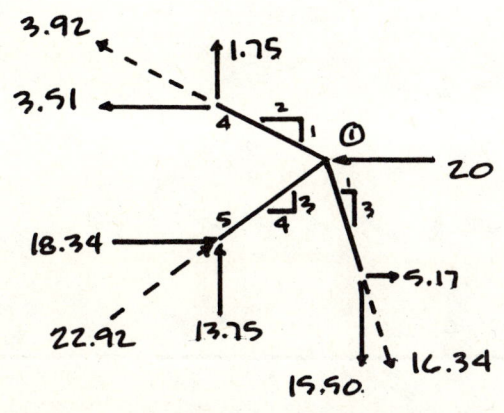

$\Sigma F_V = 0$
$1.75 + 13.75 - 15.50 = 0$
$0 = 0 \checkmark$

$\Sigma F_H = 0$
$-3.51 - 20 + 18.34 + 5.17 = 0$
$0 = 0 \checkmark$

(b)

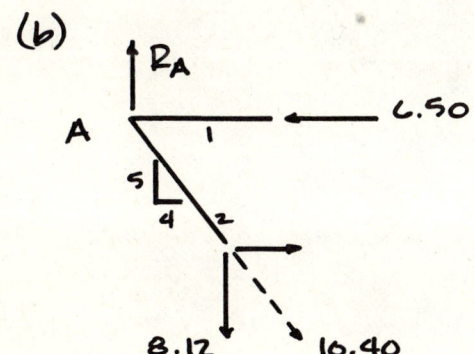

$\Sigma F_V = 0$
$\underline{\underline{R_A = 8.12^K \uparrow}}$

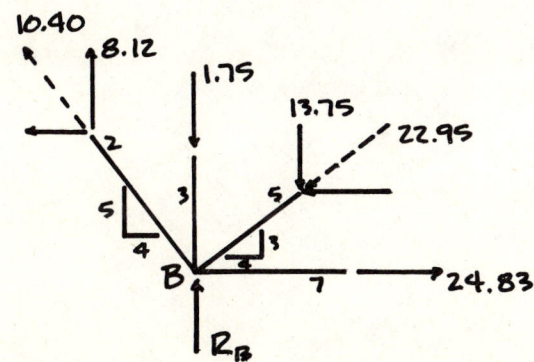

$\Sigma F_V = 0$
$R_B + 8.12 - 1.75 - 13.75 = 0$
$\underline{\underline{R_B = 7.38^K \uparrow}}$

65

3-26 (CONT)

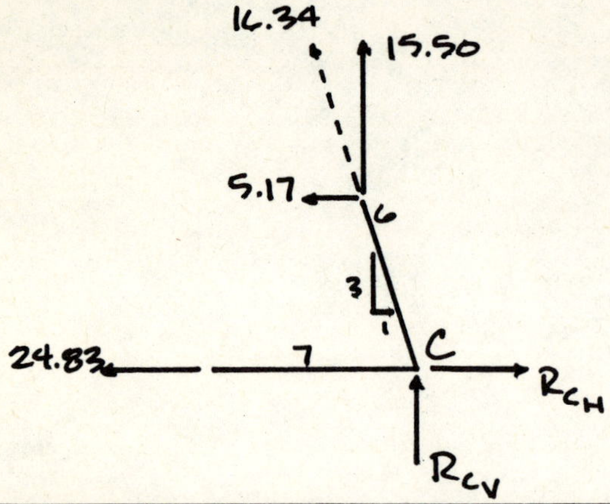

$\Sigma F_V = 0$

$\underline{\underline{R_{C_V} = -15.50^K \; (\downarrow)}}$

$\Sigma F_H = 0$

$-5.17 - 24.83 + R_{C_H} = 0$

$\underline{\underline{R_{C_H} = 30.0^K \longrightarrow}}$

3-27

$i = (m+r) - 2j$

(a) STABLE $\quad i = (5+4) - 2(4) = 1$

(b) UNSTABLE

(c) UNSTABLE

(d) STABLE $\quad i = (6+5) - 2(5) = 1$

(e) UNSTABLE

(f) STABLE $\quad i = (7+5) - 2(5) = 2$

4-1

$$i = (m+r) - 3j = (3+9) - 3(4) = 0$$

$$\underline{R_{2Y} = R_{3Y} = R_{4Z} = 0}$$

$\Sigma M_{2-3} = 0$
$-3R_{4X} - (20)(10) = 0 \qquad \underline{R_{4X} = -66.67^{kN}}$

$\Sigma M_{Y\text{ axis through}} \text{④} = 0$
$3R_{2X} - 2R_{3X} = 0 \qquad R_{2X} = \frac{2}{3} R_{3X}$

$\Sigma F_X = 0$
$-66.67 + (\frac{2}{3})R_{3X} + R_{3X} = 0 \qquad \underline{R_{3X} = 40^{kN}} \Rightarrow \underline{R_{2X} = 26.67^{kN}}$

$R_{2Z} = -(\frac{3}{10})R_{2X} = -(\frac{3}{10})(26.67) = \underline{-8.0^{kN}}$

$R_{3Z} = (\frac{2}{10})R_{3X} = (\frac{2}{10})(40) = \underline{8.0^{kN}}$

$\Sigma F_Y = 0$
$R_{4Y} - 20 = 0 \qquad \underline{R_{4Y} = 20^{kN}}$

AT ①, $\Sigma \vec{F}_R = \vec{0}$:

$\vec{u}_1 = \dfrac{-10\vec{i} + 3\vec{j}}{\sqrt{10^2 + 3^2}} = -0.958\vec{i} + 0.287\vec{j}$

$\vec{u}_2 = \dfrac{-10\vec{i} - 2\vec{k}}{\sqrt{10^2 + 2^2}} = -0.981\vec{i} - 0.196\vec{k}$

$\vec{u}_3 = \dfrac{-10\vec{i} + 3\vec{k}}{\sqrt{10^2 + 3^2}} = -0.958\vec{i} + 0.287\vec{k}$

$$\begin{bmatrix} -.958 & -.981 & -.958 \\ .287 & 0 & 0 \\ 0 & -.196 & .287 \end{bmatrix} \begin{Bmatrix} P_1 \\ P_2 \\ P_3 \end{Bmatrix} = \begin{Bmatrix} 0 \\ 20 \\ 0 \end{Bmatrix} \qquad \begin{array}{l} \underline{P_1 = 69.6^{kN}} \\ \underline{P_2 = -40.8^{kN}} \\ \underline{P_3 = -27.8^{kN}} \end{array}$$

4-2

$\underline{R_{2Y} = R_{3Y} = R_{4Z} = 0}$

$\Sigma M_{2-3} = 0$
$-3R_{4X} - (15)(10) = 0 \qquad \underline{R_{4X} = -50.0^{kN}}$

$\Sigma F_Y = 0$
$-15 + R_{4Y} = 0 \qquad \underline{R_{4Y} = 15.0^{kN}}$

$\Sigma M_{Y \text{ axis through}} \text{④} = 0$
$3R_{2X} - 2R_{3X} - (10)(10) = 0 \qquad R_{2X} = \frac{2}{3} R_{3X} + 33.3$

4-2(CONT) $\quad \Sigma F_x = 0$

$-50.0 + \frac{2}{3} R_{3x} + 33.3 + R_{3x} = 0 \quad \underline{R_{3x} = 10.0^{kN}} \quad \underline{R_{2x} = 40.0^{kN}}$

$R_{2z} = -(\frac{3}{10}) R_{2x} = -(\frac{3}{10})(40.0) = \underline{-12.0^{kN}}$

$R_{3z} = (\frac{2}{10})(R_{3x}) = (\frac{2}{10})(10.0) = \underline{2.0^{kN}}$

AT ①, $\Sigma \vec{F}_R = \vec{0}$:

$$\begin{bmatrix} -.958 & -.981 & -.958 \\ .287 & 0 & 0 \\ 0 & -.196 & .287 \end{bmatrix} \begin{Bmatrix} P_1 \\ P_2 \\ P_3 \end{Bmatrix} = \begin{Bmatrix} 0 \\ 15 \\ -10 \end{Bmatrix} \quad \begin{array}{l} \underline{P_1 = 52.2^{kN}} \\ \underline{P_2 = -10.2^{kN}} \\ \underline{P_3 = -41.8^{kN}} \end{array}$$

4-3 $\quad i = (6+6) - 3(4) = 0$

$\Sigma F_x = 0 \quad R_{3x} - 1 = 0 \quad \underline{R_{3x} = 1^k}$

$\Sigma M_{2-4} = 0$

$(3)(8) + 12 R_{3Y} = 0 \quad \underline{R_{3Y} = -2^k}$

$\Sigma M_Y \text{ AXIS THROUGH } ② = 0$

$-8 R_{4z} - (1)(12) - (1)(8) = 0 \quad \underline{R_{4z} = -2.5^k}$

$\Sigma F_z = 0$

$-2.5 + R_{2z} = 0 \quad \underline{R_{2z} = 2.5^k}$

$\Sigma M_z \text{ AXIS THROUGH } ② = 0$

$(1)(16) - (3)(4) - (2)(4) + 8 R_{4Y} = 0 \quad \underline{R_{4Y} = 0.5^k}$

$\Sigma F_Y = 0$

$-2 + 0.5 - 3 + R_{2Y} = 0 \quad \underline{R_{2Y} = 4.5^k}$

AT ①, $\Sigma \vec{F}_R = \vec{0}$:

$\vec{u}_1 = \dfrac{-16\vec{j} - 20\vec{k}}{\sqrt{16^2 + 20^2}} = -0.625\vec{j} - 0.781\vec{k}$

$\vec{u}_2 = \dfrac{-4\vec{i} - 16\vec{j} - 8\vec{k}}{\sqrt{4^2 + 16^2 + 8^2}} = -0.218\vec{i} - 0.873\vec{j} - 0.436\vec{k}$

$\vec{u}_3 = \dfrac{4\vec{i} - 16\vec{j} - 8\vec{k}}{\sqrt{4^2 + 16^2 + 8^2}} = 0.218\vec{i} - 0.873\vec{j} - 0.436\vec{k}$

4-3 (CONT)

$$\begin{bmatrix} 0 & -.218 & .218 \\ -.625 & -.873 & -.873 \\ -.781 & -.436 & -.436 \end{bmatrix} \begin{Bmatrix} P_1 \\ P_2 \\ P_3 \end{Bmatrix} = \begin{Bmatrix} 1 \\ 3 \\ 0 \end{Bmatrix} \qquad \begin{array}{l} \underline{P_1 = 3.20^k} \\ \underline{P_2 = -5.16^k} \\ \underline{P_3 = -0.57^k} \end{array}$$

AT ③, $\Sigma \vec{F}_R = \vec{0}$:

$$\vec{u}_4 = \frac{-4\vec{i} + 12\vec{k}}{\sqrt{4^2 + 12^2}} = -0.316\vec{i} + 0.949\vec{k}$$

$$\vec{u}_6 = 0.316\vec{i} + 0.949\vec{k}$$

$$\vec{u}_1 = 0.625\vec{j} + 0.781\vec{k}$$

$$\begin{bmatrix} 0 & -.316 & .316 \\ .625 & 0 & 0 \\ .781 & .949 & .949 \end{bmatrix} \begin{Bmatrix} P_1 \\ P_4 \\ P_6 \end{Bmatrix} = \begin{Bmatrix} -1 \\ 2 \\ 0 \end{Bmatrix} \qquad \begin{array}{l} \underline{P_4 = 0.27^k} \\ \underline{P_6 = -2.90^k} \end{array}$$

AT ④, $\Sigma \vec{F}_R = \vec{0}$:

$$\vec{u}_3 = -0.218\vec{i} + 0.873\vec{j} + 0.436\vec{k}$$

$$\vec{u}_5 = -\vec{i}$$

$$\vec{u}_6 = -0.316\vec{i} - 0.949\vec{k}$$

$$\begin{bmatrix} -.218 & -1 & -.316 \\ .873 & 0 & 0 \\ .436 & 0 & -.949 \end{bmatrix} \begin{Bmatrix} P_3 \\ P_5 \\ P_6 \end{Bmatrix} = \begin{Bmatrix} 0 \\ -.5 \\ 2.5 \end{Bmatrix} \qquad \underline{P_5 = 1.04^k}$$

4-4

$\Sigma F_X = 0 \qquad R_{3X} + 2 = 0 \qquad \underline{R_{3X} = -2^k}$

$\Sigma M_{Z\text{-}A} = 0$

$(2)(8) + 12 R_{3Y} = 0 \qquad \underline{R_{3Y} = -1.33^k}$

ΣM_Y AXIS THROUGH ② $= 0$

$-8 R_{4Z} + (2)(12) + (2)(8) = 0 \qquad \underline{R_{4Z} = 5.0^k}$

$\Sigma F_Z = 0$

$5.0 + R_{2Z} = 0 \qquad \underline{R_{2Z} = -5.0^k}$

ΣM_Z AXIS THROUGH ② $= 0$

$-(2)(16) - (2)(4) - (1.33)(4) + 8 R_{4Y} = 0 \qquad \underline{R_{4Y} = 5.66^k}$

$\Sigma F_Y = 0$

$R_{2Y} - 2 - 1.33 + 5.66 = 0 \qquad \underline{R_{2Y} = -2.33^k}$

4-4 (CONT) AT ①, $\Sigma \vec{F}_R = \vec{0}$: (SEE PROB. 4-3 FOR MEMBER UNIT VECTORS)

$$\begin{bmatrix} 0 & -.218 & .218 \\ -.625 & -.873 & -.873 \\ -.781 & -.436 & -.436 \end{bmatrix} \begin{Bmatrix} P_1 \\ P_2 \\ P_3 \end{Bmatrix} = \begin{Bmatrix} -2 \\ 2 \\ 0 \end{Bmatrix} \quad \begin{array}{l} \underline{P_1 = 2.13^k} \\ \underline{P_2 = 2.68^k} \\ \underline{P_3 = -6.50^k} \end{array}$$

AT ③, $\Sigma \vec{F}_R = \vec{0}$:

$$\begin{bmatrix} 0 & -.316 & .316 \\ .625 & 0 & 0 \\ .781 & .949 & .949 \end{bmatrix} \begin{Bmatrix} P_1 \\ P_4 \\ P_6 \end{Bmatrix} = \begin{Bmatrix} 2 \\ 1.33 \\ 0 \end{Bmatrix} \quad \begin{array}{l} \underline{P_4 = -4.04^k} \\ \underline{P_6 = 2.29^k} \end{array}$$

AT ④, $\Sigma \vec{F}_R = \vec{0}$:

$$\begin{bmatrix} -.218 & -1 & -.316 \\ .873 & 0 & 0 \\ .436 & 0 & -.949 \end{bmatrix} \begin{Bmatrix} P_3 \\ P_5 \\ P_6 \end{Bmatrix} = \begin{Bmatrix} 0 \\ -5.66 \\ -5.0 \end{Bmatrix} \quad \underline{P_5 = 0.69^k}$$

4-5 (a) ZERO FORCE MEMBERS: 1, 2, 10 (THEOREM 1)
6, 7 (THEOREM 2)

(b) $\Sigma M_{\text{⑥-③}} = 0 \quad -6 R_{5Z} + (8)(5) = 0 \quad \underline{R_{5Z} = 6.67^k}$

$\Sigma M_{\text{⑥-⑤}} = 0 \quad \underline{R_{4Y} = 0}$

$\Sigma M_{\text{Z AXIS THROUGH ⑤}} = 0$
$-(5)(20) - 6 R_{6Y} = 0 \quad \underline{R_{6Y} = -16.67^k}$

(c) $\Sigma F_X = 0$ AT ① $\quad P_{3X} = -5.0^k$ (THEOREM 1)
$P_3 = (\frac{5}{3})(-5.0) = \underline{-8.33^k}$

$\Sigma F_Z = 0$ AT ② $\quad P_{3Z} + P_{9Z} = 0 \quad -6.67 + P_{9Z} = 0$
$P_{9Z} = 6.67 \quad P_9 = (\frac{22.36}{8})(6.67) = \underline{18.63^{kN}}$

$\Sigma F_X = 0$ FOR ENTIRE TRUSS:
$R_{6X} = -5.0^k$

AT ⑥:
$-5.0 + P_{11} = 0 \quad \underline{P_{11} = 5.0^k}$

4-6 (a) ZERO FORCE MEMBERS: 2, 3 (THEOREM 1)
7, 8 (THEOREM 2)
11 (KNOWING $P_7 = 0$, THEOREM 1)

(b) $\Sigma F_x = 0 \quad -20 + R_{5x} = 0 \quad \underline{R_{5x} = 20^{kN}}$

ΣM_y AXIS THROUGH ⑥ $= 0$
$-(20)(3) + (10)(6) + (20)(4.5) + 6 R_{4z} = 0 \quad \underline{R_{4z} = -15^{kN}}$

$\Sigma M_{4-5} = 0$
$(20)(10) + 6 R_{6y} = 0 \quad \underline{R_{6y} = -33.33^{kN}}$

ΣM_x AXIS THROUGH ⑤ $= 0$
$-(33.33)(4.5) + (10)(10) + 4.5 R_{4y} = 0 \quad \underline{R_{4y} = 11.11^{kN}}$

(c) $\Sigma F_y = 0$ AT ④ $\quad 11.11 + P_6 = 0 \quad \underline{P_6 = -11.11^{kN}}$

$\Sigma F_x = 0$ AT ② $\quad -20 + P_{9x} = 0 \quad P_{9x} = 20^{kN}$

$P_9 = \left(\frac{12.04}{6}\right)(20) = \underline{40.14^{kN}}$

$\Sigma F_x = 0$ AT ⑤ $\quad 20 + P_{12x} = 0 \quad P_{12x} = -20$

$P_{12} = \left(\frac{7.5}{6}\right)(-20) = \underline{-25^{kN}}$

4-7 (a) ZERO FORCE MEMBERS:
1, 2, 8, 9, 13 (THEOREM 1)   6, 7 (THEOREM 2)
THEN $R_{6y} = 0$, $P_{13} = 0$.

(b) AT ④, $\Sigma M_{7-8} = 0$
$-(20)(1) - 5 P_4 = 0 \quad \underline{P_4 = -4^{kN}}$

AT ③, $\Sigma F_x = 0$
$10 - P_3 = 0 \quad \underline{P_3 = 10^{kN}}$

$\Sigma M_{5-8} = 0$
$-(20)(1) - (10)(5) + 4 R_{7y} = 0 \quad R_{7y} = 17.5^{kN}$

AT ⑦:
$\left(\frac{5}{5.916}\right) P_{10} + 17.5 = 0 \quad P_{10} = -20.71$

$-P_{14} + \left(\frac{1}{5.916}\right)(20.71) = 0 \quad \underline{P_{14} = 3.50^{kN}}$

AT ⑥, $R_{6z} = -3.5$
$\Sigma F_z = 0 \quad -3.5 + R_{8z} = 0 \quad \underline{R_{8z} = 3.5^{kN}}$

4-7 (CONT)

$$\Sigma M_{7\text{-}8} = 0 \qquad (-20)(1) + 4 R_{5Y} = 0 \qquad \underline{R_{5Y} = 5.0^{kN}}$$

4-8 (a) ZERO FORCE MEMBERS:

2, 3, 4 (THEOREM 1)   10, 11 (THEOREM 2)

(b) AT ①, $\Sigma M_{5\text{-}8} = 0$

$-(10)(1) - 5P_1 = 0 \qquad \underline{P_1 = -2.0^{kN}}$

AT ①, $\Sigma F_Y = 0$

$-P_{5Y} - P_{12Y} - 10 = 0 \qquad P_{5Y} = \frac{5}{5.196} P_5 \qquad P_{12Y} = \frac{5}{5.916} P_{12}$

$-0.962 P_5 - 0.845 P_{12} - 10 = 0$

AT ①, $\Sigma F_Z = 0$

$-P_{5Z} + P_{12Z} = 0 \qquad P_{5Z} = \frac{1}{5.196} P_5 \qquad P_{12Z} = \frac{3}{5.916} P_{12}$

$-0.192 P_5 + 0.507 P_{12} = 0$

$10 = -0.962 P_5 - 0.845 P_{12}$
$0 = -0.192 P_5 + 0.507 P_{12} \qquad (\times 1.66)$

$10 = -1.280 P_5 \qquad \underline{P_5 = -7.81^{kN}}$

AT ③, $\Sigma F_Z = 0$

$-P_{8Z} + P_{9Z} + 5 = 0 \qquad P_{8Z} = \frac{3}{5.916} P_8 \qquad P_{9Z} = \frac{1}{5.196} P_9$

$-0.507 P_8 + 0.192 P_9 + 5 = 0$

$\Sigma F_Y = 0$

$-P_{8Y} - P_{9Y} = 0 \qquad P_{8Y} = \frac{5}{5.916} P_8 \qquad P_{9Y} = \frac{5}{5.196} P_9$

$-0.845 P_8 - 0.962 P_9 = 0$

$-5 = -0.507 P_8 + 0.192 P_9 \qquad (\times -1.66)$
$0 = -0.845 P_8 - 0.962 P_9$

$8.29 = -1.279 P_9 \qquad \underline{P_9 = -6.48^{kN}}$

(c) AT ⑦, $\Sigma F_X = 0$

$-P_{9X} - P_{15} = 0 \qquad \left(\frac{1}{5.196}\right)(6.48) - P_{15} = 0 \qquad \underline{P_{15} = 1.25^{kN}}$

AT ⑧, $\Sigma F_X = 0$

$P_{15} + P_{12X} + R_{8X} = 0 \qquad 1.25 - \left(\frac{1}{5.916}\right)(2.94) + R_{8X} = 0$

$\underline{R_{8X} = -0.75^{kN}}$

4-8 (CONT)

$$\Sigma M_{\text{⑤}} = 0$$

$$-(5)(3) - (0.75)(4) - 4R_{6z} = 0 \qquad \underline{R_{6z} = -4.5 \text{ kN}}$$

AT ⑧ , $\Sigma F_Y = 0$

$$P_{12Y} + R_{8Y} = 0 \qquad -\left(\frac{5}{5.916}\right)(2.94) + R_{8Y} = 0$$

$$\underline{R_{8Y} = 2.49 \text{ kN}}$$

4-9

$P_1 = P_2 = P_3 = 0$ (THEOREM 1)

$P_6 = P_7 = P_8 = P_9 = P_{10} = 0$ (THEOREM 2)

AT ①:

$\Sigma F_Y = 0 \qquad \underline{P_5 = -2^k} \qquad \Sigma F_z = 0 \quad \underline{P_4 = -6^k}$

AT ④:

$\Sigma F_z = 0 \qquad 6 - \left(\frac{20}{36.06}\right) P_{12} = 0 \qquad \underline{P_{12} = 10.82^k}$

$\Sigma F_Y = 0 \qquad -\left(\frac{30}{36}\right)(10.82) - P_{11} = 0 \qquad \underline{P_{11} = -9.02^k}$

AT ⑥: $\underline{P_{13} = 0}$ (THEOREM 1)

AT ⑦: $\underline{P_{14} = 0}$ (THEOREM 1)

$\underline{P_{19} = P_{20} = 0}$ (THEOREM 2)

AT ⑧: $\Sigma M_{9-12} = 0 \qquad (9.02)(6) + 30 P_{15} = 0 \qquad \underline{P_{15} = -1.80^k}$

AT ⑤: $\Sigma M_{9-10} = 0 \qquad \left(\frac{20}{36.06}\right)(10.82)(30) - \left(\frac{30}{36.06}\right)(10.82)(6) + 30 P_{16} = 0$

$$\underline{P_{16} = -4.60^k}$$

AT ⑨: $\Sigma F_Y = 0 \qquad -P_{21Y} - P_{22Y} = 0$

$\Sigma F_X = 0 \qquad -1.80 - P_{21X} + P_{22X} = 0$

$P_{21Y} = 5 P_{21X} \qquad P_{22Y} = \left(\frac{30}{26}\right) P_{22X}$

$-5 P_{21X} - (30/26) P_{22X} = 0$

$-P_{21X} + P_{22X} = 1.8 \qquad (\times (-5))$

$-6.15 P_{22X} = -9.0 \qquad P_{22X} = 1.46$

$P_{22} = \left(\frac{40.15}{26}\right)(1.46) = \underline{2.25^k}$

$-1.80 + 1.46 - P_{21X} = 0 \qquad P_{21X} = -0.34$

$P_{21} = \left(\frac{31.18}{6}\right)(-0.34) = \underline{-1.77^k}$

4-9 (CONT) $\Sigma M_{9-12} = 0$ FOR ENTIRE STRUCTURE:

$-32 R_{11Y} - 32 R_{10Y} + (2)(6) = 0$

$-32 \left(\frac{30}{31.18}\right)(1.77) + 12 - 32 R_{10Y} = 0$ $R_{10Y} = -1.33$

AT ⑩: $P_{18Y} = 1.33$ $P_{18} = \left(\frac{40.15}{30}\right)(1.33) = \underline{\underline{1.77^K}}$

AT ⑤: $\Sigma F_Y = 0$

$-2 + \left(\frac{30}{36.06}\right)(10.82) - \left(\frac{30}{40.15}\right)(1.77) - \left(\frac{30}{31.18}\right) P_{17} = 0$ $\underline{\underline{P_{17} = 5.90^K}}$

$\Sigma M_{9-10} = 0$ FOR ENTIRE STRUCTURE:

$-32 R_{11Y} - 32 R_{12Y} + (6)(60) + (2)(6) = 0$

$R_{11Y} = \left(\frac{30}{31.18}\right)(1.77) = 1.70$ $R_{12Y} = 9.925^K$

$\Sigma F_Y = 0$

$9.925 + 1.68 + P_{23Y} = 0$ $P_{23Y} = -11.61$

$P_{23} = \left(\frac{31.18}{30}\right)(-11.61) = \underline{\underline{-12.06^K}}$

AT ⑤: $\Sigma F_Y = 0$

$-9.02 + \left(\frac{30}{31.18}\right)(12.06) - \left(\frac{30}{40.15}\right) P_{24} = 0$ $\underline{\underline{P_{24} = 3.46^K}}$

4-10 $P_1 = P_2 = P_4 = P_{13} = 0$ (THEOREM 1)

$P_5 = P_6 = P_7 = P_8 = 0$ (THEOREM 2)

$P_3 = 5.0^K$ (THEOREM 1)

AT ④:

$\Sigma F_Z = 0$ $5 - P_{12Z} = 0$ $P_{12Z} = 5$ $P_{12} = \left(\frac{36.06}{20}\right)(5) = \underline{\underline{9.01^K}}$

$\Sigma F_Y = 0$ $-2 - \left(\frac{30}{36.06}\right)(9.01) - P_{11} = 0$ $\underline{\underline{P_{11} = -9.5^K}}$

AT ③:

$\Sigma F_X = 0$ $5 + P_{10X} = 0$ $P_{10X} = -5$ $P_{10} = \left(\frac{36.06}{20}\right)(-5) = \underline{\underline{-9.01^K}}$

$\Sigma F_Y = 0$ $\left(\frac{30}{36.06}\right)(9.01) - P_9 = 0$ $\underline{\underline{P_9 = 7.5^K}}$

AT ①: $\Sigma M_{11-12} = 0$

$(7.5)(6) - 30 P_{14} = 0$ $\underline{\underline{P_{14} = 1.5^K}}$

AT ⑤: $\Sigma M_{9-12} = 0$

$(9.5)(6) + \left(\frac{30}{36.06}\right)(9.01)(6) - \left(\frac{20}{36.06}\right)(9.01)(30) + 30 P_{15} = 0$

$\underline{\underline{P_{15} = 1.60^K}}$

AT ⑤: $\Sigma M_{9-10} = 0$

$\left(\frac{20}{36.06}\right)(9.01)(30) - \left(\frac{30}{36.06}\right)(9.01)(6) + 30 P_{16} = 0$ $\underline{\underline{P_{16} = -3.5^K}}$

4-10 (CONT)

AT ⑥:
$$\Sigma F_Y = 0 \qquad -P_{20Y} - P_{19Y} = 0$$
$$\Sigma F_Z = 0 \qquad 1.5 + P_{20Z} - P_{19Z} = 0$$

$$P_{19Y} = 5P_{19Z} \qquad P_{20Y} = \frac{30}{26} P_{20Z}$$

$$0 = -\frac{30}{26} P_{20Z} - 5 P_{19Z}$$
$$-1.5 = P_{20Z} - P_{19Z} \qquad (\times (-5))$$

$$7.5 = -6.15 P_{20Z} \qquad P_{20Z} = -1.22$$

$$P_{20} = \left(\frac{40.14}{26}\right)(-1.22) = \underline{-1.88^K}$$

$$-1.5 = -1.22 - P_{19Z} \qquad P_{19Z} = 0.28 \qquad P_{19} = \left(\frac{31.18}{6}\right)(0.28) = \underline{1.46^K}$$

AT ⑤:
$$\Sigma F_Y = 0 \qquad -\left(\frac{30}{36.06}\right)(9.01) - P_{18Y} - P_{17Y} = 0$$
$$\Sigma F_X = 0 \qquad -P_{18X} + P_{17X} = 0$$

$$P_{18Y} = \frac{30}{26} P_{18X} \qquad P_{17Y} = 5 P_{17X}$$

$$-7.5 = \frac{30}{26} P_{18X} + 5 P_{17X}$$
$$0 = -P_{18X} + P_{17X} \qquad (\times (-5))$$

$$-7.5 = -6.15 P_{18X} \qquad P_{18X} = 1.22$$

$$P_{18} = \left(\frac{40.15}{26}\right)(1.22) = \underline{1.88^K}$$

$$P_{17X} = 1.22 \qquad P_{17} = \left(\frac{31.18}{6}\right)(1.22) = \underline{6.33^K}$$

AT ⑧:
$$\Sigma F_Y = 0 \qquad -9.5 - \left(\frac{30}{36.06}\right)(9.01) - P_{24Y} - P_{23Y} = 0$$
$$\Sigma F_Z = 0 \qquad 3.5 - P_{24Z} + P_{23Z} = 0$$

$$P_{24Y} = \frac{30}{26} P_{24Z} \qquad P_{23Y} = 5 P_{23Z}$$

$$17 = -\frac{30}{26} P_{24Z} - 5 P_{23Z}$$
$$-3.5 = -P_{24Z} + P_{23Z} \qquad (\times 5)$$

$$-0.5 = -6.15 P_{24Z} \qquad P_{24Z} = 0.08125$$

$$P_{24} = \left(\frac{40.14}{26}\right)(0.08125) = \underline{0.13^K}$$

$$3.5 - 0.08125 + P_{23Z} = 0 \qquad P_{23Z} = -3.42$$

$$P_{23} = \left(\frac{31.18}{6}\right)(-3.42) = \underline{-17.77^K}$$

4-10 (CONT)

AT ①:

$\Sigma F_y = 0 \quad 7.5 - P_{21Y} - P_{22Y} = 0$

$\Sigma F_x = 0 \quad 1.6 - P_{21X} + P_{22X} = 0$

$P_{21Y} = 5 P_{21X} \qquad P_{22Y} = \frac{30}{26} P_{22X}$

$-7.5 = -5 P_{21X} - \frac{30}{26} P_{22X}$

$\underline{-1.6 = -P_{21X} + P_{22X}} \qquad (\times (-5))$

$0.5 = -6.15 P_{22X} \qquad P_{22X} = -0.08125$

$P_{22} = \left(\frac{40.14}{26}\right)(-0.08125) = \underline{-0.13^k}$

$-1.6 = -P_{21X} - 0.08125 \qquad P_{21X} = 1.52$

$P_{21} = \left(\frac{31.18}{6}\right)(1.52) = \underline{7.90^k}$

4-11

AT D:

$\vec{u}_{DH} = 0.137\vec{i} - 0.981\vec{j} - 0.137\vec{k}$

$\vec{u}_{DG} = 0.122\vec{i} - 0.873\vec{j} + 0.472\vec{k}$

$\vec{P}_{CD} = 3.72\vec{k}$

$\begin{bmatrix} -.981 & -.873 \\ -.137 & .472 \end{bmatrix} \begin{Bmatrix} P_{DH} \\ P_{DG} \end{Bmatrix} = \begin{Bmatrix} 0 \\ -3.72 \end{Bmatrix} \qquad \underline{P_{DH} = 5.57^k} \\ \underline{P_{DG} = -6.26^k}$

AT B:

$\vec{u}_{BF} = -0.137\vec{i} - 0.981\vec{j} + 0.137\vec{k}$

$\vec{u}_{BE} = -0.122\vec{i} - 0.873\vec{j} - 0.472\vec{k}$

$\begin{bmatrix} -.981 & -.873 \\ .137 & -.472 \end{bmatrix} \begin{Bmatrix} P_{BF} \\ P_{BE} \end{Bmatrix} = \begin{Bmatrix} 0 \\ -5 \end{Bmatrix} \qquad \underline{P_{BF} = -7.49^k} \\ \underline{P_{BE} = 8.42^k}$

AT E:

$\vec{u}_{EF} = \vec{k}$

$\vec{u}_{EI} = -0.137\vec{i} - 0.981\vec{j} - 0.137\vec{k}$

$P_{BE_z} = 3.97 \qquad P_{BE_y} = 7.35$

$\begin{bmatrix} 0 & -.981 \\ 1 & -.137 \end{bmatrix} \begin{Bmatrix} P_{EF} \\ P_{EI} \end{Bmatrix} = \begin{Bmatrix} -7.35 \\ -3.97 \end{Bmatrix} \qquad \underline{P_{EF} = -2.94^k} \\ \underline{P_{EI} = 7.49^k}$

4-11 (CONT)

AT F:

$\vec{u}_{FG} = \vec{i}$

$\vec{u}_{FJ} = -0.137\vec{i} - 0.981\vec{j} + 0.137\vec{k}$

$\vec{u}_{FI} = -0.108\vec{i} - 0.769\vec{j} - 0.630\vec{k}$

$\vec{P}_{BF} = -1.026\vec{i} - 7.35\vec{j} + 1.026\vec{k}$

$\vec{P}_{EF} = 2.94\vec{k}$

$\vec{P}_{CF} = -0.222\vec{i} - 0.410\vec{j} + 0.057\vec{k}$

$$\begin{bmatrix} 1 & -.137 & -.108 \\ 0 & -.981 & -.769 \\ 0 & .137 & -.630 \end{bmatrix} \begin{Bmatrix} P_{FG} \\ P_{FJ} \\ P_{FI} \end{Bmatrix} = \begin{Bmatrix} 1.25 \\ 7.76 \\ -4.02 \end{Bmatrix}$$

$\underline{\underline{P_{FG} = 0.17^k}}$

$\underline{\underline{P_{FJ} = -11.03^k}}$

$\underline{\underline{P_{FI} = 3.98^k}}$

AT G:

$\vec{u}_{GH} = -\vec{k}$

$\vec{u}_{GJ} = -0.630\vec{i} - 0.769\vec{j} + 0.108\vec{k}$

$\vec{u}_{GK} = 0.137\vec{i} - 0.981\vec{j} + 0.137\vec{k}$

$\vec{P}_{GD} = 0.764\vec{i} - 5.46\vec{j} + 2.95\vec{k}$

$\vec{P}_{GF} = -0.17\vec{i}$

$\vec{P}_{GC} = 0.222\vec{i} - 1.59\vec{j} + 0.222\vec{k}$

$$\begin{bmatrix} 0 & -.630 & .137 \\ 0 & -.769 & -.981 \\ -1 & .108 & .137 \end{bmatrix} \begin{Bmatrix} P_{GH} \\ P_{GJ} \\ P_{GK} \end{Bmatrix} = \begin{Bmatrix} -.816 \\ 7.05 \\ -3.17 \end{Bmatrix}$$

$\underline{\underline{P_{GH} = 2.19^k}}$

$\underline{\underline{P_{GJ} = -0.23^k}}$

$\underline{\underline{P_{GK} = -7.01^k}}$

AT H:

$\vec{u}_{HL} = 0.137\vec{i} - 0.981\vec{j} - 0.137\vec{k}$

$\vec{u}_{HK} = 0.108\vec{i} - 0.769\vec{j} + 0.630\vec{k}$

$\vec{P}_{HD} = -0.763\vec{i} + 5.46\vec{j} + 0.763\vec{k}$

$\vec{P}_{HG} = 2.19\vec{k}$

$$\begin{bmatrix} -.981 & -.769 \\ -.137 & .630 \end{bmatrix} \begin{Bmatrix} P_{HL} \\ P_{HK} \end{Bmatrix} = \begin{Bmatrix} -5.46 \\ -2.95 \end{Bmatrix}$$

$\underline{\underline{P_{HL} = 7.89^k}}$

$\underline{\underline{P_{HK} = -2.97^k}}$

4-12

AT ②:
$\vec{u}_2 = -0.948\vec{i} - 0.316\vec{j}$
$\vec{u}_3 = -0.683\vec{i} - 0.683\vec{j} - 0.256\vec{k}$
$\vec{u}_4 = -0.683\vec{i} - 0.683\vec{j} + 0.256\vec{k}$

$$\begin{bmatrix} -.948 & -.683 & -.683 \\ -.316 & -.683 & -.683 \\ 0 & -.256 & .256 \end{bmatrix} \begin{Bmatrix} P_2 \\ P_3 \\ P_4 \end{Bmatrix} = \begin{Bmatrix} -10 \\ 20 \\ 0 \end{Bmatrix}$$

$P_2 = 47.47$ kN
$P_3 = -25.62$ kN
$P_4 = -25.62$ kN

AT ④:
$\vec{u}_6 = -\vec{k}$
$\vec{u}_7 = -0.625\vec{i} + 0.625\vec{j} - 0.469\vec{k}$
$\vec{u}_9 = -0.683\vec{i} - 0.683\vec{j} + 0.256\vec{k}$

$\vec{P}_4 = -17.5\vec{i} - 17.5\vec{j} + 6.56\vec{k}$

$$\begin{bmatrix} 0 & -.625 & -.683 \\ 0 & .625 & -.683 \\ -1 & -.469 & .256 \end{bmatrix} \begin{Bmatrix} P_6 \\ P_7 \\ P_9 \end{Bmatrix} = \begin{Bmatrix} 17.5 \\ 17.5 \\ -6.56 \end{Bmatrix}$$

$P_6 = 0$
$P_7 = 0$
$P_9 = -25.62$ kN

AT ③:
$\vec{u}_5 = -0.625\vec{i} + 0.625\vec{j} + 0.469\vec{k}$
$\vec{u}_8 = -0.683\vec{i} - 0.683\vec{j} - 0.256\vec{k}$
$\vec{u}_{12} = -0.553\vec{i} - 0.553\vec{j} + 0.623\vec{k}$

$\vec{P}_3 = -17.5\vec{i} - 17.5\vec{j} - 6.56\vec{k}$

$$\begin{bmatrix} -.625 & -.683 & -.553 \\ .625 & -.683 & -.553 \\ .469 & -.256 & .623 \end{bmatrix} \begin{Bmatrix} P_5 \\ P_8 \\ P_{12} \end{Bmatrix} = \begin{Bmatrix} 17.5 \\ 17.5 \\ 6.56 \end{Bmatrix}$$

$P_5 = 0$
$P_8 = -25.62$ kN
$P_{12} = 0$

AT ⑤:
$\vec{u}_1 = -\vec{i}$
$\vec{u}_{10} = -0.286\vec{i} - 0.857\vec{j} + 0.429\vec{k}$
$\vec{u}_{11} = -0.286\vec{i} - 0.857\vec{j} - 0.429\vec{k}$

$\vec{P}_2 = 45\vec{i} + 15\vec{j}$

$$\begin{bmatrix} -1 & -.286 & -.286 \\ 0 & -.857 & -.857 \\ 0 & .429 & -.429 \end{bmatrix} \begin{Bmatrix} P_1 \\ P_{10} \\ P_{11} \end{Bmatrix} = \begin{Bmatrix} -45 \\ -15 \\ 0 \end{Bmatrix}$$

$P_1 = 40.0$ kN
$P_{10} = 8.75$ kN
$P_{11} = 8.75$ kN

4-12 (CONT)

AT ①: $\Sigma F_x = 0$
$40.0 + R_1 = 0$ $\underline{\underline{R_1 = -40.0^{kN}}}$

AT ⑥: $\Sigma \vec{F}_R = \vec{0}$

$(-17.5\vec{i} - 17.5\vec{j} - 6.56\vec{k}) + (2.5\vec{i} + 7.5\vec{j} + 3.75\vec{k}) + (R_{6x}\vec{i} + R_{6y}\vec{j} + R_{6z}\vec{k}) = \vec{0}$

$\underline{\underline{R_{6x} = 15.0^{kN}}}$ $\underline{\underline{R_{6y} = 10.0^{kN}}}$ $\underline{\underline{R_{6z} = 2.81^{kN}}}$

AT ⑦: $\Sigma \vec{F}_R = \vec{0}$

$(-17.5\vec{i} - 17.5\vec{j} + 6.56\vec{k}) + (2.5\vec{i} + 7.5\vec{j} - 3.75\vec{k}) + (R_{7x}\vec{i} + R_{7y}\vec{j} + R_{7z}\vec{k}) = \vec{0}$

$\underline{\underline{R_{7x} = 15.0^{kN}}}$ $\underline{\underline{R_{7y} = 10.0^{kN}}}$ $\underline{\underline{R_{7z} = -2.81^{kN}}}$

5-1 (a) $\Sigma M_A = 0 \;+\!\!\downarrow$

$(4)(20) + (8)(60) + 10 R_{CH} - 90 R_{CV} = 0$

$-560 = 10 R_{CH} - 90 R_{CV}$

$\Sigma M_B = 0 \;+\!\!\downarrow$

$(8)(20) + 50 R_{CH} - 50 R_{CV} \qquad -160 = 50 R_{CH} - 50 R_{CV}$

$-560 = 10 R_{CH} - 90 R_{CV} \quad (\times (-5))$
$-160 = 50 R_{CH} - 50 R_{CV}$
_____
$2640 = 400 R_{CV}$

$\Sigma F_H = 0 \qquad R_{AH} = 3.4^K \rightarrow \qquad \Sigma F_V = 0$

$\underline{R_{CV} = 6.6^K \uparrow} \qquad \underline{R_{CH} = 3.4^K \leftarrow}$

$-4 - 8 + 6.6 + R_{AV} = 0$

$\underline{R_{AV} = 5.4^K \uparrow}$

(b) $\Sigma M_F = 0 \;+\!\!\downarrow \qquad M_F + (3.4)(42) - (6.6)(30) = 0 \qquad \underline{M_F = 55.2^{ft-k} \;\curvearrowright}$

(c) $\Sigma M_D = 0 \;+\!\!\downarrow \qquad M_D + (5.4)(10) - (3.4)(17.5) = 0 \qquad \underline{M_D = 5.5^{ft-k} \;\curvearrowright}$

$y'(30) = (2)(0.025)(30) = 1.5$

$\Sigma F_V = 0 \qquad 5.4 - 0.832 P - 0.555 V = 0$

$\Sigma F_H = 0 \qquad 3.4 - 0.555 P + 0.832 V = 0$

$-5.4 = -0.832 P - 0.555 V \qquad (\times 1.5)$
$-3.4 = -0.555 P + 0.832 V$
_____
$-11.5 = -1.80 P \qquad \underline{P = 6.39^K} \quad \underline{V = 0.15^K}$

5-2 (a) NO LOAD ON AB $\therefore R_{AV} = R_{AH}$ (R_A PASSES THROUGH B)

$\Sigma M_C = 0 \;+\!\!\downarrow$

$-(10)(30) + 90 R_{AV} + 10 R_{AV} = 0$

$\underline{R_{AV} = 3.0^K \uparrow} \quad \underline{R_{AH} = 3.0^K \rightarrow} \quad \underline{R_{CH} = 3.0^K \leftarrow} \quad \underline{R_{CV} = 7.0^K \uparrow}$

(b)

$\Sigma M_F = 0 \;+\!\!\downarrow$

$(3)(42) - (7)(30) - M_F = 0$

$\underline{M_F = 84^{ft-k} \;\curvearrowleft}$

5-2 (CONT)

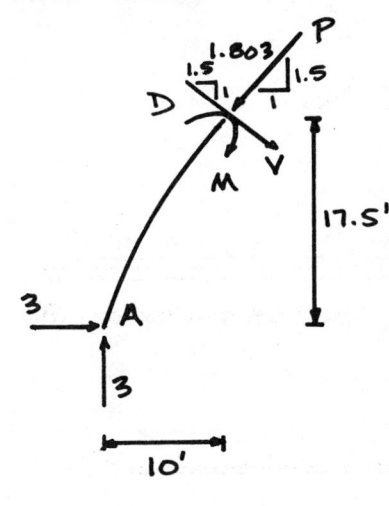

$\Sigma M_D = 0 \;+\!\downarrow)$

$(3)(10) + M_D - (3)(17.5) = 0 \qquad \underline{M_D = 22.5^{ft-k}\;\downarrow}$

$y'(30') = (2)(0.025)(30) = 1.5$

$\Sigma F_V = 0 \qquad 3 - \frac{1.5}{1.8}(P) - \frac{1}{1.8}(V) = 0$

$\Sigma F_H = 0 \qquad 3 - \frac{1}{1.8}(P) + \frac{1.5}{1.8}(V) = 0$

$3 = \frac{1.5}{1.8}P - \frac{1}{1.8}V \qquad (\times \frac{1}{1.5})$

$-3 = -\frac{1}{1.8}P + \frac{1.5}{1.8}V$

$-1.0 = 1.20\,V \qquad \underline{V = -0.83^k \;(\nwarrow)}$

$\underline{P = 4.16^k}$

5-3 (a) $\Sigma M_A = 0 \;+\!\downarrow)$

$(0.8)(90)(45) + 10 R_{CH} - 90 R_{CV} = 0$

$\Sigma M_B = 0 \;+\!\downarrow)$

$(0.8)(50)(25) + 50 R_{CH} - 50 R_{CV} = 0$

$-3240 = 10 R_{CH} - 90 R_{CV}$

$-1000 = 50 R_{CH} - 50 R_{CV} \qquad (\times (-5))$

$15200 = 400 R_{CV} \qquad \underline{R_{CV} = 38^k \uparrow} \qquad \underline{R_{CH} = 18^k \leftarrow}$

$\Sigma F_V = 0$

$38 + R_{AV} - (0.8)(90) = 0 \qquad \underline{R_{AV} = 34^k \uparrow}$

$\Sigma F_H = 0 \qquad \underline{R_{AH} = 18^k \rightarrow}$

(b) $\Sigma M_F = 0 \;+\!\downarrow)$

$(0.8)(30)(15) + (18)(42) - (38)(30) - M_F = 0 \qquad \underline{M_F = -24^{ft-k}\;(C)}$

(c)

$\Sigma M_D = 0 \;+\!\downarrow)$

$(34)(10) + M_D - (18)(17.5) - (0.8)(10)(5) = 0$

$\underline{M_D = 15^{ft-k}\;\downarrow}$

$(30')y' = (0.025)(2)(30) = 1.5$

$\Sigma F_V = 0 \qquad 34 - (0.8)(10) - \frac{1.5}{1.8}P + \frac{1}{1.8}V = 0$

5-3 (CONT)

$$\Sigma F_H = 0$$
$$18 - \frac{1}{1.8}P - \frac{1.5}{1.8}V = 0$$
$$-26 = -\frac{1.5}{1.8}P + \frac{1}{1.8}V \quad (\times (-1/1.5))$$
$$-18 = -\frac{1}{1.8}P - \frac{1.5}{1.8}V$$
$$\overline{}$$
$$-0.67 = -1.20V \qquad \underline{\underline{V = 0.56^K \searrow}} \qquad \underline{\underline{P = 31.57^K}}$$

5-4

(a) NO LOAD ON BC ∴ $R_{CH} = R_{CV}$ (R_C PASSES THROUGH B)

$$\Sigma M_A = 0 \;\;+\!\!\circlearrowleft$$
$$(1.2)(40)(20) + 10R_{CH} - 90R_{CH} = 0$$

$\underline{\underline{R_{CH} = 12^K \leftarrow}}$ $\underline{\underline{R_{CV} = 12^K \uparrow}}$ $\underline{\underline{R_{AV} = 36^K \uparrow}}$ $\underline{\underline{R_{AH} = 12^K \rightarrow}}$

(b) $\Sigma M_F = 0 \;\;+\!\!\circlearrowleft \qquad M_F + (12)(42) - (12)(30) = 0 \qquad \underline{\underline{M_F = 144^{ft-k}\;\curvearrowright}}$

(c)

$$\Sigma M_D = 0 \;\;+\!\!\circlearrowleft$$
$$M_D + (36)(10) - (12)(17.5) - (1.2)(10)(5) = 0$$
$$\underline{\underline{M_D = -90^{ft-k}\;(\curvearrowleft)}}$$

$$\Sigma F_V = 0$$
$$36 - (1.2)(10) - 0.832P - 0.555V = 0$$
$$\Sigma F_H = 0$$
$$12 - 0.555P + 0.832V = 0$$

$$-24 = -0.832P - 0.555V \qquad (\times 1.5)$$
$$-12 = -0.555P + 0.832V$$
$$\overline{}$$
$$-48 = -1.803P \qquad \underline{\underline{P = 26.62^K \quad V = 3.33^K \searrow}}$$

5-5

(a) NO LOAD ON BD ∴ $R_{DV} = R_{DH}$ (R_D PASSES THROUGH B)

$$\Sigma M_A = 0 \;\;+\!\!\circlearrowleft \qquad (25)(2) + 0.995 R_{DH} - 9.90 R_{DH} = 0$$

$\underline{\underline{R_{DH} = 5.62^{kN} \leftarrow}}$ $\underline{\underline{R_{DV} = 5.62^{kN} \uparrow}}$

$\Sigma F_H = 0 \qquad \underline{\underline{R_{AH} = 5.62^{kN} \rightarrow}}$

$\Sigma F_V = 0 \qquad -25 + 5.62 + R_{AV} = 0$
$$\underline{\underline{R_{AV} = 19.38^{kN} \uparrow}}$$

(b)

$$\Sigma M_C = 0$$
$$0 = M_C + (5.62)[5 - (5)(\cos 60°)] - (5.62)(\sin 60°)(5)$$
$$\underline{\underline{M_C = 10.29^{kN-M}\;\curvearrowleft}}$$

5-5 (CONT)

$\Sigma F_V = 0$
$5.62 - P_c(\sin 30°) - V_c(\sin 60°) = 0$
$\Sigma F_H = 0$
$-5.62 + P_c(\cos 30°) - V_c(\cos 60°) = 0$

$-5.62 = -0.5 P_c - 0.866 V_c$ (×1.732)
$5.62 = 0.866 P_c - 0.5 V_c$

$-4.11 = -2.0 V_c$

$\underline{\underline{V_c = 2.06^{kN}}}$ $\qquad$ $\underline{\underline{P_c = 7.67^{kN}}}$

5-6 (a) $\Sigma M_E = 0$ ↻
$-(20)(7.8) - (10)(2.4) - 3.6 R_{AH} + 10.8 R_{AV} = 0$
$\Sigma M_c = 0$ (ON AC)
$-(20)(3) - 6 R_{AH} + 6 R_{AV} = 0$

$180 = -3.6 R_{AH} + 10.8 R_{AV}$
$60 = -6 R_{AH} + 6 R_{AV}$ (× (-1.81))

$72 = 7.2 R_{AH}$ $\qquad$ $\underline{\underline{R_{AH} = 10^{kN}}} \rightarrow$ $\qquad$ $\underline{\underline{R_{AV} = 20^{kN}}} \uparrow$

$\Sigma F_H = 0$ $\underline{\underline{R_{EH} = 10^{kN}}} \leftarrow$ $\qquad$ $\Sigma F_V = 0$ $\quad 20 - 20 - 10 + R_{EV} = 0$ $\underline{\underline{R_{EV} = 10^{kN}}} \uparrow$

(b)

$\Sigma M_B = 0$ ↻
$-M_B + (20)[6 - (6)(\cos 60°)] - (10)(\sin 60°)(6) = 0$

$\underline{\underline{M_B = 8.04^{kN-m}}}$ ↻

$\Sigma F_V = 0 \quad 20 - V_B(\sin 60°) - P_B(\sin 30°) = 0$
$\Sigma F_H = 0 \quad 10 + V_B(\cos 60°) - P_B(\cos 30°) = 0$

$-20 = -.866 V_B - 0.5 P_B$
$-10 = 0.5 V_B - .866 P_B$ (× 1.732)

$-37.32 = -2.0 P_B$ $\qquad$ $\underline{\underline{P_B = 18.66^{kN}}}$ $\quad$ $\underline{\underline{V_B = 12.32^{kN}}}$

83

5-7 (a)

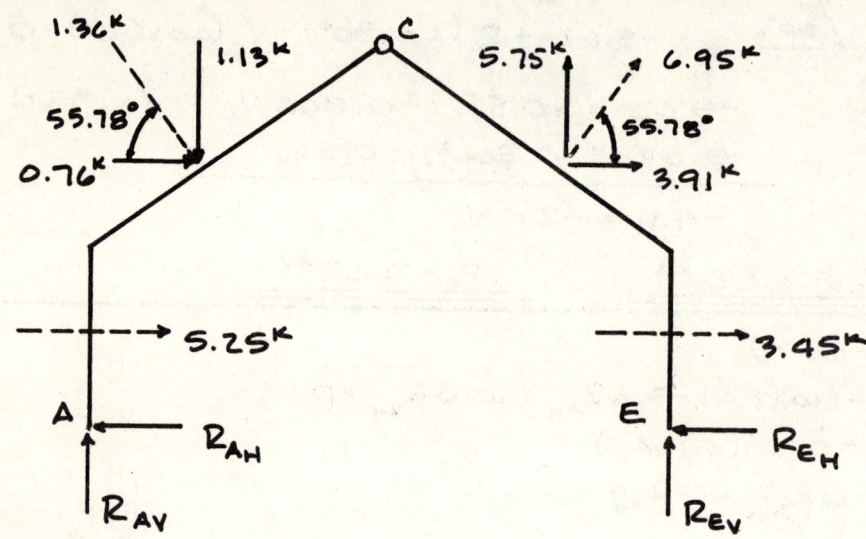

$\Sigma M_A = 0 \;+\curvearrowleft$

$(5.25)(7.5) + (3.45)(7.5) + (0.76)(23.5) + (3.91)(23.5) + (1.13)(12.5) - (5.75)(37.5) - 50 R_{E_V} = 0$

$\Sigma F_V = 0$

$-0.53 + R_{AV} + 5.75^k - 1.13 = 0$

$\underline{R_{E_V} = -0.53^k \;(\downarrow)}$

$\underline{R_{AV} = -4.09^k \;(\downarrow)}$

$\Sigma M_C = 0 \;+\curvearrowleft$ (ON AC)

$(-4.09)(25) + 32 R_{AH} - (5.25)(24.5) - (1.13)(12.5) - (0.76)(8.5) = 0$

$\underline{R_{AH} = 7.86^k \leftarrow}$

$\Sigma F_H = 0$

$0.76 + 5.25 + 3.91 + 3.45 - 7.86 - R_{E_H} = 0$

$\underline{R_{E_H} = 5.51^k \leftarrow}$

(b)

$\Sigma M_B = 0 \;+\curvearrowleft$

$-M_B - (5.25)(7.5) + (7.86)(15) = 0$

$\underline{M_B = 78.5 \text{ ft-k} \;\curvearrowright}$

5-7 (CONT)

$\Sigma M_D = 0 \quad +\circlearrowleft$

$-M_D - (3.45)(7.5) + (5.51)(15) = 0$

$\underline{\underline{M_D = 56.8^{ft-k} \circlearrowleft}}$

(c)

$P_D = (2.06)(\cos 34.2°) - (0.53)(\cos 55.8°)$

$\underline{\underline{P_D = 1.41^k \text{ (COMPRESSION)}}}$

5-8 (a)

$\Sigma M_A = 0 \quad +\circlearrowleft$

$(15)(37.5) - 50 R_{E_V} = 0$

$\underline{\underline{R_{E_V} = 11.25^k \uparrow}}$

$\Sigma F_V = 0$

$11.25 + R_{AV} - 15 = 0 \quad \underline{\underline{R_{AV} = 3.75^k \uparrow}}$

$\Sigma M_C = 0 \quad +\circlearrowleft \quad \text{(ON CE)}$

$(15)(12.5) - (11.25)(25) + 32 R_{E_H} = 0 \quad \underline{\underline{R_{E_H} = 2.93^k \leftarrow}}$

$\Sigma F_H = 0 \quad \underline{\underline{R_{AH} = 2.93^k \rightarrow}}$

(b)

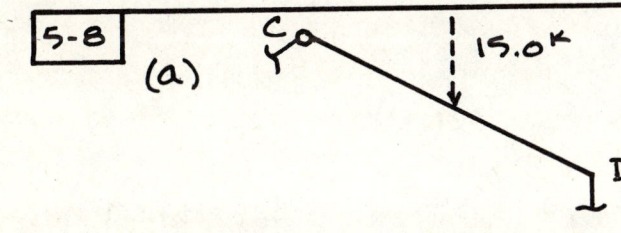

$\Sigma M_B = 0 \quad +\circlearrowleft$

$M_B - (2.93)(15) = 0 \quad \underline{\underline{M_B = 43.95^{ft-k} \circlearrowleft}}$

5-8 (CONT)

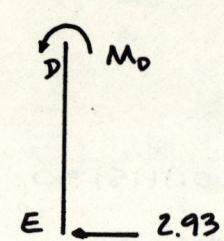

$\Sigma M_D = 0 \;+\curvearrowleft$

$-M_D + (2.93)(15) = 0$

$\underline{\underline{M_D = 43.95^{\text{ft-k}}}} \;\curvearrowright$

(c)

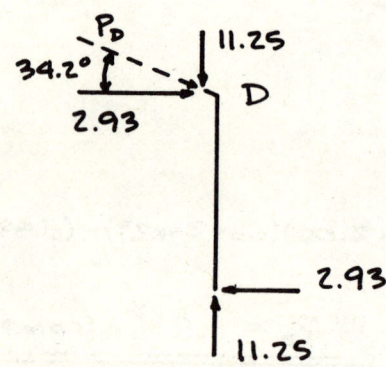

$P_D = (2.93)(\cos 34.2°) + (11.25)(\cos 55.8°)$

$\underline{\underline{P_D = 8.75^k \;(\text{COMPRESSION})}}$

5-9 $\Sigma M_A = 0 \;+\curvearrowleft$

$(5)(20) + (5)(40) + (10)(80) + 4(100) + 20 R_{BH} - 120 R_{BV} = 0$

$\Sigma M_H = 0 \;+\curvearrowleft \;(\text{ON HB})$

$(10)(20) + (4)(20) + 40 R_{BH} - 60 R_{BV} = 0$

$\begin{aligned} -1500 &= 20 R_{BH} - 120 R_{BV} \\ -360 &= 40 R_{BH} - 60 R_{BV} \quad (\times(-2)) \\ \hline -780 &= -60 R_{BH} \end{aligned}$

$\underline{\underline{R_{BH} = 13.0^k \leftarrow}} \qquad \underline{\underline{R_{BV} = 14.67^k \uparrow}}$

$\Sigma F_H = 0 \qquad \underline{\underline{R_{AH} = 13.0^k \rightarrow}}$

$\Sigma F_V = 0 \qquad 14.67 + R_{AV} - 5 - 5 - 10 - 4 = 0 \qquad \underline{\underline{R_{AV} = 9.33^k \uparrow}}$

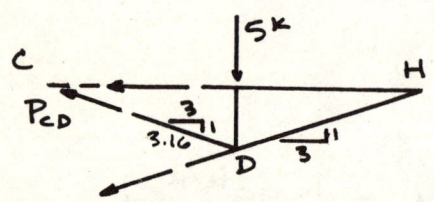

$\Sigma M_H = 0 \;+\curvearrowleft$

$-(5)(20) + (40)(\tfrac{1}{3.16}) P_{CD} = 0$

$\underline{\underline{P_{CD} = 7.91^k}}$

5-9 (CONT)

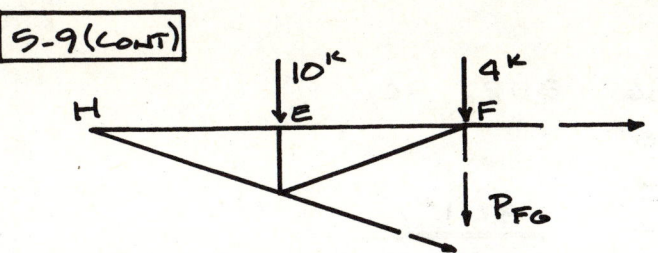

$\Sigma M_H = 0 \; +\circlearrowleft$

$(10)(20) + (4)(40) + 40 P_{FG} = 0$

$\underline{\underline{P_{FG} = -9.0^K}}$

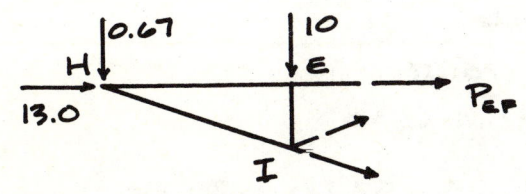

$\Sigma M_I = 0 \; +\circlearrowleft$

$(13)(8) - (0.67)(20) + 8 P_{EF} = 0$

$\underline{\underline{P_{EF} = -11.33^K}}$

5-10 (a)

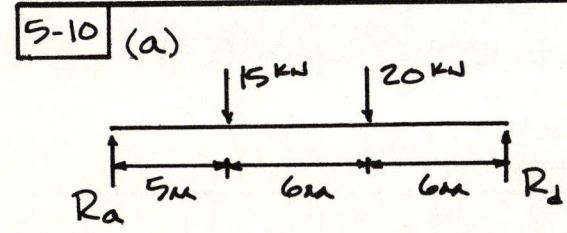

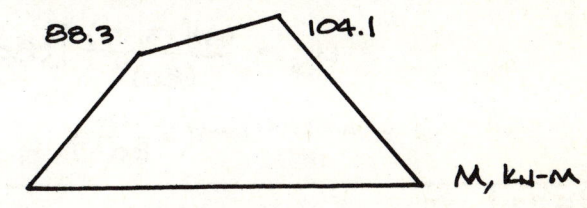

$y_B = 1 + \left(\frac{12}{17}\right)(2) = 2.41$

$2.41 H = 88.3 \qquad H = 36.6$

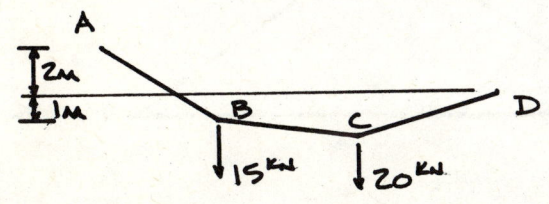

$\Sigma M_B = 0 \quad +\circlearrowleft$

$5 R_{AV} - (36.6)(3) = 0$

$R_{AV} = 22.0$

VERT. COMPONENT MAX. AT A:

$T_{MAX} = \left[(36.6)^2 + (22.0)^2 \right]^{1/2}$

$\underline{\underline{T_{MAX} = 42.7^{KN}}}$

(b) $\quad 36.6 \, y_c = 104.1$

$y_c = 2.84 \qquad d_c = 2.84 - \left(\frac{6}{17}\right)(2) = \underline{\underline{2.13 \, m}}$

5-11 (a)

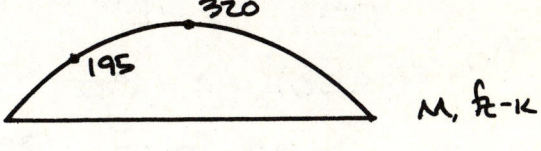

$\left[5 + \left(\frac{15}{80}\right)(16) \right] H = 195$

$H = 24.38$

5-11 (CONT)

$\Sigma M_A = 0 \; +\circlearrowleft$

$(0.4)(80)(40) + (24.38)(16) - 80 R_{BV} = 0$

$R_{BV} = 20.88^k$

$T_{MAX} = [(24.38)^2 + (20.88)^2]^{1/2} = \underline{\underline{32.1^k}}$

(b) $\quad 24.38 h = 320 \qquad \underline{\underline{h = 13.13^{ft}}}$

(c) VERT. COMPONENT = 0 AT LOW POINT

$R_{BV} - 0.4 X_B = 0 \qquad 20.88 - 0.4 X_B = 0$

$X_B = 52.20^{ft} \qquad X_A = 80 - 52.20 = \underline{\underline{27.80^{ft}}}$

(d) $y_i = \dfrac{4h}{L^2}(Lx - x^2)$

$y_{LP} = \dfrac{(4)(13.13)}{(80)^2}\left[(80)(27.8) - (27.8)^2\right] \qquad y_{LP} = 11.91$

$d_{LP} = 11.91 - \left(\dfrac{27.8}{80}\right)(16) = \underline{\underline{6.35^{ft}}}$

5-12 (a)

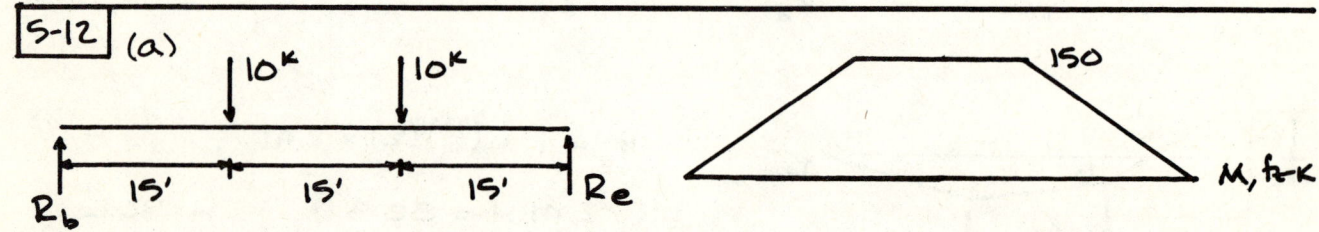

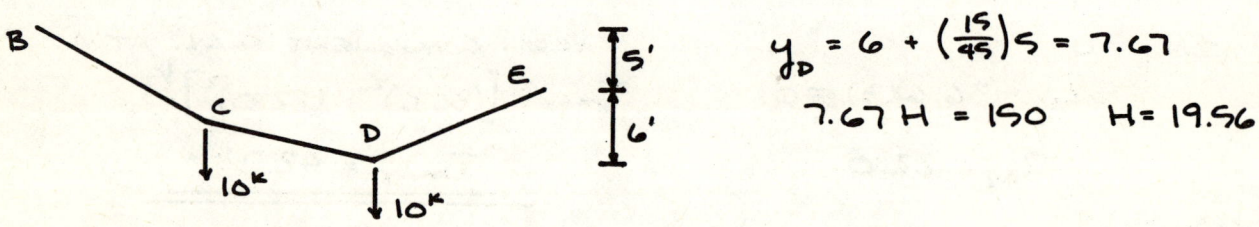

$y_D = 6 + \left(\dfrac{15}{45}\right)5 = 7.67$

$7.67 H = 150 \qquad H = 19.56$

$\Sigma M_D = 0 \; +\circlearrowleft$

$(19.56)(6) - 15 R_{EV} = 0 \qquad R_{EV} = 7.83 \qquad \Sigma F_V = 0 \qquad R_{BV} = 12.17$

$T_{MAX} \text{ (AT B)} = [(19.56)^2 + (12.17)^2]^{1/2} = \underline{\underline{23.04^k}}$

(b) $(19.56)(y_c) = 150 \qquad y_c = 7.67$

$d_c = 22 - \left[7.67 - \left(\dfrac{30}{45}\right)(5)\right] = \underline{\underline{17.66^{ft}}}$

(c)

$T_{AB} = \left(\dfrac{10.30}{5}\right)(19.56) = \underline{\underline{40.29^k}}$

5-12 (CONT) (d)

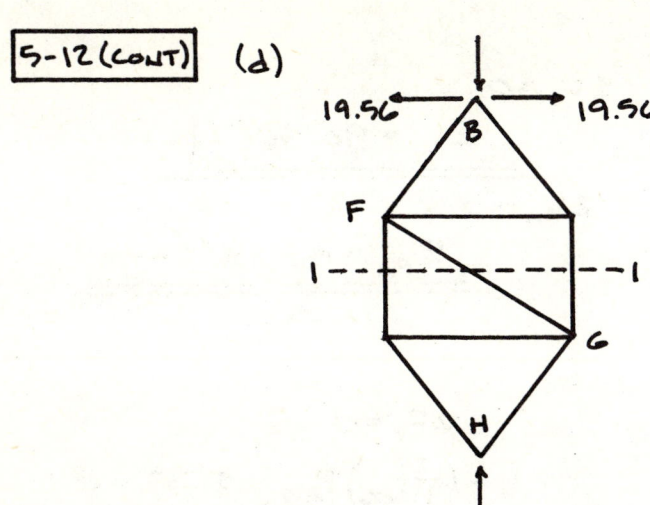

$\Sigma F_x = 0$, SECTION 1-1

$19.56 - 19.56 + P_{FG_x} = 0$

$P_{FG_x} = 0$

$\underline{P_{FG} = 0}$

5-13 (a)

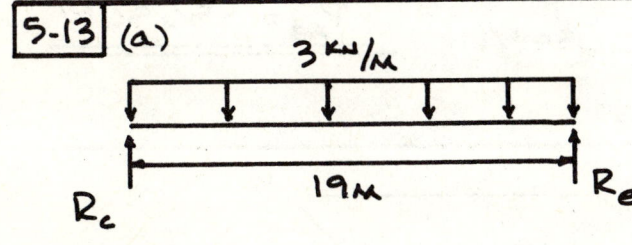

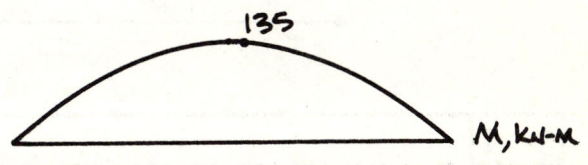

$[(2) + (\frac{9}{19})(1)] H = 135$

$H = 54.57$

$\Sigma M_E = 0 \; +\!\!\downarrow$

$19 R_{C_V} - (54.57)(1) - (3)(19)(9.5) = 0$

$R_{C_V} = 31.37$

$R_{E_V} = (3)(19) - 31.37 = 25.63$

$T_{MAX} \text{ (AT C)} = [(54.57)^2 + (31.37)^2]^{1/2} = \underline{\underline{62.94^{kN}}}$

(b)

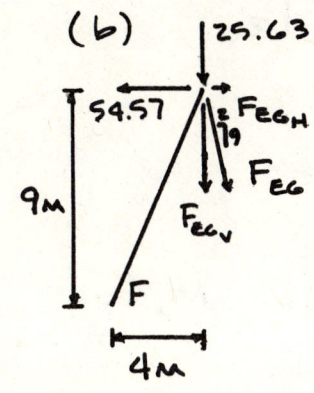

$\Sigma M_F = 0 \; +\!\!\downarrow$

$(25.63)(4) + 9 F_{EG_H} + 4 F_{EG_V} - (54.57)(9) = 0$

$F_{EG_H} = \frac{2}{9} F_{EG_V}$

$388.6 = (9)(\frac{2}{9} F_{EG_V}) + 4 F_{EG_V} = 0$

$F_{EG_V} = 64.77 \qquad F_{EG_H} = 14.39$

$T_{EG} = [(64.77)^2 + (14.39)^2]^{1/2} = \underline{\underline{66.35^{kN}}}$

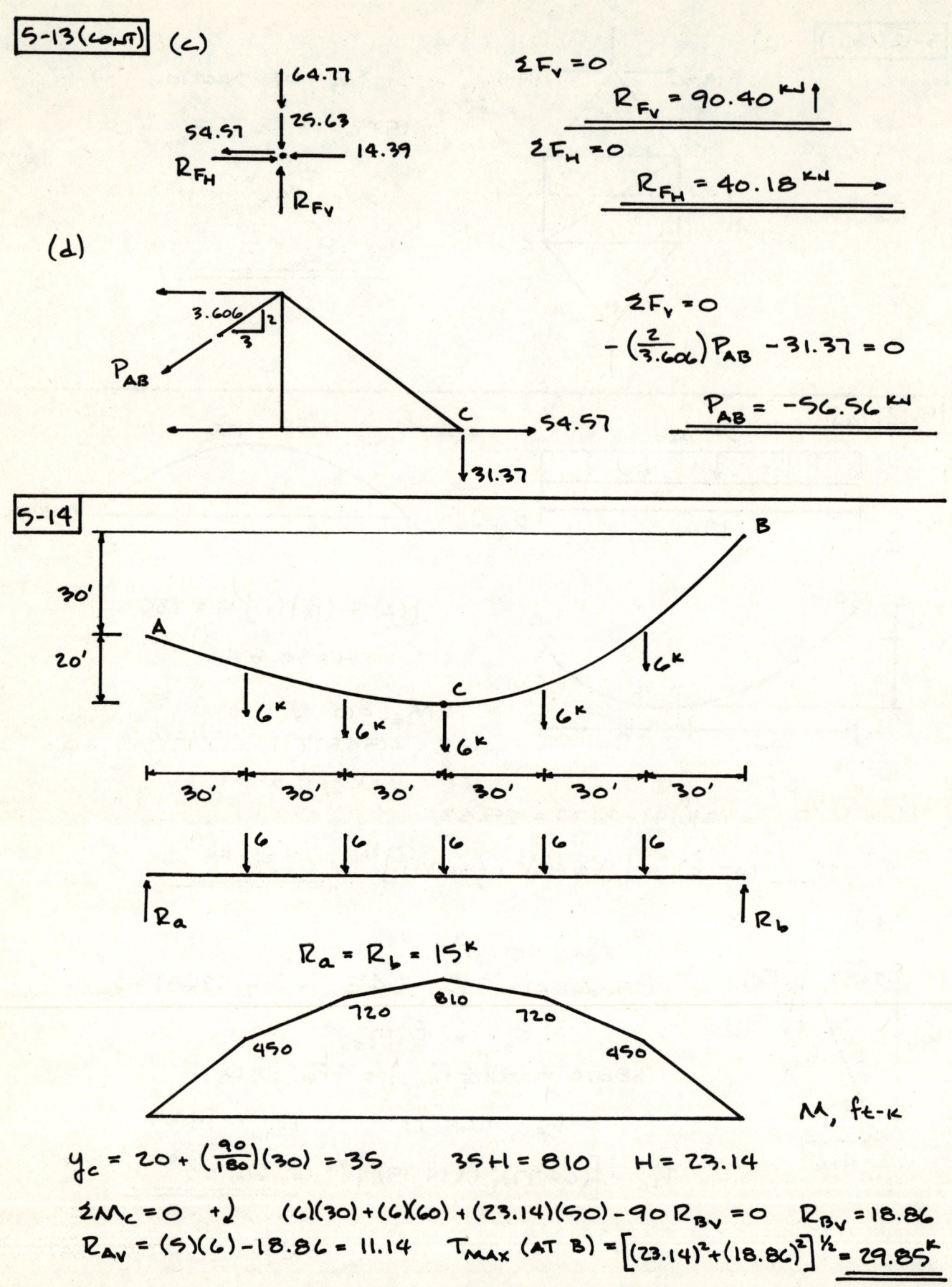

5-15 (a)

$d_A = 12m$
$d_B = 2m$

$$a = \frac{H}{w}\cosh^{-1}\left(\frac{wd_A}{H}+1\right) \qquad b = \frac{H}{w}\cosh^{-1}\left(\frac{wd_B}{H}+1\right)$$

$a+b = L \quad \therefore$

$$\frac{wL}{H} = \cosh^{-1}\left(\frac{wd_A}{H}+1\right) + \cosh^{-1}\left(\frac{wd_B}{H}+1\right)$$

$$\frac{(42)(50)}{H} - \cosh^{-1}\left[\frac{(42)(12)}{H}+1\right] - \cosh^{-1}\left[\frac{(42)(2)}{H}+1\right] = 0$$

$$\frac{2100}{H} - \cosh^{-1}\left(\frac{504}{H}+1\right) - \cosh^{-1}\left(\frac{84}{H}+1\right) = 0$$

BY TRIAL AND ERROR: $H = 2.267$ kN

$T_{MAX} = H + wy_{max} \qquad T_{MAX} = 2.267 + (0.042)(12) = \underline{2.77 \text{ kN}}$

(b) $b = \frac{H}{w}\cosh^{-1}\left(\frac{wd_B}{H}+1\right) = \frac{2267}{42}\cosh^{-1}\left[\frac{(42)(2)}{2267}+1\right]$

$\underline{b = 14.65 m}$

(c) $a = 35.35 m$

$$S = \frac{H}{w}\sinh\frac{wx}{H}$$

$S_{OB} = \frac{2267}{42}\sinh\left[\frac{(42)(14.65)}{2267}\right] = 14.83 m$

$S_{OA} = \frac{2267}{42}\sinh\left[\frac{(42)(35.35)}{2267}\right] = 37.93 m$

$\underline{S = 52.76 m}$

5-16 (a)

$$\frac{wL}{H} - \cosh^{-1}\left(\frac{wd_A}{H}+1\right) - \cosh^{-1}\left(\frac{wd_B}{H}+1\right) = 0$$

$$\frac{wL}{H} - 2\left[\cosh^{-1}\left(\frac{wd}{H}+1\right)\right] = 0$$

$$\frac{(1.1)(300)}{H} - 2\left[\cosh^{-1}\left(\frac{1.1d}{H}+1\right)\right] = 0 \qquad d = 25 \text{ ft}$$

$$\frac{330}{H} - 2\left[\cosh^{-1}\left(\frac{27.5}{H}+1\right)\right] = 0 \qquad \text{BY TRIAL AND ERROR:}$$
$\qquad H = 500 \text{ lbs.}$

5-16(CONT)

$$T = H + wy$$
$$T_{MAX} = 500 + (1.1)(25) = \underline{527.5 \text{ lbs}}$$

(b) $\dfrac{330}{H} - 2\left[\cosh^{-1}\left(\dfrac{55}{H} + 1\right)\right] = 0 \qquad d = 50 \text{ ft}$

$$H = 256 \text{ lbs}$$
$$T_{MAX} = 256 + (1.1)(50) = \underline{311 \text{ lbs}}$$

(c) $\dfrac{330}{H} - 2\left[\cosh^{-1}\left(\dfrac{82.5}{H} + 1\right)\right] = 0 \qquad d = 75 \text{ ft}$

$$H = 177 \text{ lbs}$$
$$T_{MAX} = 177 + (1.1)(75) = \underline{259.5 \text{ lbs}}$$

PARABOLIC EQUATIONS:

(a) $d = 25$ ft

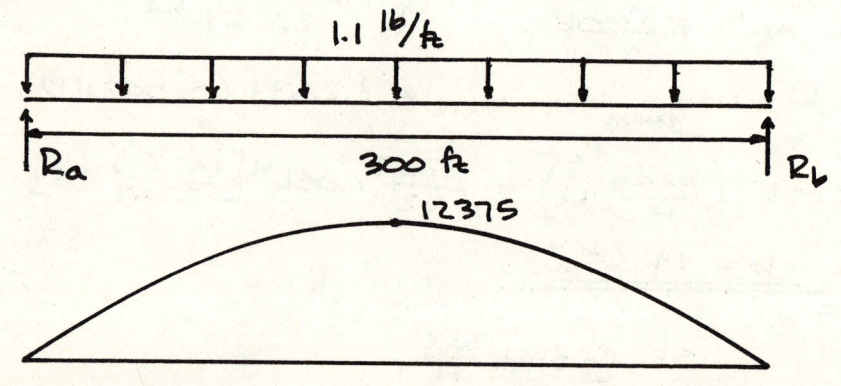

M, lb-ft

$25H = 12375 \qquad H = 495 \text{ lbs}$

$\Sigma M_A = 0 \; +\!\!\curvearrowright$

$300 R_{BV} - (1.1)(300)(150) = 0 \qquad R_{BV} = 165 \text{ lbs}$

$$T_{MAX} = \left[(495)^2 + (165)^2\right]^{1/2} = \underline{521.8 \text{ lbs}}$$

$$\% \text{ ERROR} = \left(\dfrac{521.8 - 527.5}{527.5}\right)(100) = \underline{-1.1\%}$$

(b) $d = 50$ ft

$50H = 12375 \qquad H = 247.5 \text{ lbs} \qquad R_{BV} = 165 \text{ lbs}$

$$T_{MAX} = \left[(247.5)^2 + (165)^2\right]^{1/2} = \underline{297.5 \text{ lbs}}$$

$$\% \text{ ERROR} = \left(\dfrac{297.5 - 311}{311}\right)(100) = \underline{-4.3\%}$$

5-16 (CONT) (c) $d = 75$ ft
$$75H = 12375 \quad H = 165 \text{ lbs} \quad R_{BV} = 165 \text{ lbs}$$
$$T_{MAX} = [2(165)^2]^{1/2} = \underline{233.3 \text{ lbs}}$$
$$\% \text{ ERROR} = \left(\frac{233.3 - 259.5}{259.5}\right)(100) = \underline{-10.1\%}$$

5-17 (a) $d = 40$ ft $\quad d_A = 40$ ft $\quad d_B = 90$ ft
$$\frac{(1.4)(700)}{H} - \cosh^{-1}\left[\frac{(1.4)(40)}{H} + 1\right] - \cosh^{-1}\left[\frac{(1.4)(90)}{H} + 1\right] = 0$$
$$\frac{980}{H} - \cosh^{-1}\left(\frac{56}{H} + 1\right) - \cosh^{-1}\left(\frac{126}{H} + 1\right) = 0$$

BY TRIAL AND ERROR: $H = 1390$ lbs
$$T_{MAX} = H + w y_{MAX} = 1390 + (1.4)(90) = \underline{1516 \text{ lbs}}$$

(b) $d = 70$ ft $\quad d_A = 70$ ft $\quad d_B = 120$ ft
$$\frac{980}{H} - \cosh^{-1}\left(\frac{98}{H} + 1\right) - \cosh^{-1}\left(\frac{168}{H} + 1\right) = 0 \quad H = 940 \text{ lbs}$$
$$T_{MAX} = 940 + (1.4)(120) = \underline{1108 \text{ lbs}}$$

(c) $d = 100$ ft $\quad d_A = 100$ ft $\quad d_B = 150$ ft
$$\frac{980}{H} - \cosh^{-1}\left(\frac{140}{H} + 1\right) - \cosh^{-1}\left(\frac{210}{H} + 1\right) = 0 \quad H = 720 \text{ lbs}$$
$$T_{MAX} = 720 + (1.4)(150) = \underline{930 \text{ lbs}}$$

PARABOLIC EQUATIONS:

(a) $a = \frac{H}{w}\cosh^{-1}\left(\frac{w d_A}{H} + 1\right) = \left(\frac{1390}{1.4}\right)\cosh^{-1}\left[\frac{(1.4)(40)}{1390} + 1\right] = 281$ ft

ON ANALOGOUS BEAM:
$$M \text{ AT } x = 281 \text{ ft} = 82.4 \text{ ft-k}$$
$$\left[40 + \left(\frac{281}{700}\right)(50)\right] H = 82,400 \quad H = 1372 \text{ lbs}$$

$\Sigma M_A = 0 \;\curvearrowleft +$ $(1.4)(700)(\frac{700}{2}) + (1372)(50) - 700 R_{BV} = 0 \quad R_{BV} = 588$ lbs
$$T_{MAX} = \left[(1372)^2 + (588)^2\right]^{1/2} = \underline{1493 \text{ lbs}}$$
$$\% \text{ ERROR} = \left(\frac{1493 - 1516}{1516}\right)(100) = \underline{-1.5\%}$$

(b) $a = \left(\frac{940}{1.4}\right)\cosh^{-1}\left[\frac{(1.4)(70)}{940} + 1\right] = 304$ ft

ON ANALOGOUS BEAM: M AT $x = 304$ ft $= 84.3$ ft-k
$$\left[70 + \left(\frac{304}{700}\right)(50)\right] H = 84300 \quad H = 919 \text{ lbs}$$

5-17 (CONT)

$\Sigma M_A = 0 \;+\circlearrowleft$

$(1.4)(700)(350) + (919)(50) - 700 R_{B_Y} = 0 \qquad R_{B_Y} = 556 \text{ lbs}$

$T_{MAX} = [(919)^2 + (556)^2]^{1/2} = \underline{1074 \text{ lbs}}$

% ERROR $= \left(\dfrac{1074 - 1108}{1108}\right)(100) = \underline{-3.1\%}$

(c) $\quad a = \left(\dfrac{720}{1.4}\right) \cosh^{-1}\left[\dfrac{(1.4)(100)}{720} + 1\right] = 316 \text{ ft}$

ON ANALOGOUS BEAM:

M AT $x = 316$ ft $= 84.9$ ft-k

$\left[100 + \left(\dfrac{316}{700}\right)(50)\right] H = 84900 \qquad H = 693 \text{ lbs}$

$\Sigma M_A = 0 \;+\circlearrowleft$

$(1.4)(700)(350) + (693)(50) - 700 R_{B_Y} = 0 \qquad R_{B_Y} = 540 \text{ lbs}$

$T_{MAX} = [(693)^2 + (540)^2]^{1/2} = \underline{879 \text{ lbs}}$

% ERROR $= \left(\dfrac{879 - 930}{930}\right)(100) = \underline{-5.5\%}$

6-1

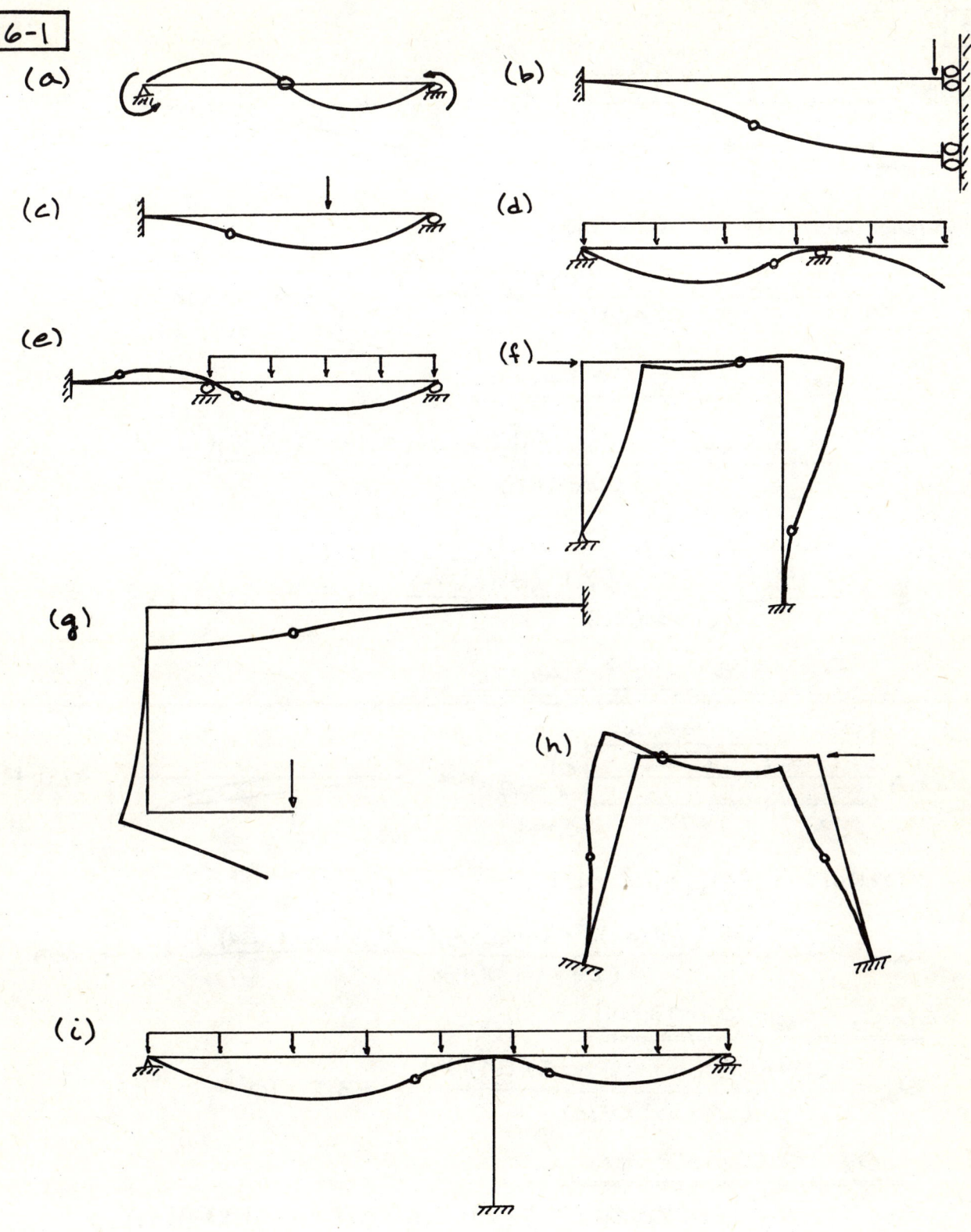

6-2

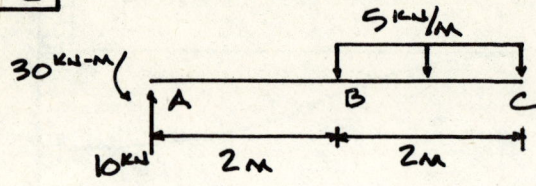

WORKING IN M AND KN:

(a) $t_{BA} = \dfrac{(-10)(2)(1) - (20)(2)(2)(2/3)(1/2)}{(200)(40)} = -5.83 \times 10^{-3}$

$\underline{\underline{\Delta_B = t_{BA} = 5.83 \text{ mm} \downarrow}}$

(b) $t_{CA} = \dfrac{-(10)(2)(3) - (20)(2)(1/2)[2 + (2/3)(2)] - (10)(2)(1/3)(2)(3/4)}{(200)(40)} = -1.71 \times 10^{-2}$

$\underline{\underline{\Delta_C = t_{CA} = 17.1 \text{ mm} \downarrow}}$

(c) $\theta_C = \dfrac{-(10)(2) - (20)(2)(1/2) - (10)(2)(1/3)}{(200)(40)} = -5.83 \times 10^{-3} \text{ RAD.}$

$\underline{\underline{\theta_C = 5.83 \times 10^{-3} \text{ RAD} \;\curvearrowright}}$

6-3

WORKING IN K AND IN.:

(a) $t_{AC} = \dfrac{-(144)(144)(1/2)(144)(2/3) - (220.5)(84)(1/3)[60 + (84)(3/4)]}{(29 \times 10^3)(150)} = -0.403$

$\underline{\underline{\Delta_A = t_{AC} = 0.403 \text{ in.} \downarrow}}$

(b) $\theta_A = \dfrac{-(144)(144)(1/2) - (220.5)(84)(1/3)}{(29 \times 10^3)(150)} = -3.8 \times 10^{-3}$

$\underline{\underline{\theta_A = 3.8 \times 10^{-3} \text{ RAD} \;\curvearrowleft}}$

(c) $t_{BC} = \dfrac{-(220.5)(84)(1/3)(84)(3/4) - (60)(84)(42) - (84)(1/2)(84)(2/3)}{(29 \times 10^3)(150)} = -0.183$

$\underline{\underline{\Delta_B = t_{BC} = 0.183 \text{ in.} \downarrow}}$

6-4

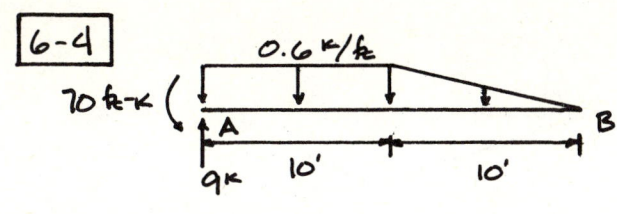
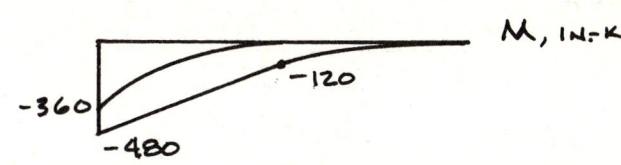

WORKING IN K AND IN.:

(a) $\theta_B = \dfrac{-(360)(120)(1/3) - (120)(120)(1/4) - (120)(120) - (360)(120)(1/2)}{(29 \times 10^3)(200)}$

$= -9.3 \times 10^{-3}$ $\underline{\underline{\theta_B = 9.3 \times 10^{-3} \text{ RAD} \;\curvearrowright}}$

(b) $t_{BA} = \{-(360)(120)(1/3)[120 + (120)(3/4)] - (120)(120)(1/4)(120)(4/5) - (120)(120)[120+60] - (360)(120)(1/2)[120 + (120)(2/3)]\} / (29 \times 10^3)(200)$

$= -1.77$ IN $\underline{\underline{\Delta_B = t_{BA} = 1.77 \text{ IN.} \downarrow}}$

6-5

WORKING IN K AND IN.:

(a) $\theta_C = \dfrac{t_{BC}}{96}$ $t_{BC} = \dfrac{-(432)(96)(1/2)(96)(1/3)}{(29 \times 10^3)(100)} = -0.229$ IN.

$\theta_C = \dfrac{0.229}{96} = \underline{\underline{2.38 \times 10^{-3} \text{ RAD} \;\curvearrowleft}}$

(b) $\Delta_A = t_{AB} + 72\theta_B$ $t_{AB} = \dfrac{(432)(72)(1/3)(72)(3/4)}{(29 \times 10^3)(100)} = 0.193$ IN. $\downarrow$

$\theta_B = \dfrac{t_{CB}}{96}$ $t_{CB} = \dfrac{(432)(96)(1/2)(96)(2/3)}{(29 \times 10^3)(100)} = 0.458$ IN

$\theta_B = \dfrac{0.458}{96} = 4.77 \times 10^{-3}$ RAD.

$72\theta_B = (72)(4.77 \times 10^{-3} \text{ RAD}) = 0.343$

$\Delta_A = 0.193 + 0.343 = \underline{\underline{0.536 \text{ IN.} \downarrow}}$

6-6

WORKING IN K AND IN.:

(a)

$\theta_B = \dfrac{t_{AB}}{108}$

$t_{CB} = \dfrac{(360)(72)(1/2)(72)(2/3)}{(29 \times 10^3)(100)} = 0.214 \text{ in.}$

$t_{AB} = \dfrac{(360)(108)(1/2)(108)(2/3)}{(29 \times 10^3)(100)} = 0.483 \text{ in.}$

$\theta_B = \dfrac{0.483}{108} = 4.47 \times 10^{-3} \text{ RAD}$

$\Delta_C = 0.214 + (72)(4.47 \times 10^{-3}) = \underline{0.536 \text{ in.}} \downarrow$

(b)

$\theta_A = \dfrac{t_{BA}}{108}$

$t_{BA} = \dfrac{(360)(108)(1/2)(108)(1/3)}{(29 \times 10^3)(100)} = 0.241 \text{ in.}$

$\theta_A = \dfrac{0.241}{108} = 2.23 \times 10^{-3} \text{ RAD}$

$2.23 \times 10^{-3} - \dfrac{(\frac{360}{108})(x)(x)(\frac{1}{2})}{(29 \times 10^3)(100)} = 0 \qquad x^2 = 3.88 \times 10^3$

$x = 62.3 \text{ in.}$

$t_{AD} = \dfrac{(\frac{360}{108})(62.3)(62.3)(1/2)(62.3)(2/3)}{(29 \times 10^3)(100)} \qquad \underline{t_{AD} = 0.093 \text{ in.}} \uparrow$

6-7

(a) $t_{CB} = \dfrac{(360)(72)(1/2)(72)(2/3)}{(29 \times 10^3)(100)} = 0.214 \text{ in.}$

6-7 (CONT)

$$t_{AB} = \frac{(360)(108)(1/2)(108)(2/3)}{(29 \times 10^3)(200)} = 0.241 \text{ in.} \qquad \theta_B = \frac{0.241}{108} = 2.23 \times 10^{-3} \text{ RAD}$$

$$\Delta_c = 0.214 + (72)(2.23 \times 10^{-3}) = \underline{0.375 \text{ in.}} \downarrow$$

(b)
$$t_{BA} = \frac{(360)(108)(1/2)(108)(1/3)}{(29 \times 10^3)(200)} = 0.121 \text{ in.} \qquad \theta_A = \frac{0.121}{108} = 1.12 \times 10^{-3} \text{ RAD}$$

$$1.12 \times 10^{-3} - \frac{(\frac{360}{108})(x)(x)(1/2)}{(29 \times 10^3)(200)} = 0 \qquad x^2 = 3.88 \times 10^3$$

$$\underline{x = 62.3 \text{ in}}$$

$$t_{AD} = \frac{(\frac{360}{108})(62.3)(62.3)(1/2)(62.3)(2/3)}{(29 \times 10^3)(200)} \qquad \underline{t_{AD} = 0.046 \text{ in}} \uparrow$$

6-8

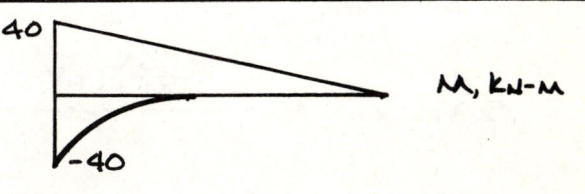

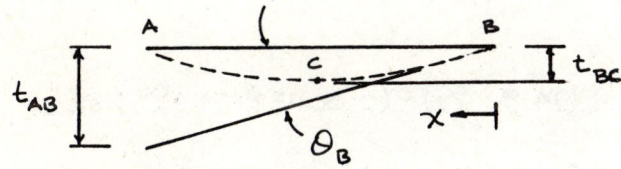

WORKING IN KN AND M:

$$t_{AB} = \frac{(40)(5)(1/2)(5)(1/3) - (40)(2)(1/3)(2)(1/4)}{(200)(30)} = 2.56 \times 10^{-2}$$

$$\theta_B = \frac{2.56 \times 10^{-2}}{5} = 5.12 \times 10^{-3}$$

$$5.12 \times 10^{-3} - \frac{(\frac{40}{5})(x)(x)(1/2)}{(200)(30)} = 0 \qquad x^2 = 7.68 \qquad \underline{x = 2.77 \text{ m}}$$

$$\Delta_{MAX} = t_{BC} = \frac{(\frac{40}{5})(2.77)(2.77)(1/2)(2.77)(2/3)}{(200)(30)} = 9.45 \times 10^{-3}$$

$$\underline{\Delta_{MAX} = 9.45 \text{ mm}} \downarrow$$

6-9

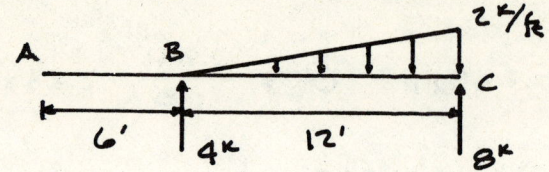
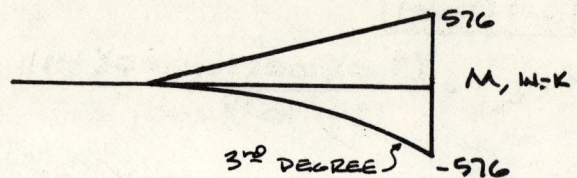

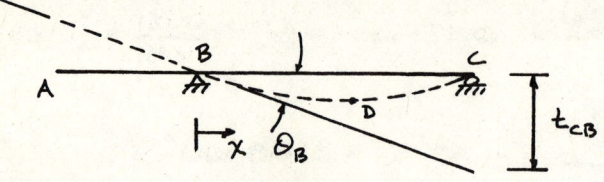

(a) WORKING IN K AND IN.:

$$t_{CB} = \frac{(576)(144)(1/2)(144)(1/3) - (576)(144)(1/4)(144)(1/5)}{(1.8 \times 10^3)(1000)} = 0.774 \text{ IN.}$$

$$\theta_B = \frac{0.774}{144} = 5.376 \times 10^{-3} \text{ RAD}$$

$$5.376 \times 10^{-3} = \frac{(\frac{576}{144})(x)(x)(1/2) - (0.001157)(x)(x)(\frac{1}{2})(x)(1/3)(x)(1/4)}{(1.8 \times 10^3)(1000)}$$

$$5.376 \times 10^{-3} - 1.111 \times 10^{-6} x^2 + 2.678 \times 10^{-11} x^4 = 0$$

$$\underline{x = 74.8 \text{ IN.}}$$

$$\Delta_{MAX} = t_{BD} = \left[(\tfrac{576}{144})(74.8)(74.8)(\tfrac{1}{2})(74.8)(2/3) - (0.001157)(74.8)(74.8)(\tfrac{1}{2}) \right.$$
$$\left. (74.8)(1/3)(74.8)(1/4)(74.8)(4/5) \right] / (1.8 \times 10^3)(1000)$$

$$\underline{\underline{\Delta_{MAX} = 0.26 \text{ IN.} \downarrow}}$$

(b) $\Delta_A = 72 \theta_B = (5.376 \times 10^{-3})(72) = \underline{\underline{0.387 \text{ IN.} \uparrow}}$

6-10

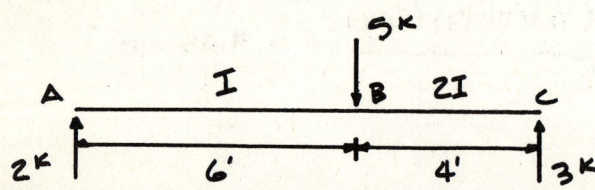
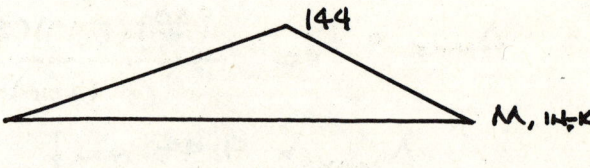

6-10 (CONT) WORKING IN K AND IN.:

(a)

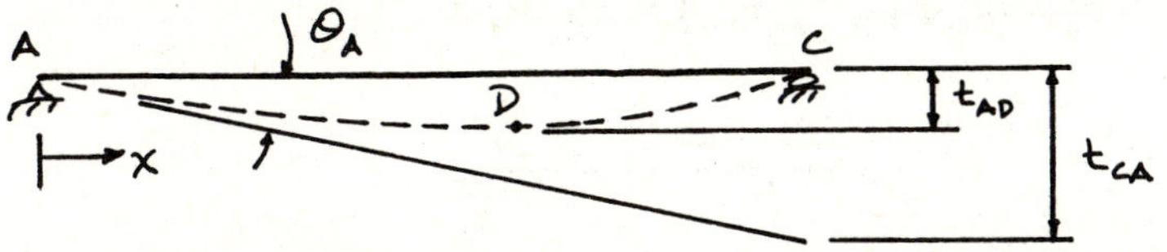

$$t_{CA} = \frac{(144)(72)(1/2)[48 + (72)(1/3)] + (144)(48)(1/2)(48)(2/3)}{(10 \times 10^3)(50)} \cdot \frac{}{(10 \times 10^3)(100)} = 0.857 \text{ IN.}$$

$$\theta_A = \frac{0.857}{120} = 7.14 \times 10^{-3} \text{ RAD}$$

(b)

$$7.14 \times 10^{-3} - \frac{(\frac{144}{72})(x)(x)(\frac{1}{2})}{(10 \times 10^3)(50)} = 0 \qquad x^2 = 3.57 \times 10^3$$

$$x = 59.7 \text{ IN.}$$

$$\Delta_{MAX} = t_{AD} = \frac{(\frac{144}{72})(59.7)(59.7)(\frac{1}{2})(59.7)(2/3)}{(10 \times 10^3)(50)} = 0.284 \text{ IN.} \downarrow$$

6-11

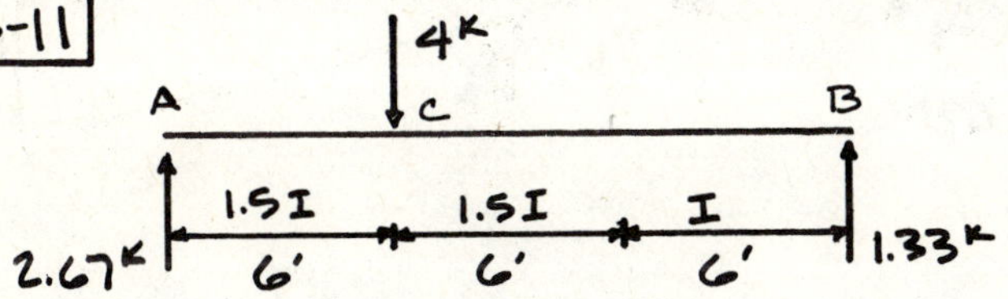

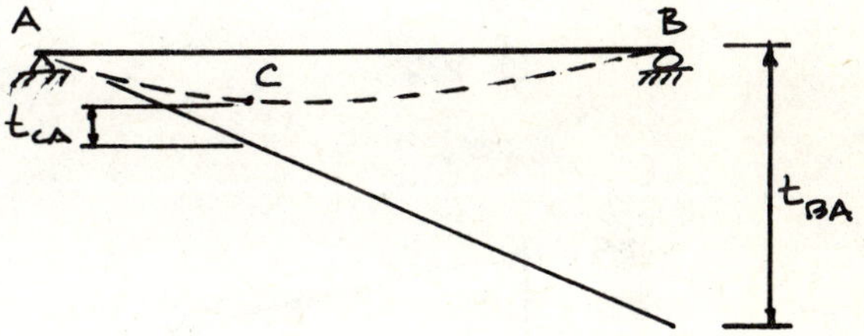

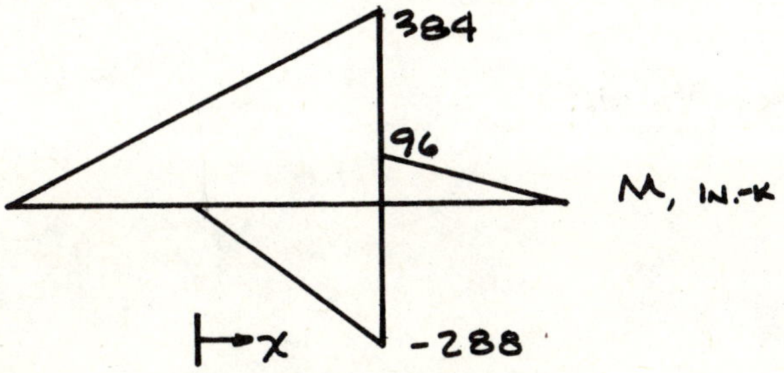

WORKING IN K AND IN.:

$$\Delta_C = \theta_A L_{AC} - t_{CA}$$

$$t_{CA} = \frac{(192)(72)(\frac{1}{2})(72)(1/3)}{(3 \times 10^3)(750)} = 0.0737 \text{ IN.}$$

$$t_{BA} = \frac{(384)(144)(1/2)[72 + (1/3)(144)] - (288)(72)(1/2)[72 + (1/3)(72)]}{(3 \times 10^3)(750)} + \frac{(96)(72)(\frac{1}{2})(72)(\frac{1}{3})}{(3 \times 10^3)(500)}$$

$$= 1.14 \text{ IN.}$$

6-11 (CONT)

$$\theta_A = \frac{1.14}{216} = 5.28 \times 10^{-3}$$

$$\theta_A L_{AC} = (5.28 \times 10^{-3})(72) = 0.380 \text{ in.}$$

$$\Delta_C = 0.380 - 0.074 = \underline{0.306 \text{ in.} \downarrow}$$

(b)

$$5.28 \times 10^{-3} - \frac{(192)(72)(\frac{1}{2}) + (192)(x) + (2.67)(x)(x)(\frac{1}{2}) - (4)(x)(x)(\frac{1}{2})}{(3 \times 10^3)(750)} = 0$$

$$5.28 \times 10^{-3} - 3.07 \times 10^{-3} + 2.96 \times 10^{-7} x^2 - 8.53 \times 10^{-5} x = 0$$

$$x = 28.7 \text{ in.} \quad \overset{8.39 \text{ ft. FROM A}}{}$$

$$\Delta_{MAX} = \frac{(2.67)(100.7)(100.7)(\frac{1}{2})(100.7)(\frac{2}{3}) - (4)(28.7)(28.7)(\frac{1}{2})[72 + (\frac{2}{3})(28.7)]}{(3 \times 10^3)(750)}$$

$$\underline{\Delta_{MAX} = 0.337 \text{ in.} \downarrow}$$

6-12

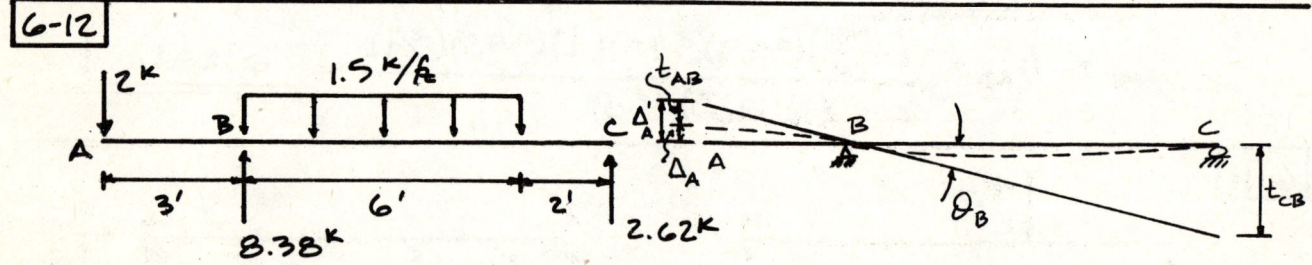

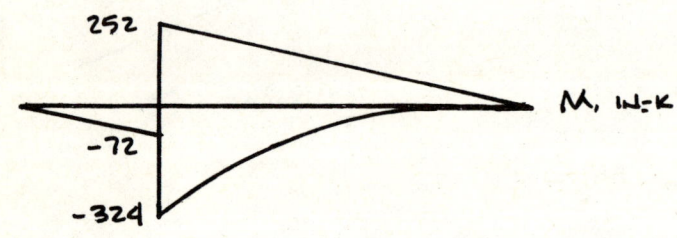

WORKING IN K AND IN.:

$$\Delta_A = \Delta_A' - t_{AB}$$

$$t_{AB} = \frac{-(72)(36)(\frac{1}{2})(36)(\frac{2}{3})}{(10 \times 10^3)(30)} = -0.104 \text{ in.}$$

$$t_{CB} = \frac{(252)(96)(\frac{1}{2})(96)(\frac{2}{3}) - (324)(72)(\frac{1}{3})[24 + (72)(\frac{3}{4})]}{(10 \times 10^3)(30)} = 0.559 \text{ in.}$$

$$\theta_B = \frac{0.559}{96} = 5.82 \times 10^{-3} \text{ RAD} \qquad \Delta_A' = (5.82 \times 10^{-3})(36) = 0.210 \text{ in.}$$

$$\Delta_A = 0.210 - 0.104 = \underline{0.106 \uparrow}$$

6-13 (a)

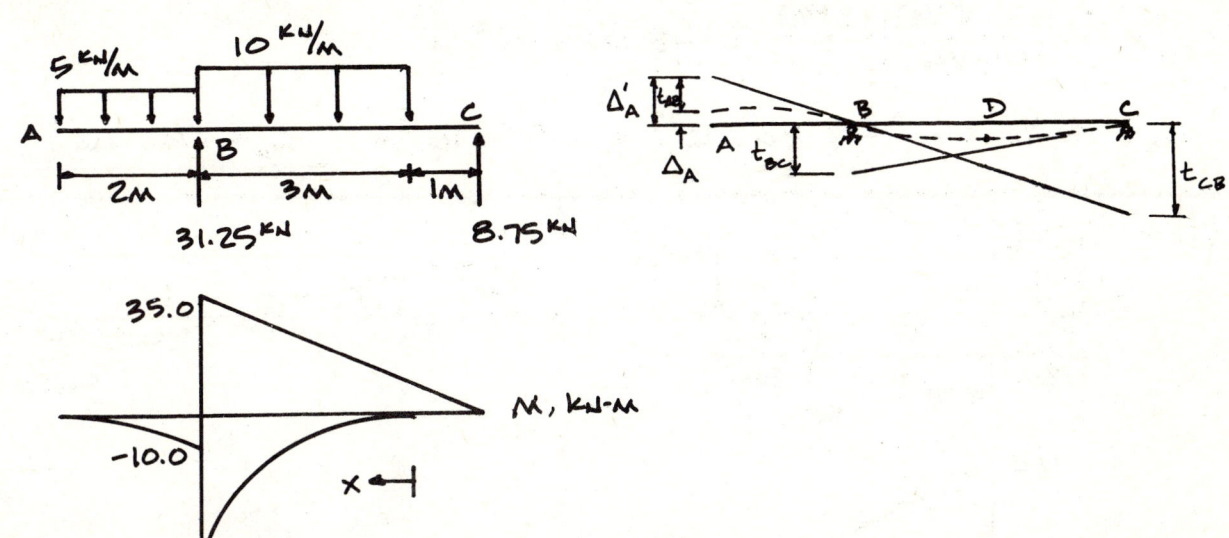

WORKING IN KN AND M:

$$t_{BC} = \frac{(35)(4)(\tfrac{1}{2})(4)(\tfrac{1}{3}) - (45)(3)(\tfrac{1}{3})(3)(\tfrac{1}{4})}{(70)(50)} = 0.017\,m$$

$$\theta_C = \frac{0.017}{4} = 4.256 \times 10^{-3}\ \text{RAD}$$

$$4.256 \times 10^{-3} - \frac{[(8.75)(1)(1)(\tfrac{1}{2}) + (8.75)(x) + (8.75)(x)(x)(\tfrac{1}{2}) - (10)(x)(x)(\tfrac{1}{2})(x)(\tfrac{1}{3})]}{(70)(50)} = 0$$

$$-3.00 \times 10^{-3} + 2.5 \times 10^{-3} x + 1.25 \times 10^{-3} x^2 - 4.76 \times 10^{-4} x^3 = 0$$

$$x = 0.926\,m$$

$\underline{\Delta_{MAX}\ \text{AT}\ 1.926\,m\ \text{TO LEFT OF C}}$

$$\Delta_{MAX} = t_{CD} = \{(8.75)(1.926)(1.926)(\tfrac{1}{2})(1.926)(\tfrac{2}{3}) -$$
$$(10)(0.926)(0.926)(\tfrac{1}{2})(0.926)(\tfrac{1}{3})[1 + (\tfrac{3}{4})(0.926)]\} / (70)(50)$$

$$\underline{\Delta_{MAX} = 5.31 \times 10^{-3}\,m = 5.31\,mm \downarrow}$$

(b) $\Delta_A = \Delta'_A - t_{AB}$

$$t_{CB} = \frac{(35)(4)(\tfrac{1}{2})(4)(\tfrac{2}{3}) - (45)(3)(\tfrac{1}{3})[1 + (\tfrac{3}{4})(3)]}{(70)(50)} = 0.0115\,m$$

$$\theta_B = \frac{0.0115}{4} = 2.89 \times 10^{-3}\ \text{RAD} \qquad \Delta'_A = (2.89 \times 10^{-3})(2) = 5.78 \times 10^{-3}\,m$$

6-13 (CONT)

$$t_{AB} = \frac{-(10)(2)(1/3)(2)(3/4)}{(70)(50)} = -2.86 \times 10^{-3} \text{ m}$$

$$\Delta_A = 5.78 \times 10^{-3} - 2.86 \times 10^{-3} = 2.92 \times 10^{-3} \text{ m} \qquad \underline{\Delta_A = 2.92 \text{ mm} \uparrow}$$

6-14 (a)

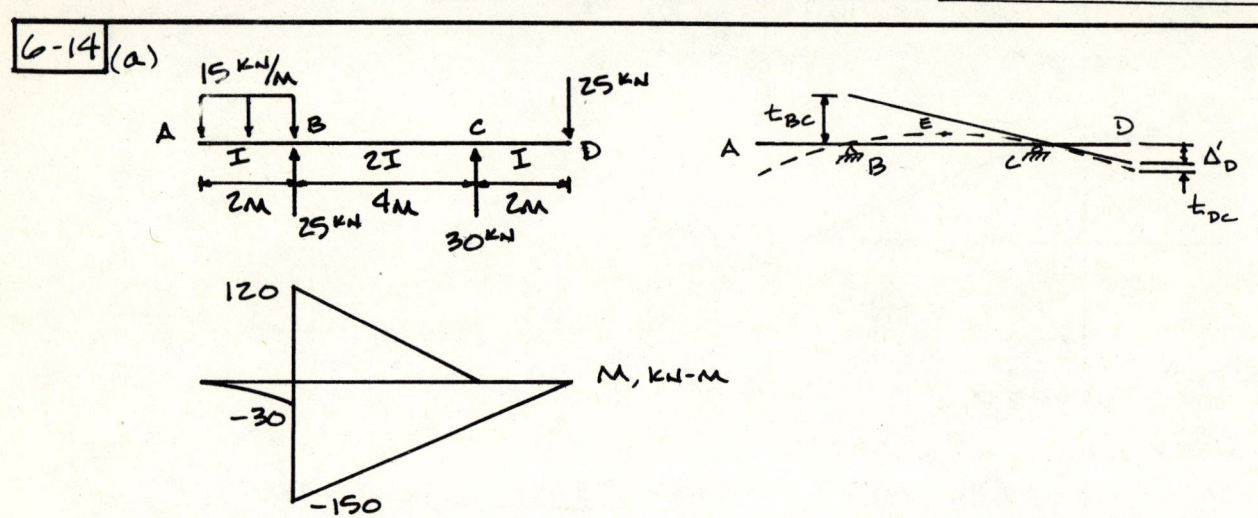

$$\Delta_D = \Delta'_D + t_{DC}$$

$$t_{DC} = \frac{-(50)(2)(1/2)(2)(2/3)}{(200)(50)} = -6.667 \times 10^{-3} \text{ m}$$

$$t_{BC} = \frac{(120)(4)(1/2)(4)(1/3) - (50)(4)(2) - (100)(4)(1/2)(4)(1/3)}{(200)(100)} = -1.733 \times 10^{-2} \text{ m}$$

$$\theta_C = \frac{-1.733 \times 10^{-2}}{4} = -4.333 \times 10^{-3} \text{ RAD} \qquad \Delta'_D = (4.333 \times 10^{-3})(2) = 8.667 \times 10^{-3} \text{ m}$$

$$\Delta_D = 8.667 \times 10^{-3} + 6.667 \times 10^{-3} = 1.53 \times 10^{-2} \text{ m}$$

$$\underline{\Delta_D = 15.3 \text{ mm} \downarrow}$$

(b)

$$\theta_C - \frac{\left(\frac{120}{4}\right)(x)(x)(1/2) - (50)(x) - \left(\frac{100}{4}\right)(x)(x)(1/2)}{(200)(100)} = 0$$

$$-4.334 \times 10^{-3} - 1.25 \times 10^{-4} x + 2.5 \times 10^{-3} x^2 = 0 \qquad x = 1.92 \text{ m}$$

$$\underline{\Delta_{MAX} \text{ AT } 3.92 \text{ m} \text{ TO LEFT OF } D}$$

$$\Delta_{MAX} = t_{CE} = \left[\left(\frac{120}{4}\right)(1.92)(1.92)(1/2)(1.92)(2/3) - (50)(1.92)(1.92)(1/2) - \left(\frac{100}{4}\right)(1.92)(1.92)(1/2)(1.92)(2/3) \right] \Big/ (200)(100)$$

$$\underline{\Delta_{MAX} = -4.02 \times 10^{-3} \text{ m} = 4.02 \text{ mm} \uparrow}$$

6-15

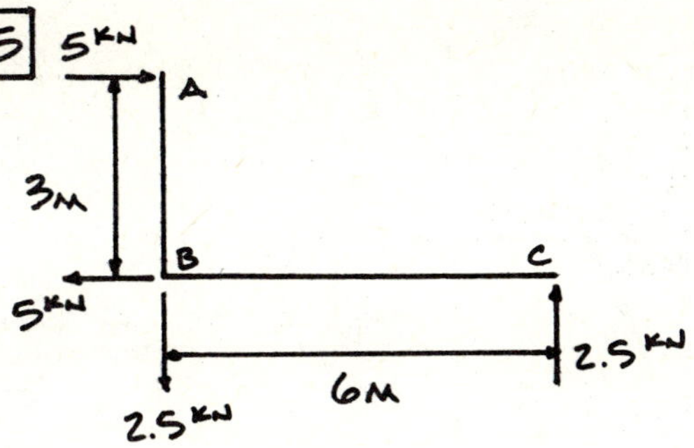

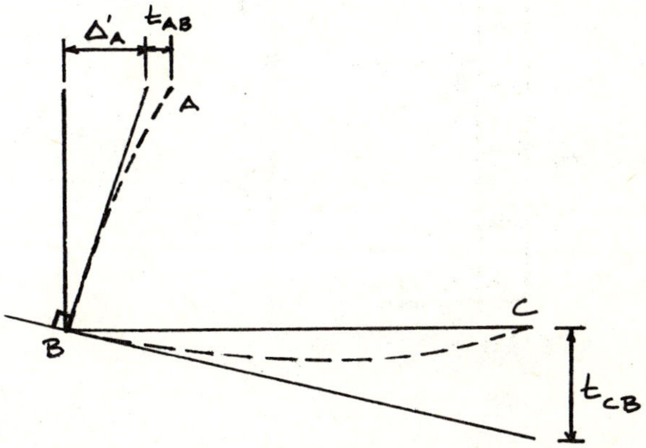

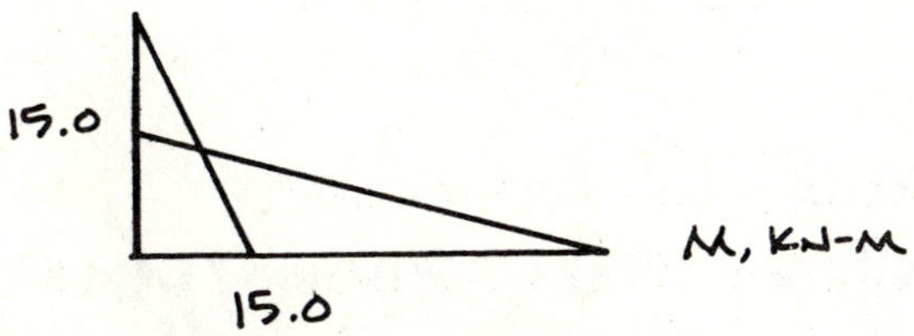

$$t_{AB} = \frac{(15)(3)(1/2)(3)(2/3)}{(200)(100)} = 2.25 \times 10^{-3} \text{ m}$$

$$t_{CB} = \frac{(15)(6)(1/2)(6)(2/3)}{(200)(100)} = 9 \times 10^{-3} \text{ m} \qquad \theta_B = \frac{9 \times 10^{-3}}{6} = 1.5 \times 10^{-3} \text{ RAD}$$

$$\Delta'_A = (1.5 \times 10^{-3})(3) = 4.5 \times 10^{-3} \text{ m}$$

$$\Delta_A = 4.5 \times 10^{-3} + 2.25 \times 10^{-3} = 6.75 \times 10^{-3} \text{ m} \qquad \Delta_A = 6.75 \text{ mm} \rightarrow$$

6-16

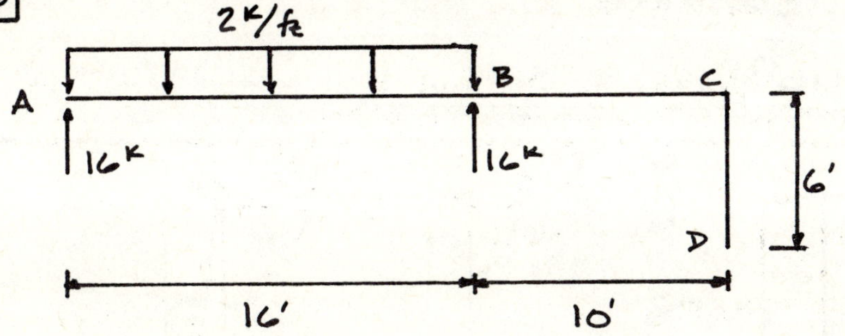

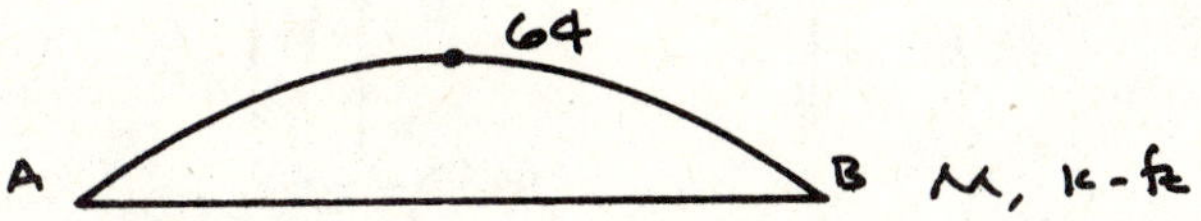

$$t_{AB} = \frac{(64)(16)(2/3)(8)(1728)}{(29{,}000)(200)} = 1.627 \text{ in.}$$

$$\theta_B = \frac{1.627}{(16)(12)} = 8.474 \times 10^{-3} \text{ RAD}$$

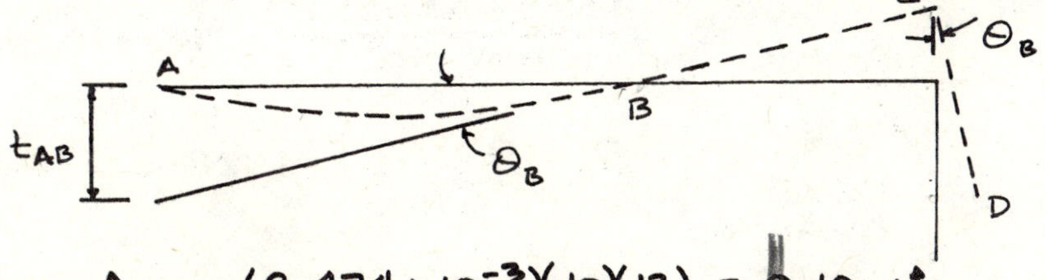

$$\Delta_{DH} = (8.474 \times 10^{-3})(6)(12)$$

$$\Delta_{DH} = 0.61 \text{ in} \rightarrow$$

$$\Delta_{DV} = (8.474 \times 10^{-3})(10)(12) = 0.10 \text{ in} \uparrow$$

1.02 in

6-17 (a)

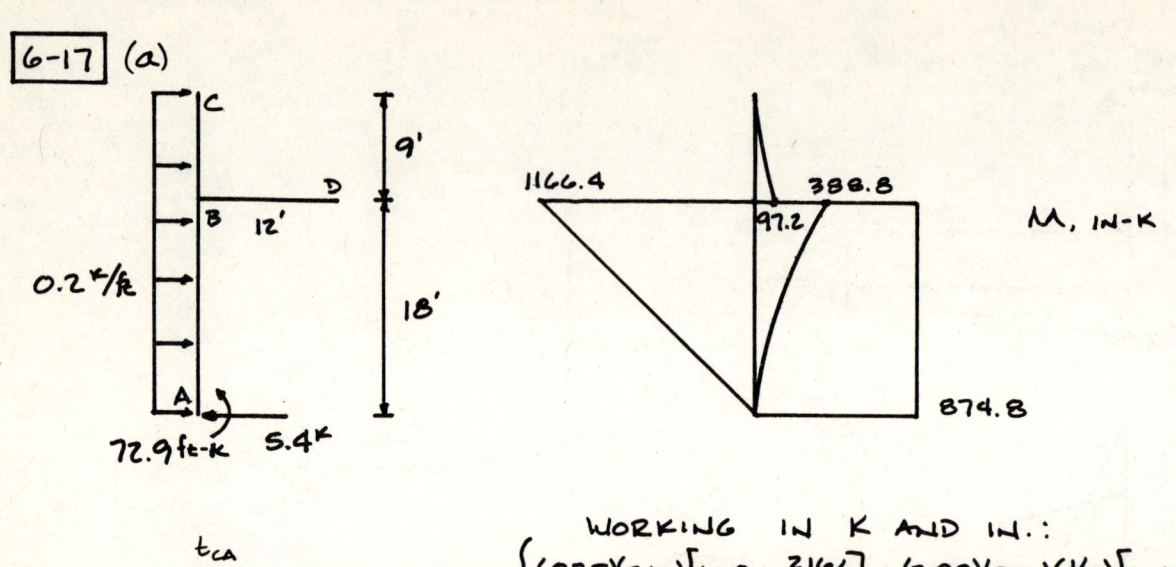

Working in K and in.:

$$t_{CA} = \{(875)(216)[108 + 216/2] + (389)(216)(1/3)[108 + 216/4] - (1166)(216)(1/2)[108 + 216/3]\}/(29,000 \times 1000)$$

$$+ \frac{(972)(108 \times 1/3 \times 108 \times 3/4)}{(29,000 \times 600)} = 0.80 \text{ in.}$$

$$\underline{t_{CA} = 0.80 \text{ in} \rightarrow}$$

(b) $\theta_B = \dfrac{(875)(216) + (389)(216)(1/3) - (1166)(216 \times 1/2)}{(29,000 \times 1000)} = 3.14 \times 10^{-3}$ RAD

$$\underline{\Delta_{DV} = (3.14 \times 10^{-3})(144) = 0.45 \text{ in} \downarrow}$$

6-18

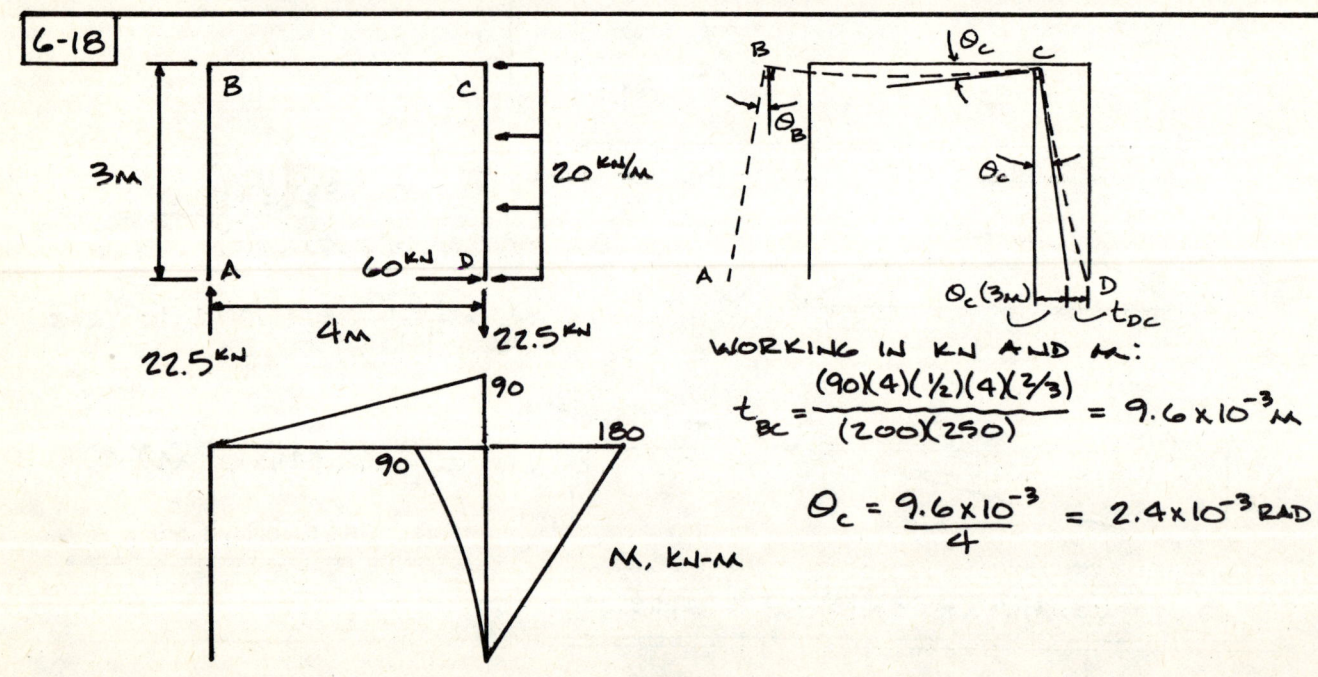

Working in kN and m:

$$t_{BC} = \frac{(90)(4)(1/2)(4 \times 2/3)}{(200)(250)} = 9.6 \times 10^{-3} \text{ m}$$

$$\theta_C = \frac{9.6 \times 10^{-3}}{4} = 2.4 \times 10^{-3} \text{ RAD}$$

M, kN-m

6-18 (CONT)

$$t_{DC} = \frac{(180)(3)(1/2)(3)(2/3) - (90)(3)(1/3)(3)(3/4)}{(200)(250)} = 6.75 \times 10^{-3} M$$

$$\Delta_c = (2.4 \times 10^{-3})(3) + 6.75 \times 10^{-3} = 13.95 \times 10^{-3} M$$

$$\theta_B = \theta_c - \frac{\text{AREA } M_{B-c}}{EI} = 2.4 \times 10^{-3} - \frac{(90)(4)(1/2)}{(200)(250)} = -1.2 \times 10^{-3} \text{ RAD}$$

$$\Delta_{AH} = 13.95 \times 10^{-3} + (1.2 \times 10^{-3})(3) = 17.55 \times 10^{-3} M \qquad \underline{\underline{\Delta_{AH} = 17.6 \text{ MM}}} \leftarrow$$

6-19

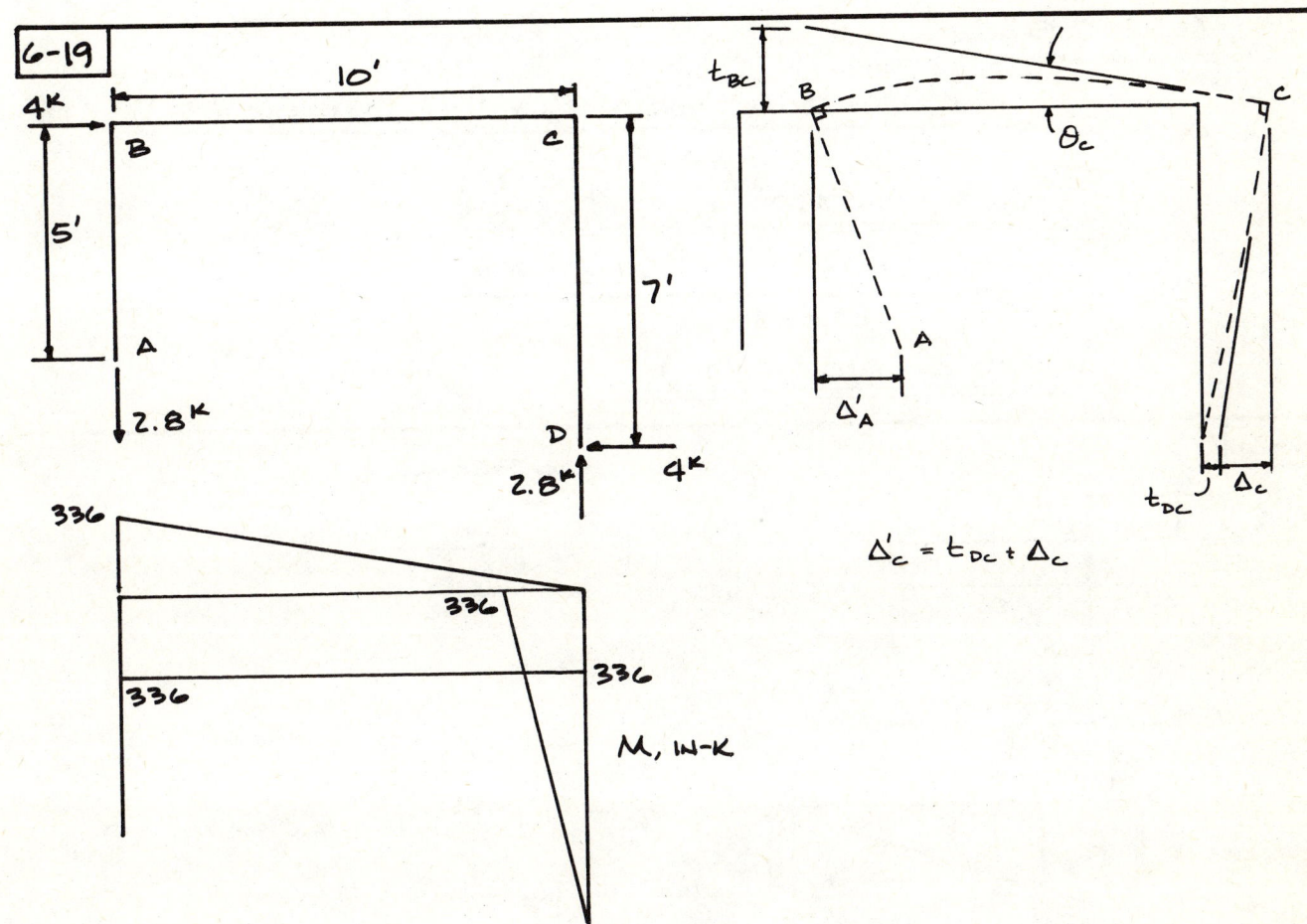

WORKING IN K AND IN.:

$$t_{BC} = \frac{-(336)(120)(60) + (336)(120)(1/2)(120)(1/3)}{(29000)(150)} = -0.371 \text{ IN.} \qquad \theta_c = \frac{0.371}{120} = 3.09 \times 10^{-3} \text{ RAD}$$

$$\Delta_c = (3.09 \times 10^{-3})(84) = 0.260 \text{ IN.}$$

$$t_{DC} = \frac{(336)(84)(1/2)(84)(2/3)}{(29000)(150)} = 0.182 \text{ IN.} \qquad \Delta'_c = 0.260 + 0.182 = 0.442 \text{ IN.}$$

$$t_{BC} = \frac{-(336)(120)(60) + (336)(120)(1/2)(120)(2/3)}{(29000)(150)} = -0.185 \text{ IN.} \qquad \theta_B = \frac{0.185}{120} = 1.54 \times 10^{-3} \text{ RAD}$$

$$\Delta'_A = (1.54 \times 10^{-3})(60) = 0.093 \text{ IN.} \qquad \underline{\Delta_A = 0.442 + 0.093 = 0.54 \text{ IN.}} \rightarrow$$

6-20

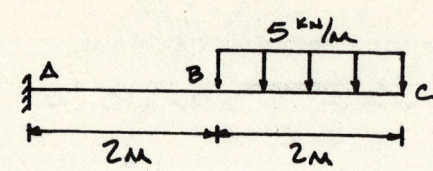
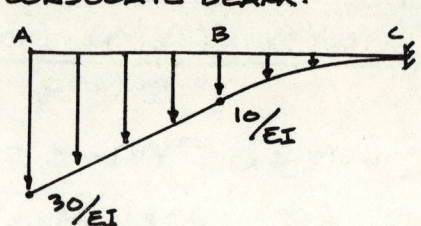

(a) WORKING IN KN AND M:

$$\Delta_B = M_B = \frac{-(10 \times 2 \times 1) - (20)(2 \times 1/2)(2 \times 2/3)}{(200)(40)} = -5.83 \times 10^{-3} \text{ M}$$

$$\underline{\underline{\Delta_B = 5.8 \text{ mm} \downarrow}}$$

(b) $\Delta_C = M_C = \dfrac{-(10 \times 2 \times 3) - (20 \times 2 \times 1/2)[(2)+(2)(2/3)] - (10)(2 \times 1/3)(2)(4/5)}{(200)(40)}$

$$\underline{\underline{\Delta_C = -17.1 \times 10^{-3} \text{ M} = 17.1 \text{ mm} \downarrow}}$$

(c) $\theta_C = V_C = \dfrac{-(10)(2) - (20)(2 \times 1/2) - (10)(2 \times 1/3)}{(200)(40)} = -5.83 \times 10^{-3}$ RAD

$$\underline{\underline{\theta_C = -5.83 \times 10^{-3} \text{ RAD} \;\curvearrowright}}$$

6-21

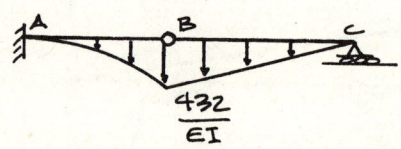

CONJUGATE BEAM:

WORKING IN K AND IN.:

(a)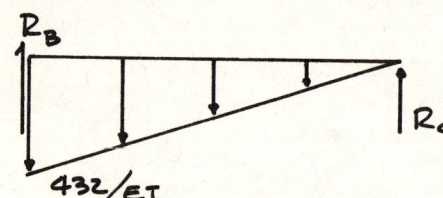

$\Sigma M_B = 0$

$96 R_C - \left(\dfrac{432}{EI}\right)(96)(1/2 \times 96)(1/3) = 0$

$R_C = 6912/EI$

$$\underline{\underline{\theta_C = V_C = -6912\left(\dfrac{1}{(29000)(100)}\right) = -2.38 \times 10^{-3} \text{ RAD} \;\curvearrowright}}$$

(b)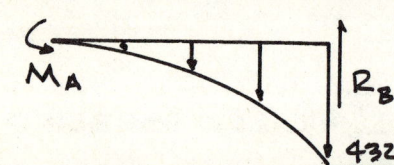

ON BC:

$R_B = \dfrac{(432)}{EI}(96 \times 1/2) - \dfrac{6912}{EI} = 13824/EI$

$\Delta_A = M_A = -\dfrac{(13824)(72) + (432)(72)(1/3)(72)(3/4)}{(29000)(100)} = -0.536$ IN.

$$\underline{\underline{\Delta_A = 0.536 \text{ IN.} \downarrow}}$$

6-22

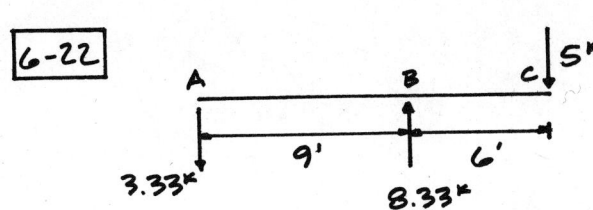
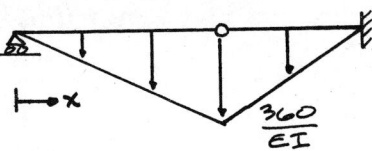

WORKING IN K AND IN.:

(a)
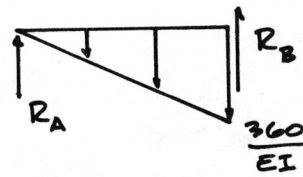

$\Sigma M_A = 0$
$108 R_B - (\frac{360}{EI} \times 108)(\frac{1}{2})(108)(\frac{2}{3}) = 0$
$R_B = 12960/EI$

$\Delta_c = M_c = -\dfrac{(12960)(72) + (360)(72)(\frac{1}{2})(72)(\frac{2}{3})}{(29000)(100)}$

$\underline{\Delta_c = -0.536 \text{ IN.} \downarrow}$

(b) $R_A = (\frac{360}{EI})(108)(\frac{1}{2}) - \frac{12960}{EI} = 6480/EI$

$\theta = V = \dfrac{6480}{EI} - (\frac{360}{108})(x)(x)(\frac{1}{2}) = 0$

$\underline{x = 62.3 \text{ IN. FROM A}}$

$\Delta_{MAX} = M = (\frac{6480}{EI})(62.3) - (\frac{360}{108})(62.3)(62.3)(\frac{1}{2})(62.3)(\frac{1}{3})$

$\underline{\Delta_{MAX} = 0.093 \text{ IN.} \uparrow}$

6-23

CONJUGATE BEAM:

WORKING IN K AND IN.:

(a) ON BC:

$\Sigma M_c = 0$
$-144 R_B - (\frac{576}{EI} \times 144 \times \frac{1}{4} \times 144 \times \frac{1}{5}) + (\frac{576}{EI} \times 144 \times \frac{1}{2} \times 144 \times \frac{1}{3}) = 0 \quad R_B = \dfrac{9678.6}{EI} \downarrow$

$\theta = V = -\dfrac{9678.6}{EI} - (0.0001929/EI)(x^3)(x)(\frac{1}{4}) + (\frac{576}{144 EI})(x)(x)(\frac{1}{2}) = 0$

$\underline{x = 74.8 \text{ IN. TO RIGHT OF B}}$

109

6-23 (CONT)

$$\Delta_{MAX} = M_{x=74.8} = \frac{[-(9678.6)(74.8)-(0.0001929)(74.8)^4(1/4)(74.8)(1/5) + (4)(74.8)^3(1/2)(1/3)]}{(1800)(1000)}$$

$$\underline{\Delta_{MAX} = -0.26 \text{ IN.} \downarrow}$$

(b) $\Delta_A = M_A = 72 R_B = \frac{(72)(9678.6)}{(1800)(1000)} = 0.387 \text{ IN.}$ $\underline{\Delta_A = 0.387 \text{ IN.} \uparrow}$

6-24

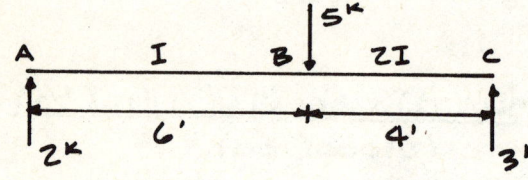
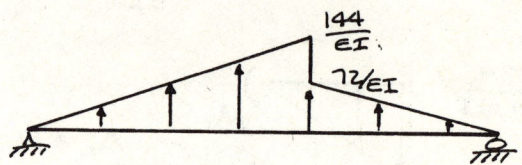

CONJUGATE BEAM:

WORKING IN K AND IN.:

(a) $\Sigma M_C = 0$

$-120 R_A + (\frac{144}{EI})(72 \times 1/2)[48 + 72 \times 1/3] + (\frac{72}{EI})(48)(1/2)(48)(2/3) = 0$

$R_A = 3571.2/EI$

$\theta_A = V_A = -\frac{3571.2}{(10000)(50)} = -7.14 \times 10^{-3} \text{ RAD} \curvearrowright$

(b) $\theta = V = \frac{-3571.2}{EI} + (\frac{144}{72})(x)(x)(1/2) = 0$

$\underline{x = 59.7 \text{ IN. FROM A}}$

$\Delta_{MAX} = M_{x=59.7} = \frac{[-(3571.2)(59.7) + (\frac{144}{72})(59.7)(59.7)(59.7)(1/2)(1/3)]}{(10000)(50)}$

$\underline{\Delta_{MAX} = -0.284 \text{ IN.} \downarrow}$

6-25

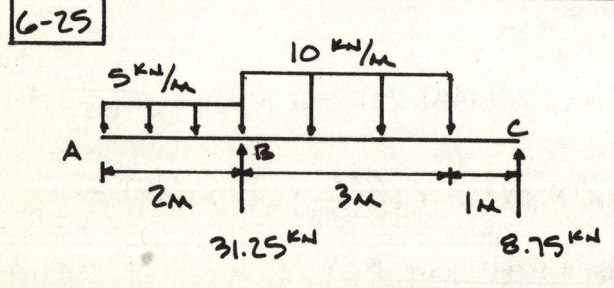
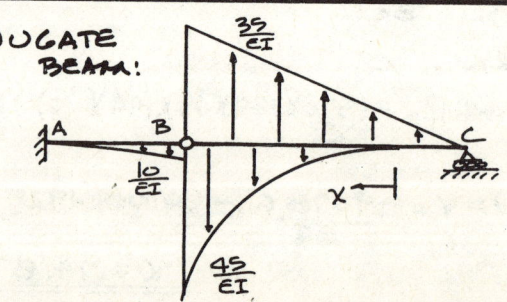

CONJUGATE BEAM:

6-25 (CONT) WORKING IN KN AND M:

(a) ON BC: $\Sigma M_B = 0$

$$4R_c + \left(\frac{45}{EI}\right)(3 \times 1/3 \times 3 \times 1/4) - \left(\frac{35}{EI}\right)(4 \times 1/2 \times 4)(1/3) = 0 \quad R_c = \frac{14.9}{EI} \downarrow$$

$$\theta = V = \frac{-14.9}{EI} + \left(\frac{8.75}{EI}\right)(1)(1)(1/2) + \left(\frac{8.75}{EI}\right)(x) + \left(\frac{8.75}{EI}\right)(x)(x)(1/2) -$$

$$\left(\frac{5}{EI}\right)(x^2)(x)(1/3) = 0$$

$$-10.925 + 8.75x + 4.375x^2 - 1.667x^3 = 0$$

$$x = 0.926 \text{ M}$$

Δ_{MAX} AT 1.926 M TO LEFT OF C

$$\Delta_{MAX} = M_{x=1.926} = \frac{[(8.75)(1.926)(1.926)(1/2)(1.926)(1/3) - (14.9)(1.926) - (5)(.926)^3(1/3 \times .926)(1/4)]}{(70)(50)}$$

$$\Delta_{MAX} = -5.31 \times 10^{-3} \text{ M} = -5.31 \text{ MM} \downarrow$$

(b) $\Sigma F_V = 0$ ON BC:

$$-\frac{14.9}{EI} - \left(\frac{45}{EI}\right)(3 \times 1/3) + \left(\frac{35}{EI}\right)(4)(1/2) - R_B = 0 \quad R_B = \frac{10.1}{EI} \downarrow$$

$\Sigma M_A = 0$

$$\Delta_A = M_A = \frac{\left[\left(\frac{10.1}{EI}\right)(2) - \left(\frac{10}{EI}\right)(2)(1/3)(2)(3/4)\right]}{(70)(50)} = 2.92 \times 10^{-3} \text{ M}$$

$$\Delta_A = 2.92 \text{ MM} \uparrow$$

6-26

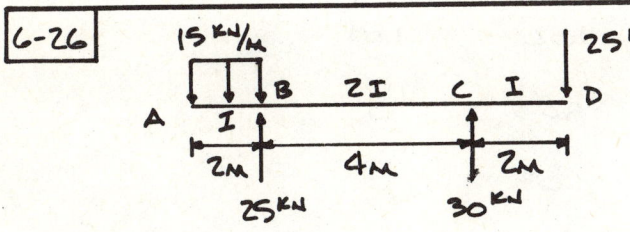

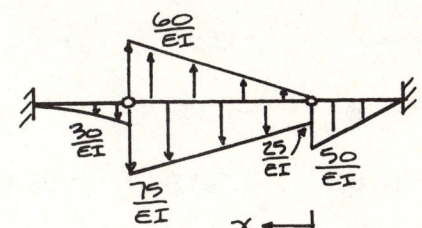 CONJUGATE BEAM:

WORKING IN KN AND M:

(a)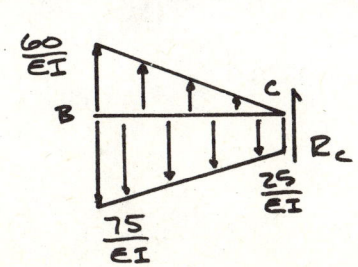

$\Sigma M_B = 0$

$$\left(\frac{60}{EI}\right)(4)(1/2 \times 4)(1/3) + 4R_c - \left(\frac{25}{EI}\right)(4)(2) - \left(\frac{50}{EI}\right)(4)(1/2)(4)(1/3) = 0$$

$$R_c = \frac{43.33}{EI} \uparrow$$

6-26 (CONT)

$$\Delta_D = M_D = \frac{[-(50)(2)(1/2)(2)(2/3) - (43.33)(2)]}{(200)(50)} = -15.3 \times 10^{-3} \text{ m}$$

$$\underline{\Delta_D = -15.3 \text{ mm} \downarrow}$$

(b)

$$\theta = V = \frac{43.33}{EI} + \left(\frac{60}{4EI}\right)(x^2)(1/2) - \left(\frac{25}{EI}\right)(x) - \left(\frac{50}{4EI}\right)(x^2)(1/2) = 0$$

$$43.33 - 25x + 1.25 x^2 = 0 \qquad x = 1.92 \text{ m}$$

$$\underline{\Delta_{MAX} \text{ AT } 3.92 \text{ M TO LEFT OF D}}$$

$$\Delta_{MAX} = M_{x=1.92} = \Big[(43.33)(1.92) + (60)(1.92)^2(1/2)(1.92)(1/3) - (25)(1.92)(1/2)(1.92) -$$

$$\left(\frac{50}{4}\right)(1.92)^2(1/2)(1.92)(1/3)\Big] \Big/ (200)(50)$$

$$\underline{\Delta_{MAX} = 4.01 \text{ mm} \uparrow}$$

6-27

[Cantilever beam: fixed at left, 4 m long, depth tapering from 600 mm at fixed end to 400 mm at free end, with 40 kN downward load at free end B]

USING SECOND-ORDER POLYNOMIAL REPRESENTATION OF $\frac{M}{EI}$:

	A,1	1m	2	1m	3	1m	4	1m	B
$I\ (10^{-3} \text{m}^4)$	3.60		2.77		2.08		1.52		1.07
$M\ (\text{kN-m})$	-160		-120		-80		-40		0
$\frac{M}{EI}\ (10^{-3} \frac{1}{m})$	-1.78		-1.73		-1.54		-1.05		0
$R\ (10^{-4})$	-8.88		-17.18		-15.15		-10.03		-1.98
AVE. SLOPE (10^{-4} RAD)	-8.88		-26.06		-41.21		-51.24		-53.22
DEFL. (10^{-4} m)	0		-8.88		-34.94		-76.15		-127.4

$$\underline{\Delta_B = -12.7 \text{ mm} \downarrow}$$

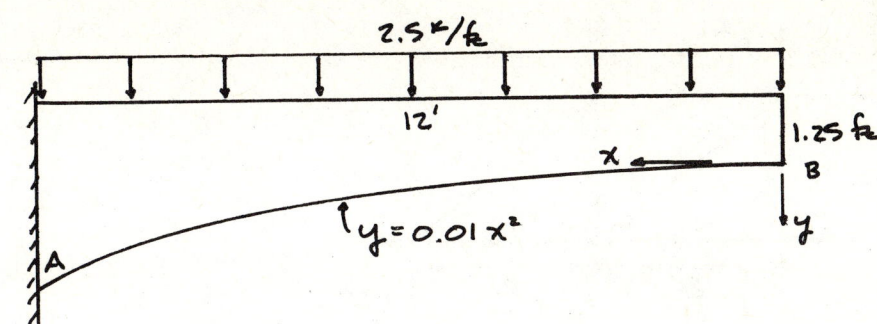

USING SECOND-ORDER POLYNOMIAL REPRESENTATION OF $\frac{M}{EI}$:

	A,1	3'	2	3'	3	3'	4	3'	B
d (in.)	32.3		24.7		19.3		16.1		15.0
I (10^3 in^4)	25.3		11.3		5.39		3.13		2.53
M (in-k)	-2160		-1215		-540		-135		0
$\frac{M}{EI}$ ($10^{-6} \frac{1}{in}$)	-21.3		-26.9		-25.0		-10.8		0
R (10^{-4})	-4.28		-9.46		-8.63		-3.99		-0.60
AVE SLOPE (10^{-4} RAD)		-4.28		-13.74		-22.37		-26.36	(-26.96)
DEFL. (10^{-3} in)	0		-15.4		-64.9		-145		-240

$$\Delta_B = -0.24 \text{ in.} \downarrow$$

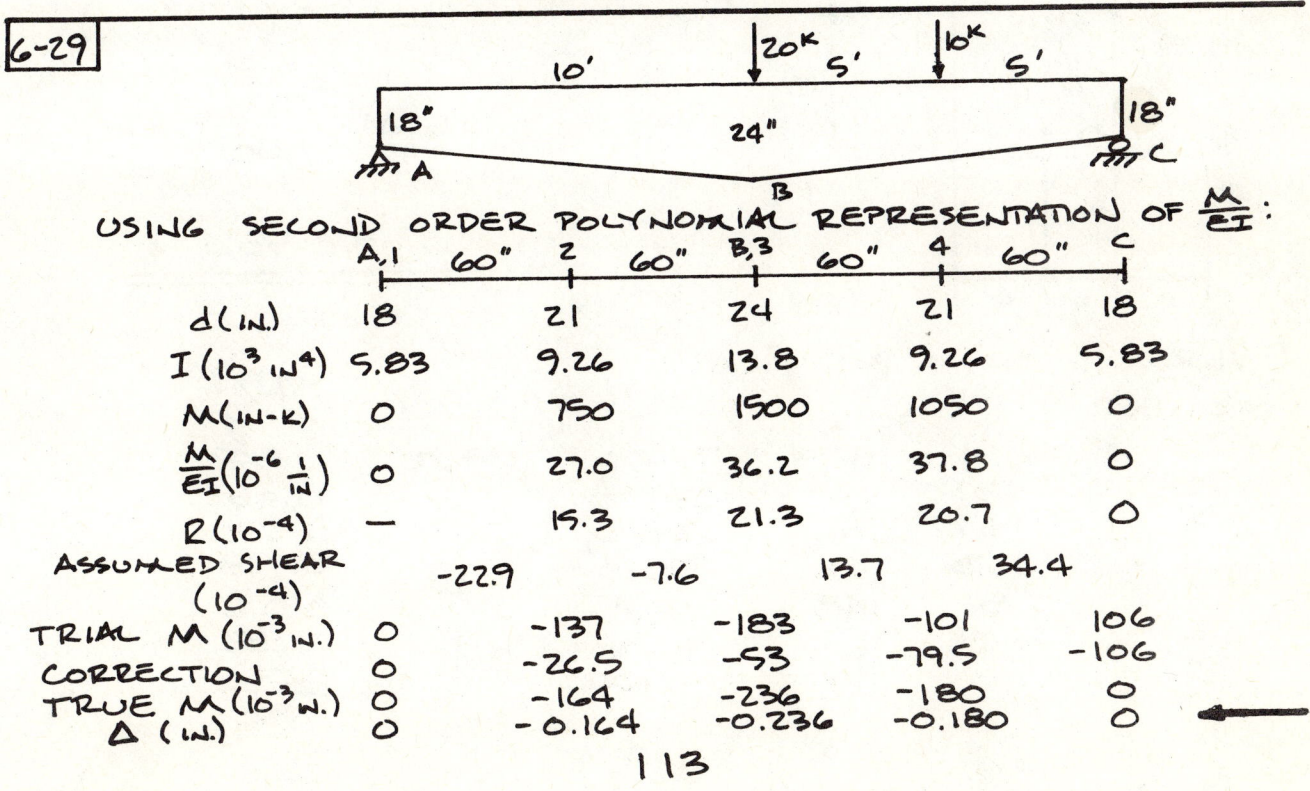

USING SECOND ORDER POLYNOMIAL REPRESENTATION OF $\frac{M}{EI}$:

	A,1	60"	2	60"	B,3	60"	4	60"	C
d (in.)	18		21		24		21		18
I (10^3 in^4)	5.83		9.26		13.8		9.26		5.83
M (in-k)	0		750		1500		1050		0
$\frac{M}{EI}$ ($10^{-6} \frac{1}{in}$)	0		27.0		36.2		37.8		0
R (10^{-4})	—		15.3		21.3		20.7		0
ASSUMED SHEAR (10^{-4})		-22.9		-7.6		13.7		34.4	
TRIAL M (10^{-3} in.)	0		-137		-183		-101		106
CORRECTION	0		-26.5		-53		-79.5		-106
TRUE M (10^{-3} in.)	0		-164		-236		-180		0
Δ (in.)	0		-0.164		-0.236		-0.180		0

7-1

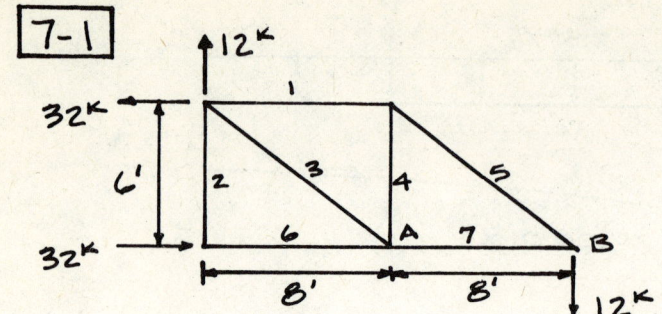

WORKING IN K AND IN.:

MEMBER	P	L	P²L	2EA	P²L/2EA
1	16	96	24576	116000	0.212
2	0				0
3	20	120	48000		0.414
4	-12	72	10368		0.089
5	20	120	48000		0.414
6	-32	96	98304		0.847
7	-16	96	24576		0.212
					2.19

$$\frac{Q\Delta}{2} = \Sigma \left(\frac{P^2 L}{2EA} \right)$$

$$\frac{12(\Delta_B)}{2} = 2.19 \qquad \underline{\underline{\Delta_B = 0.36 \text{ IN.} \downarrow}}$$

7-2

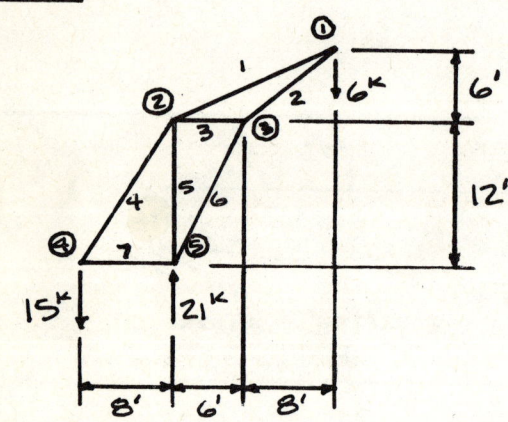

$$\frac{Q\Delta}{2} = \Sigma \left(\frac{P^2 L}{2EA} \right)$$

$$\frac{6(\Delta)}{2} = 1.60$$

$$\underline{\underline{\Delta_① = 0.53 \text{ IN.} \downarrow}}$$

WORKING IN K AND IN.:

MEMBER	P	L	P²L	2EA	P²L/2EA
1	20.31	182.8	75400	139200	0.542
2	-23.33	120	65300		0.469
3	-11.67	72	9800		0.070
4	12.62	173.1	27570		0.198
5	-2.5	144	900		0.006
6	-15.65	161	39430		0.283
7	-7.0	96	4700		0.034
					1.60

7-3

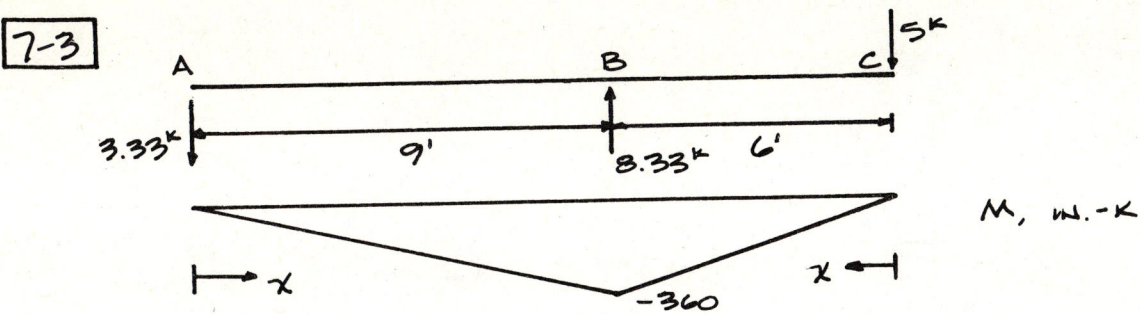

WORKING IN K AND IN.:

$$\frac{QD}{2} = \Sigma \int \frac{M^2}{2EI} dx \qquad M_{CB} = -5x \qquad M_{AB} = -3.33x$$

$$\frac{5\Delta_c}{2} = \frac{1}{(2)(29000)(100)} \left[\int_0^{72} 25x^2 dx + \int_0^{108} 11.11 x^2 dx \right]$$

$$\Delta_c = 6.90 \times 10^{-8} [7.78 \times 10^6] \qquad \underline{\underline{\Delta_c = 0.54 \text{ IN.} \downarrow}}$$

7-4

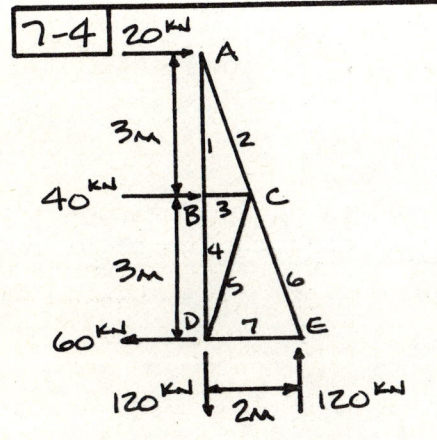 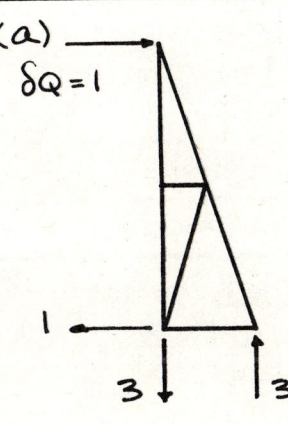

WORKING IN KN AND M:

MEMBER	P	p	L	PpL
1	60	3	3	540
2	-63.2	-3.16	3.16	632
3	-40	0	1	0
4	60	3	3	540
5	63.2	0	3.16	0
6	-126.5	-3.16	3.16	1260
7	40	1	2	80
				3052

$$(1)(\Delta_{AH}) = \frac{3052}{(200 \times 10^6)(1.2 \times 10^{-3})} \qquad \underline{\underline{\Delta_{AH} = 1.27 \times 10^{-2} m = 12.7 mm \rightarrow}}$$

7-4 (CONT) (b)

MEMBER	P	p	L	P_pL
1		0	3	0
2		0	3.16	0
3	−40	−1	1	40
4		0	3	0
5	63.2	1.58	3.16	316
6	−126.5	−1.58	3.16	632
7	40	0.5	2	40
				1028

$(1)(\Delta_{BH}) = \dfrac{1028}{(200 \times 10^6)(1.2 \times 10^{-3})} = 4.28 \times 10^{-3}$ m $\underline{\underline{\Delta_{BH} = 4.3\text{mm} \rightarrow}}$

7-5 (a)

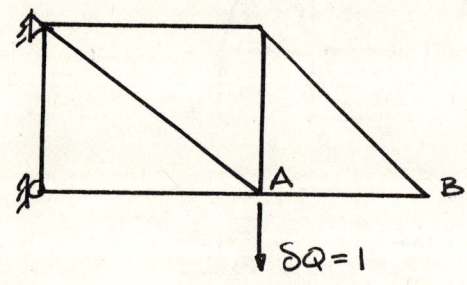

WORKING IN K AND IN.:

MEMBER	P	p	L	P_pL
1		0	96	0
2		0	72	0
3	20	1.67	120	4008
4		0	72	0
5		0	120	0
6	−32	−1.33	96	4086
7		0	96	0
				8094

$(1)(\Delta_{AV}) = \dfrac{8094}{(29 \times 10^3)(2)}$ $\underline{\underline{\Delta_{AV} = 0.14 \text{ IN.} \downarrow}}$

7-5 (CONT) (b)

MEMBER	P	p	L	$P_p L$
1	16	1.33	96	2043
2	0	0	72	0
3	20	1.67	120	4008
4	-12	-1	72	864
5	20	1.67	120	4008
6	-32	-2.67	96	8202
7	-16	-1.33	96	2043
				21168

$$(1)(\Delta_{BV}) = \frac{21168}{(29 \times 10^3)(2)} \qquad \Delta_{BV} = 0.36 \text{ in.} \downarrow$$

7-6

WORKING IN K AND IN.:

MEMBER	P	p	L	$P_p L$
1	20.31	3.38	182.8	12550
2	-23.33	-3.89	120	10860
3	-11.67	-1.94	72	1620
4	12.62	2.10	173.1	4590
5	-2.5	-0.42	144	151
6	-15.65	-2.61	161	6580
7	-7.0	-1.17	96	786
				37137

$$(1)(\Delta_{OV}) = \frac{37137}{(29 \times 10^3)(2.4)} \qquad \Delta_{OV} = 0.53 \text{ in.} \downarrow$$

7-6 (CONT)

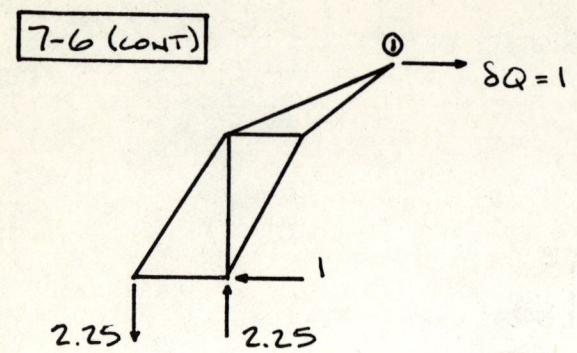

MEMBER	P	p	L	P_pL
1	20.31	2.54	182.8	9430
2	-23.33	-1.66	120	4650
3	-11.67	-0.83	72	697
4	12.62	2.70	173.1	5900
5	-2.5	-1.25	144	450
6	-15.65	-1.12	161	2820
7	-7.0	-1.5	96	1010
				24957

$$(1)(\Delta_{①H}) = \frac{24957}{(29 \times 10^3)(2.4)}$$

$$\underline{\Delta_{①H} = 0.36 \text{ IN.} \rightarrow}$$

7-7

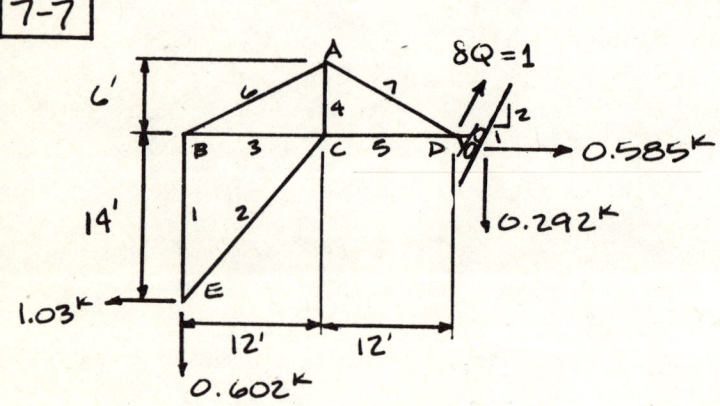

WORKING IN K AND IN.:

MEMBER	P	p	L	P_pL
1	-0.85	-0.60	168	86
2	3.56	1.58	221	1243
3	-2.32	1.20	144	-400
4	2.70	1.20	72	233
5	0	2.23	144	0
6	-1.90	-1.35	161	413
7	-4.14	-1.35	161	900
				2475

$$(1)(\Delta_D) = \frac{2475}{(29 \times 10^3)(2.5)}$$

$$\underline{\Delta_D = 0.034 \text{ IN.} \nearrow}$$

118

7-8 WORKING IN KN AND M:

(a) APPLYING $\delta Q = 1$ AT ① IN THE POSITIVE DIRECTION:

$$\begin{bmatrix} -0.958 & -0.981 & -0.958 \\ 0.287 & 0 & 0 \\ 0 & -0.196 & 0.287 \end{bmatrix} \begin{Bmatrix} P_1 \\ P_2 \\ P_3 \end{Bmatrix} = \begin{Bmatrix} 0 \\ -1 \\ 0 \end{Bmatrix}$$

$P_1 = -3.48$ $P_2 = 2.04$ $P_3 = 1.39$

MEMBER	P	p	L	pPL
1	69.6	-3.48	10.44	-2529
2	-40.8	2.04	10.20	-849
3	-27.8	1.39	10.44	-403
				-3781

$$(1)(\Delta_{1Y}) = \frac{-3781}{(70\times 10^6)(1.5\times 10^{-3})} \qquad \underline{\Delta_{1Y} = -3.6\times 10^{-2} m = -36.0 mm \downarrow}$$

(b) APPLYING $\delta Q = 1$ AT ① IN POSITIVE Z DIRECTION:

$$\begin{bmatrix} -0.958 & -0.981 & -0.958 \\ 0.287 & 0 & 0 \\ 0 & -0.196 & 0.287 \end{bmatrix} \begin{Bmatrix} P_1 \\ P_2 \\ P_3 \end{Bmatrix} = \begin{Bmatrix} 0 \\ 0 \\ -1 \end{Bmatrix}$$

$P_1 = 0.0$ $P_2 = 2.04$ $P_3 = -2.09$

MEMBER	P	p	L	pPL
1	69.6	0.0	10.44	0.0
2	-40.8	2.04	10.20	-849
3	-27.8	-2.09	10.44	607
				-242

$$(1)(\Delta_{1z}) = \frac{-242}{(70\times 10^6)(1.5\times 10^{-3})} \qquad \underline{\underline{\Delta_{1z} = -2.305\times 10^{-3} m = -2.3 mm \nearrow}}$$

7-9

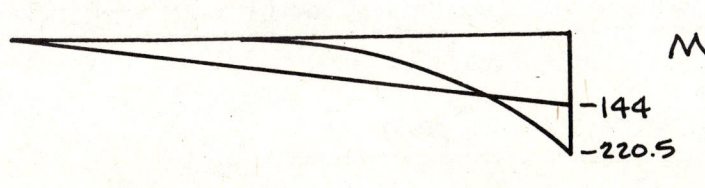

WORKING IN K AND IN.:

M
-144
-220.5

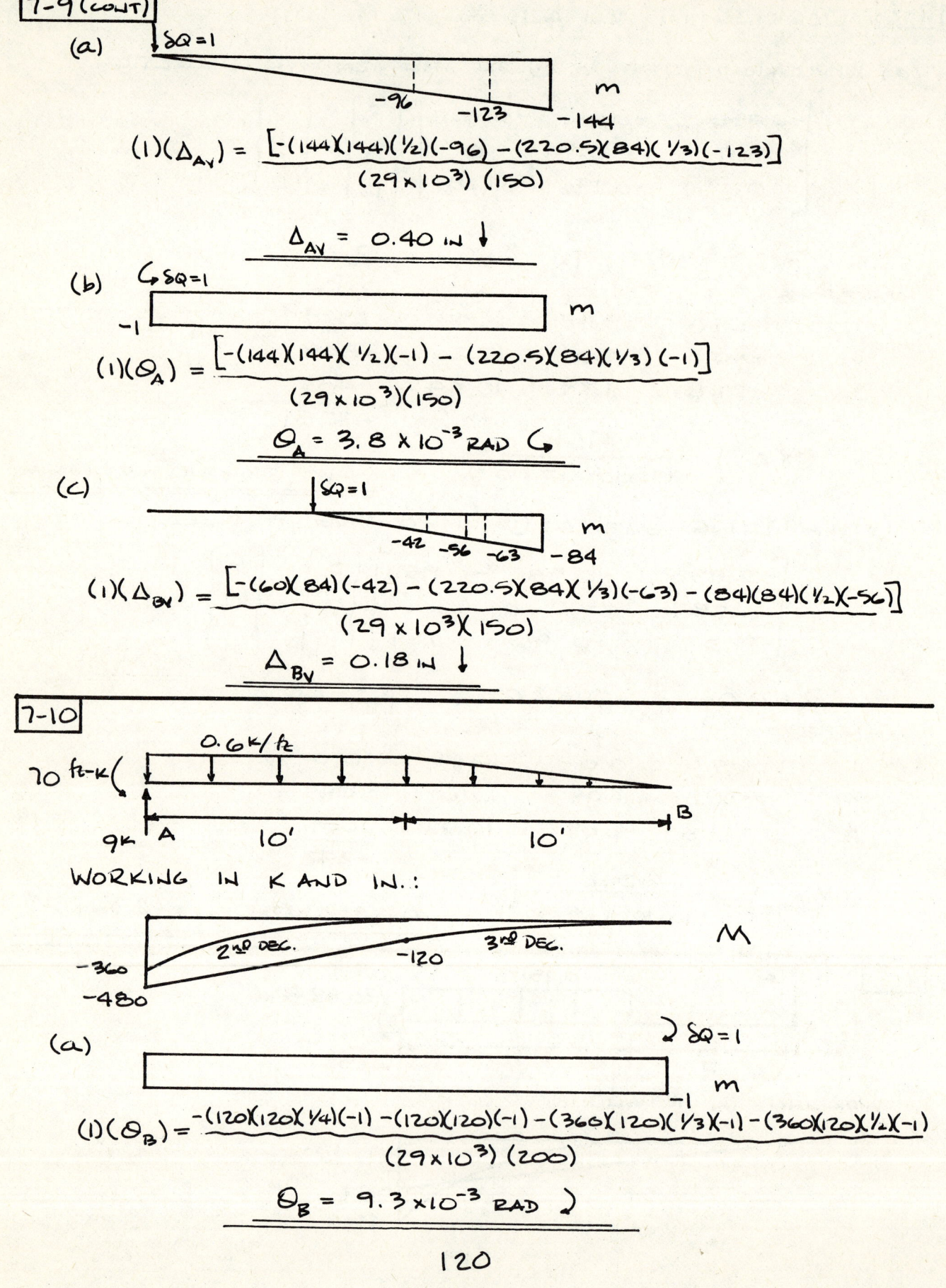

7-10 (CONT)

(b)

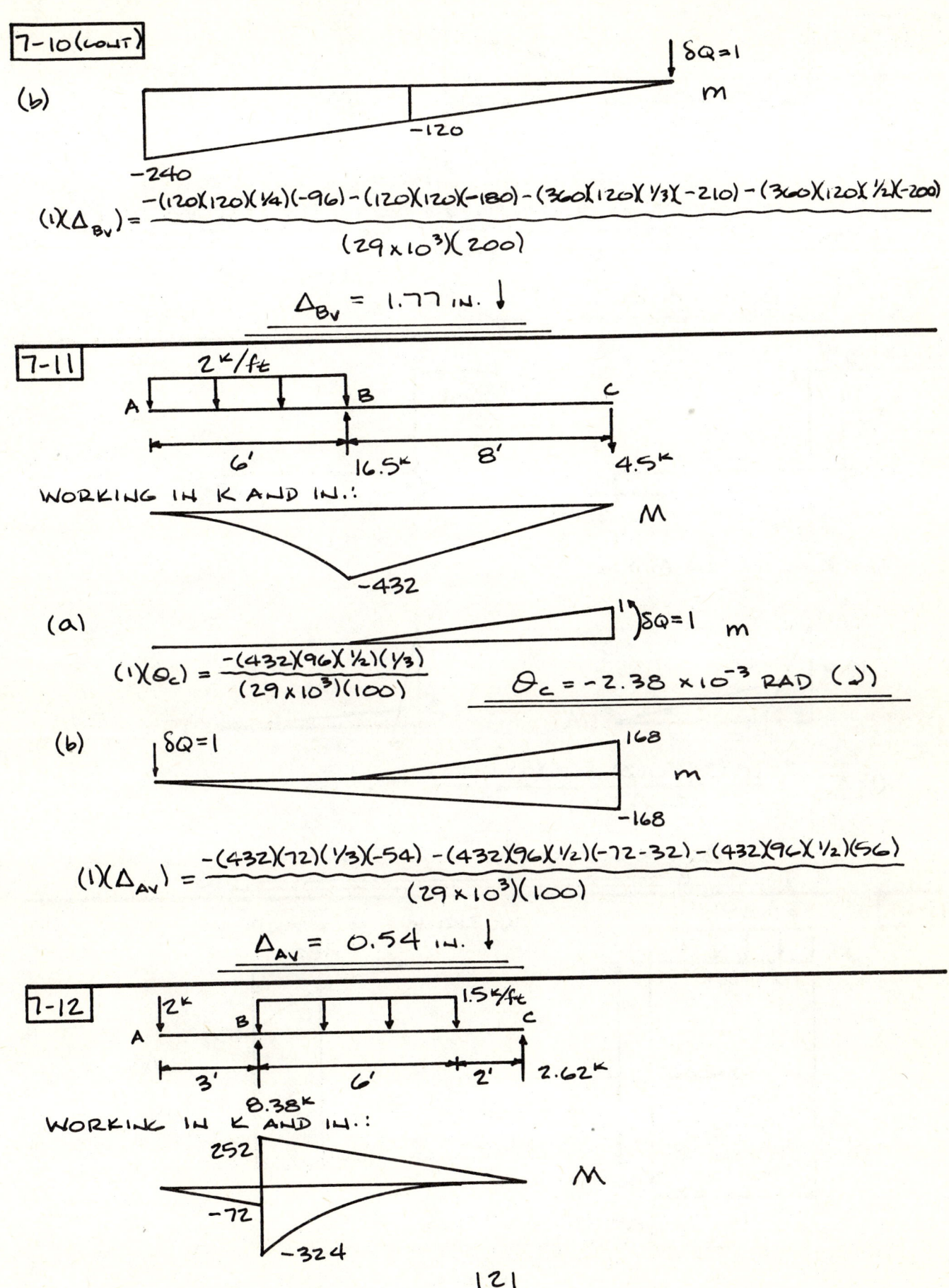

$$(1)(\Delta_{BV}) = \frac{-(120)(120)(1/4)(-96) - (120)(120)(-180) - (360)(120)(1/3)(-210) - (360)(120)(1/2)(-200)}{(29 \times 10^3)(200)}$$

$$\underline{\underline{\Delta_{BV} = 1.77 \text{ IN.} \downarrow}}$$

7-11

WORKING IN K AND IN.:

(a)

$$(1)(\theta_C) = \frac{-(432)(96)(1/2)(1/3)}{(29 \times 10^3)(100)}$$

$$\underline{\underline{\theta_C = -2.38 \times 10^{-3} \text{ RAD} \ (\circlearrowleft)}}$$

(b)

$$(1)(\Delta_{AV}) = \frac{-(432)(72)(1/3)(-54) - (432)(96)(1/2)(-72-32) - (432)(96)(1/2)(56)}{(29 \times 10^3)(100)}$$

$$\underline{\underline{\Delta_{AV} = 0.54 \text{ IN.} \downarrow}}$$

7-12

WORKING IN K AND IN.:

7-12 (CONT)

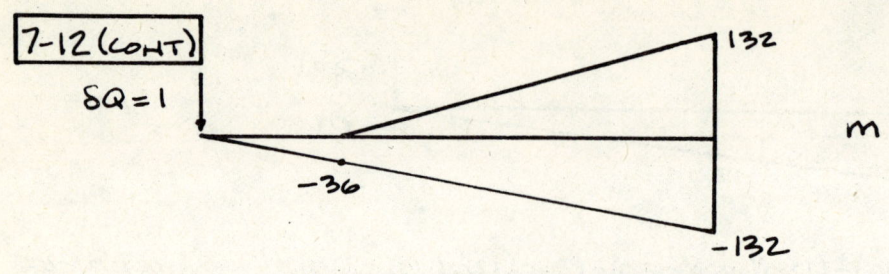

$$(1)(\Delta_{AV}) = \frac{-(72 \times 36 \times 1/2)(-24) - (324 \times 72 \times 1/3)(-54 + 24.75) + (252 \times 96 \times 1/2)(-68 + 44)}{(10 \times 10^3)(30)}$$

$$\underline{\underline{\Delta_{AV} = -0.106 \text{ IN. } (\uparrow)}}$$

7-13

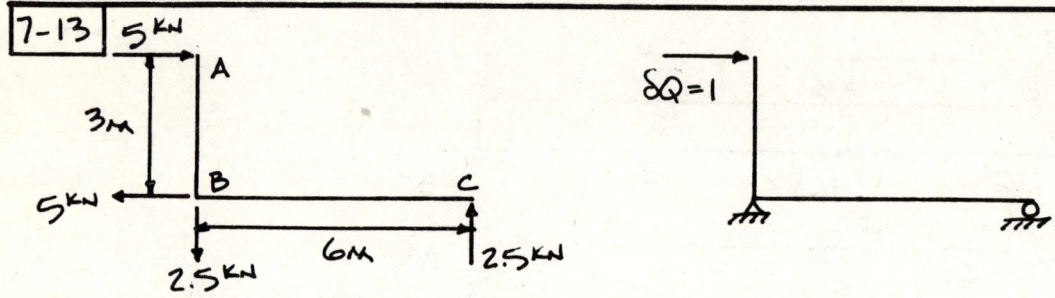

WORKING IN KN AND M:

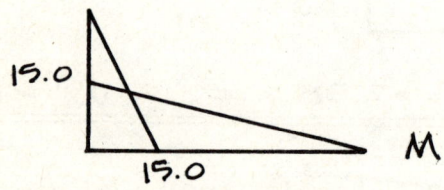

$$(1)(\Delta_{AH}) = \frac{(15 \times 3)(1/2)(2) + (15 \times 6)(1/2)(2)}{(200)(100)}$$

$$\underline{\underline{\Delta_{AH} = 6.75 \times 10^{-3} \text{ M} = 6.75 \text{ mm} \rightarrow}}$$

7-14

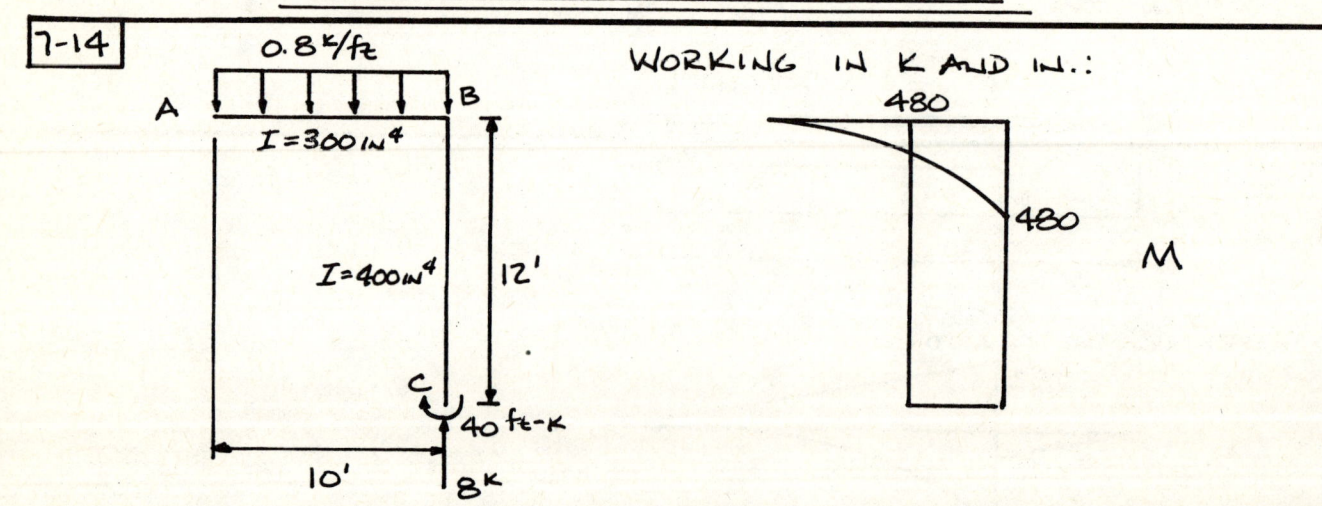

WORKING IN K AND IN.:

122

7-14 (CONT)

(a)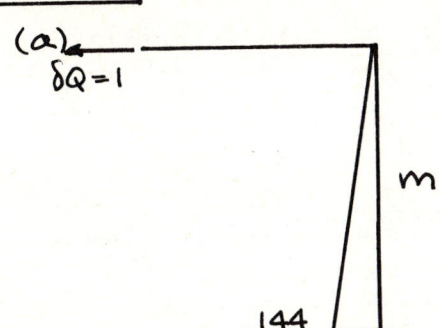

$$(1)(\Delta_{AH}) = \frac{(480)(144)(72)}{(29 \times 10^3)(400)}$$

$$\underline{\underline{\Delta_{AH} = 0.43 \text{ in.}}} \leftarrow$$

(b)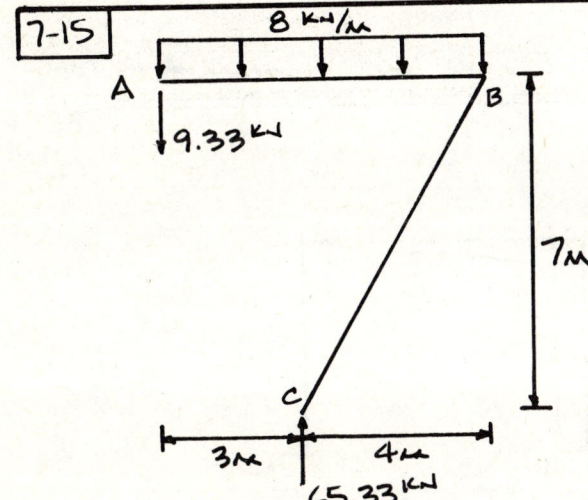

$$(1)(\Delta_{AV}) = \frac{(480)(120)(1/3)(90)}{(29 \times 10^3)(300)} + \frac{(480)(144)(120)}{(29 \times 10^3)(400)}$$

$$\underline{\underline{\Delta_{AV} = 0.91 \text{ in.}}} \downarrow$$

7-15

WORKING IN KN AND M:

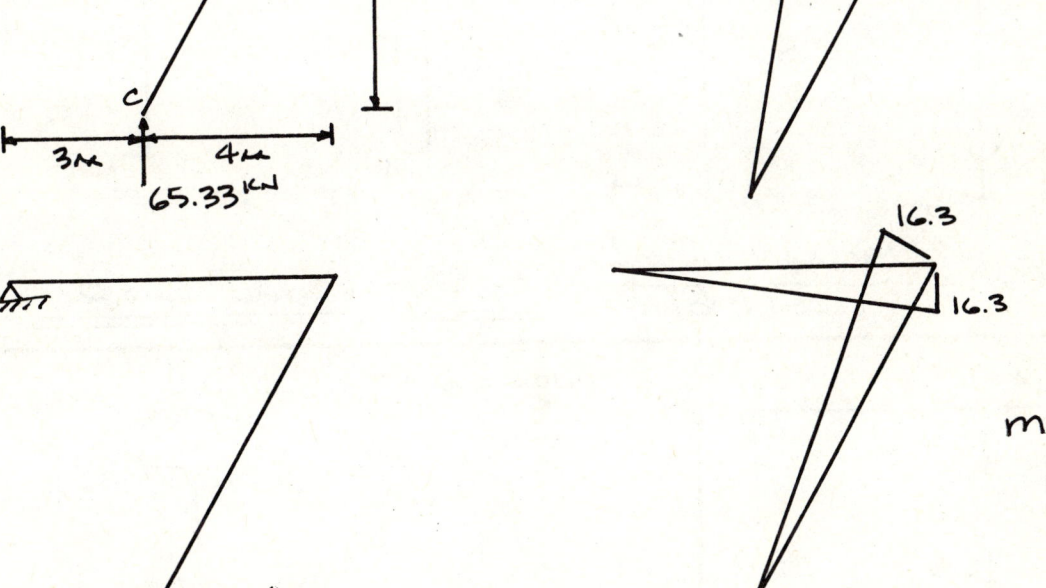

7-15 (CONT)

$$(1)(\Delta_{CH}) = \frac{(65.3)(7)(1/2)(10.9) + (196)(7)(1/3)(12.2) + (261)(8.06)(1/2)(10.9)}{(200)(2500)}$$

$$\Delta_{CH} = 3.91 \times 10^{-2} \text{ m} = 39.1 \text{ mm}$$

7-16

WORKING IN kN AND m:

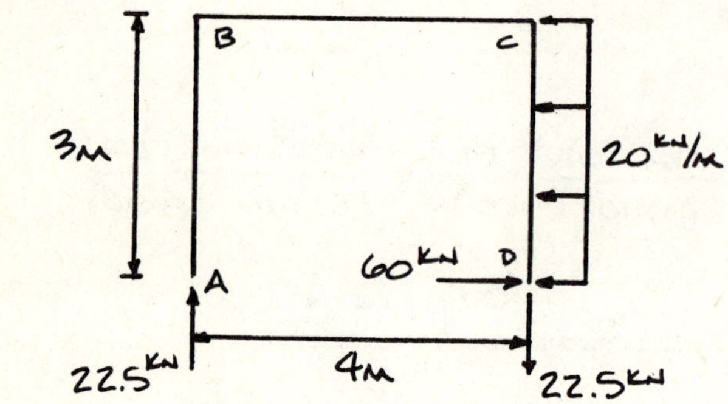

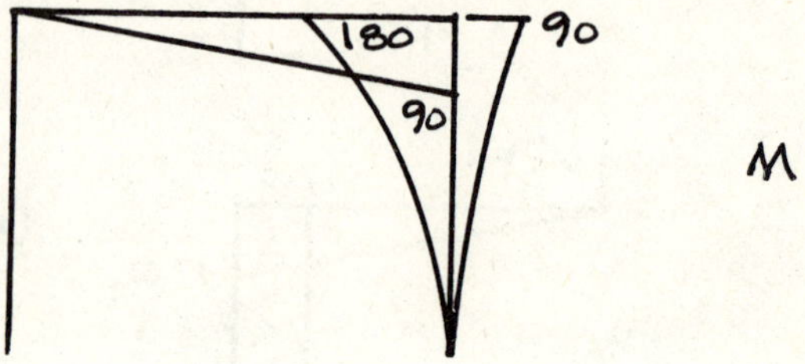

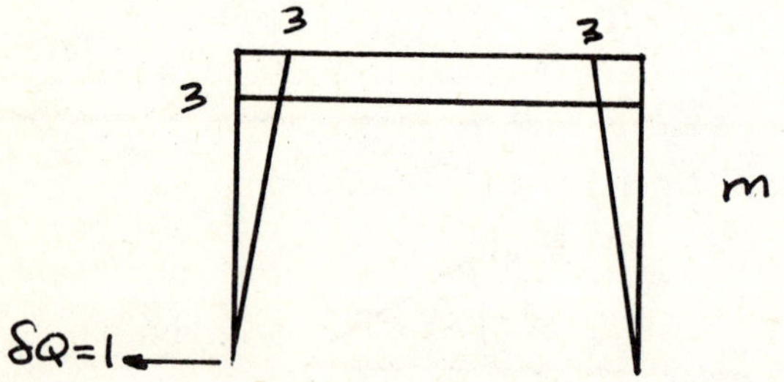

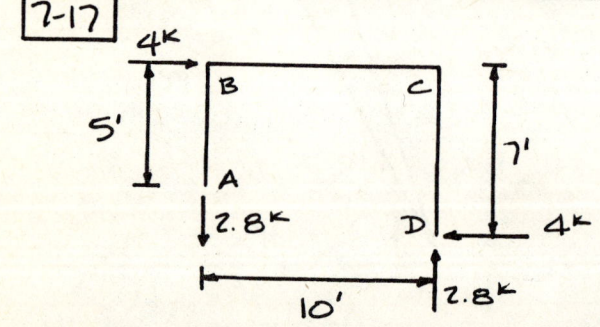

$$(1)(\Delta_{AH}) = \frac{(180)(3)(1/2)(2) - (90)(3)(1/3)(2.25)}{(200)(250)}$$

$$\Delta_{AH} = 1.76 \times 10^{-2} \text{ m} = 17.6 \text{ mm}$$

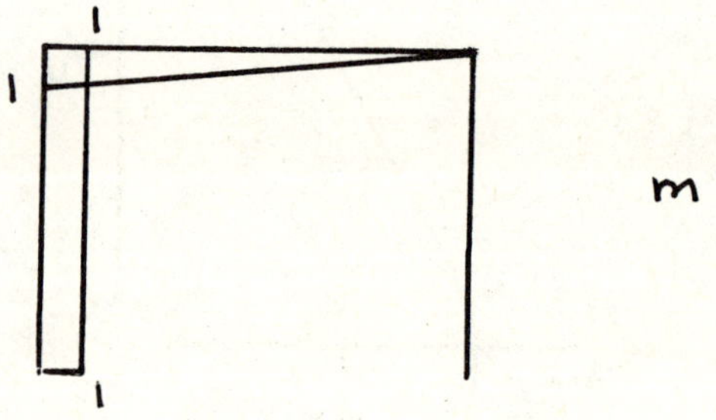

$$(1)(\theta_A) = \frac{(90)(4)(1/2)(0.33)}{(200)(250)}$$

$$\theta_A = 1.2 \times 10^{-3} \text{ RAD}$$

7-17

WORKING IN k AND in.:

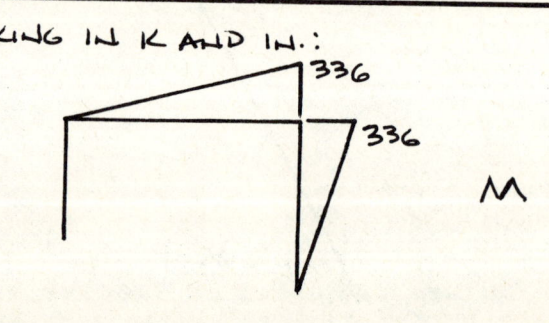

7-17 (CONT)

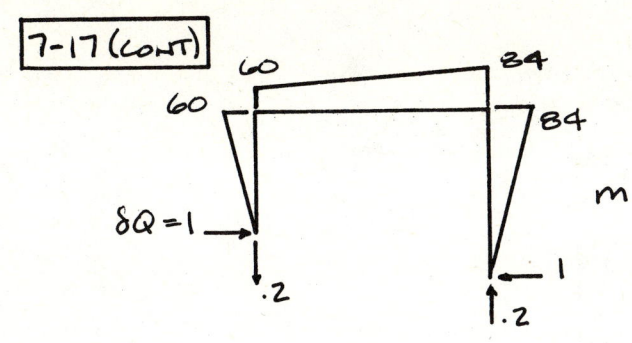

m

$(1)(\Delta_{AH}) = \dfrac{(336)(120)(\frac{1}{2})(76) + (336)(84)(\frac{1}{2})(56)}{(29 \times 10^3)(150)}$

$\underline{\underline{\Delta_{AH} = 0.53 \text{ IN.} \rightarrow}}$

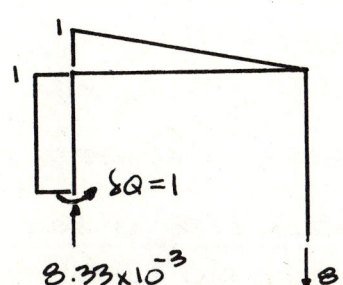

$(1)(\theta_A) = \dfrac{(336)(120)(\frac{1}{2})(0.33)}{(29 \times 10^3)(150)}$

$\underline{\underline{\theta_A = 1.54 \times 10^{-3} \text{ RAD } \circlearrowleft}}$

7-18

WORKING IN K AND IN.:

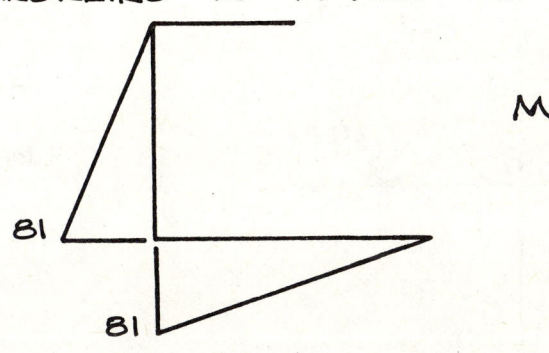

M

* NO AXIAL FORCES

a)
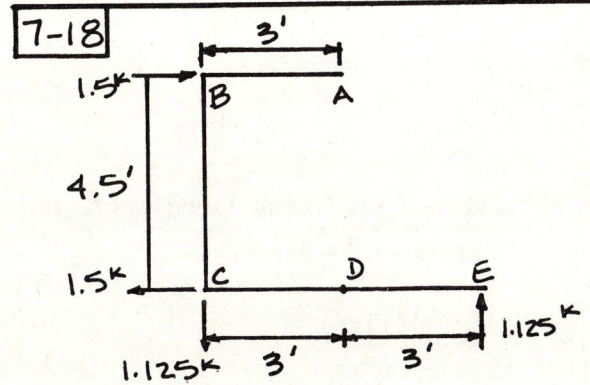

m

$(1)(\Delta_{AV}) = \dfrac{(81)(54)(\frac{1}{2})(36) + (81)(72)(\frac{1}{2})(24)}{(10 \times 10^3)(45)}$

$\underline{\underline{\Delta_{AV} = 0.33 \text{ IN} \downarrow}}$

b)
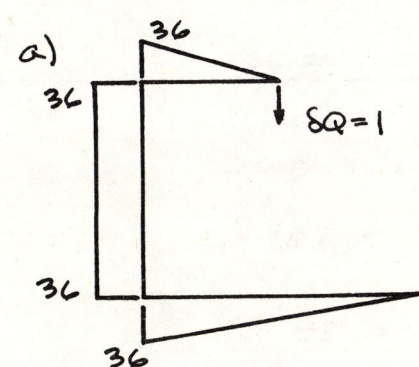

m

$(1)(\Delta_{DV}) = \dfrac{(40.5)(36)(\frac{1}{2})(12) + (40.5)(36)(\frac{1}{2})(6) + (40.5)(36)(9)}{(10 \times 10^3)(45)}$

$\underline{\underline{\Delta_{DV} = 0.06 \text{ IN.} \downarrow}}$

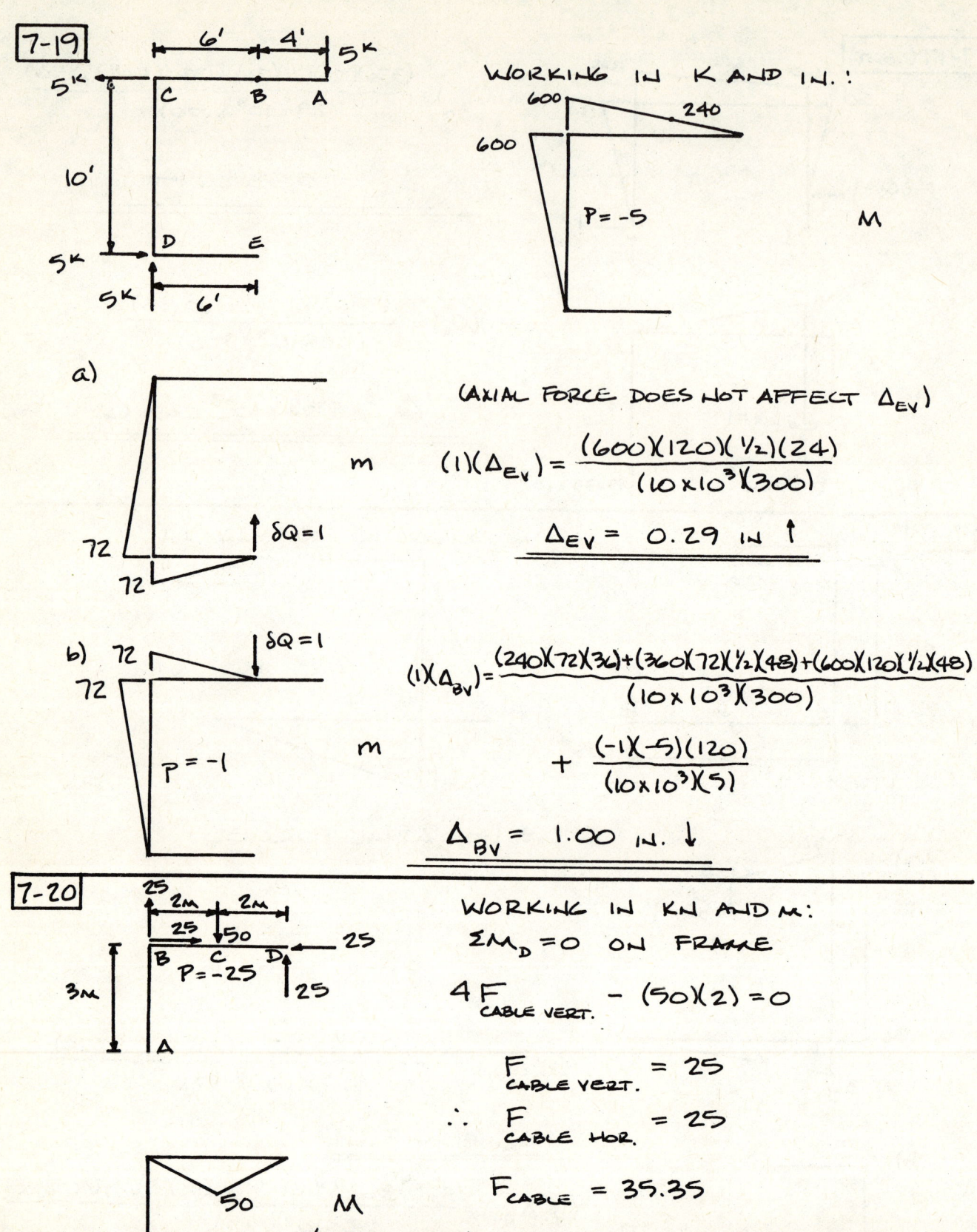

7-20 (CONT)

a)

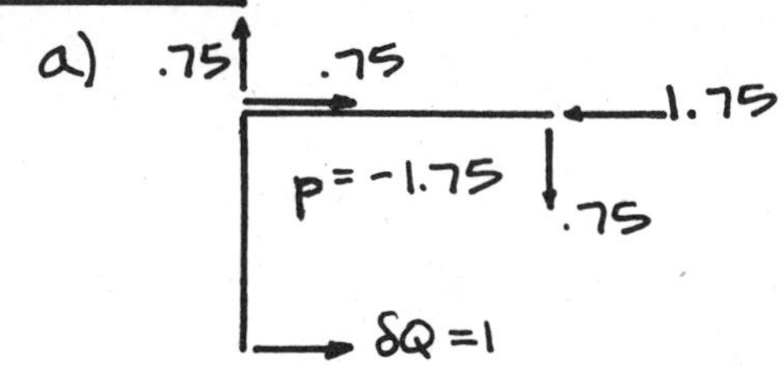

$\sum M_e = 0$

$-(1)(7) + 4R_{DH} = 0$

$R_{DH} = 1.75 \leftarrow$

$f_{CABLE} = 1.06$

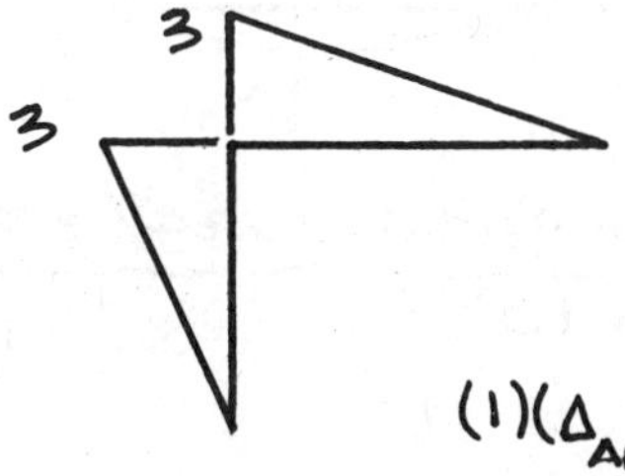

$(1)(\Delta_{AH}) = \dfrac{-(50)(2)(1/2)(1.0) - (50)(2)(1/2)(1.5+0.5)}{(150 \times 10^{-6})(70 \times 10^{-6})} + \dfrac{(1.06)(35.35)(5.66)}{(70 \times 10^{6})(5 \times 10^{-4})}$

$+ \dfrac{(-1.75)(-25)(4)}{(70 \times 10^{-6})(20 \times 10^{-4})} = -7.0 \times 10^{-3}$ kN-m.

$\underline{\underline{\Delta_{AH} = -7.0 \text{ mm} \;(\leftarrow)}}$

b)

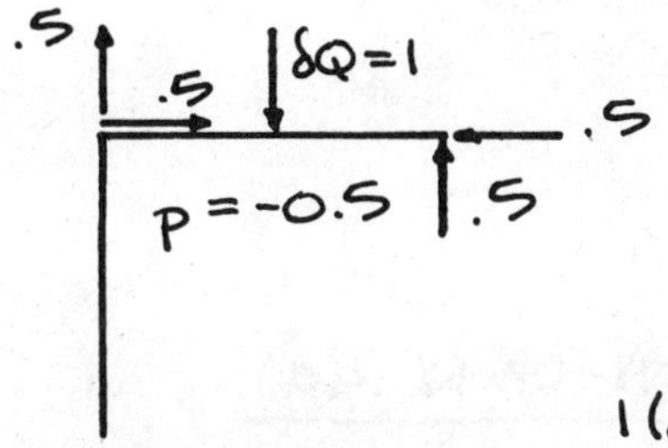

$f_{CABLE} = 0.707$

$1(\Delta_{CV}) = \dfrac{(2)(50)(2)(1/2)(0.67)}{(70 \times 10^{6})(150 \times 10^{-6})} + \dfrac{(0.707)(35.35)(5.66)}{(70 \times 10^{6})(5 \times 10^{-4})} +$

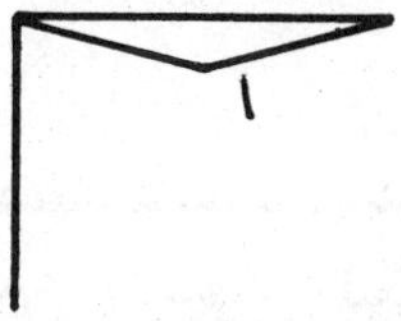

$\dfrac{(-0.5)(-25)(4)}{(70 \times 10^{6})(20 \times 10^{-4})} = 10.8 \times 10^{-3}$ kN-m

$\underline{\underline{\Delta_{CV} = 10.8 \text{ mm} \downarrow}}$

7-21   WORKING IN K AND IN.:

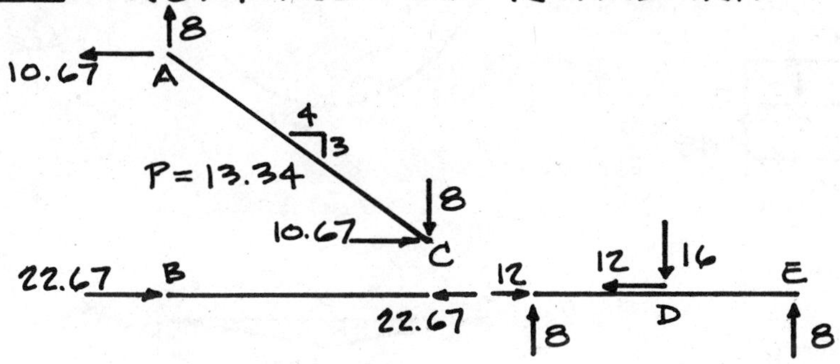

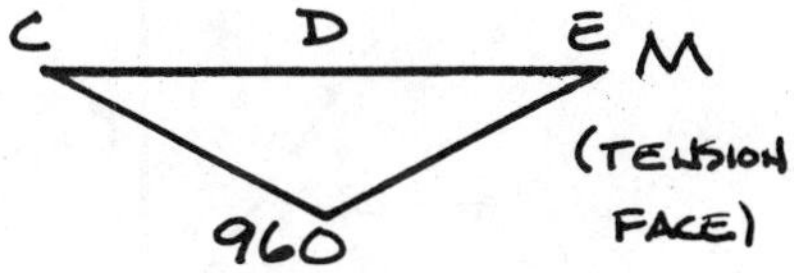

P = 13.34

(TENSION FACE)

7-21 (CONT)

a)

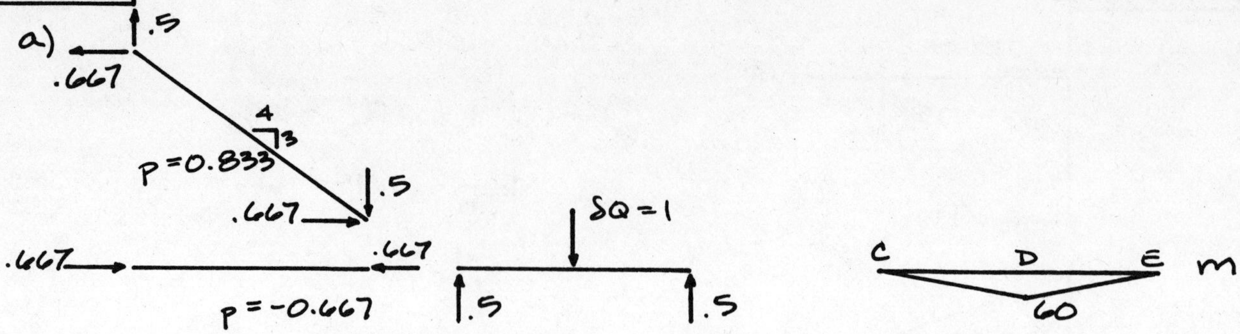

$$(1)(\Delta_{DV}) = \frac{(2)(960)(120)(\frac{1}{2})(40)}{(29 \times 10^3)(300)} + \frac{(-22.67)(-.667)(144) + (13.34)(.833)(180)}{(29 \times 10^3)(2)}$$

$$\underline{\underline{\Delta_{DV} = 0.60 \text{ IN.} \downarrow}}$$

b) * NO MOMENT

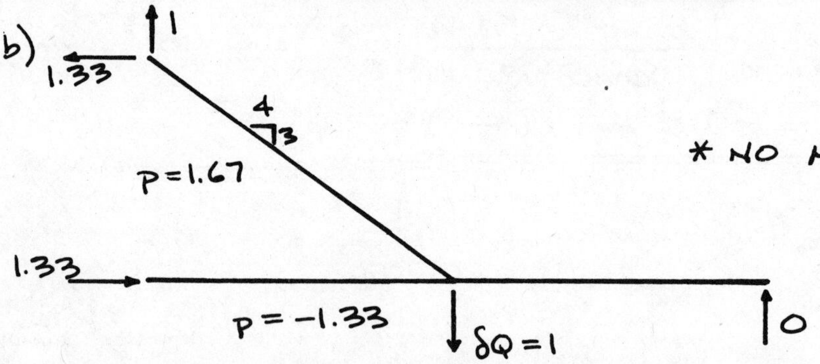

$$(1)(\Delta_{CV}) = \frac{(13.34)(1.67)(180) + (-22.67)(-1.33)(144)}{(29 \times 10^3)(2)}$$

$$\underline{\underline{\Delta_{CV} = 0.14 \text{ IN.} \downarrow}}$$

7-22

WORKING IN KN AND M:

a)

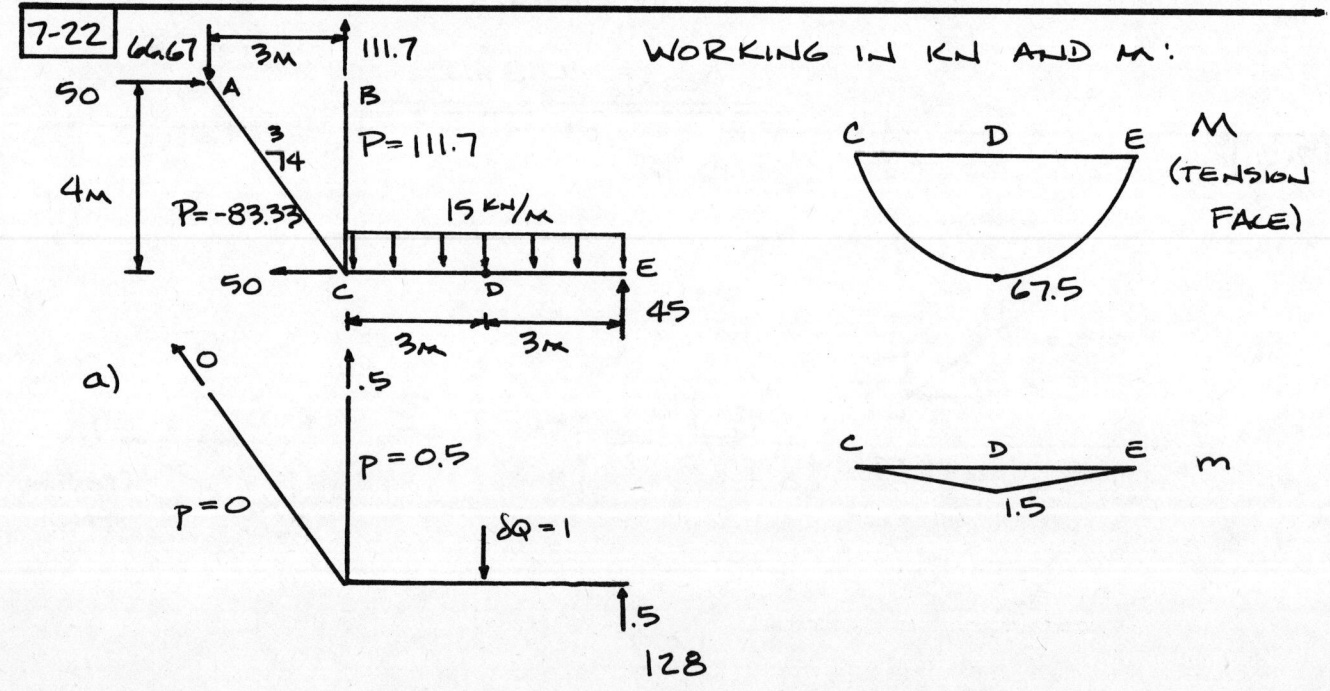

7-22 (CONT)

a) $(1)(\Delta_{DV}) = \dfrac{(2)(67.5)(3)(2/3)(0.938)}{(200\times10^6)(125\times10^{-6})} + \dfrac{(111.7)(.5)(4)}{(200\times10^6)(1.2\times10^{-3})}$

$$\Delta_{DV} = 1.11\times10^{-2}\,m = 11.1\,mm \downarrow$$

b)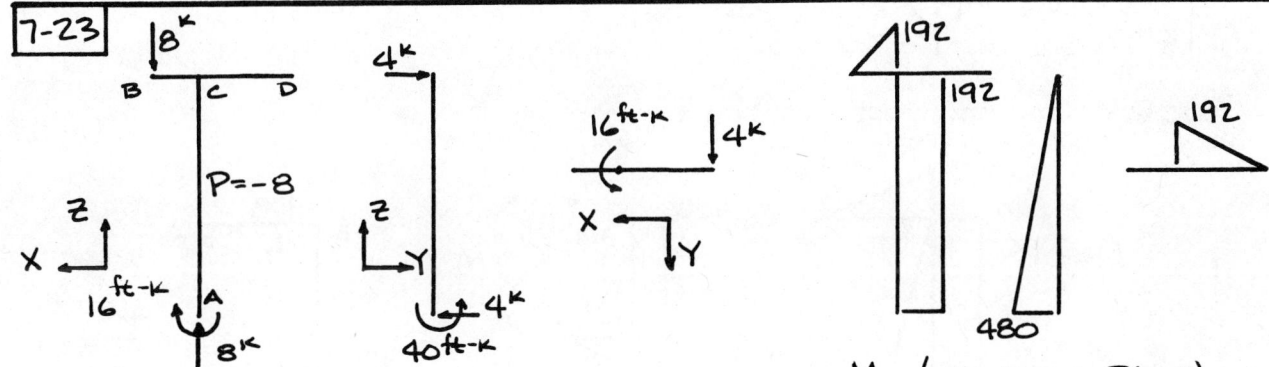

NOTE: NO P IN CE

$(1)(\Delta_{EH}) = \dfrac{(-83.33)(-1.67)(5) + (111.7)(1.33)(4)}{(200\times10^6)(1.2\times10^{-3})} = 5.4\times10^{-3}\,kN\text{-}m$

$$\Delta_{EH} = 5.4\,mm \leftarrow$$

7-23

M (TENSION FACE)
WORKING IN K AND IN.

a)

$(1)(\Delta_{BY}) = \dfrac{(480)(120)(\frac{1}{2})(80)}{(29\times10^3)(200)} + \dfrac{(192)(120)(-24)}{(11.2\times10^3)(400)}$

$$\Delta_{BY} = 0.27\,IN.$$

129

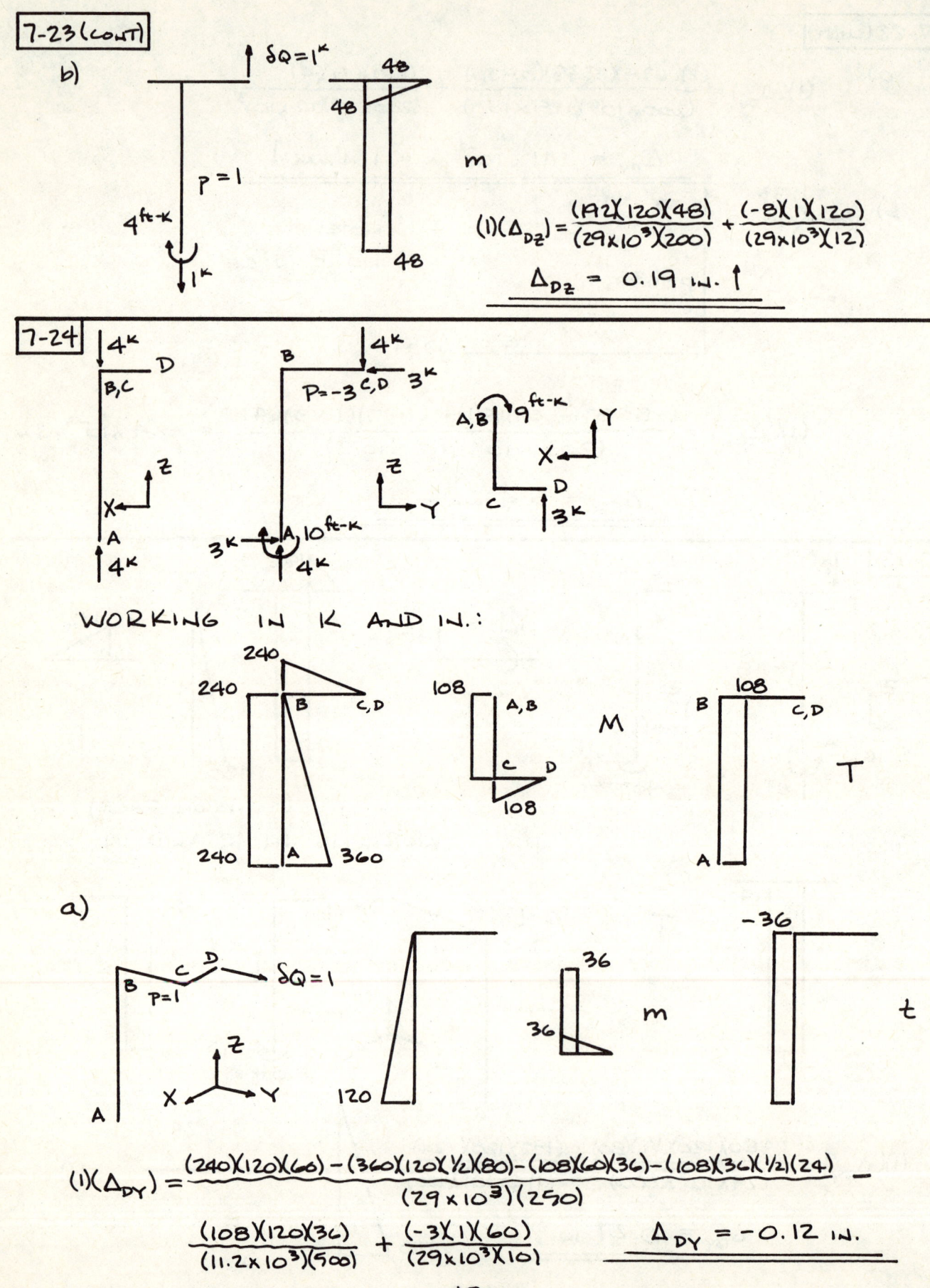

7-24 (CONT)

b)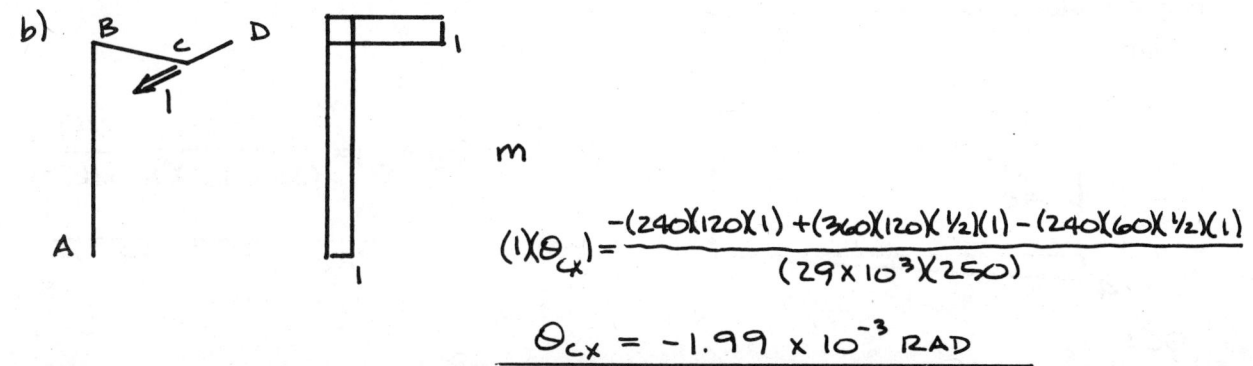

$$(1)(\theta_{cx}) = \frac{-(240)(120)(1) + (360)(120)(\frac{1}{2})(1) - (240)(60)(\frac{1}{2})(1)}{(29 \times 10^3)(250)}$$

$$\theta_{cx} = -1.99 \times 10^{-3} \text{ RAD}$$

7-25

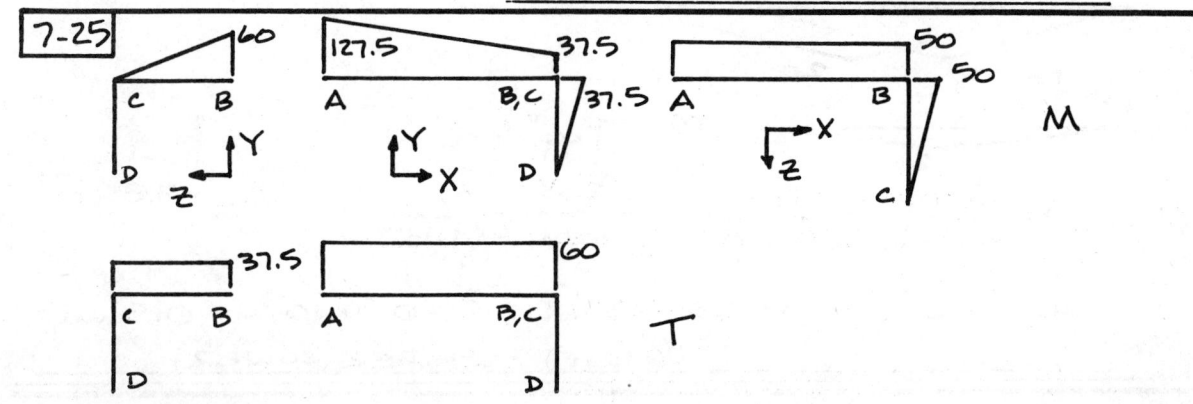

WORKING IN KN AND M:

a)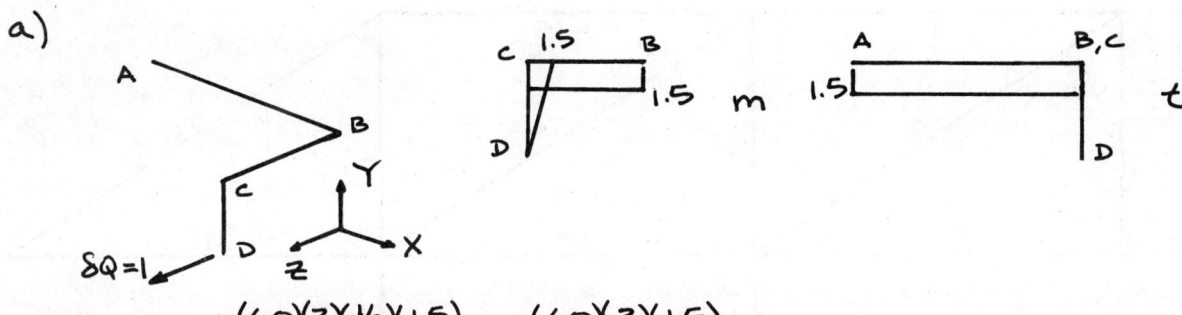

$$(1)(\Delta_{Dz}) = \frac{-(60)(2)(\frac{1}{2})(1.5)}{(200 \times 10^6)(200 \times 10^{-6})} + \frac{-(60)(3)(1.5)}{(80 \times 10^6)(400 \times 10^{-6})} = -10.7 \times 10^{-3} \text{ KN-M}$$

$$\Delta_{Dz} = -10.7 \text{ mm}$$

b)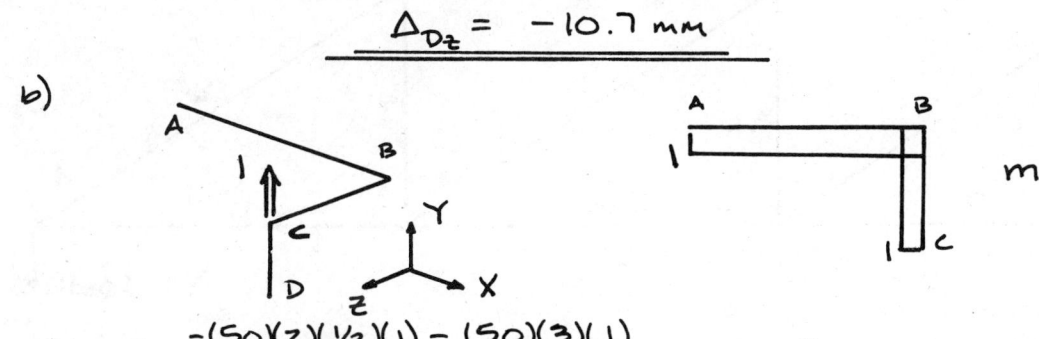

$$(1)(\theta_{cY}) = \frac{-(50)(2)(\frac{1}{2})(1) - (50)(3)(1)}{(200 \times 10^{-6})(200 \times 10^6)}$$

$$\theta_{cY} = -5.0 \times 10^{-3} \text{ RAD}$$

7-26

WORKING IN KN AND M:

AB:

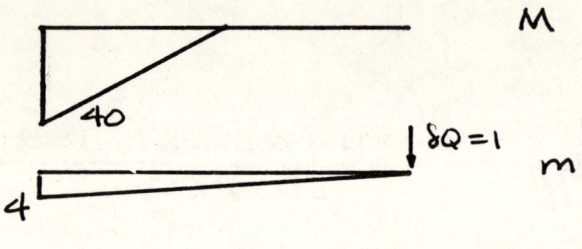

$$(1)(\Delta_{BV}) = \frac{(40)(2)(1/2)(3.33)}{(200\times10^6)(200\times10^{-6})}$$

$$\Delta_{BV} = 3.33 \times 10^{-3} \text{ m}$$

BC:

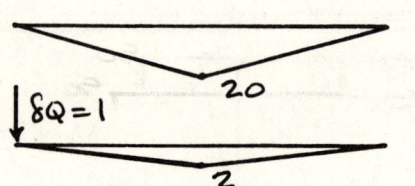

$P_{EC} = 20$

$P_{EC} = 2$

$$(1)(\Delta_{BV}) = \frac{(2)(20)(2)(1/2)(1.33)}{(200\times10^6)(200\times10^{-6})} + \frac{(20)(2)(5)}{(200\times10^6)(4\times10^{-4})}$$

$$\Delta_{BV} = 3.83 \times 10^{-3} \text{ m}$$

RELATIVE $\Delta_B = (3.83 - 3.33) \times 10^{-3} = 0.5 \times 10^{-3}$ m $= 0.5$ mm
(RIGHT MEMBER LOWER)

7-27

7-27 (CONT)

WORKING IN K AND IN.:

MEMBER	P	p	L	pPL
1	0	0	72	0
2	33.34	1.66	120	6640
3	-10	-1	72	720
4	16.66	1.66	120	3320
5	0	-1	72	0
6	0	1.66	120	0
7	13.33	2.67	96	3420
8	0	1.33	96	0
9	-40	-4	96	15360
10	-13.33	-2.67	96	3420
11	0	-1.33	96	0
				32880

$$(1)(\Delta_{AV}) = \frac{32880}{(29 \times 10^3)(2)} = 0.567 \text{ IN.} \downarrow$$

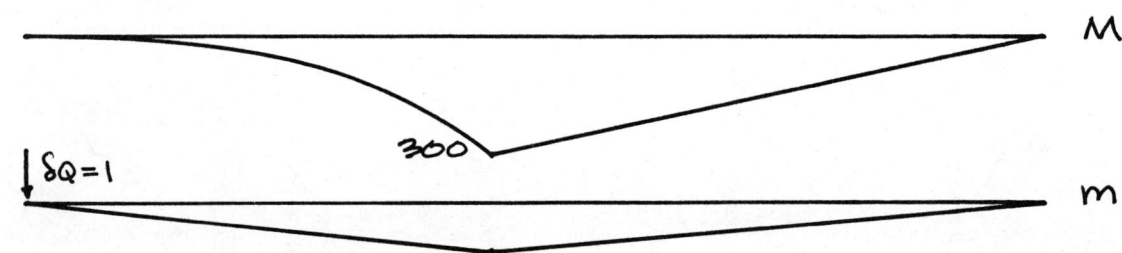

$$(1)(\Delta_{AV}) = \frac{(300)(120)(1/3)(90) + (300)(144)(1/2)(80)}{(29 \times 10^3)(150)} = 0.646 \text{ IN.} \downarrow$$

RELATIVE $\Delta_A = 0.646$ IN. $- 0.567$ IN. $= 0.079$ IN.
(BEAM IS LOWER)

7-28

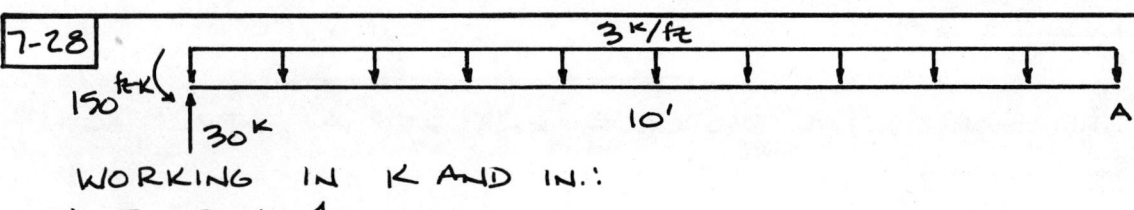

WORKING IN K AND IN.:

a) $I = 984 \text{ IN}^4$

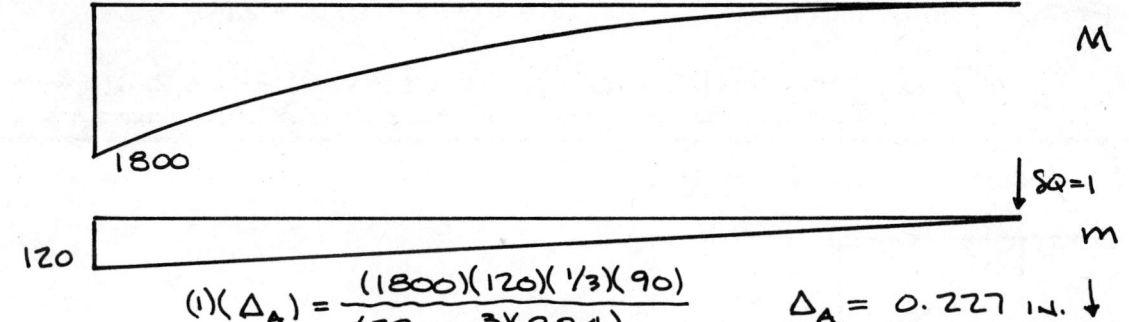

$$(1)(\Delta_A) = \frac{(1800)(120)(1/3)(90)}{(29 \times 10^3)(984)} \qquad \Delta_A = 0.227 \text{ IN.} \downarrow$$

7-28 (CONT)

b)

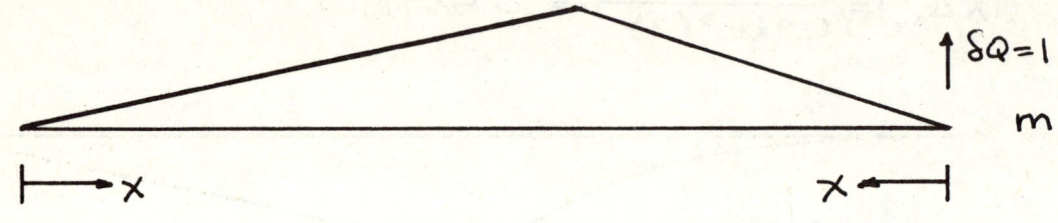

USING $A_{WEB} = d \times t_w = (20.83)(0.38) = 7.92 \text{ in}^2$

$(1)(\Delta_A) = \dfrac{(30)(120)(1)(1/2)}{(11.2 \times 10^3)(7.92)} (1)$ $\quad \underline{\underline{\Delta_A = 0.020 \text{ IN. } \downarrow}}$

7-29 WORKING IN K AND IN.:

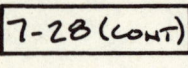

FOR EQN. (7-51):

$D = \dfrac{40-(-10)}{8.25} = 6.06$

$(1)(\Delta_{AV}) = (11.7 \times 10^{-6})(6.06)\left[\int_0^{192} 0.5x\, dx + \int_0^{96} x\, dx\right]$

$= (11.7 \times 10^{-6})(6.06)\left[0.25x^2\Big|_0^{192} + 0.5x^2\Big|_0^{96}\right]$

$= (11.7 \times 10^{-6})(6.06)(9216 + 4608)$

$\underline{\underline{\Delta_{AV} = 0.98 \text{ IN. } \uparrow}}$

FOR THE HORIZONTAL DISPLACEMENT AT "A", APPLY $\delta Q = 1$ TO THE RIGHT AT "A":

$p = 1$

FOR EQN. (7-49): $\quad C = (40-10)/2 - 21 = -6$

$\underline{\underline{\Delta_{AH} = (1)(11.7 \times 10^{-6})(-6)(288) = -0.02 \text{ IN. } \leftarrow}}$

7-30 WORKING IN K AND IN.:

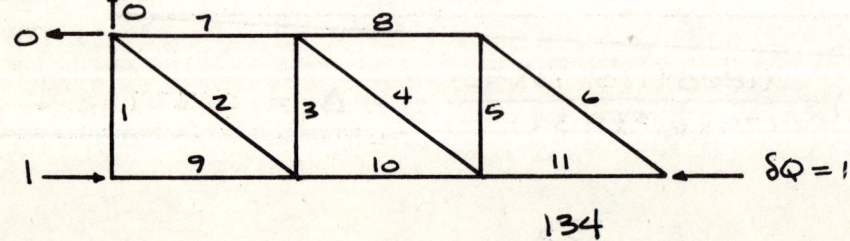

134

7-30 (CONT) FOR EQN. (7-49), $C = -(100-20) = -80$

MEMBER	P	L	PαCL
1	0		0
2	0		0
3	0		0
4	0		0
5	0		0
6	0		0
7	0		0
8	0		0
9	-1	96	0.0499
10	-1	96	0.0499
11	-1	96	0.0499
			0.150

$(1)(\Delta_{AT}) = 0.150 \qquad \Delta_{AT} = 0.15$ IN. ←

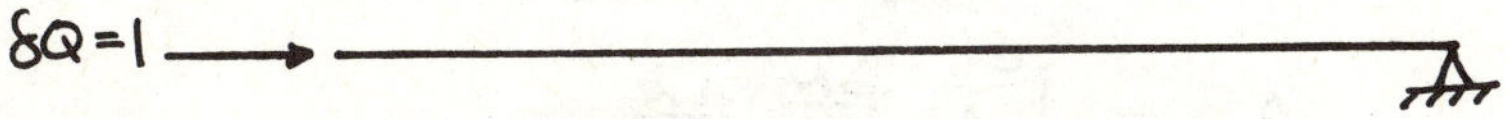

$\delta Q = 1 \longrightarrow$ ————————————⊿

$P = -1 \qquad L = 264$ IN.

$(1)(\Delta_{AB}) = (-1)(6.5 \times 10^{-6})(-80)(264)$

$\Delta_{AB} = 0.14$ IN. →

RELATIVE $\Delta_{AH} = 0.15 + 0.14 = 0.29$ IN. (SEPARATION)

7-31

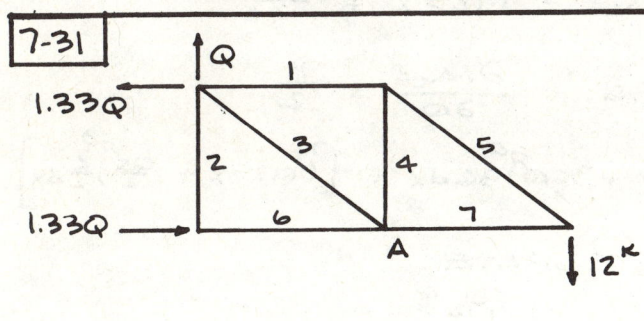

WORKING IN K AND IN.:
APPLY A DOWNWARD FORCE Q AT "A" —

MEMBER	P	$\frac{\partial P}{\partial Q}$	L	$P\frac{\partial P}{\partial Q}L$
1	16	0	96	0
2	0	0	72	0
3	20+1.67Q	1.67	120	4008+335Q
4	-12	0	72	0
5	20	0	120	0
6	-32-1.33Q	-1.33	96	4086+170Q
7	-16	0	96	0
				8094+505Q

$\Delta_{AV} = \frac{1}{EA} \sum_{i=1}^{7} P_i \frac{\partial P}{\partial Q} L_i$

SETTING Q=0: $\Delta_{AV} = \frac{8094}{(29 \times 10^3)(2)}$

$\Delta_{AV} = 0.14$ IN. ↓

7-32

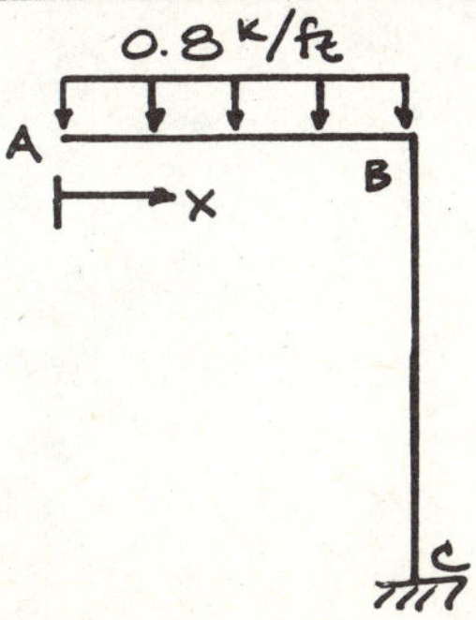

WORKING IN K AND IN.:
APPLY A DOWNWARD FORCE Q AT "A" —

$\Delta_{AV} = \int_0^L M \frac{\partial M}{\partial Q} \frac{dx}{EI}$

$M_{AB} = (0.0667)(x)(x/2) + Qx$

$M_{BC} = 480 + 120Q$

7-32 (CONT)

$$\frac{\partial M_{AB}}{\partial Q} = x \qquad \frac{\partial M_{BC}}{\partial Q} = 120$$

$$\Delta_{AV} = \frac{1}{(29 \times 10^3)(300)} \int_0^{120} (0.0667(x^2/2) + Qx) x \, dx +$$

$$\frac{1}{(29 \times 10^3)(400)} \int_0^{144} (480 + 120Q)(120) \, dx$$

$$\Delta_{AV} = 1.15 \times 10^{-7} \int_0^{120} (0.0333 x^3 + \cancel{Q}x^2) \, dx + 8.62 \times 10^{-8} \int_0^{144} (57600 + 14400\cancel{Q}) \, dx$$

SET Q=0 AND INTEGRATE:

$$\underline{\underline{\Delta_{AV} = 0.20 + 0.71 = 0.91 \text{ in.} \downarrow}}$$

7-33

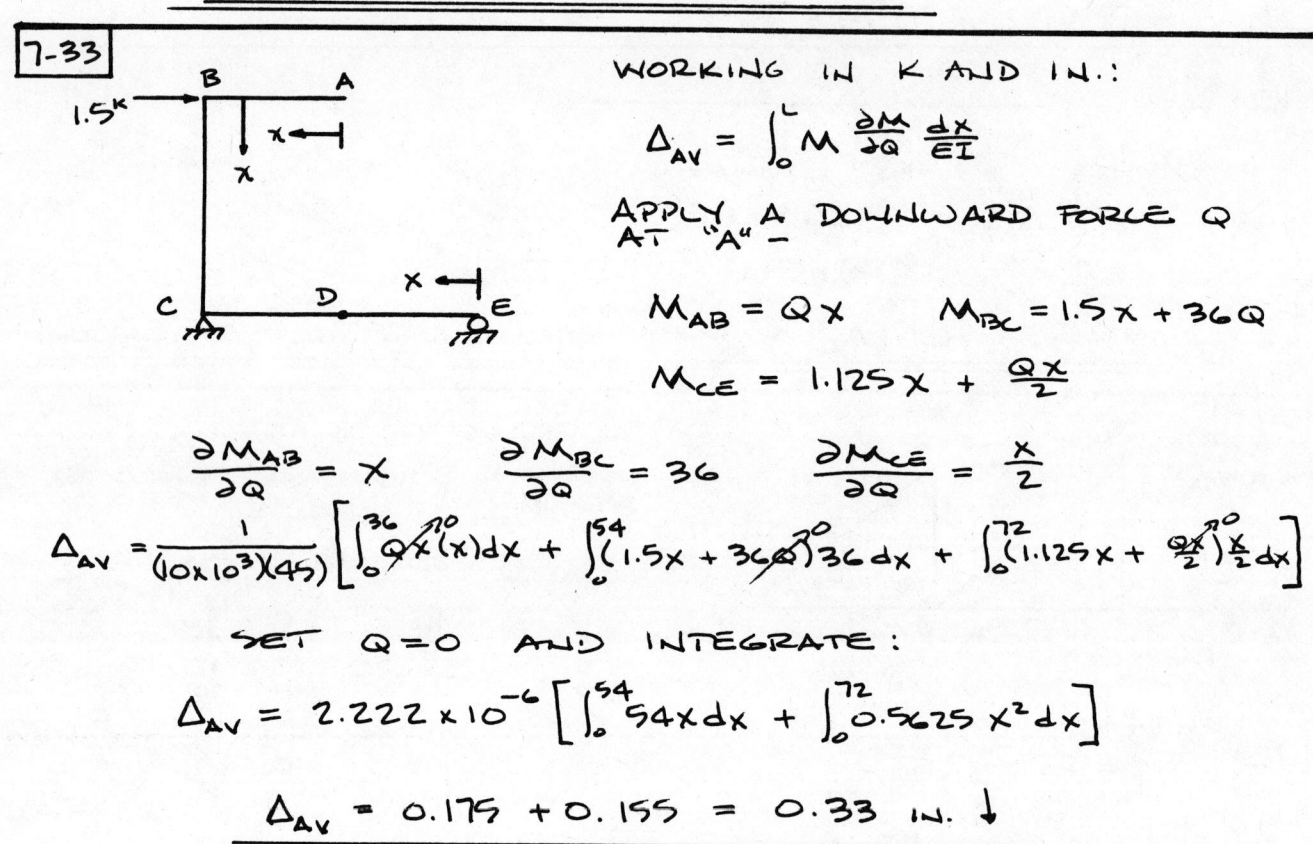

WORKING IN K AND IN.:

$$\Delta_{AV} = \int_0^L M \frac{\partial M}{\partial Q} \frac{dx}{EI}$$

APPLY A DOWNWARD FORCE Q AT "A" —

$$M_{AB} = Qx \qquad M_{BC} = 1.5x + 36Q$$

$$M_{CE} = 1.125x + \frac{Qx}{2}$$

$$\frac{\partial M_{AB}}{\partial Q} = x \qquad \frac{\partial M_{BC}}{\partial Q} = 36 \qquad \frac{\partial M_{CE}}{\partial Q} = \frac{x}{2}$$

$$\Delta_{AV} = \frac{1}{(10 \times 10^3)(45)} \left[\int_0^{36} \cancel{Q}x(x) \, dx + \int_0^{54} (1.5x + 36\cancel{Q}) 36 \, dx + \int_0^{72} (1.125x + \cancel{\frac{Qx}{2}}) \frac{x}{2} \, dx \right]$$

SET Q=0 AND INTEGRATE:

$$\Delta_{AV} = 2.222 \times 10^{-6} \left[\int_0^{54} 54x \, dx + \int_0^{72} 0.5625 x^2 \, dx \right]$$

$$\underline{\underline{\Delta_{AV} = 0.175 + 0.155 = 0.33 \text{ in.} \downarrow}}$$

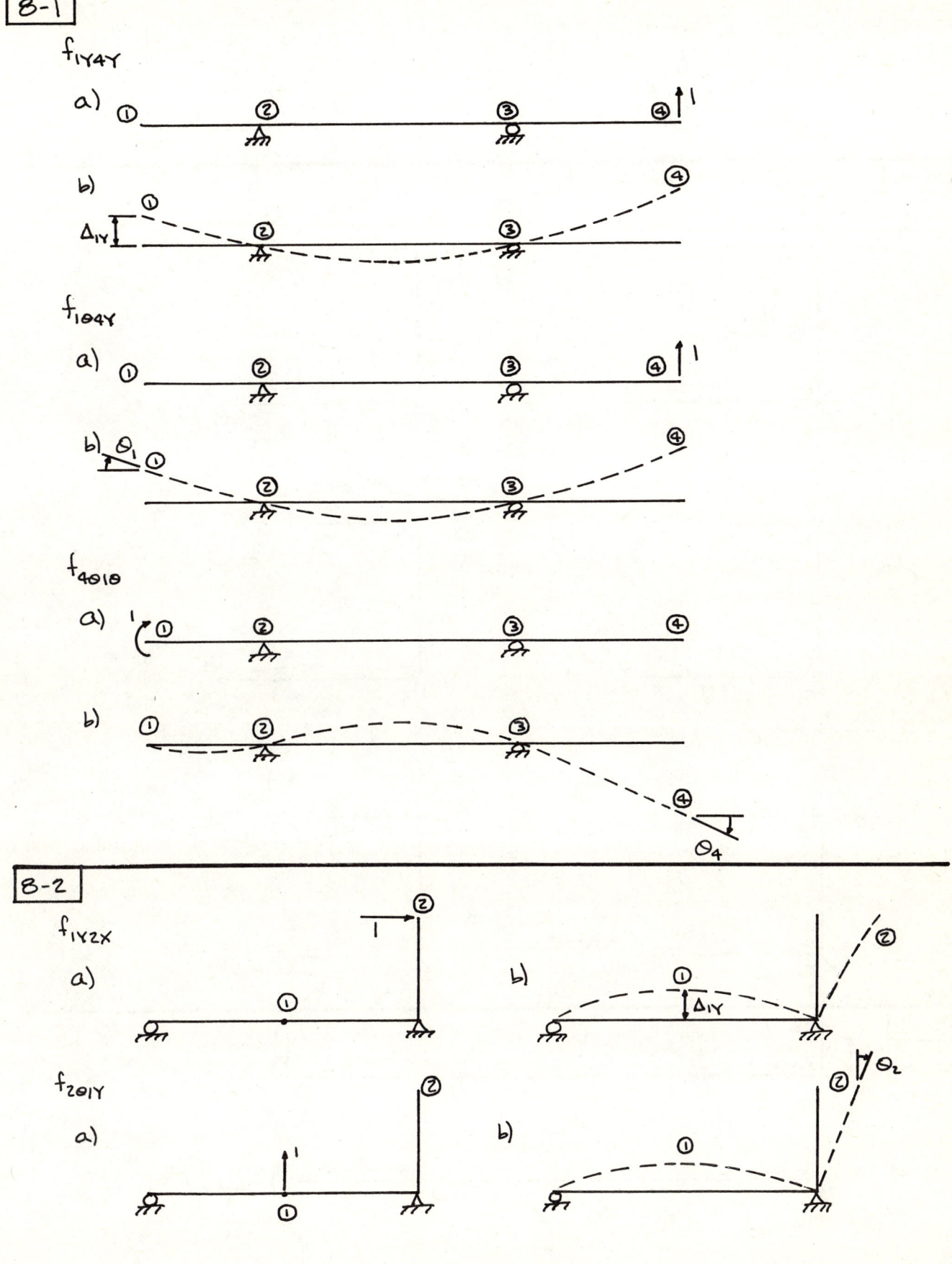

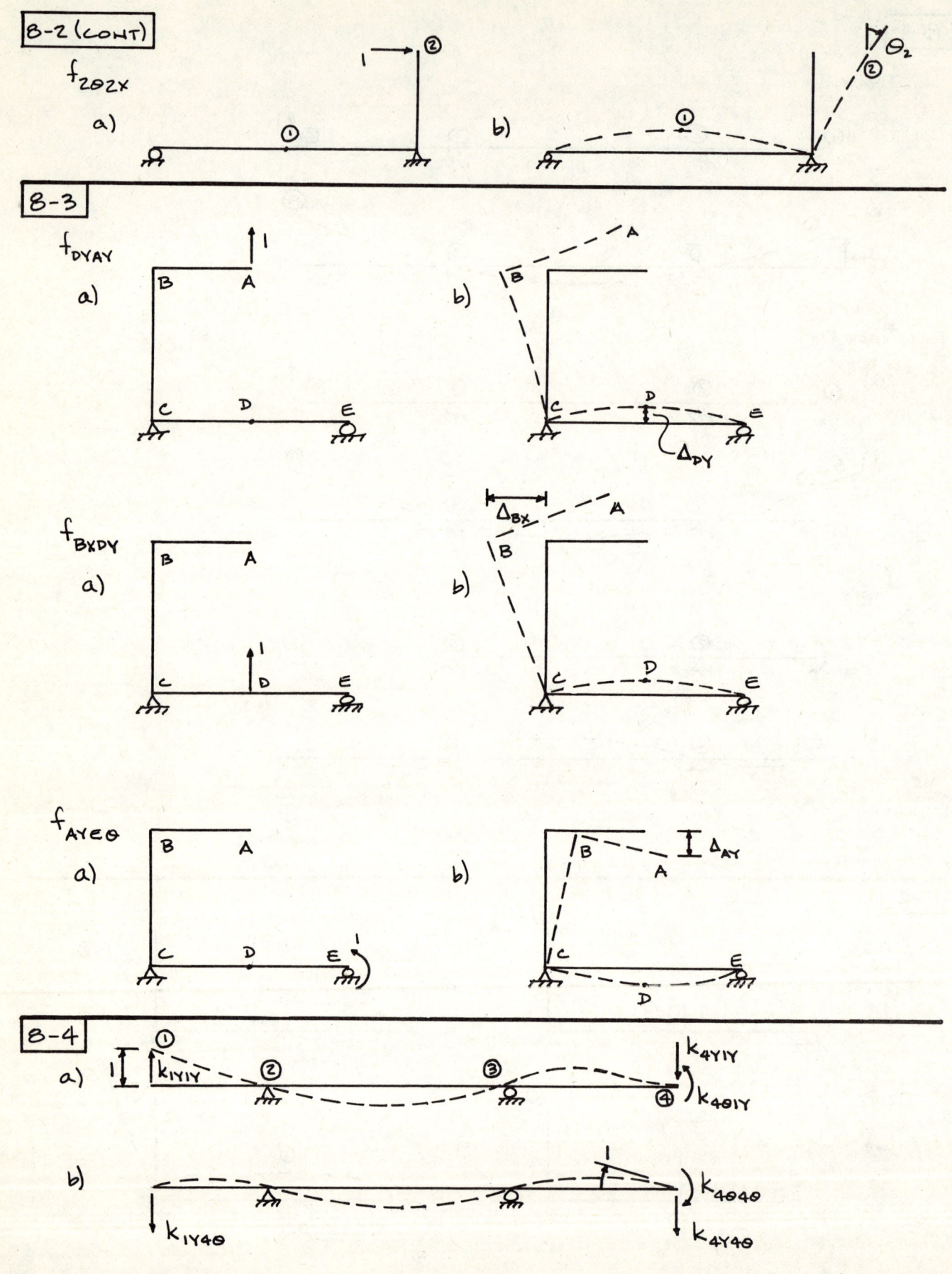

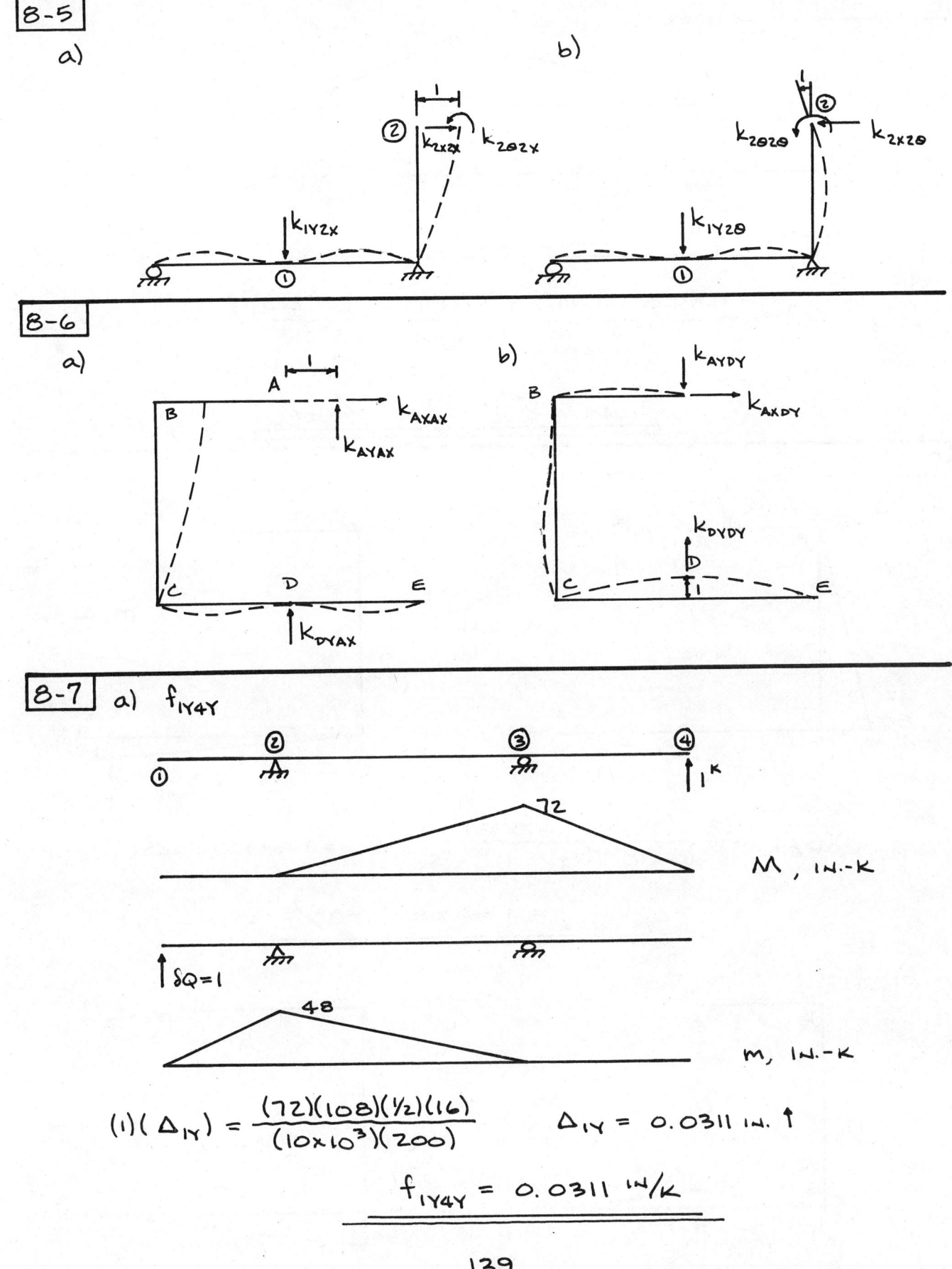

8-7 (CONT) b) $f_{10\theta Y}$

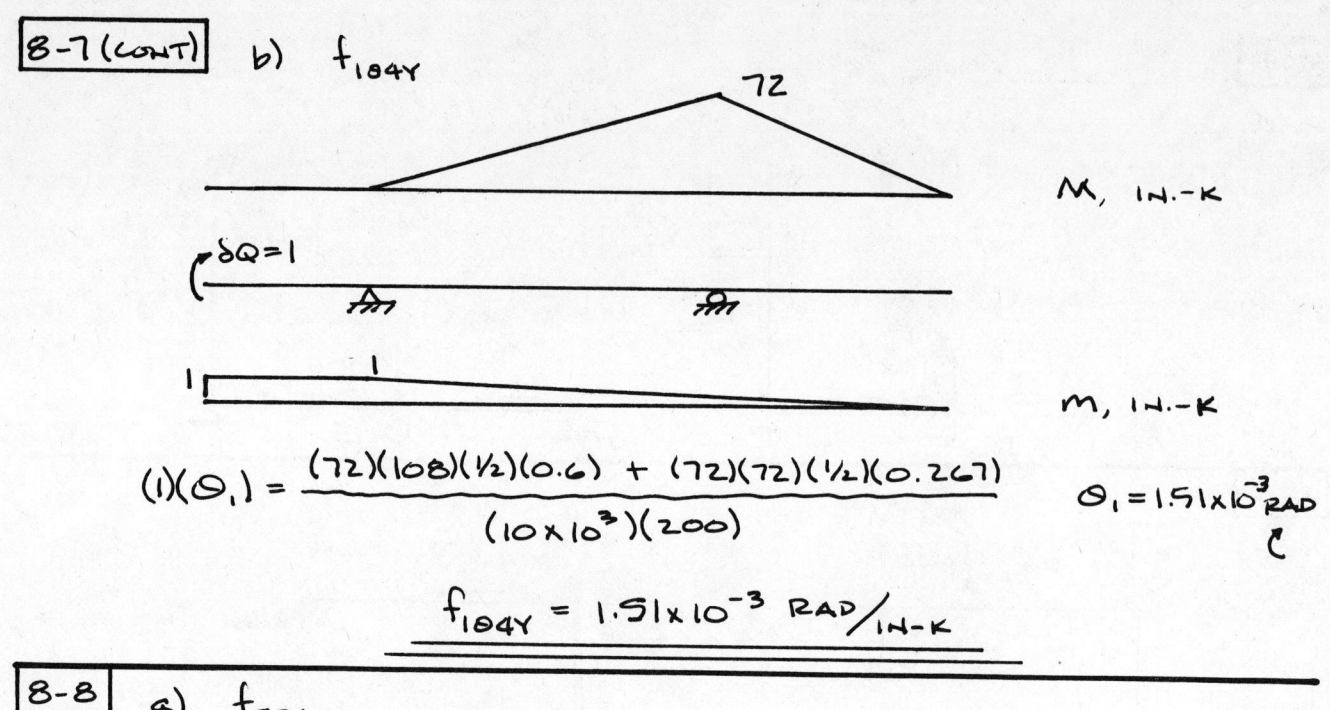

$$(1)(\theta_1) = \frac{(72)(108)(1/2)(0.6) + (72)(72)(1/2)(0.267)}{(10 \times 10^3)(200)} \quad \theta_1 = 1.51 \times 10^{-3} \text{ RAD}$$

$$\underline{\underline{f_{10\theta Y} = 1.51 \times 10^{-3} \text{ RAD/IN-K}}}$$

8-8 a) $f_{E\theta AX}$

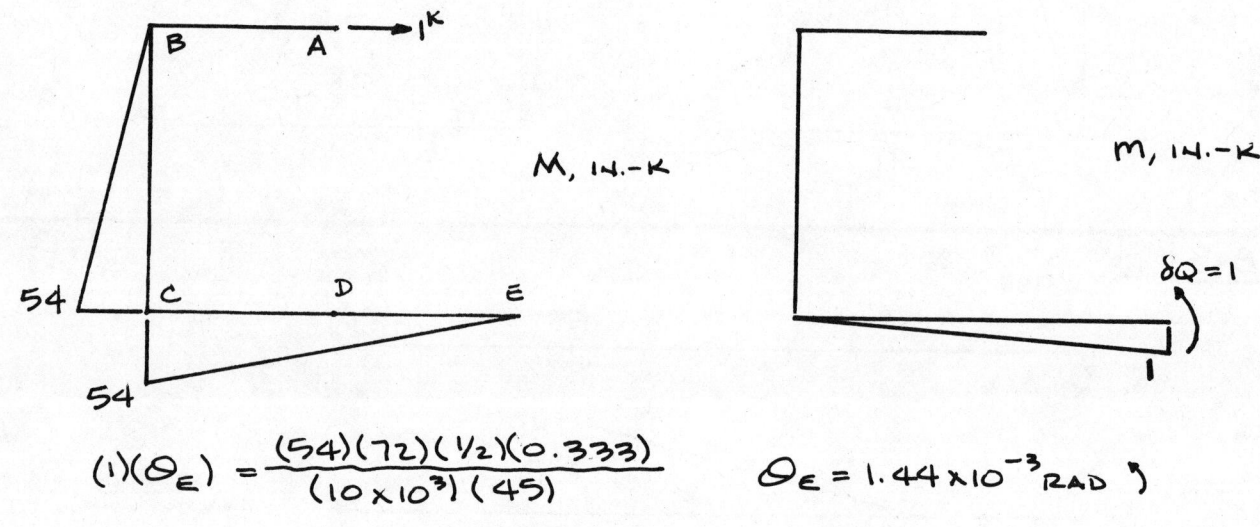

$$(1)(\theta_E) = \frac{(54)(72)(1/2)(0.333)}{(10 \times 10^3)(45)} \quad \theta_E = 1.44 \times 10^{-3} \text{ RAD}$$

$$\underline{\underline{f_{E\theta AX} = 1.44 \times 10^{-3} \text{ RAD/K}}}$$

b) f_{AXDY}

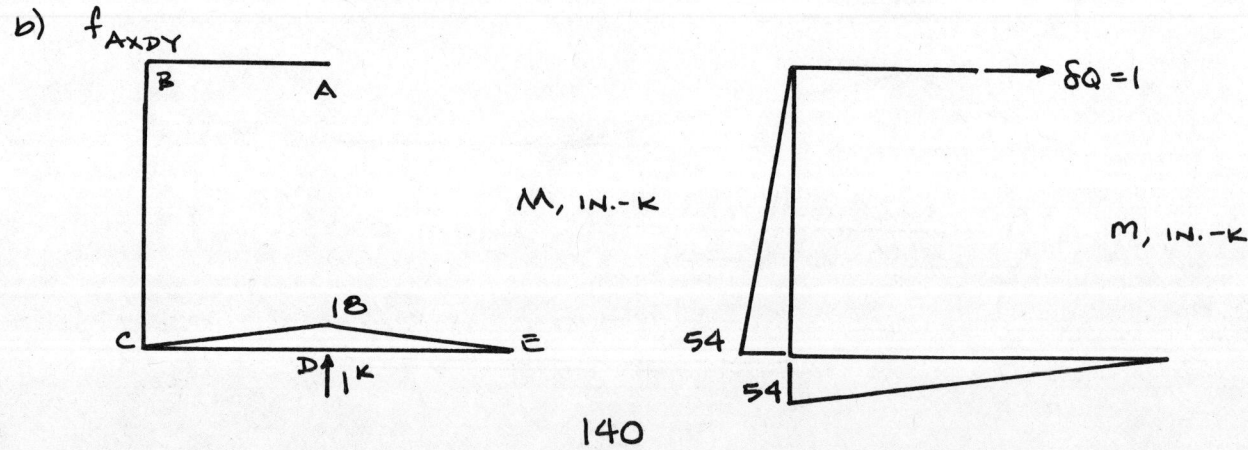

8-8 (CONT)

$$(1)(\Delta_{Ax}) = \frac{(18)(36)(1/2)(-36) + (18)(36)(1/2)(-18)}{(10\times 10^3)(45)}$$

$$\Delta_{Ax} = -0.0389 \text{ in.} (\leftarrow) \qquad \underline{\underline{f_{AxDy} = -0.039 \text{ in/k}}}$$

8-9

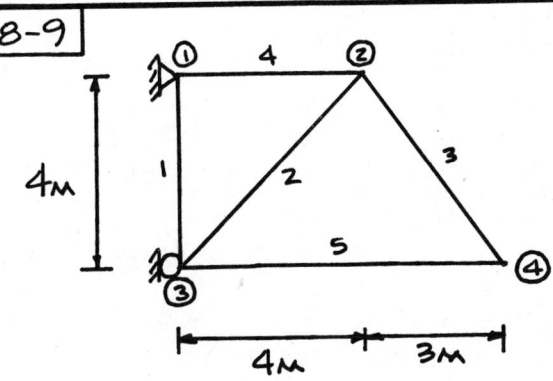

WORKING IN kN AND m.

a) f_{3Y4Y}: Q=1 AT ④ IN Y DIRECTION, δQ=1 AT ③ IN Y DIRECTION.

MEMBER	P	P	L	PPL
1	-1	-1	4	4
2	1.41	0	5.66	0
3	-1.25	0	5	0
4	-1.75	0	4	0
5	0.75	0	7	0
				4

$$(1)(\Delta_{3Y}) = \frac{4}{(200\times 10^6)(3\times 10^{-3})} \qquad \Delta_{3Y} = 6.667\times 10^{-6} \text{ m}$$

$$\underline{\underline{f_{3Y4Y} = 6.667\times 10^{-3} \text{ mm/kN}}}$$

b) f_{2X3Y}: Q=1 AT ③ IN Y DIRECTION, δQ=1 AT ② IN X DIRECTION.

MEMBER	P	P
1	0	-1
2	0	0
3	0	0
4	1	0
5	0	0

BY INSPECTION,

$$\underline{\underline{f_{2X3Y} = 0}}$$

8-10

P=P=1 at A; B top; P=P=0.707 (left, D, 45°); P=P=-0.707 (right, C, 45°); Q=δQ=1 kN

f_{AxAx}:

$$\delta W_I = \sum \frac{PP}{k}$$

$$(1)(\Delta_{Ax}) = \frac{1}{10}\left[(1)^2 + 2(0.707)^2\right]$$

$$\Delta_{Ax} = 0.2 \text{ mm} \rightarrow \qquad \underline{\underline{f_{AxAx} = 0.2 \text{ mm/kN}}}$$

8-11 a)

$$k_1 D + k_2 D = Q$$
$$(k_1 + k_2) D = Q$$
$$[k] = [k_1 + k_2]$$
$$[f] = \left[\frac{1}{k_1 + k_2}\right]$$

b)

$$\frac{Q}{k_1} + \frac{Q}{k_2} = D$$
$$\left(\frac{1}{k_1} + \frac{1}{k_2}\right) Q = D$$
$$[f] = \left[\frac{1}{k_1} + \frac{1}{k_2}\right] = \left[\frac{k_1 + k_2}{k_1 k_2}\right] \qquad [k] = \left[\frac{k_1 k_2}{k_1 + k_2}\right]$$

c)

$$\frac{Q}{k_1 + k_2} + \frac{Q}{k_3} = D$$
$$\left(\frac{1}{k_1 + k_2} + \frac{1}{k_3}\right) Q = D$$
$$[f] = \left[\frac{k_1 + k_2 + k_3}{k_3 (k_1 + k_2)}\right] \qquad [k] = \left[\frac{k_3 (k_1 + k_2)}{k_1 + k_2 + k_3}\right]$$

8-12 $[f]$:

$$\begin{Bmatrix} D_{1Y} \\ D_{2\theta} \end{Bmatrix} = \begin{bmatrix} f_{1Y1Y} & f_{1Y2\theta} \\ f_{2\theta 1Y} & f_{2\theta 2\theta} \end{bmatrix} \begin{Bmatrix} Q_{1Y} \\ Q_{2\theta} \end{Bmatrix}$$

USING MOMENT AREA:

f_{1Y1Y}:

$$f_{1Y1Y} = t_{13} = \frac{(\frac{1}{2})(0.5L)(0.5L)(\frac{2}{3})(0.5L)}{EI}$$
$$= 0.0417 L^3 / EI$$

8-12 (CONT)

$f_{2\theta 1Y} = f_{1Y2\theta}$:

$$f_{2\theta 1Y} = \theta_2 - \theta_3^{\to 0} = \frac{(1/2)(0.5L)(0.5L)}{EI}$$
$$= 0.1250 L^2 / EI$$

$f_{2\theta 2\theta}$:

$$f_{2\theta 2\theta} = \theta_2 - \theta_3^{\to 0} = \frac{(L)(1.0)}{EI}$$
$$= L/EI$$

$$[f] = \frac{L}{EI}\begin{bmatrix} 0.0417 L^2 & 0.1250 L \\ 0.1250 L & 1.0 \end{bmatrix}$$

$$[k] = [f]^{-1} = \frac{EI}{L^3}\begin{bmatrix} 38.35 & -4.79L \\ -4.79L & 1.60 L^2 \end{bmatrix}$$

8-13

$[f]$:
$$\begin{Bmatrix} D_{1\theta} \\ D_{2Y} \end{Bmatrix} = \begin{bmatrix} f_{1\theta 1\theta} & f_{1\theta 2Y} \\ f_{2Y 1\theta} & f_{2Y 2Y} \end{bmatrix} \begin{Bmatrix} Q_{1\theta} \\ Q_{2Y} \end{Bmatrix}$$

USING VIRTUAL WORK:

$f_{1\theta 1\theta}$:   M AND m

$$f_{1\theta 1\theta} = \frac{[(1/2)(0.3L)(0.3)(2/3)(0.3) + (1/2)(0.7L)(0.7)(2/3)(0.7)]}{EI}$$
$$= 0.123 L / EI$$

$f_{1\theta 2Y} = f_{2Y 1\theta}$:   M   m

$$f_{1\theta 2Y} = [(1/2)(0.3L)(0.09L)(2/3)(0.3) + (0.4L)(0.09L)(0.5) + (1/2)(0.4L)(0.12L)(0.433) +$$
$$(1/2)(0.3L)(0.21L)(0.2)] / EI$$

$$= 0.032 L^2 / EI$$

8-13 (CONT)

f_{2Y2Y}:

$\delta Q = Q = 1$, 0.21L, M AND m

$$f_{2Y2Y} = \frac{[(1/2)(0.7L)(0.21L)(2/3)(0.21L) + (1/2)(0.3L)(0.21L)(2/3)(0.21L)]}{EI}$$

$$= 0.015 L^3 / EI$$

$$[f] = \frac{L}{EI}\begin{bmatrix} 0.123 & 0.032L \\ 0.032L & 0.015L^2 \end{bmatrix}$$

$$[k] = [f]^{-1} = \frac{EI}{L^3}\begin{bmatrix} 18.3L^2 & -39.0L \\ -39.0L & 149.8 \end{bmatrix}$$

8-14 EQN. (8-18):

$$\begin{Bmatrix} M_1 \\ V_1 \\ M_2 \\ V_2 \end{Bmatrix} = \frac{2EI}{L^3}\begin{bmatrix} 2L^2 & -3L & L^2 & 3L \\ -3L & 6 & -3L & -6 \\ L^2 & -3L & 2L^2 & 3L \\ 3L & -6 & 3L & 6 \end{bmatrix}\begin{Bmatrix} \phi_1 \\ \eta_1 \\ \phi_2 \\ \eta_2 \end{Bmatrix}$$

a) [beam with pin at ①, roller at ②, length L]   a) ϕ_2

b) $\begin{Bmatrix} M_1 \\ V_1 \\ M_2 \\ V_2 \end{Bmatrix} = \frac{2EI}{L^3}\begin{bmatrix} & & L^2 & \\ & & -3L & \\ & & 2L^2 & \\ & & 3L & \end{bmatrix}$

$M_1 = \left(\frac{2EI}{L}\right)\phi_2$
$V_1 = \left(\frac{-6EI}{L^2}\right)\phi_2$
$M_2 = \left(\frac{4EI}{L}\right)\phi_2$
$V_2 = \left(\frac{6EI}{L}\right)\phi_2$

b) [beam fixed at ①, fixed at ②, length L]   a) η_1

b) $\begin{Bmatrix} M_1 \\ V_1 \\ M_2 \\ V_2 \end{Bmatrix} = \frac{2EI}{L^3}\begin{bmatrix} -3L \\ 6 \\ -3L \\ -6 \end{bmatrix}$

$M_1 = \left(\frac{-6EI}{L^2}\right)\eta_1$
$V_1 = \left(\frac{12EI}{L^3}\right)\eta_1$
$M_2 = \left(\frac{-6EI}{L^2}\right)\eta_1$
$V_2 = \left(\frac{-12EI}{L^3}\right)\eta_1$

8-14 (CONT)

c) ① ———L——— ②   a) ϕ_1, ϕ_2

b) $\begin{Bmatrix} M_1 \\ V_1 \\ M_2 \\ V_2 \end{Bmatrix} = \dfrac{2EI}{L^3} \begin{bmatrix} 2L^2 & L^2 \\ -3L & -3L \\ L^2 & 2L^2 \\ 3L & 3L \end{bmatrix} \begin{Bmatrix} \phi_1 \\ 0 \\ \phi_2 \\ 0 \end{Bmatrix}$

$M_1 = \left(\dfrac{4EI}{L}\right)\phi_1 + \left(\dfrac{2EI}{L}\right)\phi_2 = \dfrac{2EI}{L}(2\phi_1 + \phi_2)$

$V_1 = \left(-\dfrac{6EI}{L^2}\right)\phi_1 + \left(-\dfrac{6EI}{L^2}\right)\phi_2 = -\dfrac{6EI}{L^2}(\phi_1 + \phi_2)$

$M_2 = \left(\dfrac{2EI}{L}\right)\phi_1 + \left(\dfrac{4EI}{L}\right)\phi_2 = \dfrac{2EI}{L}(\phi_1 + 2\phi_2)$

$V_2 = \dfrac{6EI}{L^2}(\phi_1 + \phi_2)$

8-15

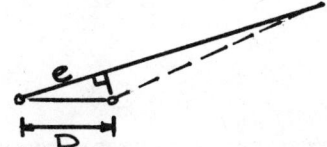

a) $e = D\cos\omega$

$P = \dfrac{EA}{L}e \qquad \underline{P = \dfrac{EA}{L}(\cos\omega)D}$

b) AT ①:

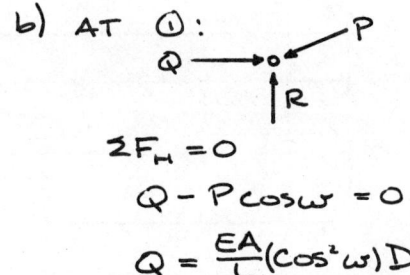

$\Sigma F_H = 0$

$Q - P\cos\omega = 0$

$\underline{Q = \dfrac{EA}{L}(\cos^2\omega)D}$

8-16

a) $e = D\sin\omega$

$P = \dfrac{EA}{L}e \qquad \underline{P = \dfrac{EA}{L}(\sin\omega)D}$

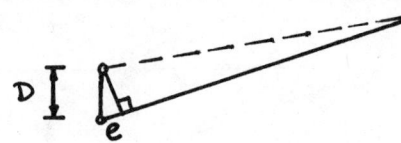

b) AT ①:

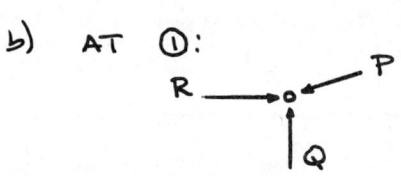

$\Sigma F_V = 0$

$Q - P\sin\omega = 0$

$\underline{Q = \dfrac{EA}{L}(\sin^2\omega)D}$

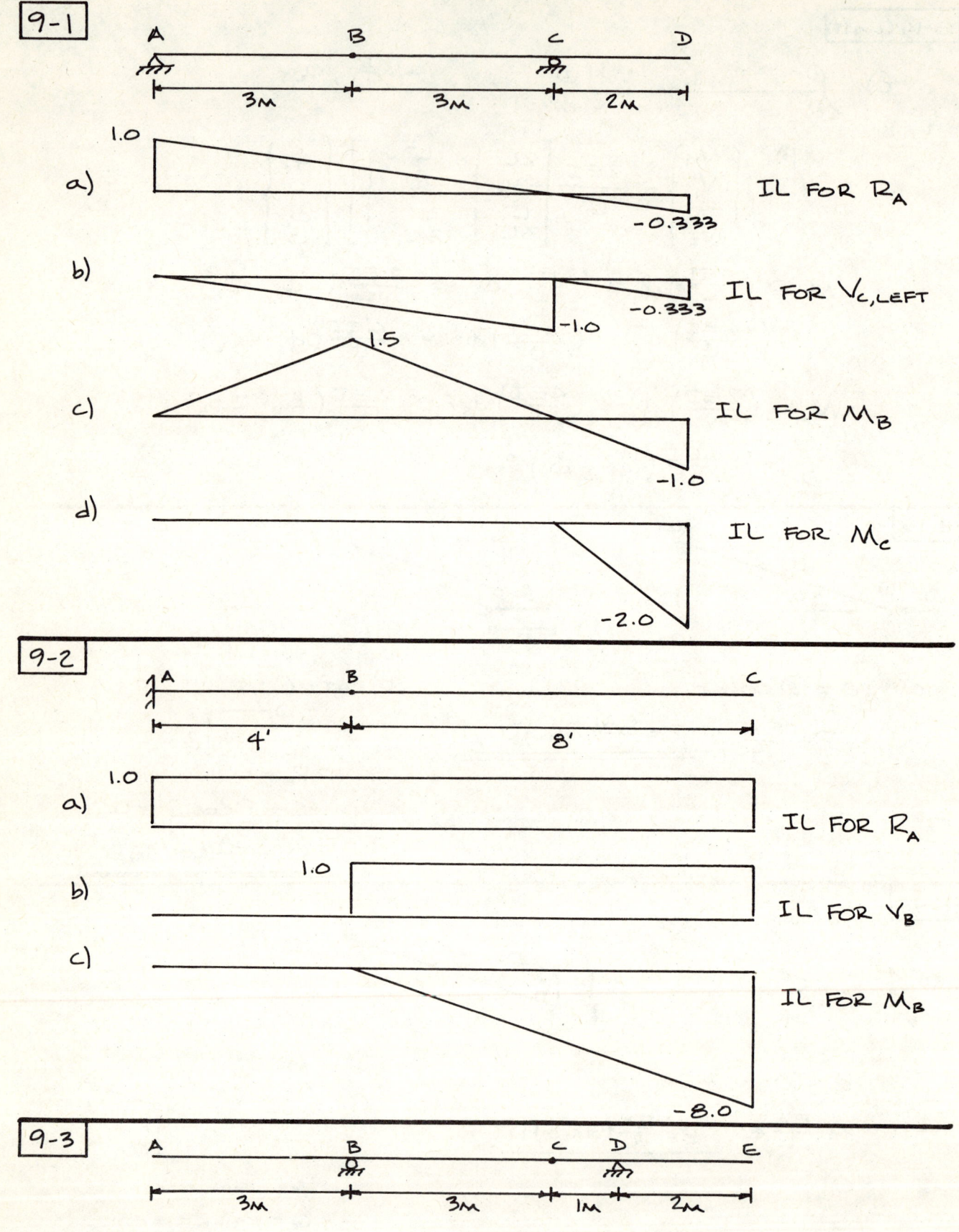

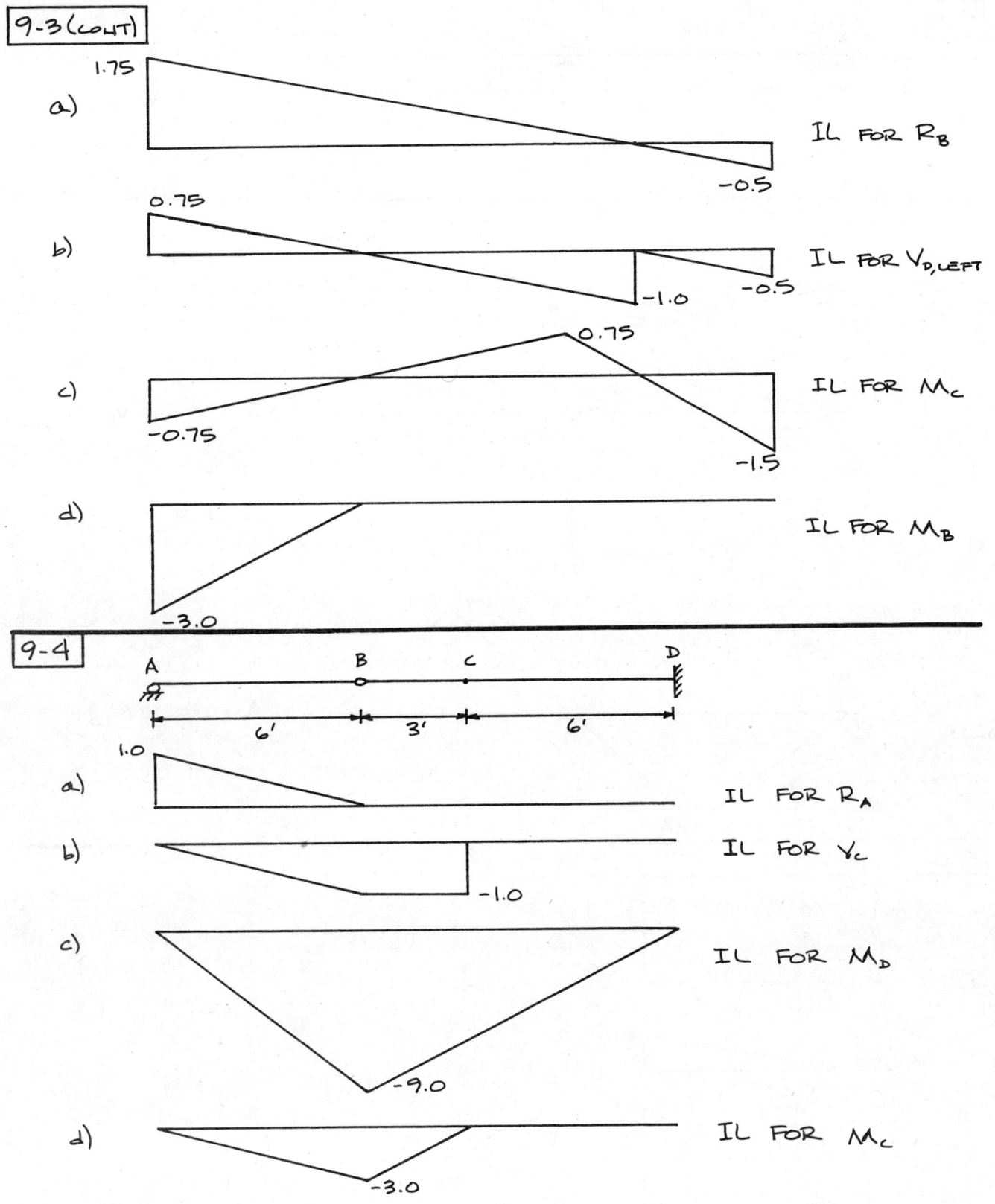

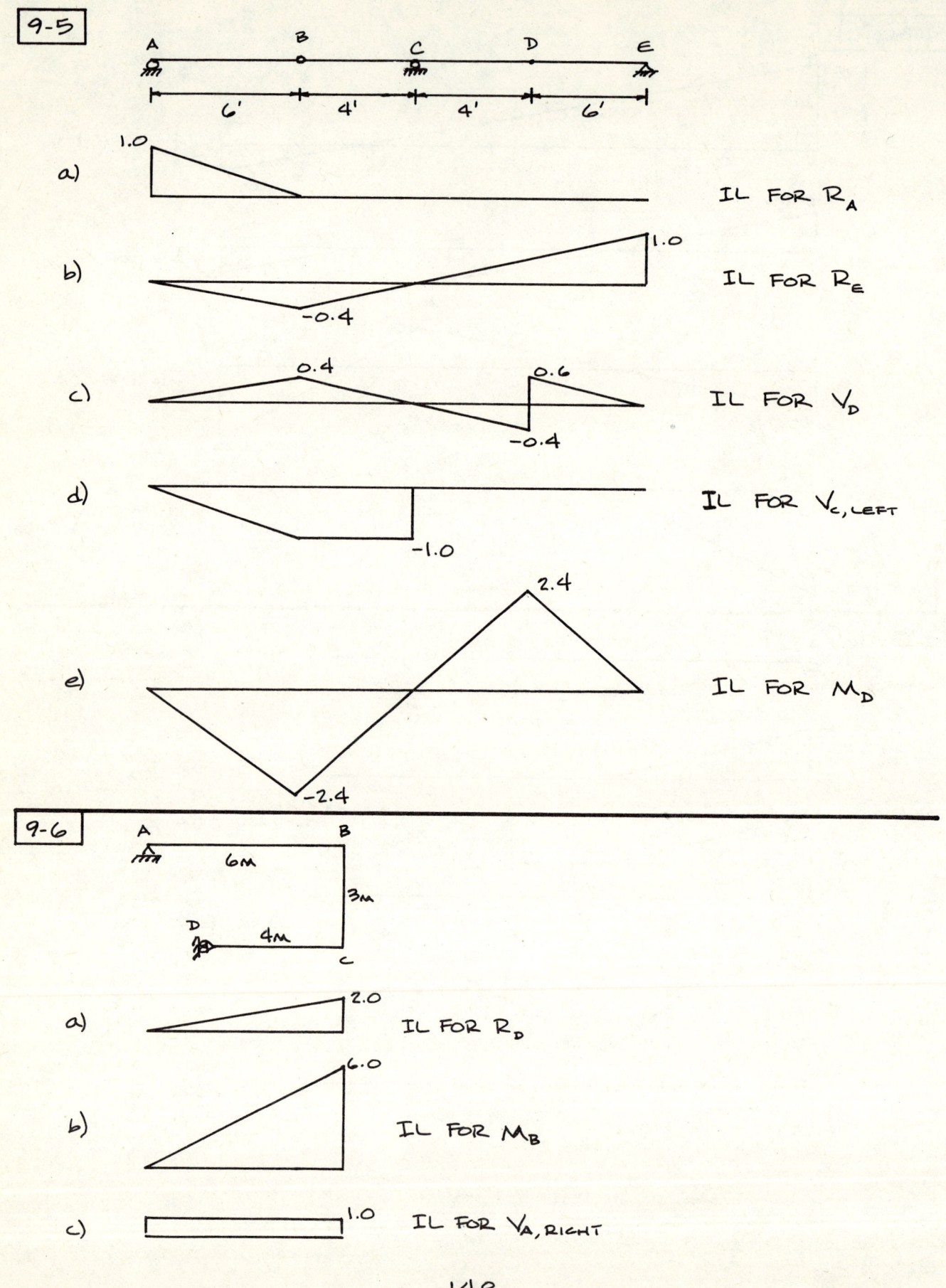

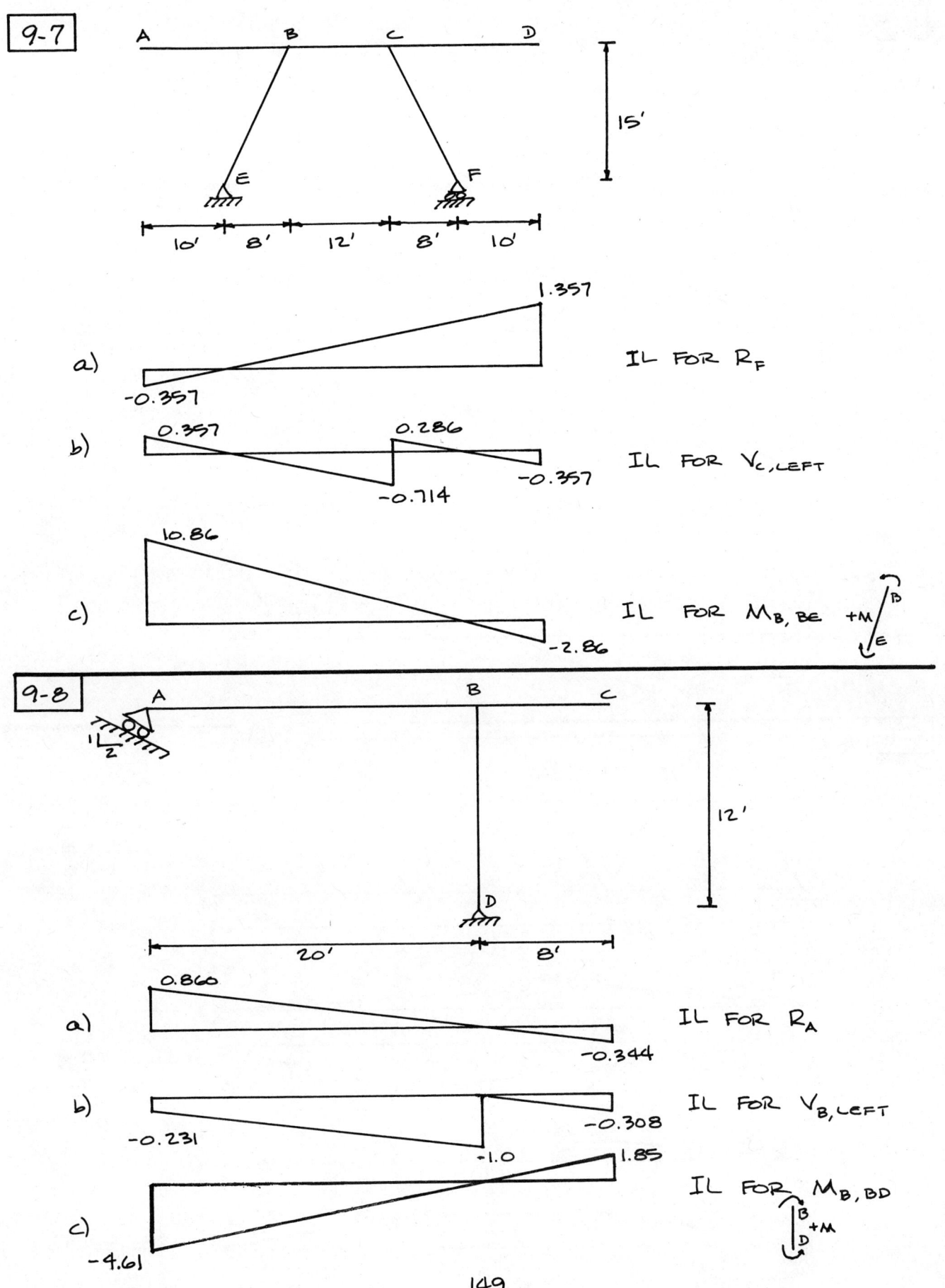

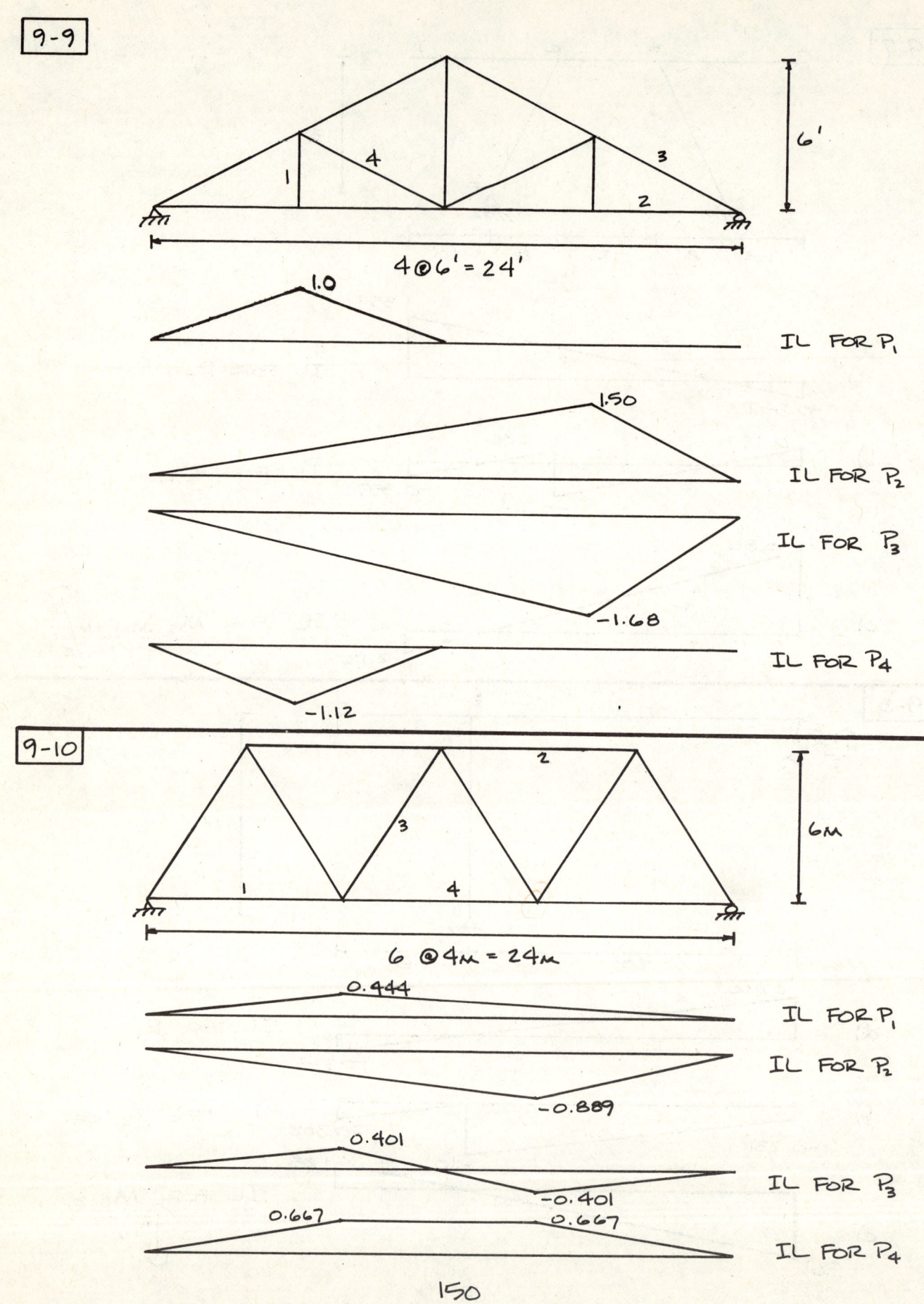

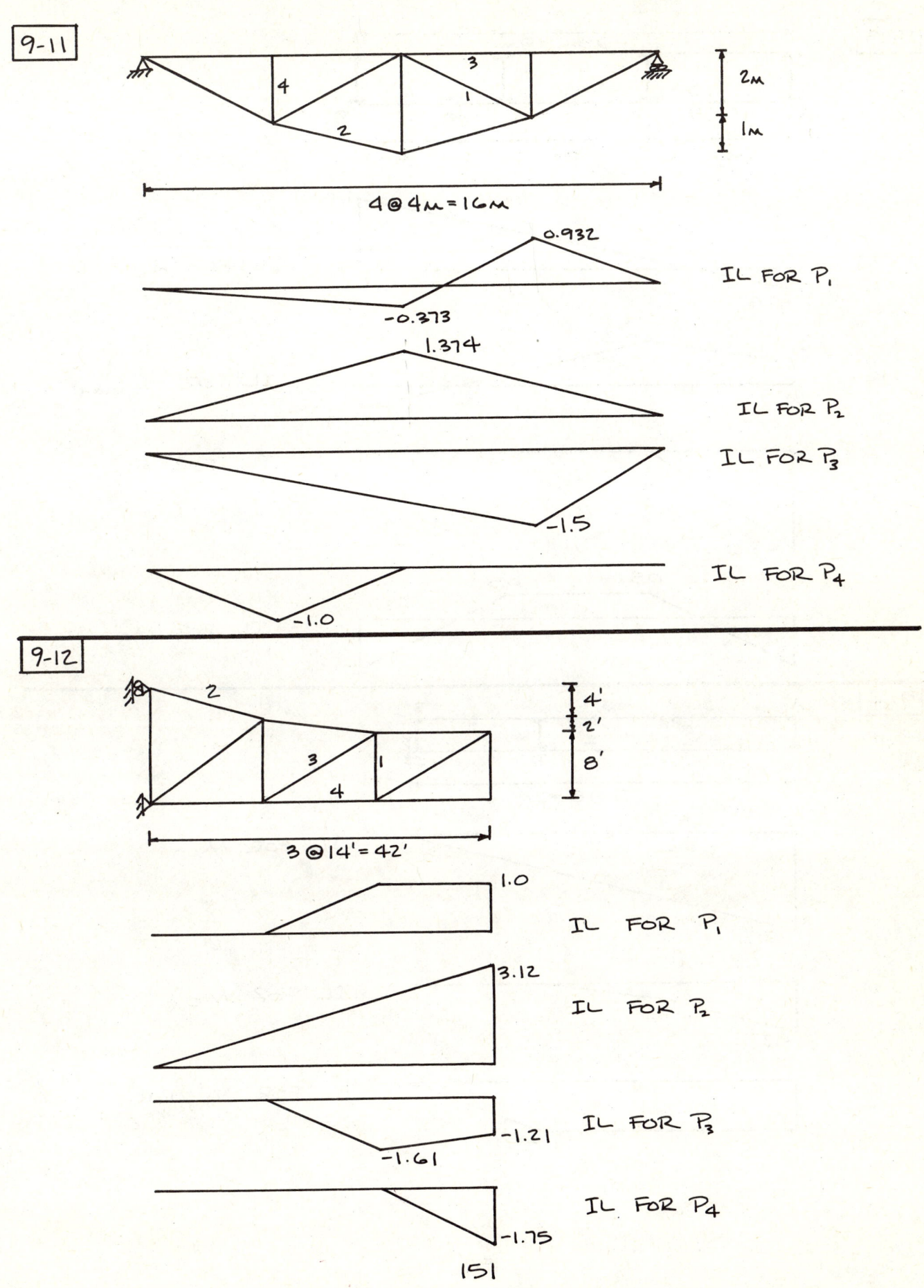

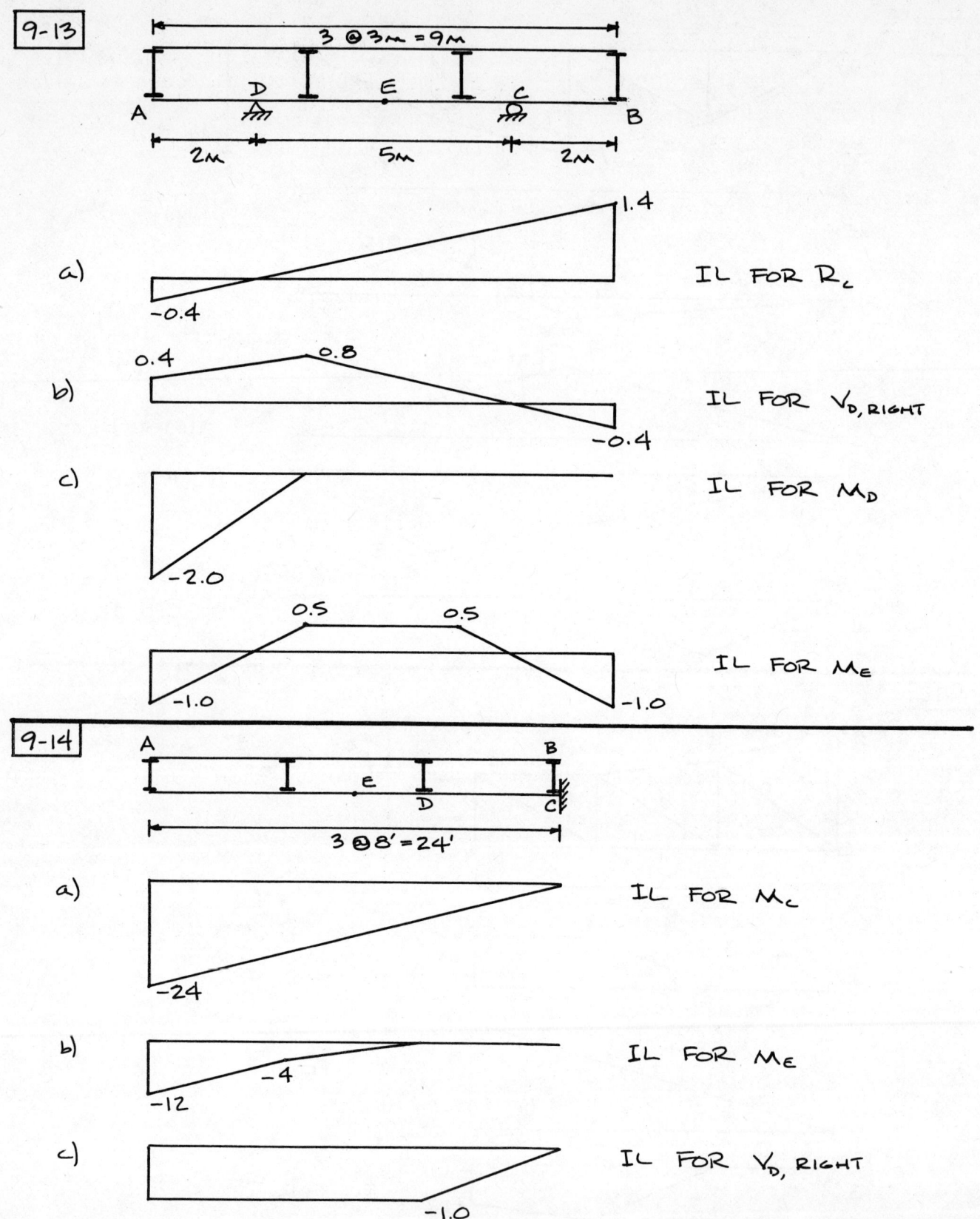

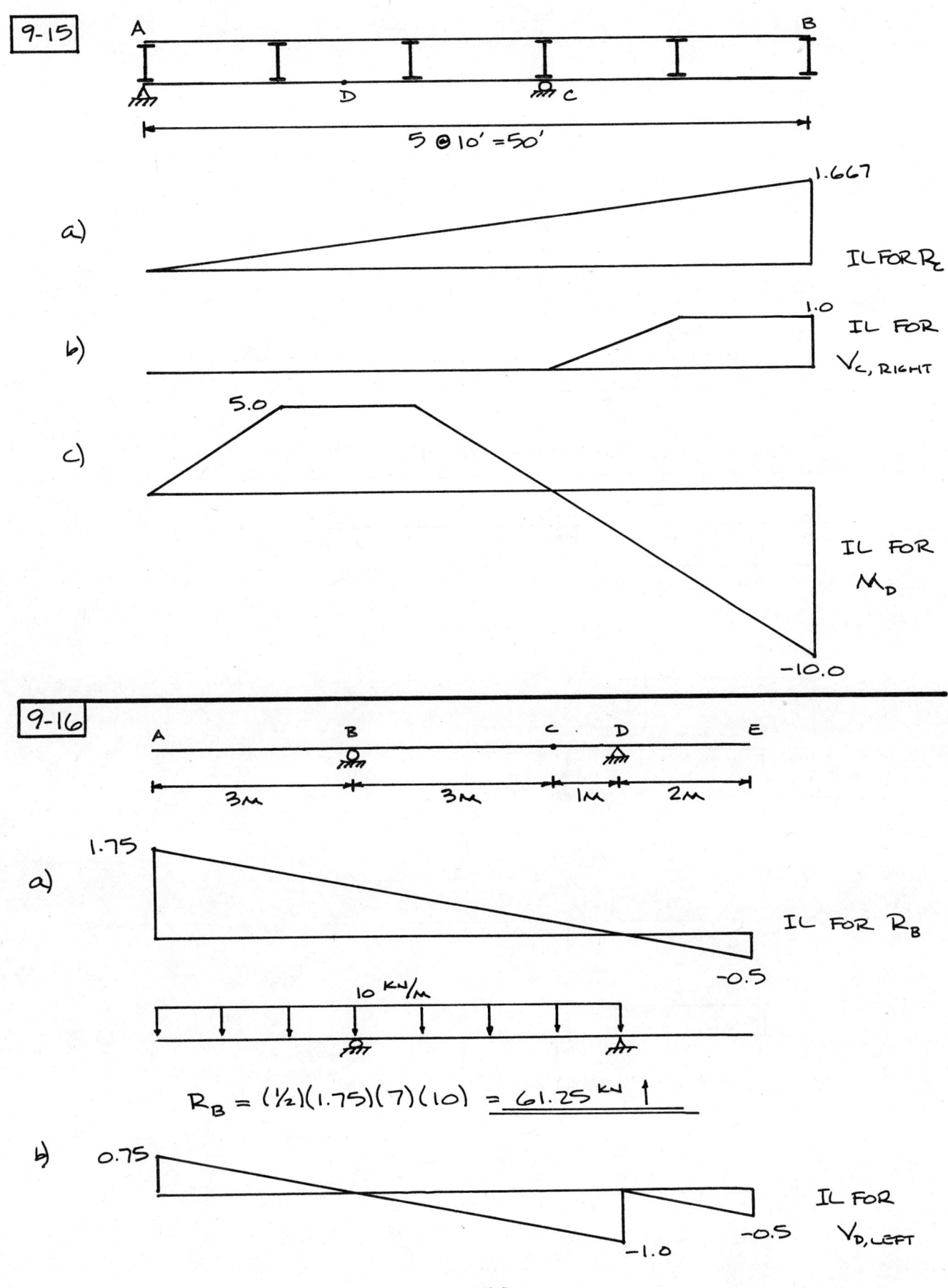

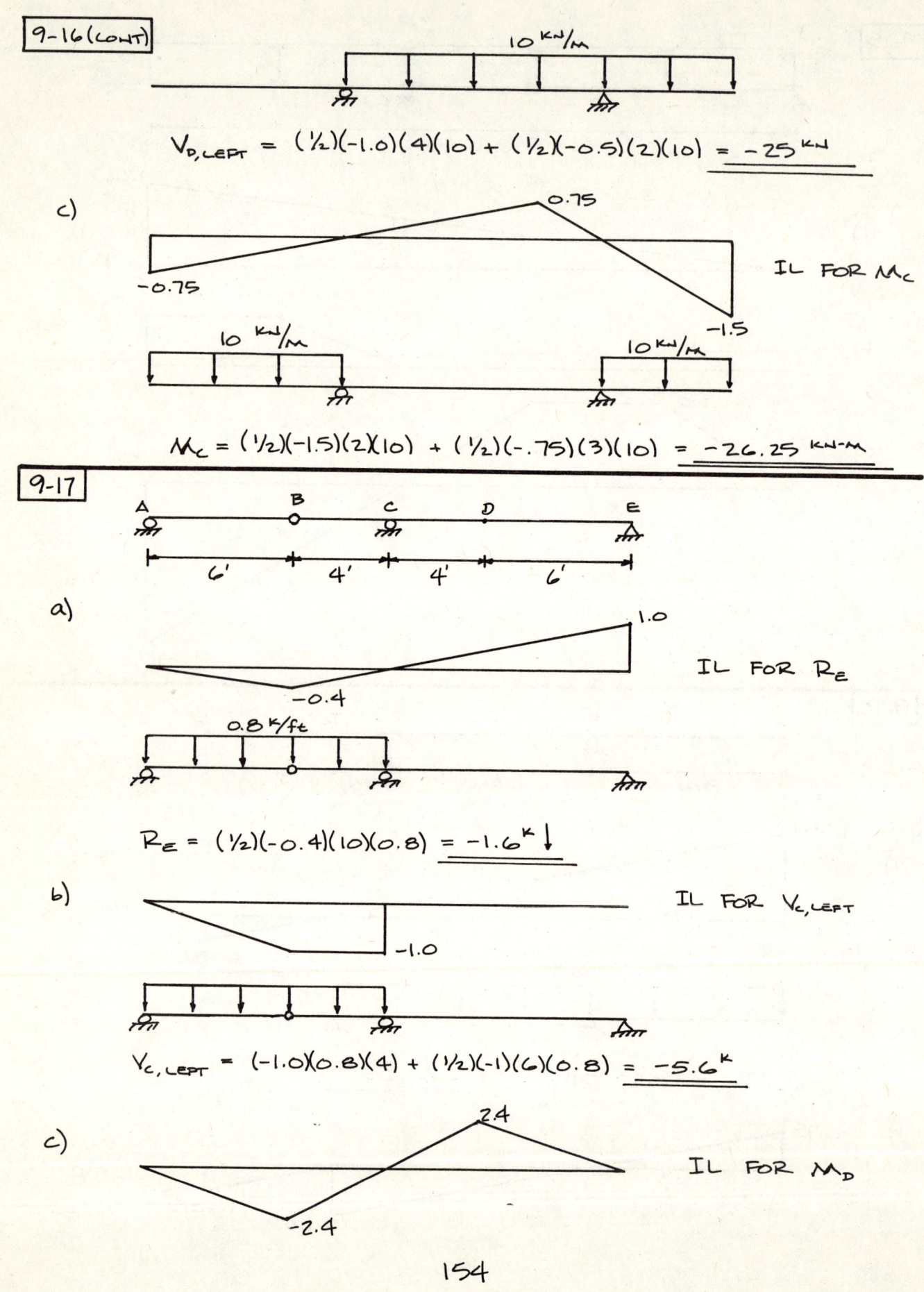

9-17 (CONT)

$$M_D = (1/2)(10)(-2.4)(0.8) = -9.6^{ft\cdot k}$$

9-18

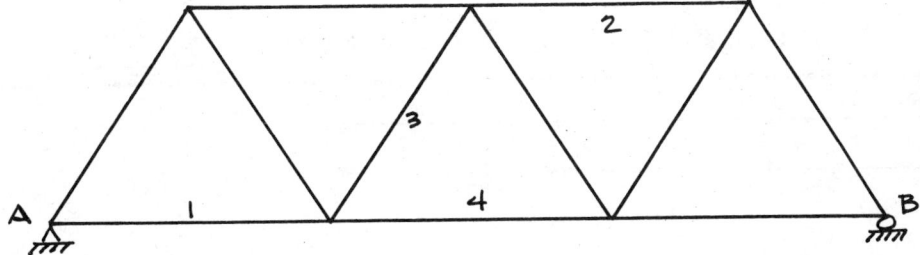

a) IL FOR P_2

$$P_2 = (-0.889)(6) + \left(\frac{13.5}{16}\right)(-0.889)(3) = -7.58^{kN}$$

b)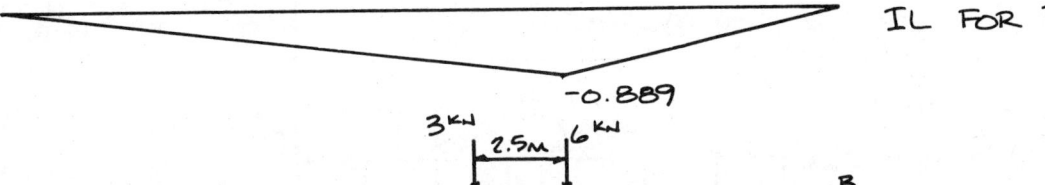

IL FOR P_3

$$P_3 = (-0.401)(6) + \left(\frac{5.5}{8.0}\right)(-0.401)(3) = -3.23^{kN}$$

9-19

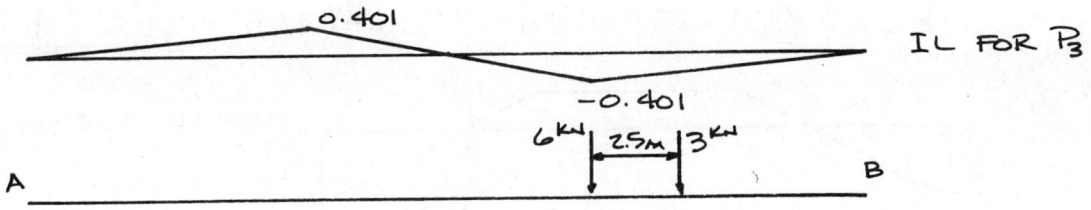

a)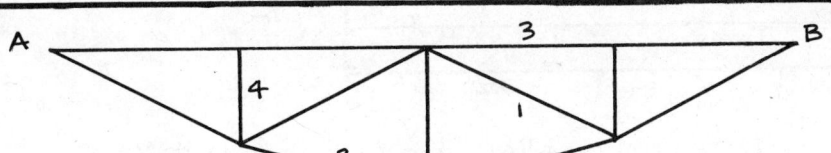

IL FOR P_2

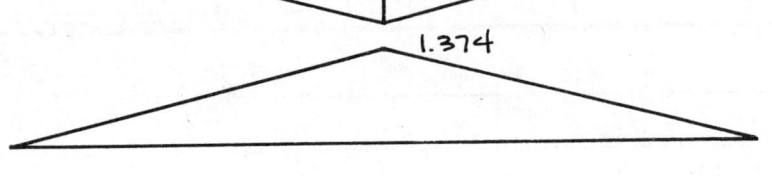

$$P_2 = (1.374)(6) + \left(\frac{5.5}{8.0}\right)(1.374)(3) = 11.08^{kN}$$

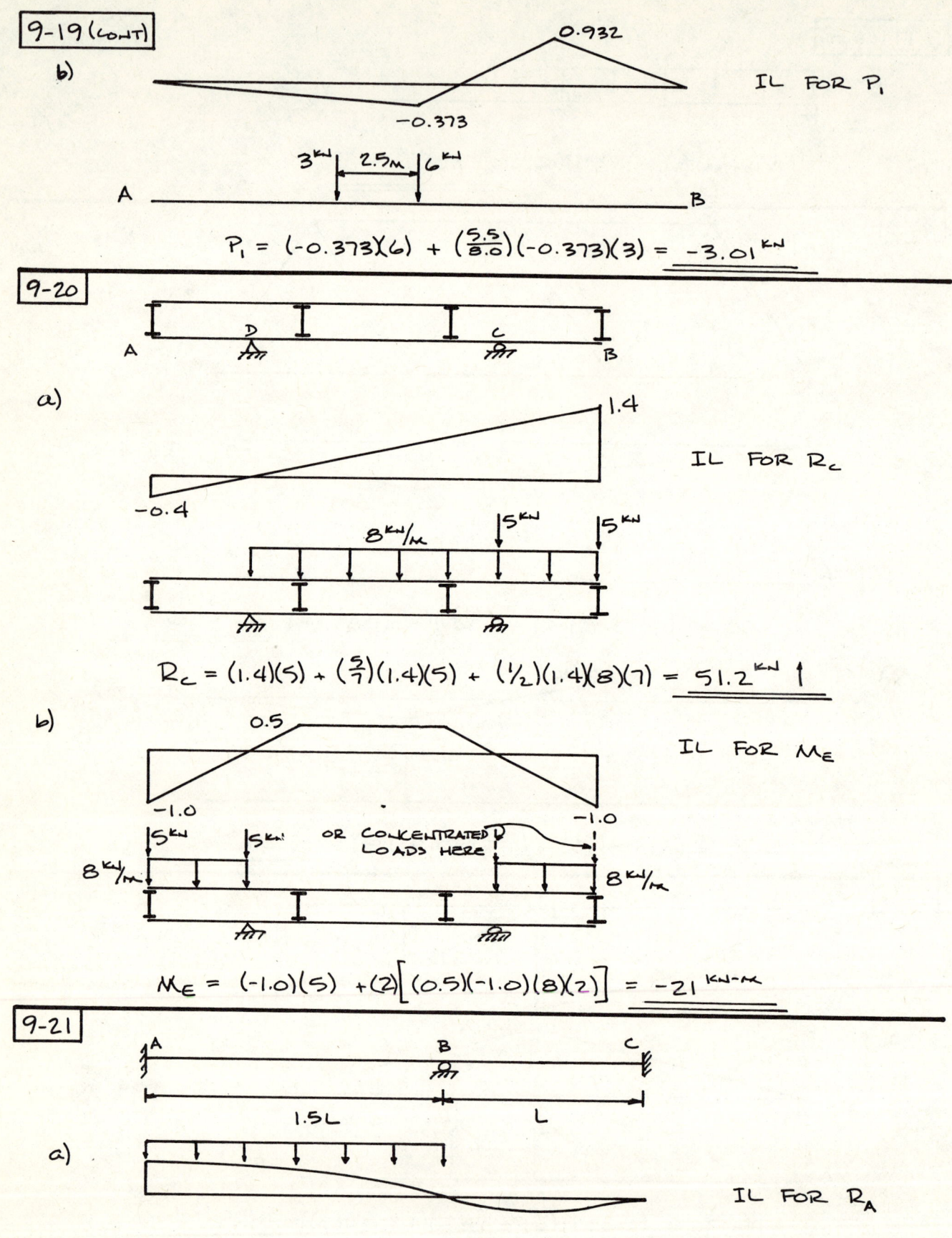

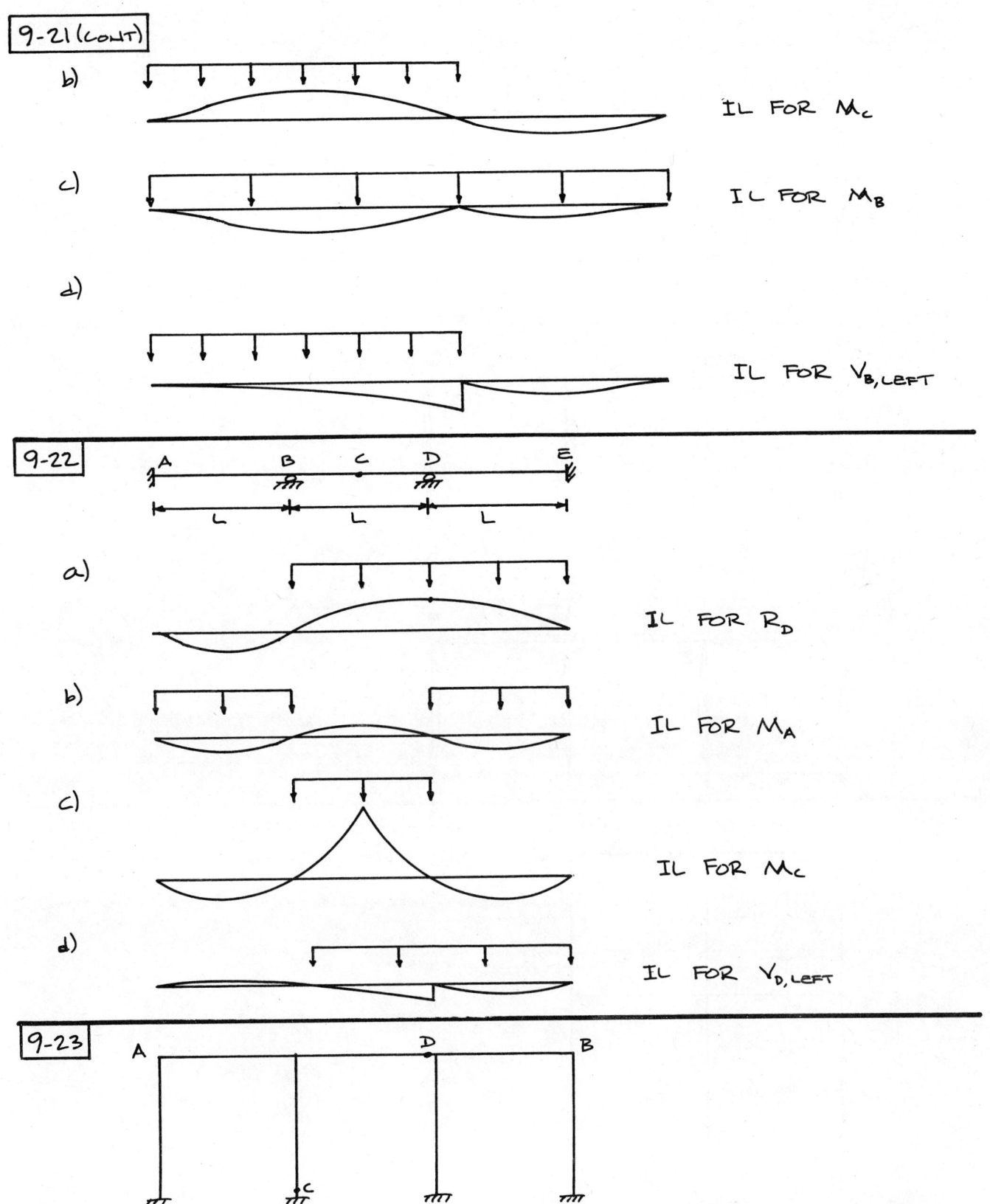

9-23 (CONT)

a)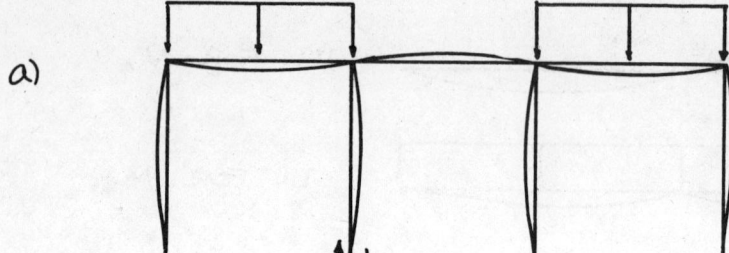

b)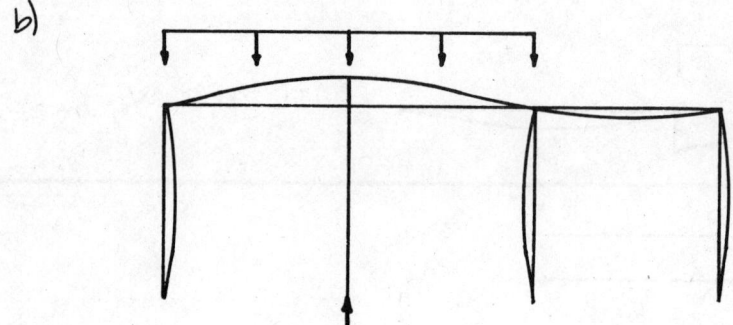

c)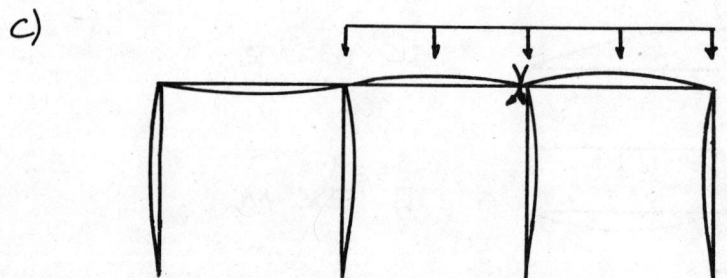

9-24

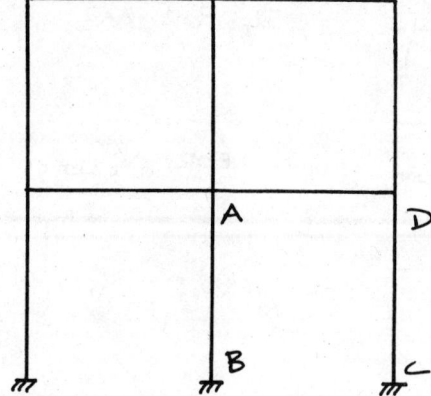

9-24 (CONT)

a) 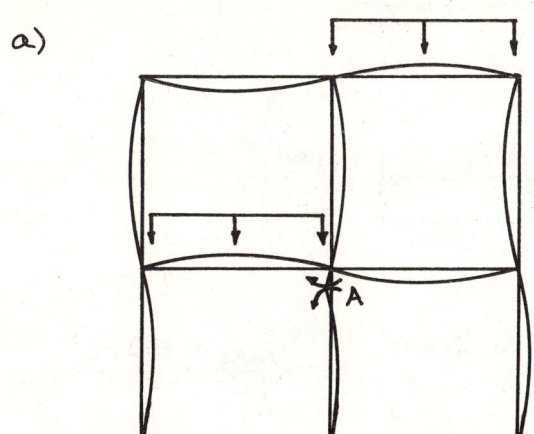 M_A OR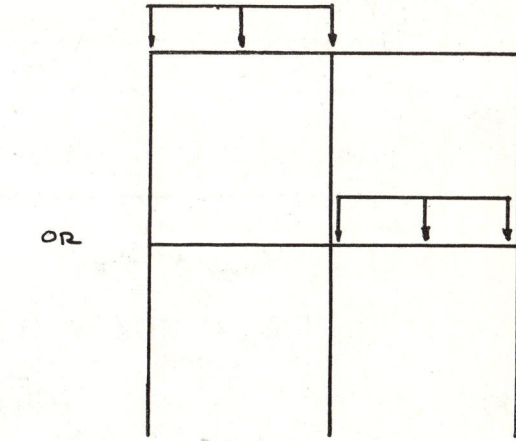

b) 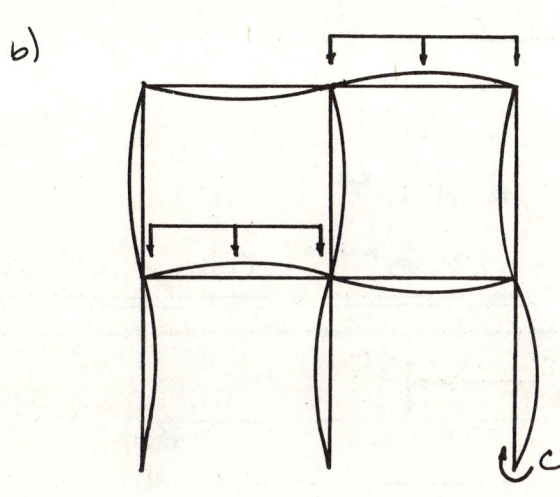 M_C OR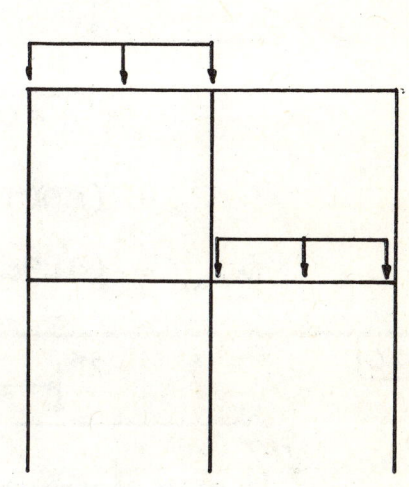

c) 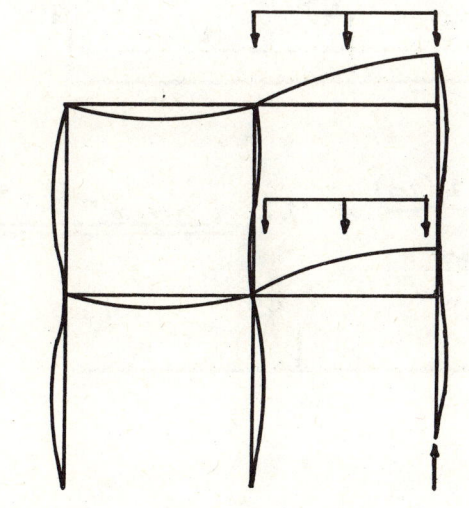 P_{DC}

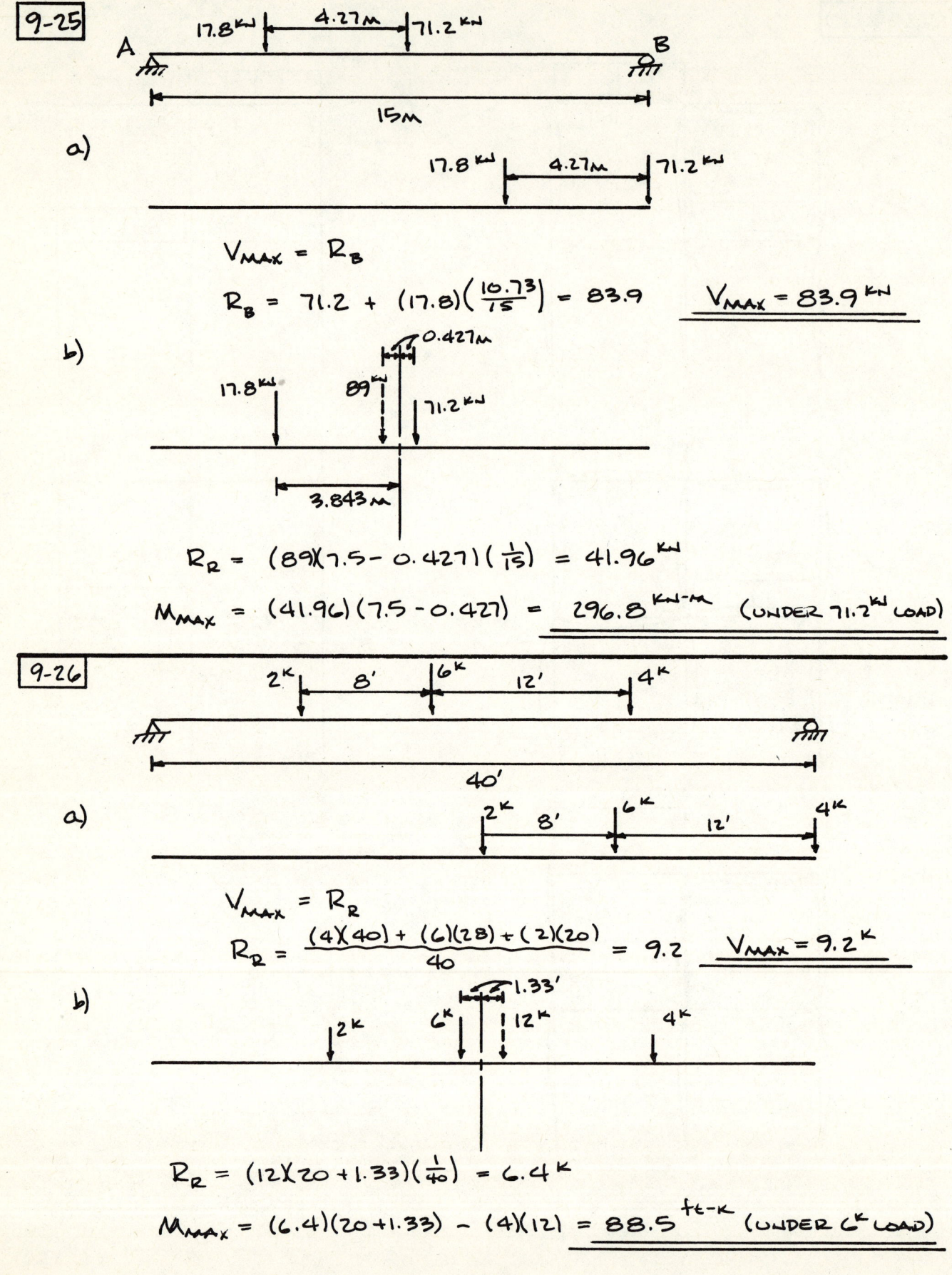

10-1

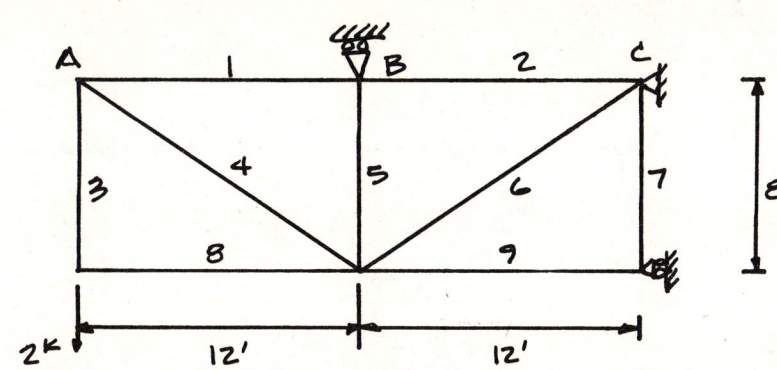

$i = 9 + 4 - 12 = 1$

USE MEMBER 5 AS REDUNDANT:

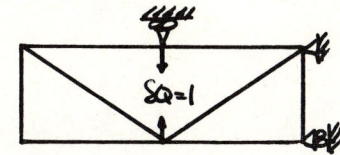

$$D_5^Q + f_{55} P_5 = 0$$

$$\delta W_I = \frac{1}{EA} \Sigma_p PL$$

MEMBER	L, IN.	P, K	p, K	pPL	p²L
1	144	3	0	0	0
2	144	3	0	0	0
3	96	2	0	0	0
4	173	-3.61	0	0	0
5	96	0	1.0	0	96
6	173	10.82	-1.8	-3370	561
7	96	0	0	0	0
8	144	0	0	0	0
9	144	-12	1.5	-2590	324
				-5960	981

$$\frac{-5960}{EA} + \frac{981}{EA}(P_5) = 0 \qquad P_5 = 6.07^K$$

MEMBER	p × 6.07	+ P_Q	= P, K
1	0	3	3
2	0	3	3
3	0	2	2
4	0	-3.61	-3.61
5	6.07	0	6.07
6	-10.94	10.82	-0.12
7	0	0	0
8	0	0	0
9	9.11	-12	-2.89

$\underline{\underline{R_B = 6.07^K \uparrow}}$ $\underline{\underline{R_F = 2.89^K \leftarrow}}$ $\underline{\underline{R_{CV} = 0.066^K \downarrow}}$

$\underline{\underline{R_{CH} = 2.89^K \rightarrow}}$

10-2

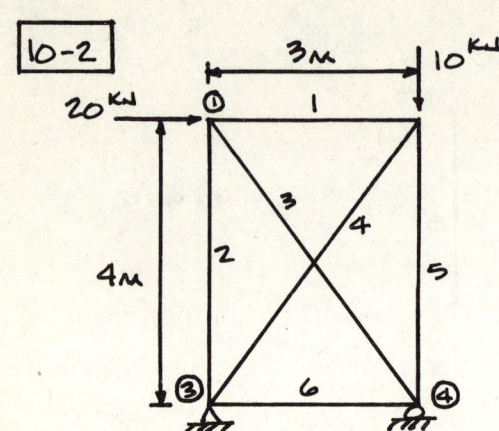

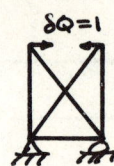

$i = 6 + 3 - 8 = 1$

USE MEMBER 1 AS REDUNDANT:

$\delta Q = 1$

$$D_1^Q + f_{11} P_1 = 0$$

$$\delta W_I = \frac{1}{EA} \sum pPL$$

MEMBER	P, KN	p, KN	L, M	pPL	p²L
1	0	1	3	0	3
2	26.67	1.33	4	142.2	7.11
3	-33.33	-1.67	5	277.8	13.89
4	0	-1.67	5	0	13.89
5	-10.0	1.33	4	-53.33	7.11
6	20.0	1	3	60.0	3
				426.67	48.0

$$\frac{426.67}{EA} + \frac{48}{EA} P_1 = 0 \qquad P_1 = -8.89^{KN}$$

MEMBER	p × 8.89	+ P_Q =	P, KN
1	-8.89	0	-8.89
2	-11.85	26.67	14.82
3	14.81	-33.33	-18.52
4	14.81	0	14.81
5	-11.85	-10.0	-21.85
6	-8.89	20.0	11.11

$\underline{\underline{R_{③H} = 20.0^{KN} \leftarrow}}$ $\underline{\underline{R_{③V} = 26.67^{KN} \downarrow}}$ $\underline{\underline{R_{④} = 36.67^{KN} \uparrow}}$

10-3

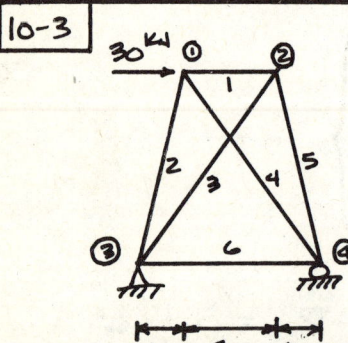

$i = 6 + 3 - 8 = 1$

USE MEMBER 1 AS REDUNDANT:

$\delta Q = 1$

$$D_1^Q + f_{11} P_1 = 0$$

$$\delta W_I = \frac{1}{EA} \sum pPL$$

$R_④ = \frac{(30)(4)}{4} = 30^{KN} \uparrow$

$R_{③V} = 30^{KN} \downarrow \qquad R_{③H} = 30^{KN} \leftarrow$

10-3 (CONT)

MEMBER	P, kN	p, kN	L, m	pPL	p²L
1	0	1	2	0	2.0
2	30.92	1.03	2.24	71.34	2.38
3	0	-1.25	5	0	7.81
4	-37.5	-1.25	5	234.4	7.81
5	0	1.03	2.24	0	2.38
6	22.5	0.5	4	45.0	1.0
				350.7	23.38

$$\frac{350.7}{EA} + \frac{23.38}{EA} P_1 = 0 \qquad P_1 = -15.0 \text{ kN}$$

MEMBER	p × (-15.0) +	P_Q =	P, kN
1	-15.0	0	-15.0
2	-15.46	30.92	15.46
3	18.75	0	18.75
4	18.75	-37.5	-18.75
5	-15.46	0	-15.46
6	-7.5	22.5	15.0

10-4

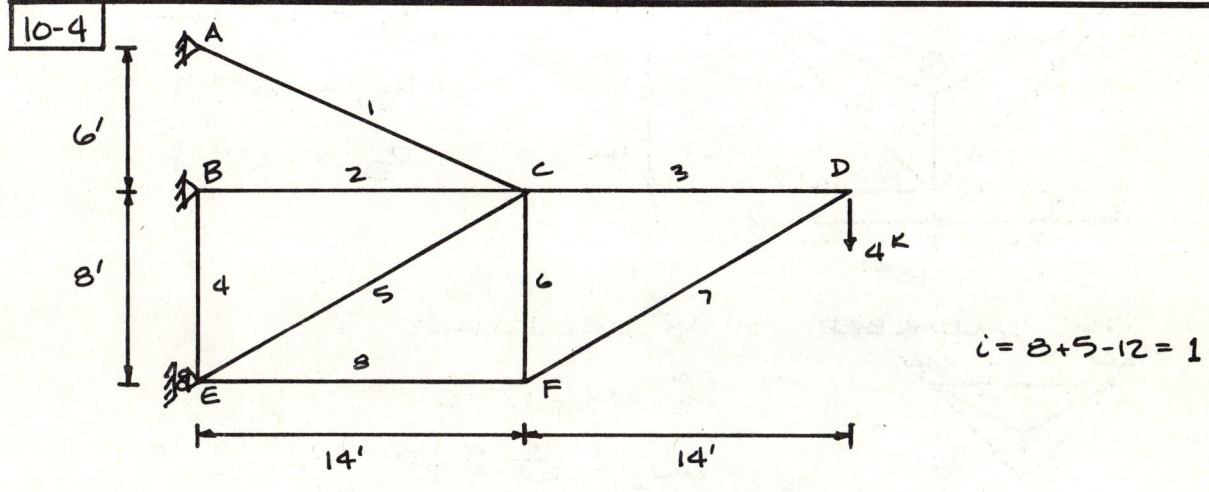

$i = 8 + 5 - 12 = 1$

USE MEMBER 1 AS REDUNDANT:

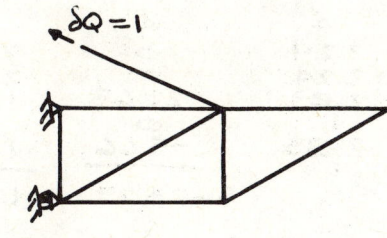

$$D_1^Q + f_{11} P_1 = 0$$

$$\delta W_I = \frac{1}{EA} \Sigma p P L$$

MEMBER	P, k	p, k	L, ft	pPL	p²L
1	0	1	15.2	0	15.2
2	14	-1.61	14	-315.6	36.3
3	7	0	14	0	0
4	4	-0.394	8	-12.6	1.24
5	-8.06	0.794	16.1	-103.0	10.2
6	4	0	8	0	0
7	-8.06	0	16.1	0	0
8	-7	0	14	0	0
				-413.2	62.9

10-4 (CONT)

$$\frac{-431.2}{EA} + \frac{62.9}{EA} P_1 = 0 \qquad P_1 = 6.86^k$$

MEMBER	$p \times 6.86$	$+ P_Q =$	P, k
1	6.86	0	6.86
2	-11.04	14	2.96
3	0	7	7
4	-2.70	4	1.30
5	5.45	-8.06	-2.61
6	0	4	4
7	0	-8.06	-8.06
8	0	-7	-7

$\underline{\underline{R_{BV} = 1.3^k \uparrow}}$ $\underline{\underline{R_E = 9.27^k \rightarrow}}$ $\underline{\underline{R_{AV} = 2.7^k \uparrow}}$

$\underline{\underline{R_{BH} = 2.96^k \leftarrow}}$ $\underline{\underline{R_{AH} = 6.31^k \leftarrow}}$

10-5

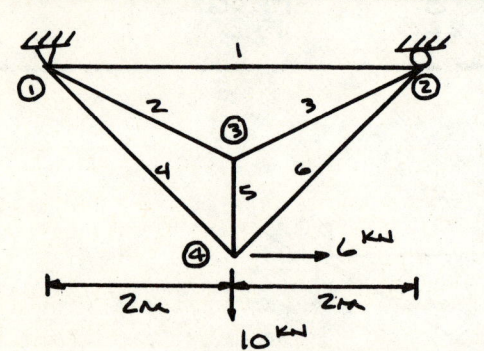

$R_{①H} = 6^{kN} \leftarrow$

$R_{①V} = 8^{kN} \uparrow$

$R_② = 2^{kN} \uparrow$

USE MEMBER 5 AS REDUNDANT:

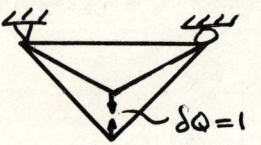

$D_5^Q + f_{55} P_5 = 0$

$\delta W_I = \frac{1}{EA} \Sigma pPL$

MEMBER	P, kN	p, kN	L, m	pPL	p²L
1	-2.0	-0.5	4	4	1
2	0	1.12	2.24	0	2.81
3	0	1.12	2.24	0	2.81
4	11.31	-0.707	2.83	-22.63	1.42
5	0	1	1	0	1
6	2.83	-0.707	2.83	-5.66	1.42
				-24.29	10.46

$$\frac{-24.29}{EA} + \frac{10.46}{EA} P_5 = 0 \qquad P_5 = 2.32^{kN}$$

MEMBER	$p \times 2.32$	$+ P_Q =$	P, kN
1	-1.16	-2.0	-3.16
2	2.60	0	2.60
3	2.60	0	2.60
4	-1.64	11.31	9.67
5	2.32	0	2.32
6	-1.64	2.83	1.19

10-6

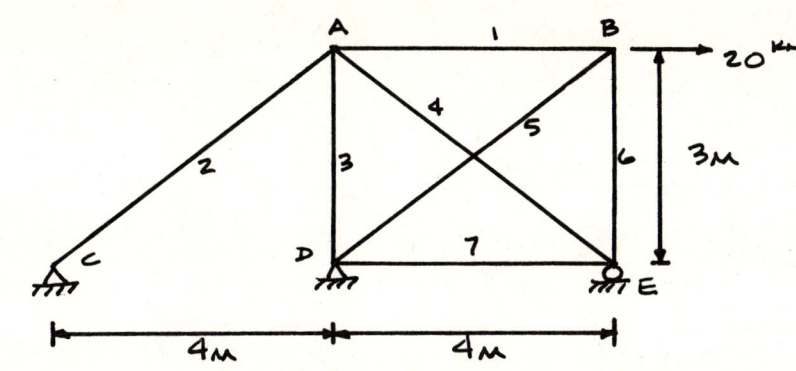

$i = 7 + 5 - 10 = 2$

USE MEMBERS 2, 5 AS REDUNDANTS:

$$D_2^Q + f_{22} P_2 + f_{25} P_5 = 0$$

$$D_5^Q + f_{52} P_2 + f_{55} P_5 = 0$$

$$\delta W_I = \frac{1}{EA} \sum_P PL$$

$$\begin{Bmatrix} P_2 \\ P_5 \end{Bmatrix} = - \begin{bmatrix} f_{22} & f_{25} \\ f_{52} & f_{55} \end{bmatrix}^{-1} \begin{Bmatrix} D_2^Q \\ D_5^Q \end{Bmatrix}$$

MEMBER	P	$P, \delta Q_2 = 1$	$P, \delta Q_5 = 1$	L	$P_2 PL$	$P_5 PL$	$P_2^2 L$	$P_5^2 L$	$P_2 P_5 L$
1	20	0	-0.8	4	0	-64	0	2.56	0
2	0	1	0	5	0	0	5	0	0
3	15	-1.2	-0.6	3	-54	-27	4.32	1.08	2.16
4	-25	1	1	5	-125	-125	5	5	5
5	0	0	1	5	0	0	0	5	0
6	0	0	-0.6	3	0	0	0	1.08	0
7	20	-0.8	-0.8	4	-64	-64	2.56	2.56	2.56
					-243	-280	16.88	17.28	9.72

$$\begin{Bmatrix} P_2 \\ P_5 \end{Bmatrix} = - EA \begin{bmatrix} 16.88 & 9.72 \\ 9.72 & 17.28 \end{bmatrix}^{-1} \begin{Bmatrix} -243/EA \\ -280/EA \end{Bmatrix}$$

$P_2 = 7.49^{kN}$ $P_5 = 11.99^{kN}$

MEMBER	P, kN
1	10.41
2	7.49
3	-1.17
4	-5.53
5	11.99
6	-7.19
7	4.42

⟵

$\underline{\underline{R_{CY} = 4.49^{kN} \downarrow}}$ $\underline{\underline{R_{DY} = 6.02^{kN} \downarrow}}$ $\underline{\underline{R_E = 10.51^{kN} \uparrow}}$

$\underline{\underline{R_{CH} = 5.99^{kN} \leftarrow}}$ $\underline{\underline{R_{DH} = 14.01^{kN} \leftarrow}}$

10-7

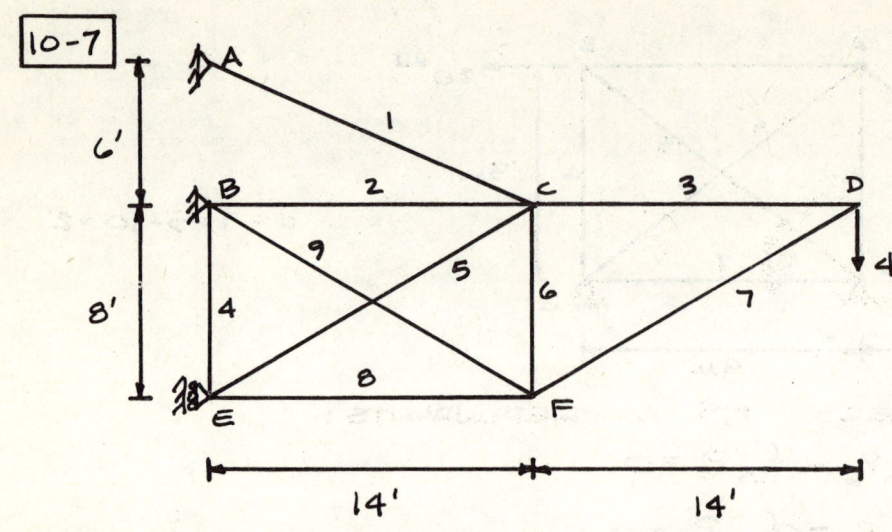

$i = 9 + 5 - 12 = 2$

USE MEMBERS 1,5 AS REDUNDANTS:

$$D_1^Q + f_{11} P_1 + f_{15} P_5 = 0$$

$$D_5^Q + f_{51} P_1 + f_{55} P_5 = 0$$

$$\begin{Bmatrix} P_1 \\ P_5 \end{Bmatrix} = -\begin{bmatrix} f_{11} & f_{15} \\ f_{51} & f_{55} \end{bmatrix}^{-1} \begin{Bmatrix} D_1^Q \\ D_5^Q \end{Bmatrix}$$

MEMBER	P	$P, \delta Q_1 = 1$	$P, \delta Q_5 = 1$	L	$P_1 PL$	$P_5 PL$	$P_1^2 L$	$P_5^2 L$	$P_1 P_5 L$
1	0	1	0	19.2	0	0	19.23	0	0
2	7	-0.919	-0.868	14	-90.06	-85.06	11.82	10.55	11.17
3	7	0	0	14	0	0	0	0	0
4	0	0	-0.496	8	0	0	0	1.97	0
5	0	0	1	16.1	0	0	0	16.1	0
6	0	0.394	-0.496	8	0	0	1.24	1.97	-1.56
7	-8.06	0	0	16.1	0	0	0	0	0
8	-14	0.690	-0.868	14	-135.2	170.1	6.67	10.55	-8.38
9	8.06	-0.795	1	16.1	-103.2	129.8	10.18	16.1	-12.8
					-328.5	214.8	45.14	57.24	-11.57

$$\begin{Bmatrix} P_1 \\ P_5 \end{Bmatrix} = -EA \begin{bmatrix} 45.14 & -11.57 \\ -11.57 & 57.24 \end{bmatrix}^{-1} \begin{Bmatrix} 328.5/EA \\ -214.8/EA \end{Bmatrix}$$

$$P_1 = 6.66^K \qquad P_5 = -2.41^K$$

MEMBER	P, K
1	6.66
2	2.97
3	7.0
4	1.20
5	-2.41
6	3.82
7	-8.06
8	-7.32
9	0.37

$R_{AV} = 2.62^K \uparrow$

$R_{AH} = 6.12^K \leftarrow$

$R_{BV} = 1.38^K \uparrow$

$R_{BH} = 3.29^K \leftarrow$

$R_E = 9.41^K \rightarrow$

10-8

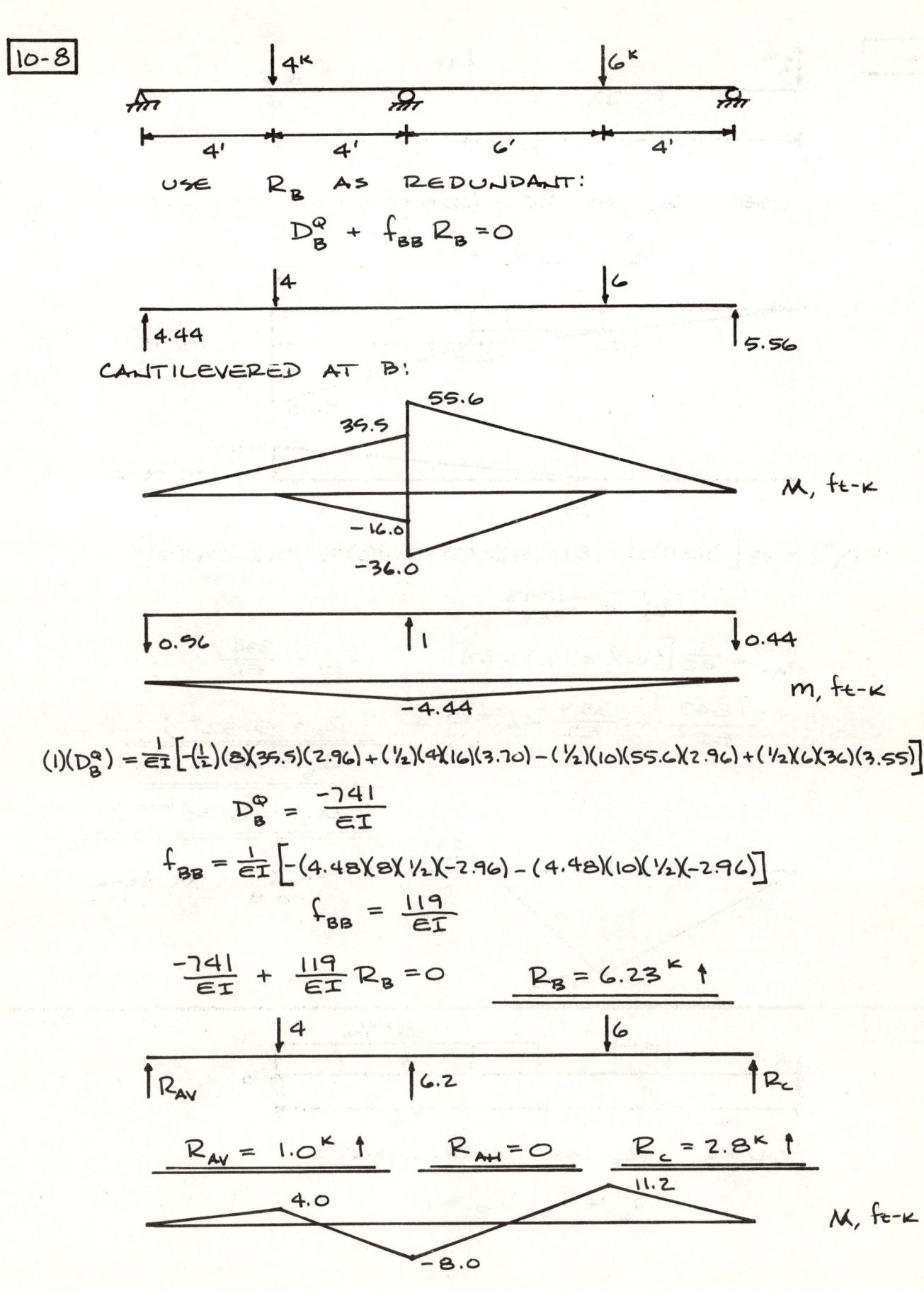

USE R_B AS REDUNDANT:

$$D_B^Q + f_{BB} R_B = 0$$

CANTILEVERED AT B:

M, ft-k

m, ft-k

$(1)(D_B^Q) = \frac{1}{EI}\left[-(\frac{1}{2})(8)(35.5)(2.96) + (\frac{1}{2})(4)(16)(3.70) - (\frac{1}{2})(10)(55.6)(2.96) + (\frac{1}{2})(6)(36)(3.55)\right]$

$$D_B^Q = \frac{-741}{EI}$$

$f_{BB} = \frac{1}{EI}\left[-(4.48)(8)(\frac{1}{2})(-2.96) - (4.48)(10)(\frac{1}{2})(-2.96)\right]$

$$f_{BB} = \frac{119}{EI}$$

$\frac{-741}{EI} + \frac{119}{EI} R_B = 0$ $\quad \underline{R_B = 6.23^K \uparrow}$

$\underline{R_{AV} = 1.0^K \uparrow} \quad \underline{R_{AH} = 0} \quad \underline{R_C = 2.8^K \uparrow}$

M, ft-k

10-9

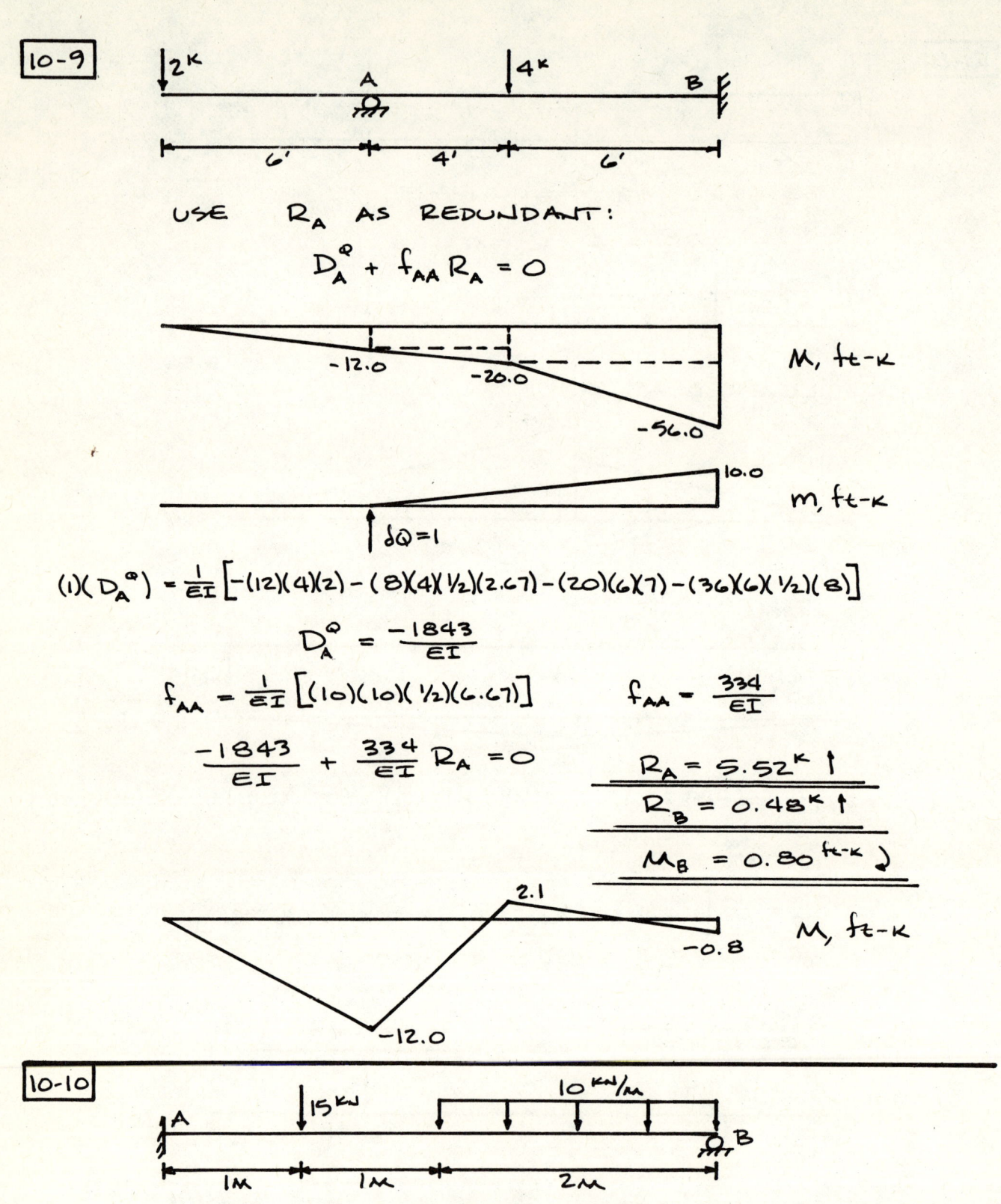

USE R_A AS REDUNDANT:

$$D_A^Q + f_{AA} R_A = 0$$

$(1)(D_A^Q) = \frac{1}{EI}\left[-(12)(4)(2) - (8)(4)(\frac{1}{2})(2.67) - (20)(6)(7) - (36)(6)(\frac{1}{2})(8)\right]$

$$D_A^Q = \frac{-1843}{EI}$$

$f_{AA} = \frac{1}{EI}\left[(10)(10)(\frac{1}{2})(6.67)\right]$ $\qquad f_{AA} = \frac{334}{EI}$

$\frac{-1843}{EI} + \frac{334}{EI} R_A = 0$

$\underline{\underline{R_A = 5.52^K \uparrow}}$

$\underline{\underline{R_B = 0.48^K \uparrow}}$

$\underline{\underline{M_B = 0.80 \text{ ft-k} \;\circlearrowright}}$

10-10

USE R_B AS REDUNDANT:

$$D_B^Q + f_{BB} R_B = 0$$

10-10 (CONT)

M, kN-m: −15, −20, −60

m, kN-m: 4, $\delta_Q = 1$

$(1)(D_B^Q) = \frac{1}{EI}[-(20)(2)(1/3)(1.5)-(20)(2)(3)-(40)(2)(1/2)(3.33)-(15)(1)(1/2)(3.67)]$

$D_B^Q = \frac{-301}{EI}$

$f_{BB} = \frac{1}{EI}[(4)(4)(1/2)(2.67)] = \frac{21.3}{EI}$

$\frac{-301}{EI} + \frac{21.3}{EI} R_B = 0$

$\underline{\underline{R_B = 14.1^{kN} \uparrow}}$

$\underline{\underline{R_A = 20.9^{kN} \uparrow}}$

$\underline{\underline{M_A = 18.6^{kN\text{-}m} \circlearrowleft}}$

M, kN-m: 8.2, 9.9, 1.41m, −18.6

10-11

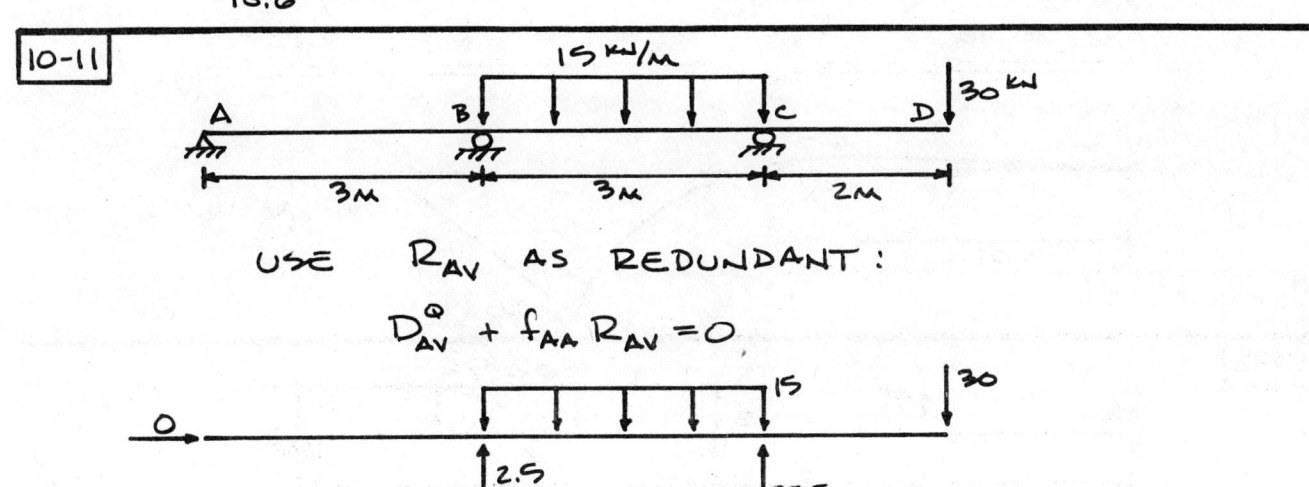

USE R_{AV} AS REDUNDANT:

$D_{AV}^Q + f_{AA} R_{AV} = 0$

169

10-11 (CONT) CANTILEVERED AT B:

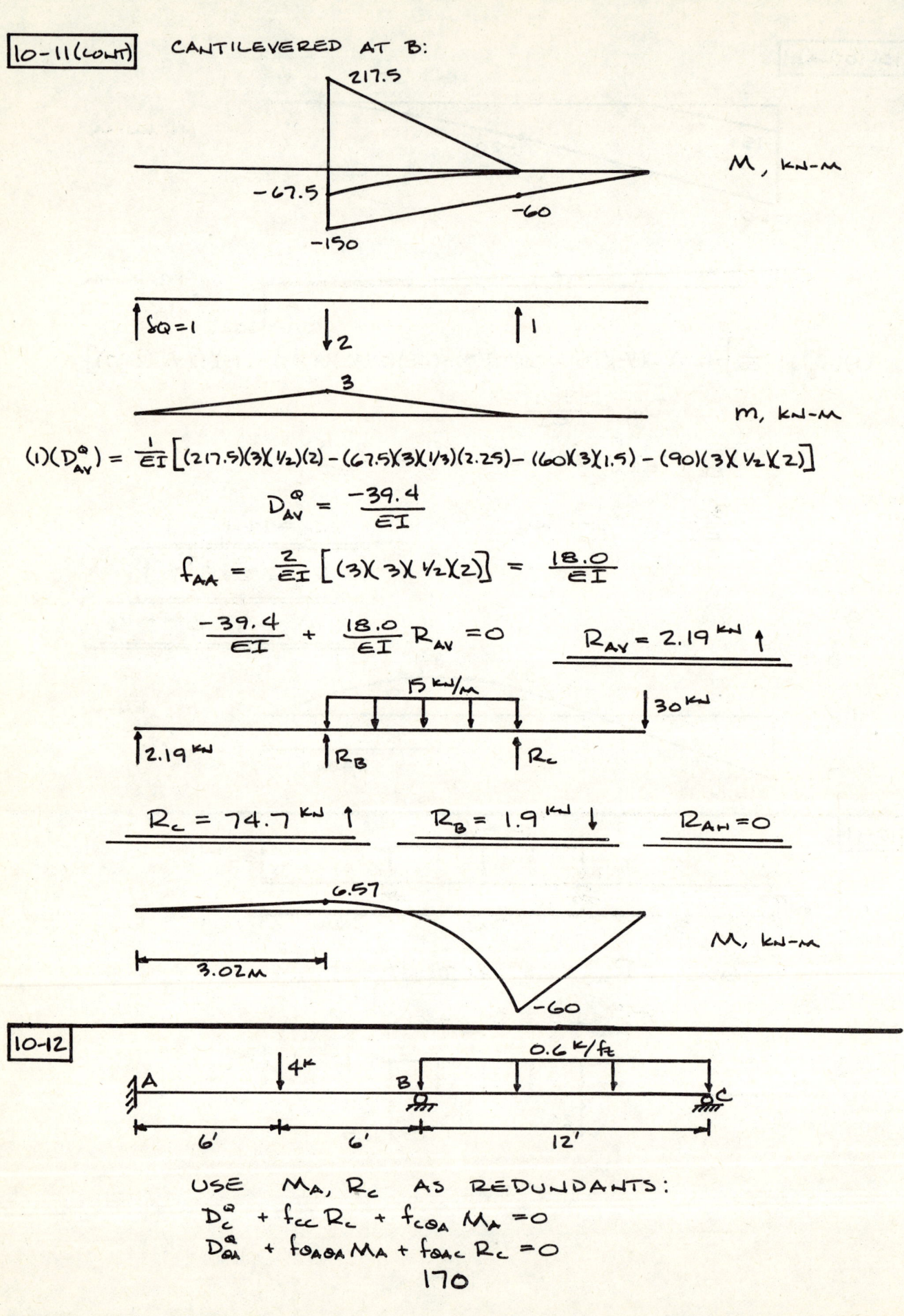

$$(1)(D_{AV}^Q) = \frac{1}{EI}\left[(217.5)(3)(1/2)(2) - (67.5)(3)(1/3)(2.25) - (60)(3)(1.5) - (90)(3)(1/2)(2)\right]$$

$$D_{AV}^Q = \frac{-39.4}{EI}$$

$$f_{AA} = \frac{2}{EI}\left[(3)(3)(1/2)(2)\right] = \frac{18.0}{EI}$$

$$\frac{-39.4}{EI} + \frac{18.0}{EI}R_{AV} = 0 \qquad \underline{R_{AV} = 2.19^{kN}\uparrow}$$

$$\underline{R_C = 74.7^{kN}\uparrow} \qquad \underline{R_B = 1.9^{kN}\downarrow} \qquad \underline{R_{AH} = 0}$$

10-12

USE M_A, R_C AS REDUNDANTS:
$$D_C^Q + f_{CC}R_C + f_{C\theta A}M_A = 0$$
$$D_{\theta A}^Q + f_{\theta A\theta A}M_A + f_{\theta A C}R_C = 0$$

170

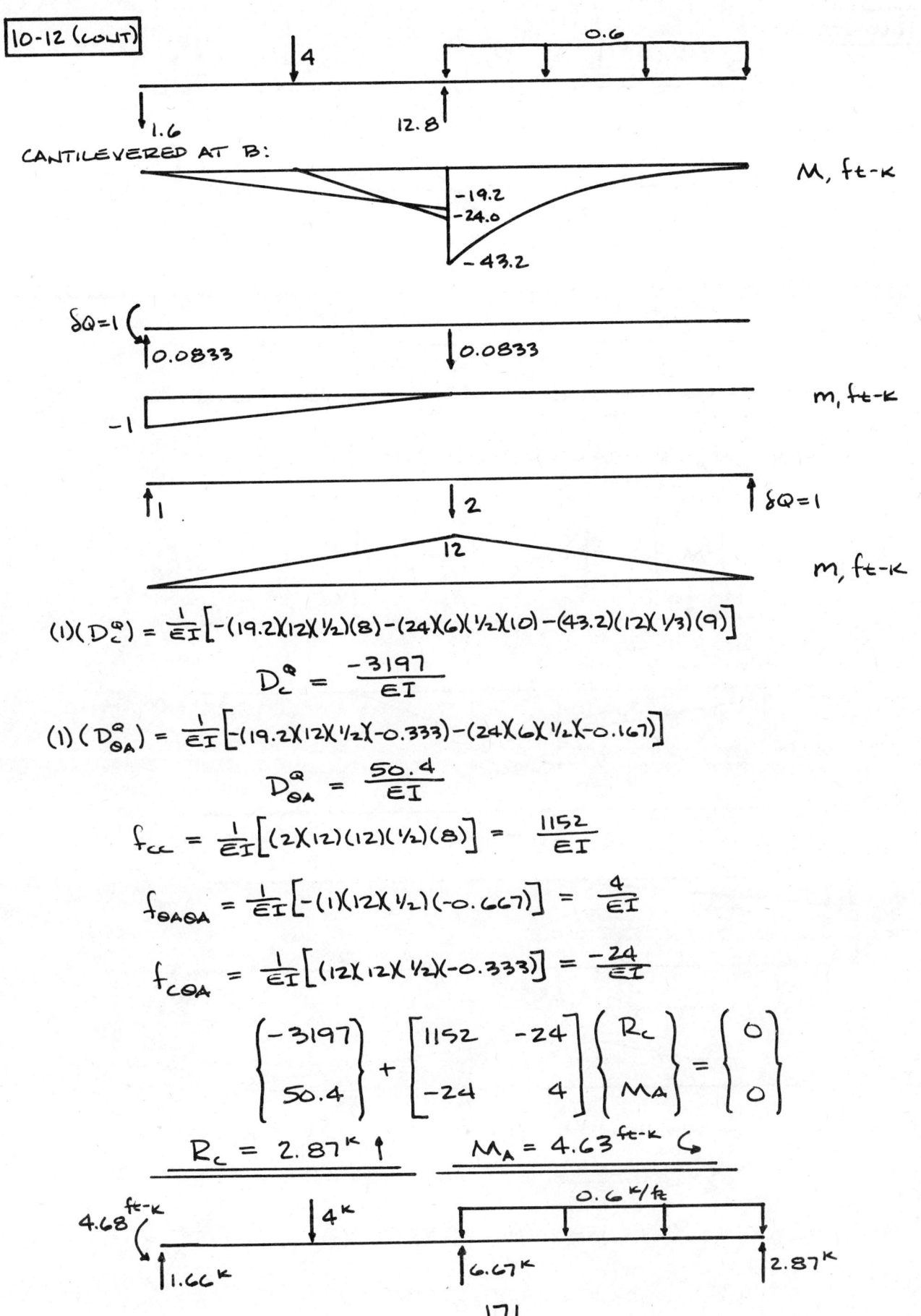

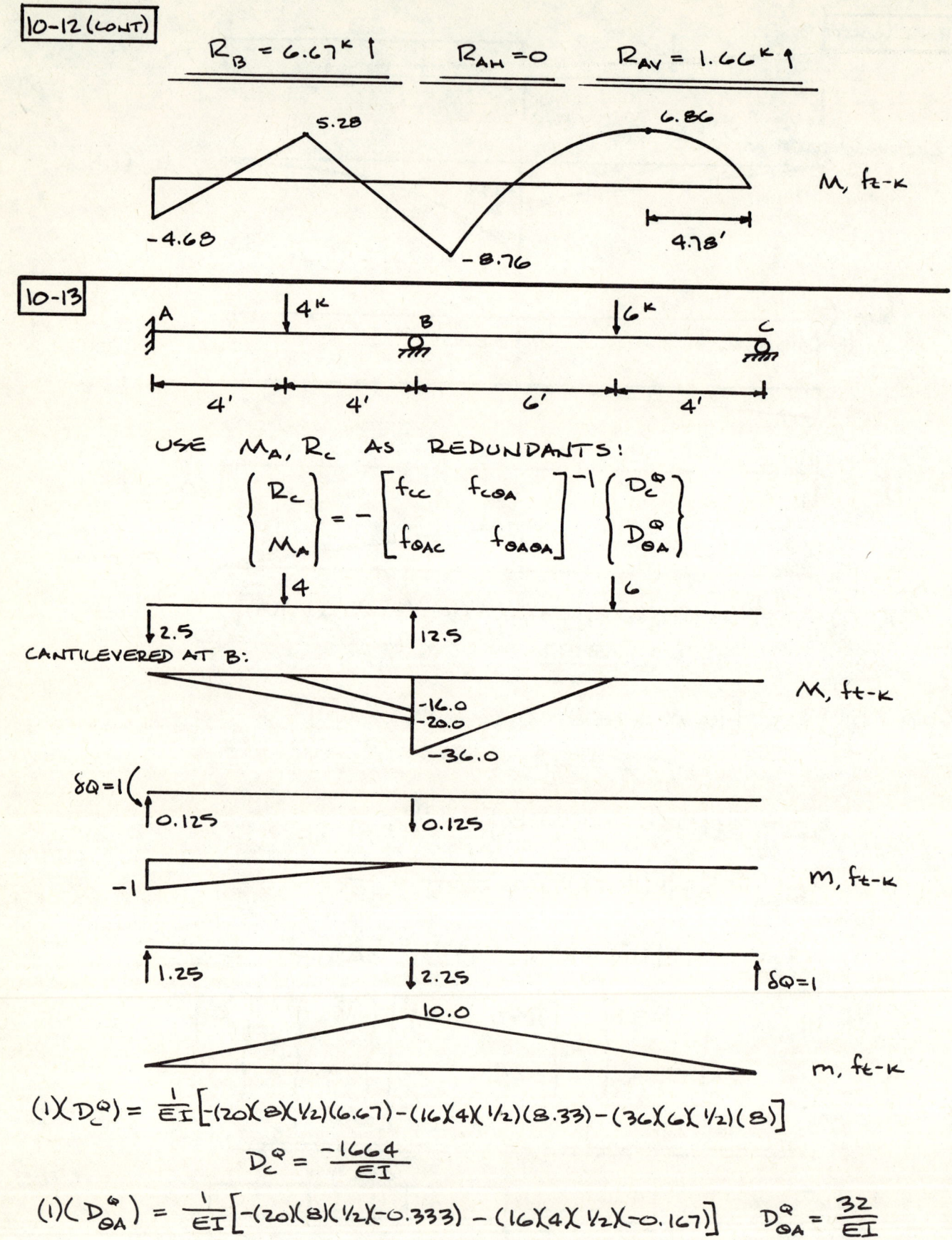

10-12 (CONT)

$R_B = 6.67^k \uparrow$ $R_{AH} = 0$ $R_{AV} = 1.66^k \uparrow$

10-13

USE M_A, R_C AS REDUNDANTS:

$$\begin{Bmatrix} R_c \\ M_A \end{Bmatrix} = -\begin{bmatrix} f_{cc} & f_{c\theta A} \\ f_{\theta Ac} & f_{\theta A \theta A} \end{bmatrix}^{-1} \begin{Bmatrix} D_c^Q \\ D_{\theta A}^Q \end{Bmatrix}$$

CANTILEVERED AT B:

$(1)(D_c^Q) = \frac{1}{EI}[-(20)(8)(\frac{1}{2})(6.67) - (16)(4)(\frac{1}{2})(8.33) - (36)(6)(\frac{1}{2})(8)]$

$D_c^Q = \frac{-1664}{EI}$

$(1)(D_{\theta A}^Q) = \frac{1}{EI}[-(20)(8)(\frac{1}{2})(-0.333) - (16)(4)(\frac{1}{2})(-0.167)]$ $D_{\theta A}^Q = \frac{32}{EI}$

172

10-13(CONT)

$$f_{cc} = \frac{1}{EI}[(10)(8)(\tfrac{1}{2})(6.67) + (10)(10)(\tfrac{1}{2})(6.67)] = \frac{600}{EI}$$

$$f_{\theta_A \theta_A} = \frac{1}{EI}[-(1)(8)(\tfrac{1}{2})(-0.667)] = \frac{2.67}{EI}$$

$$f_{C\theta_A} = \frac{1}{EI}[(10)(8)(\tfrac{1}{2})(-0.333)] = -\frac{13.33}{EI}$$

$$\begin{Bmatrix} R_C \\ M_A \end{Bmatrix} = -\begin{bmatrix} 600 & -13.33 \\ -13.33 & 2.67 \end{bmatrix}^{-1} \begin{Bmatrix} 1664 \\ -32 \end{Bmatrix}$$

$\underline{R_C = 2.82^K \uparrow}$ $\underline{M_A = 2.09^{ft-k} \curvearrowleft}$

$\underline{R_{AV} = 1.29^K \uparrow}$ $\underline{R_{AH} = 0}$ $\underline{R_B = 5.89^K \uparrow}$

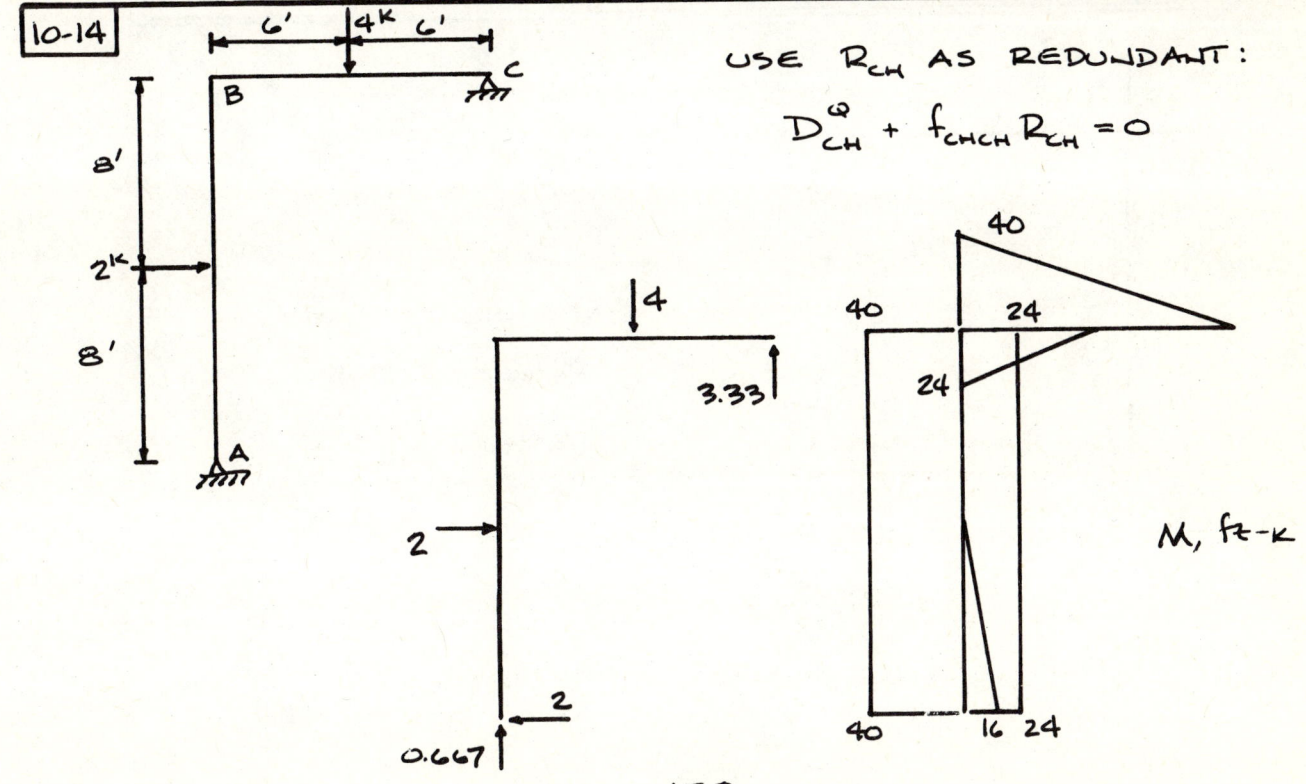

10-14

USE R_{CH} AS REDUNDANT:

$$D_{CH}^Q + f_{CHCH} R_{CH} = 0$$

M, ft-k

10-14(CONT)

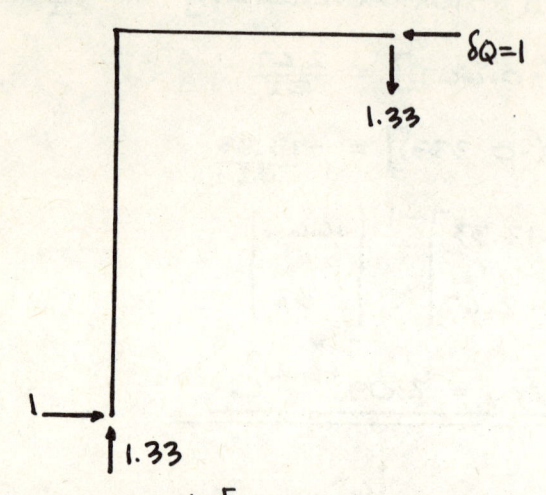

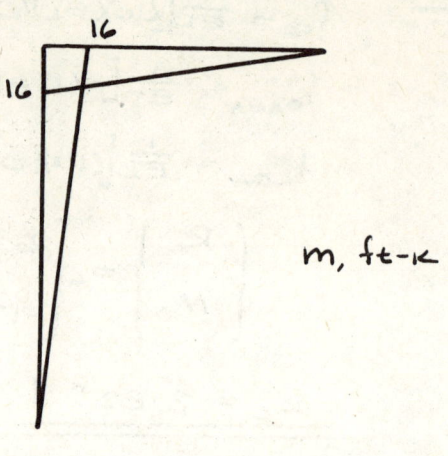

m, ft-k

$(1)(D_{CH}^Q) = \frac{1}{EI}[(40)(12)(\frac{1}{2})(-10.67)-(24)(6)(\frac{1}{2})(-13.33)+(40)(16)(-8)-(24)(16)(-8)-$
$(16)(8)(\frac{1}{2})(-2.67)]$

$$D_{CH}^Q = \frac{-3477}{EI}$$

$$f_{CHCH} = \frac{1}{EI}[-(16)(12)(\frac{1}{2})(-10.667)-(16)(16)(\frac{1}{2})(-10.667)] = \frac{2389}{EI}$$

$$\frac{-3477}{EI} + \frac{2389}{EI} R_{CH} = 0 \qquad \underline{R_{CH} = 1.46^k \leftarrow}$$

$\underline{R_{CV} = 1.39^k \uparrow} \qquad \underline{R_{AH} = 0.545^k \leftarrow} \qquad \underline{R_{AY} = 2.61^k \uparrow}$

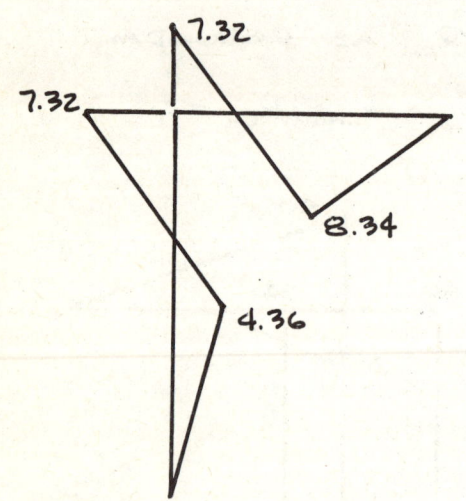

M, ft-k
(DRAWN ON TENSION FACE)

174

10-15

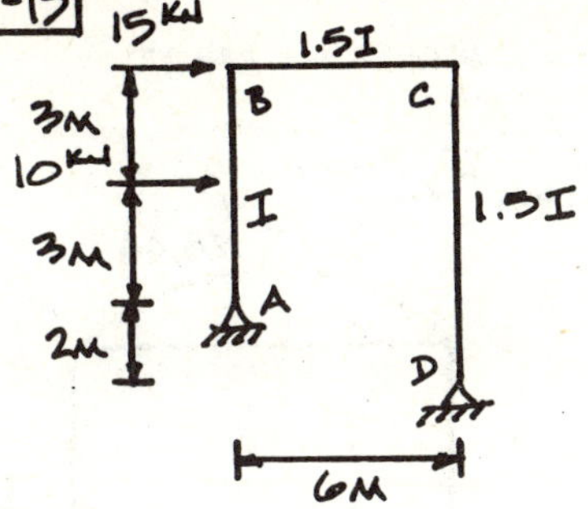

USE R_{AV} AS REDUNDANT:

$\frac{M}{I}$, kN-m

m, kN-m

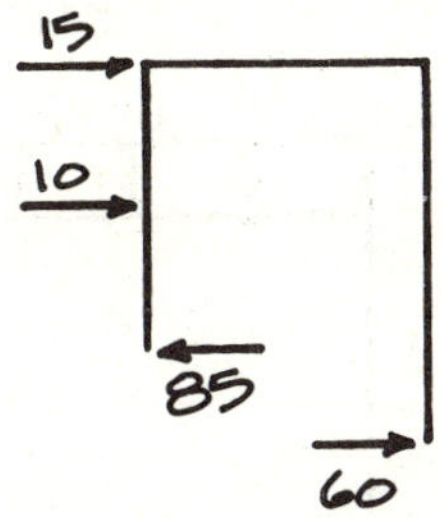

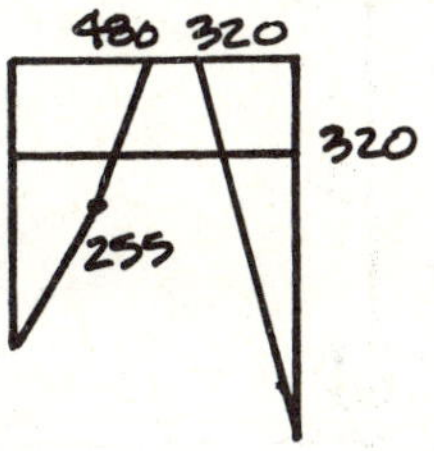

$$(1)(D_{AV}^{Q}) = \frac{1}{EI}\left[-(320)(8)(\tfrac{1}{2})(16)-(320)(6)(21)-(255)(3)(13.5)-(225)(3)(\tfrac{1}{2})(15)-(255)(3)(\tfrac{1}{2})(6)\right]$$

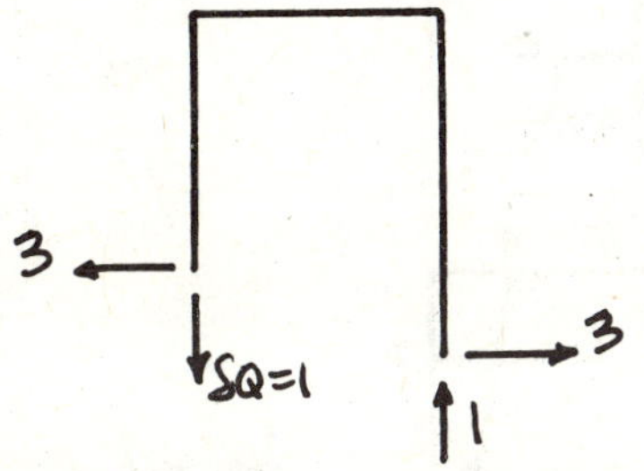

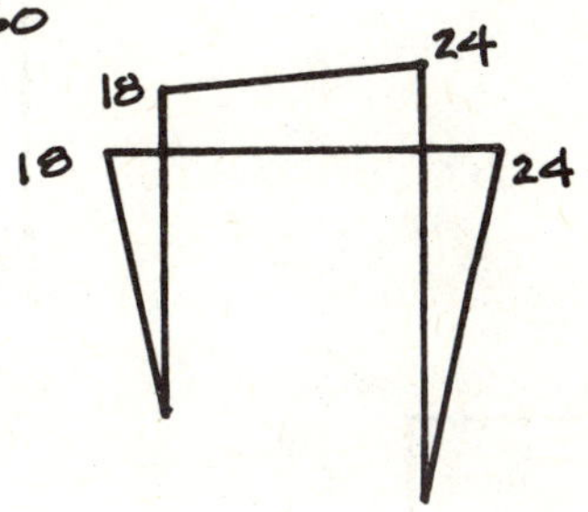

$$D_{AV}^{Q} = \frac{-78480}{EI}$$

$$f_{AVAV} = \frac{1}{EI}\left[\left(\frac{24}{1.5}\right)(8)(\tfrac{1}{2})(16) + \left(\frac{18}{1.5}\right)(6)(21) + \left(\frac{6}{1.5}\right)(6)(\tfrac{1}{2})(22) + (18)(6)(\tfrac{1}{2})(12)\right]$$

$$f_{AVAV} = \frac{3448}{EI}$$

$$\frac{-78480}{EI} + \frac{3448}{EI} R_{AV} = 0$$

$R_{AV} = 22.76^{kN} \downarrow$

$R_{AH} = 16.71^{kN} \leftarrow$

$R_{DV} = 22.76 \uparrow$

$R_{DH} = 8.29^{kN} \leftarrow$

M, kN-m
(DRAWN ON
TENSION FACE)

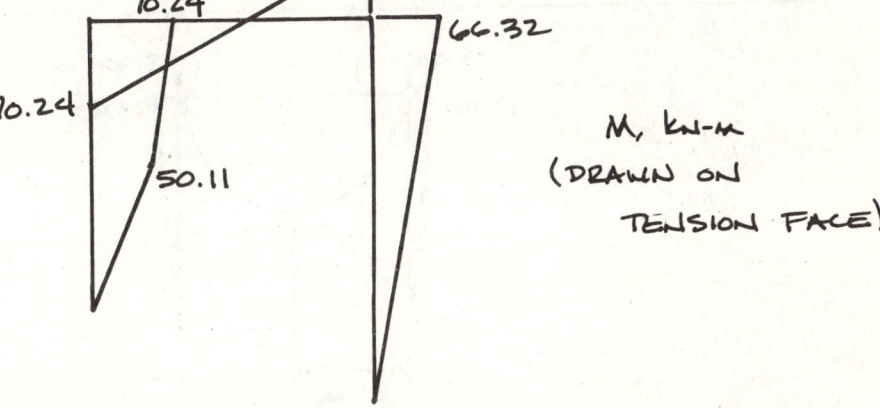

10-16

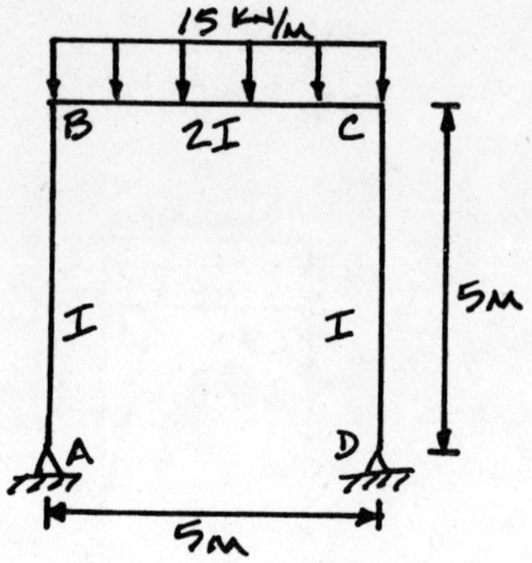

USE R_{AH} AS REDUNDANT:

$$D_{AH}^Q + f_{AHAH} R_{AH} = 0$$

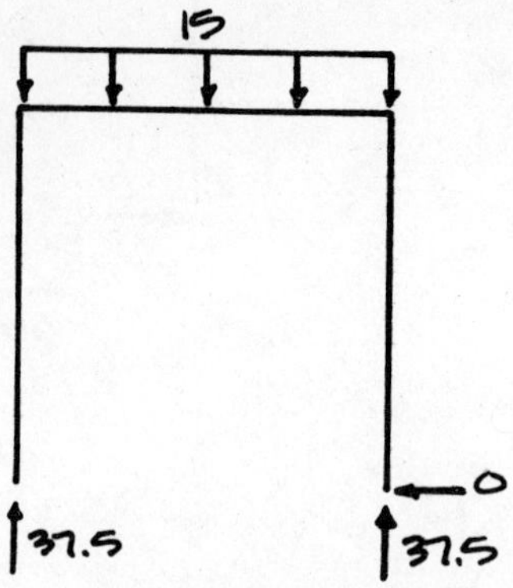

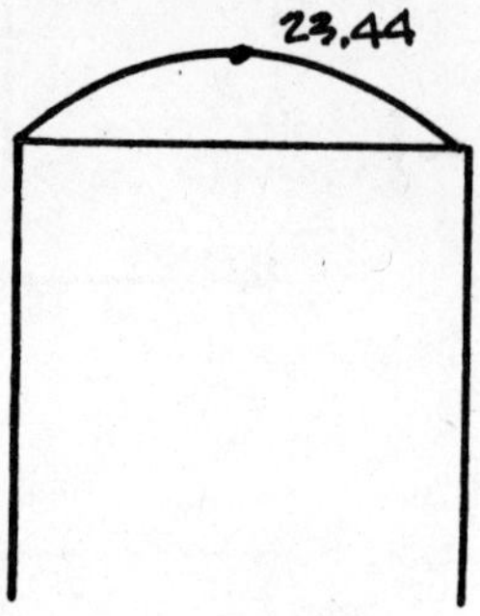

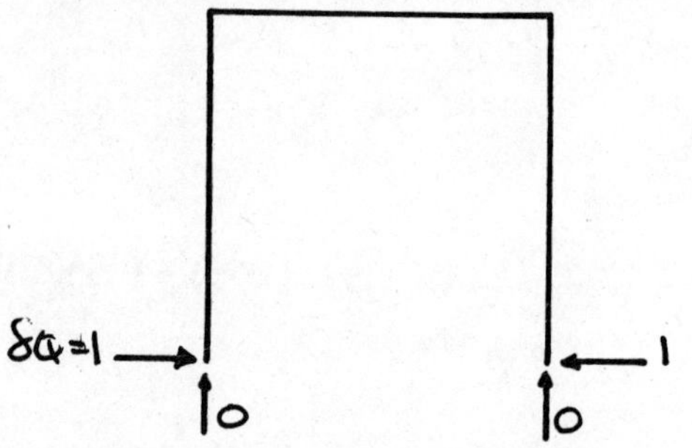

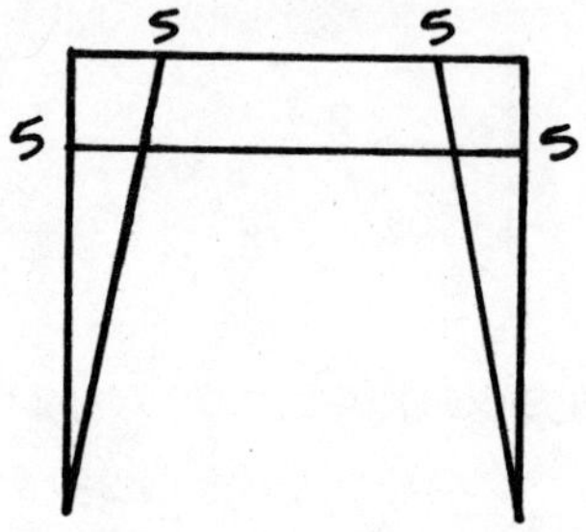

$$(1)(D_{AH}^Q) = \frac{1}{EI}\left[(2)(23.44)(2.5)(2/3)(-5)\right] \qquad D_{AH}^Q = \frac{-390.7}{EI}$$

$$f_{AHAH} = \frac{1}{EI}\left[(5)(5)(1/2)(3.33)(2) + (5/2)(5)(5)\right] = \frac{145.8}{EI}$$

$$\frac{-390.7}{EI} + \frac{145.8}{EI} R_{AH} = 0 \qquad \underline{\underline{R_{AH} = 2.68^{kN} \rightarrow}}$$

$$\underline{\underline{R_{AV} = 37.5^{kN} \uparrow}}$$

$$\underline{\underline{R_{DH} = 2.68^{kN} \leftarrow}} \qquad \underline{\underline{R_{DV} = 37.5^{kN} \uparrow}}$$

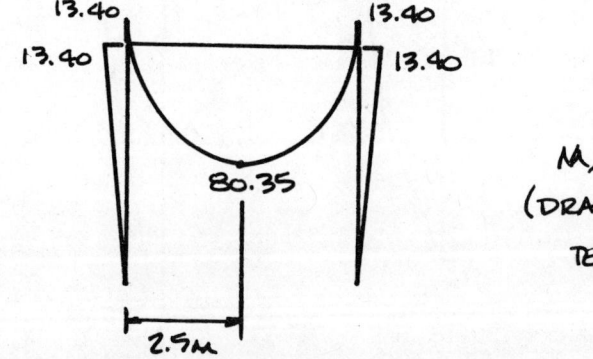

M, kN-m (DRAWN ON TENSION FACE)

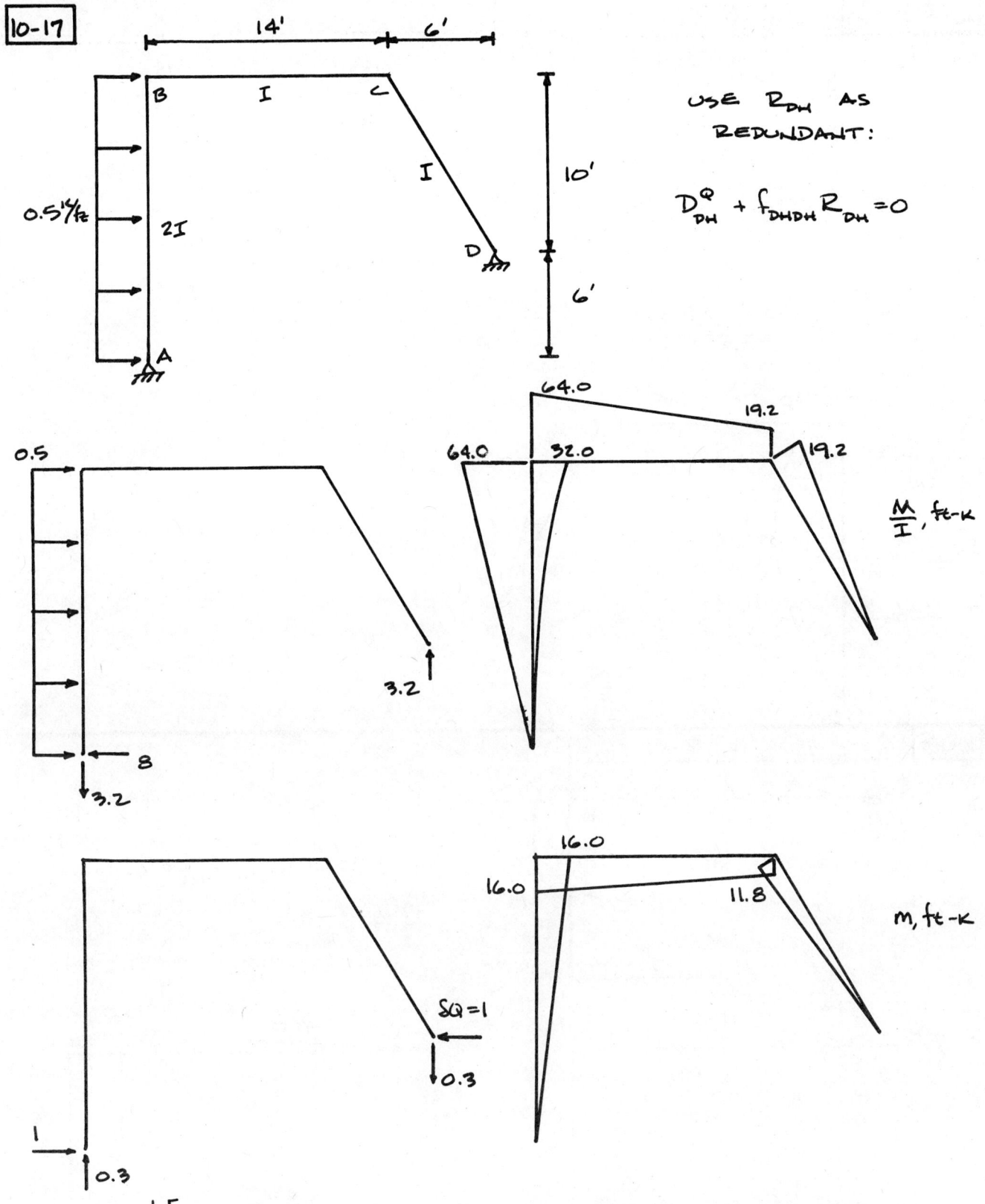

$$(1)(D_{DH}^Q) = \frac{1}{EI}\left[(19.2)(11.66)(1/2)(-7.87) + (19.2)(4)(-13.9) + (44.8)(14)(1/2)(-14.6) + (32)(16)(1/3)(12) + (64)(16)(1/2)(-10.67)\right]$$

$$D_{DH}^Q = \frac{-12610}{EI}$$

10-17 (CONT)

$$f_{DHDH} = \frac{1}{EI}[(11.8)(11.66)(1/2)(7.87)+(11.8)(14)(13.9)+(4.2)(14)(1/2)(14.6)+$$
$$(16/2)(16)(1/2)(10.67)]$$

$$f_{DHDH} = \frac{3950}{EI}$$

$$\frac{-12610}{EI} + \frac{3950}{EI} R_{DH} = 0$$

$$\underline{R_{DH} = 3.19^K \leftarrow}$$

$$\underline{R_{AH} = 4.81^K \rightarrow} \quad \underline{R_{AV} = 2.24^K \downarrow} \quad \underline{R_{DV} = 2.24^K \uparrow}$$

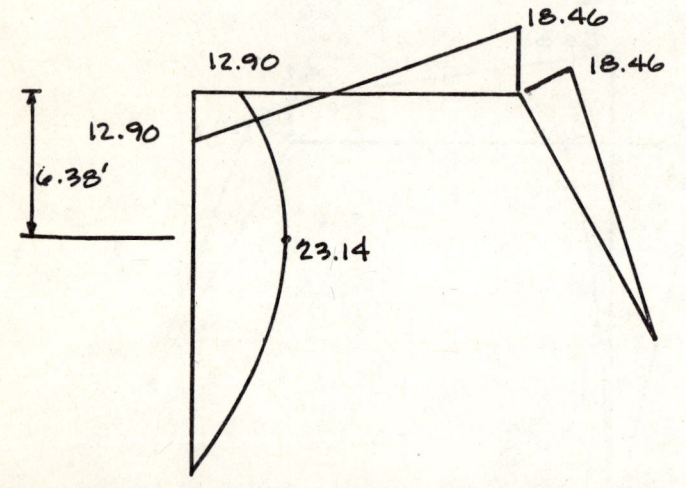

M, ft-k
(DRAWN ON TENSION FACE)

10-18

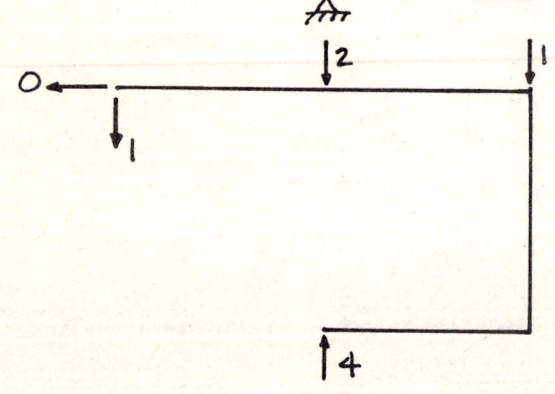

USE R_{DH} AS REDUNDANT:

$$D^Q_{DH} + f_{DHDH} R_{DH} = 0$$

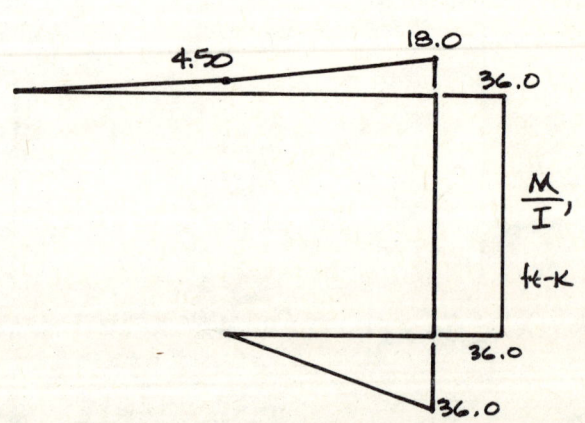

$\frac{M}{I}$, ft-k

10-18 (CONT)

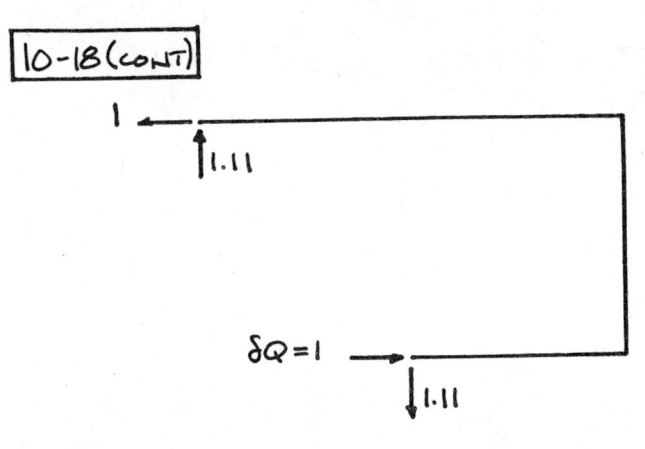
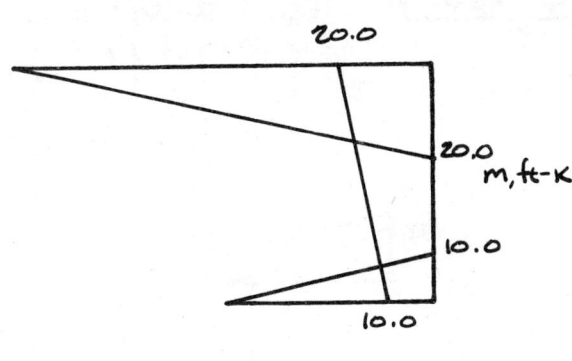

$$(1)(D_{DH}^Q) = \frac{1}{EI}\left[(36)(9)(\tfrac{1}{2})(6.67) + (36)(10)(-15) + (4.5)(9)(-15) + (13.5)(9)(\tfrac{1}{2})(-16.67) + (4.5)(9)(\tfrac{1}{2})(-6.67)\right] \quad D_{DH}^Q = \frac{-8236}{EI}$$

$$f_{DHDH} = \frac{1}{EI}\left[(10)(9)(\tfrac{1}{2})(6.67) + (10)(10)(15) + (10)(10)(\tfrac{1}{2})(16.67) + (\tfrac{20}{2})(18)(\tfrac{1}{2})(13.33)\right] = \frac{3833}{EI}$$

$$-\frac{8236}{EI} + \frac{3833}{EI} R_{DH} = 0 \qquad \underline{R_{DH} = 2.15^k \rightarrow}$$

$$\underline{R_{AH} = 2.15^k \leftarrow} \qquad \underline{R_{AV} = 1.39^k \uparrow} \qquad \underline{R_{DV} = 1.61^k \uparrow}$$

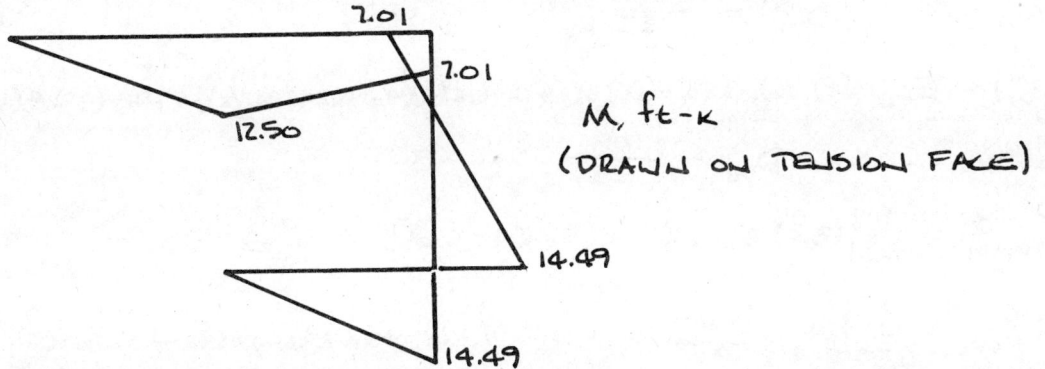

M, ft-k
(DRAWN ON TENSION FACE)

10-19

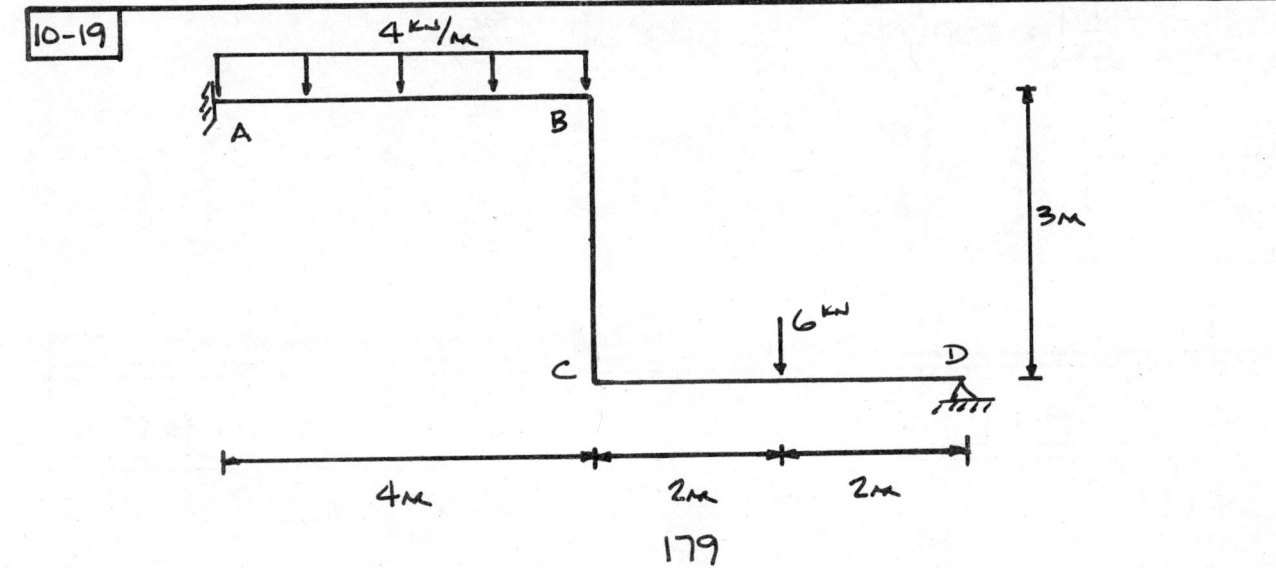

10-19 (CONT) USE REACTIONS AT D AS REDUNDANTS:

$$\begin{Bmatrix} D_{DH}^Q \\ D_{DV}^Q \end{Bmatrix} + \begin{bmatrix} f_{DHDH} & f_{DHDV} \\ f_{DVDH} & f_{DVDV} \end{bmatrix} \begin{Bmatrix} R_{DH} \\ R_{DV} \end{Bmatrix} = \begin{Bmatrix} 0 \\ 0 \end{Bmatrix}$$

M, kN-m (diagram with values 32, 36, 12, 12, 12, 12)

m, kN-m (diagram with values 3.0, 3.0, 3.0, $\delta Q = 1$)

m, kN-m (diagram with values 4.0, 4.0, 8.0, 4.0, 4.0, $\delta Q = 1$)

$(1)(D_{DH}^Q) = \frac{1}{EI}\left[(12)(3)(-1.5) + (12)(4)(-3.0) + (24)(4)(1/2)(-3.0) + (32)(4)(1/3)(-3.0)\right]$

$$D_{DH}^Q = \frac{-470}{EI}$$

$(1)(D_{DV}^Q) = \frac{1}{EI}\left[(12)(2)(1/2)(-3.33) + (12)(3)(-4.0) + (12)(4)(-6) + (24)(4)(1/2)(-6.67) + (32)(4)(1/3)(-7)\right]$

$$D_{DV}^Q = \frac{-1091}{EI}$$

$f_{DHDH} = \frac{1}{EI}\left[(3.0)(3)(1/2)(2) + (3.0)(4)(3.0)\right] = \frac{45}{EI}$

$f_{DVDV} = \frac{1}{EI}\left[(4.0)(4)(1/2)(2.67) + (4.0)(3)(4.0) + (4.0)(4)(6) + (4)(4)(1/2)(6.67)\right] = \frac{218.7}{EI}$

$f_{DHDV} = \frac{1}{EI}\left[(3.0)(3)(1/2)(4.0) + (3.0)(4)(6.0)\right] = \frac{90}{EI}$

$$\begin{Bmatrix} R_{DH} \\ R_{DV} \end{Bmatrix} = \begin{bmatrix} 45 & 90 \\ 90 & 218.7 \end{bmatrix}^{-1} \begin{Bmatrix} 470 \\ 1091 \end{Bmatrix}$$

$\underline{\underline{R_{DH} = 2.64^{kN} \rightarrow}}$ $\underline{\underline{M_A = 28.88^{kN-m}\ \circlearrowleft}}$ $\underline{\underline{R_{AH} = 2.64^{kN} \leftarrow}}$

$\underline{\underline{R_{DV} = 3.90^{kN} \uparrow}}$ $\underline{\underline{R_{AV} = 18.1^{kN} \uparrow}}$

10-19 (CONT)

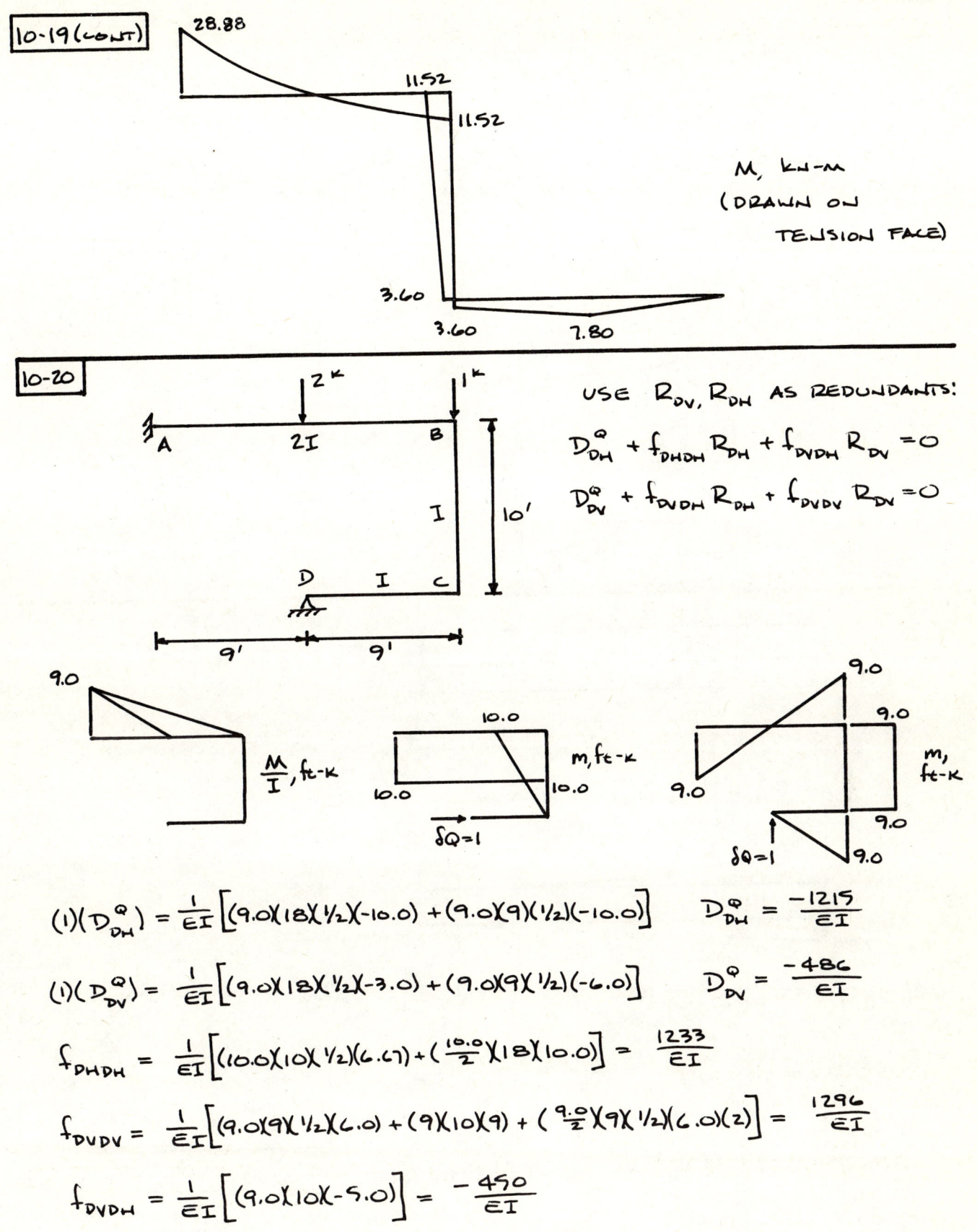

M, kN-m (DRAWN ON TENSION FACE)

10-20

USE R_{DV}, R_{DH} AS REDUNDANTS:

$$D_{DH}^Q + f_{DHDH} R_{DH} + f_{DVDH} R_{DV} = 0$$

$$D_{DV}^Q + f_{DVDH} R_{DH} + f_{DVDV} R_{DV} = 0$$

$(1)(D_{DH}^Q) = \frac{1}{EI}\left[(9.0)(18)(\frac{1}{2})(-10.0) + (9.0)(9)(\frac{1}{2})(-10.0)\right]$ $D_{DH}^Q = \frac{-1215}{EI}$

$(1)(D_{DV}^Q) = \frac{1}{EI}\left[(9.0)(18)(\frac{1}{2})(-3.0) + (9.0)(9)(\frac{1}{2})(-6.0)\right]$ $D_{DV}^Q = \frac{-486}{EI}$

$f_{DHDH} = \frac{1}{EI}\left[(10.0)(10)(\frac{1}{2})(6.67) + (\frac{10.0}{2})(18)(10.0)\right] = \frac{1233}{EI}$

$f_{DVDV} = \frac{1}{EI}\left[(9.0)(9)(\frac{1}{2})(6.0) + (9)(10)(9) + (\frac{9.0}{2})(9)(\frac{1}{2})(6.0)(2)\right] = \frac{1296}{EI}$

$f_{DVDH} = \frac{1}{EI}\left[(9.0)(10)(-5.0)\right] = \frac{-450}{EI}$

10-20 (CONT)

$$\begin{bmatrix} 1233 & -450 \\ -450 & 1296 \end{bmatrix} \begin{Bmatrix} R_{DH} \\ R_{DV} \end{Bmatrix} = \begin{Bmatrix} 1215 \\ 486 \end{Bmatrix}$$

$R_{DH} = 1.29^k \rightarrow$ $M_A = 15.77^{ft-k} \;\circlearrowleft$ $R_{AH} = 1.29^k \leftarrow$

$R_{DV} = 0.82^k \uparrow$ $R_{AV} = 2.18^k \uparrow$

M, ft-k
(DRAWN ON TENSION FACE)

Values on diagram: 15.77, 3.85, 5.47, 5.47, 7.38, 7.38

10-21

Beam A—B, 24', with 0.6 k/ft distributed load

$I = 1500 \text{ in}^4$
$E = 29 \times 10^3 \text{ ksi}$

B SETTLES 0.4 IN., SELECT R_B AS REDUNDANT:

$$D_B^Q + f_{BB} R_B = -0.4 \text{ in.}$$

M, in-k (2074)
m, in-k (288)

$(1)(D_B^Q) = \frac{1}{(1500)(29 \times 10^3)}[(2074)(288)(1/3)(-216)]$ $D_B^Q = -0.989$ in.

$f_{BB} = \frac{1}{(1500)(29 \times 10^3)}[(288)(288)(1/2)(192)] = 0.183 \text{ in/k}$

$-0.989 + 0.183 R_B = -0.4$ $\underline{R_B = 3.22^k \uparrow}$

$M_A = -(3.22)(24) + (0.6)(24)(24)(1/2) = \underline{95.6^{ft-k} \;\circlearrowleft}$

$-0.989 + 0.183 R_B = 0$ $\underline{R_B = 5.40^k \uparrow}$

$M_A = -(5.40)(24) + (0.6)(24)(24)(1/2) = \underline{43.1^{ft-k} \;\circlearrowleft}$

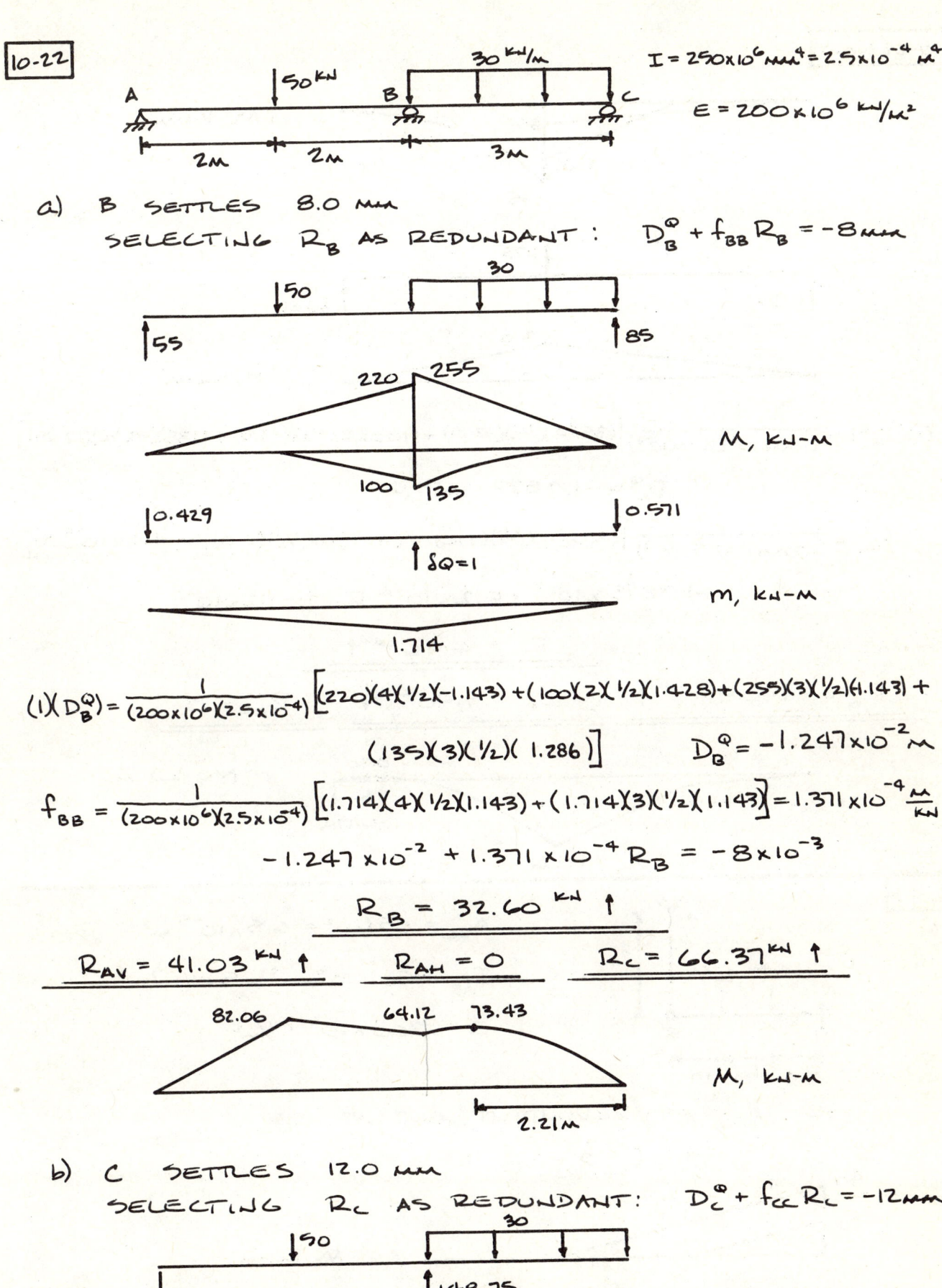

10-22 (CONT)

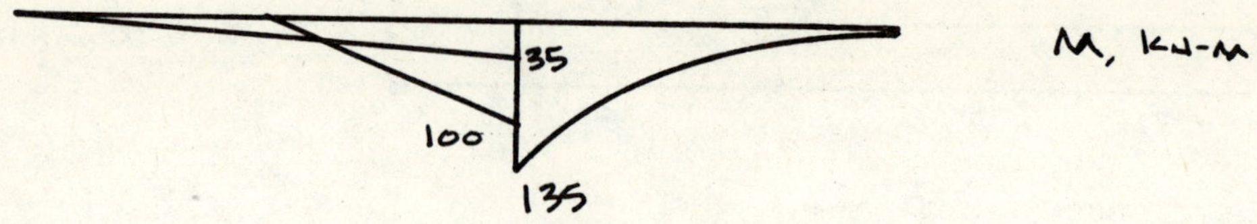

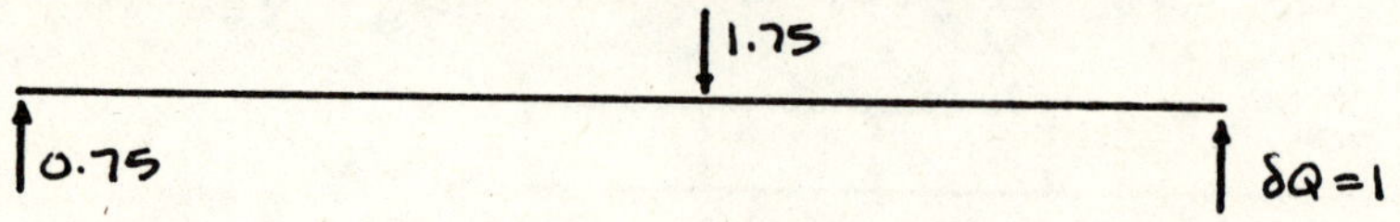

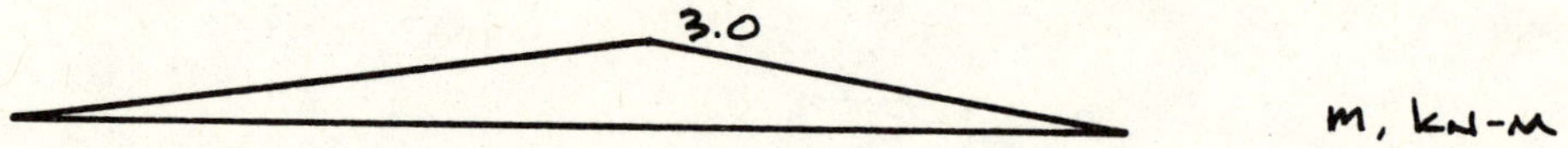

$(1)(D_c^Q) = \dfrac{1}{(200\times10^6)(2.5\times10^{-4})}\left[(35)(4)(\tfrac{1}{2})(-2.0)+(100)(2)(\tfrac{1}{2})(-2.5)+(135)(3)(\tfrac{1}{3})(-2.25)\right]$

$D_c^Q = -1.3875\times10^{-2}\ \text{m}$

$f_{cc} = \dfrac{1}{(200\times10^6)(2.5\times10^{-4})}\left[(3.0)(4)(\tfrac{1}{2})(2.0)+(3.0)(3)(\tfrac{1}{2})(2.0)\right] = 4.2\times10^{-4}\ \dfrac{\text{m}}{\text{kN}}$

$-1.3875\times10^{-2} + 4.2\times10^{-4}\,R_c = -1.2\times10^{-2}$

$\underline{\underline{R_c = 4.46^{\text{kN}}\uparrow}}$

$\underline{\underline{R_B = 140.94^{\text{kN}}\uparrow}}\qquad \underline{\underline{R_{AV} = 5.40^{\text{kN}}\downarrow}}\qquad \underline{\underline{R_{AH} = 0}}$

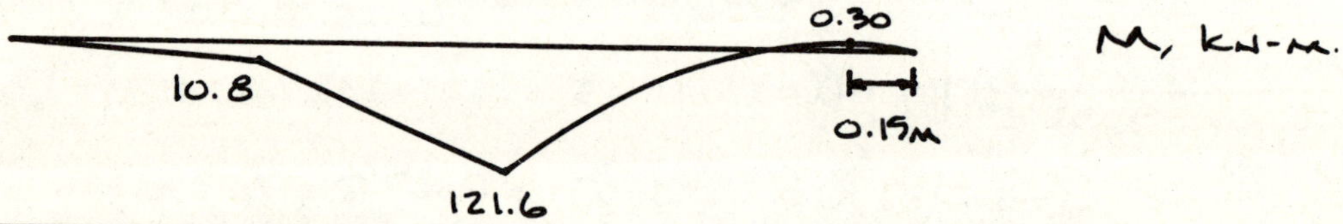

10-23

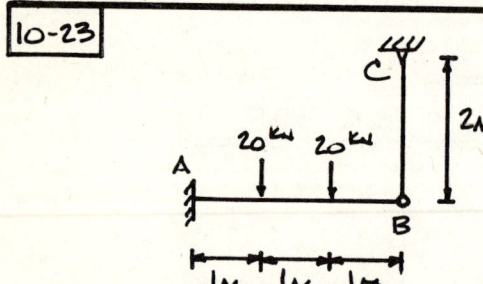

$A_{BC} = 65\ \text{mm}^2 = 6.5\times10^{-5}\ \text{m}^2$

$I_{AB} = 50\times10^6\ \text{mm}^4 = 5\times10^{-5}\ \text{m}^4$

$E = 200\times10^6\ \text{kN/m}^2$

USE P_{BC} AS REDUNDANT, CUT AT C:

$D_c^Q + f_{cc}\,P_{BC} = 0$

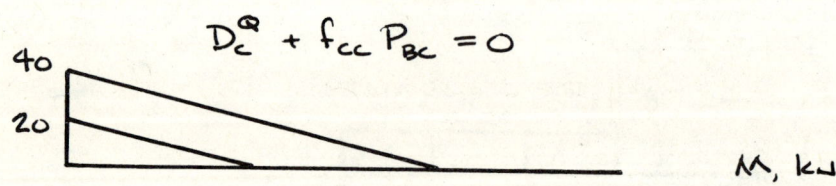

184

10-23 (CONT)

$$(1)(D_c^Q) = \frac{1}{(200\times 10^6)(5\times 10^{-5})}\left[(40)(2)(\tfrac{1}{2})(-2.33)+(20)(1)(\tfrac{1}{2})(-2.67)\right]$$

$$D_c^Q = -1.2\times 10^{-2}\ M$$

$$f_{cc} = \frac{1}{(200\times 10^6)(5\times 10^{-5})}\left[(3.0)(3)(\tfrac{1}{2})(2.0)\right] + \frac{1}{(6.5\times 10^{-5})(200\times 10^6)}\left[(1)(1)(2)\right]$$

$$= 1.054\times 10^{-3}\ M/kN$$

$$-1.20\times 10^{-2} + 1.054\times 10^{-3}\, P_{BC} = 0$$

$$\underline{\underline{P_{BC} = 11.38\ kN}} \qquad \underline{\underline{M_A = 29.86\ kN\text{-}M\ \circlearrowleft}}$$

10-24

W16×50   d = 16.26 IN.
$\alpha = 6.5\times 10^{-6}\ /°F$

SELECTING R_B AS REDUNDANT: $D_B^Q + f_{BB} R_B = 0$

FROM EQN. (7-51):

$$D_B^Q = \alpha D \int_0^L m\, dx$$

$$m = 1x$$

$$D = \frac{80}{16.26} = 4.92$$

$$D_B^Q = (6.5\times 10^{-6})(4.92)(12)\int_0^{18}(1x)\,dx$$

$$= 3.8376\times 10^{-4}\left(\frac{x^2}{2}\right)\Big|_0^{18} = 6.217\times 10^{-2}\ ft.$$

$$f_{BB} = \frac{1}{(4176000)(3.178\times 10^{-2})}\left[(18)(18)(\tfrac{1}{2})(12)\right] = 1.465\times 10^{-2}\ ft/k$$

$$6.217\times 10^{-2} + 1.465\times 10^{-2}\, R_B = 0$$

$$\underline{\underline{R_B = -4.24^k\ (\downarrow)}}$$

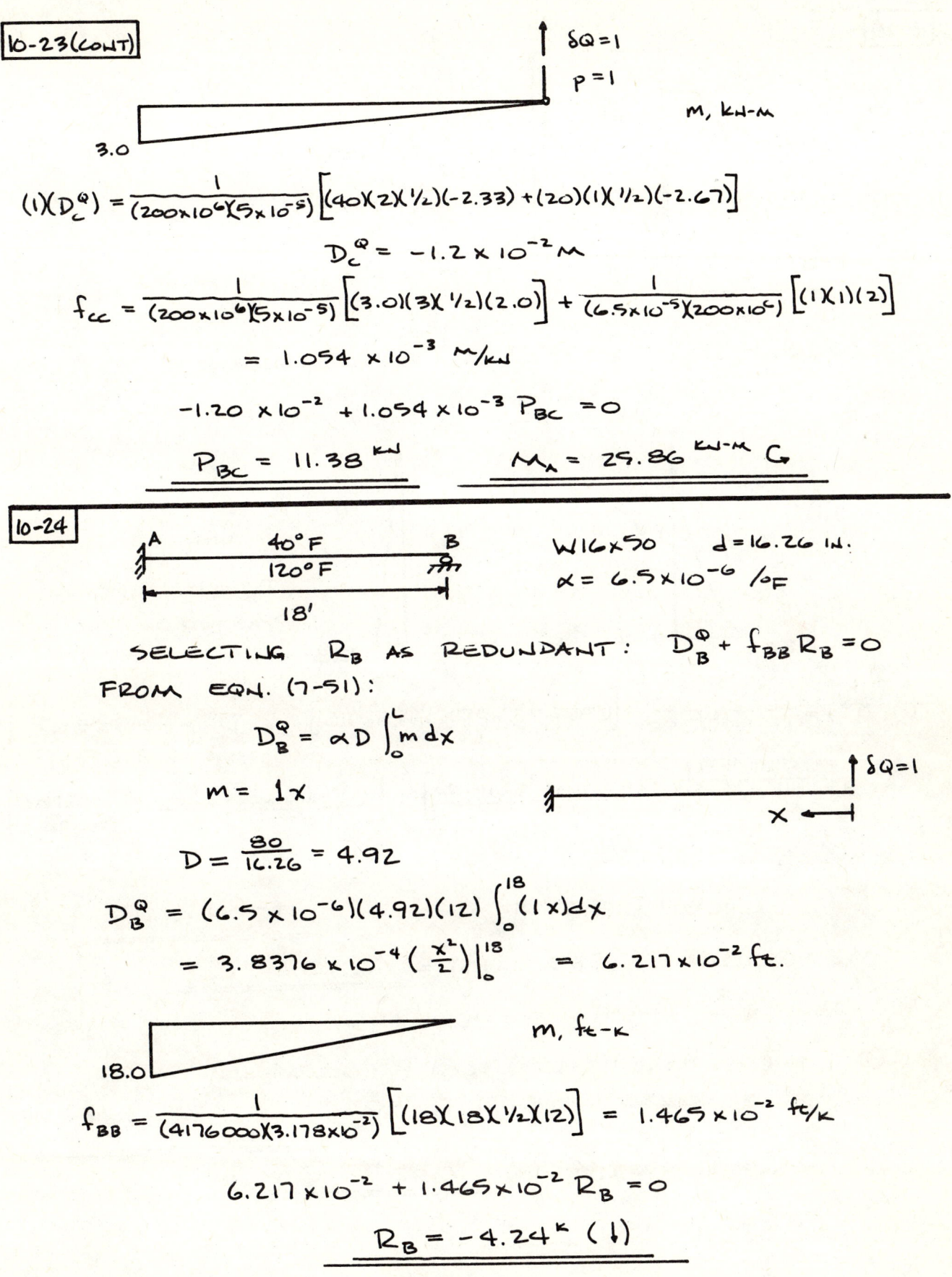

10-25

$A = 10 \text{ in}^2$
$I = 200 \text{ in}^4$
$E = 29 \times 10^3 \text{ ksi}$

(Truss/frame: member CB with $L = 30'$, $A = 0.5 \text{ in}^2$; column AB with height $24'$ loaded by $400\, \#/\text{ft}$; base $18'$ between C and A)

FIND T_{BC} AND M_A.

SELECTING T_{CB} (AT C) AS THE REDUNDANT:

$$D_c^Q + f_{cc} T_{CB} = 0$$

a)

M, IN-K : 1382.4 ; $T_{BC} = P_{AB} = 0$

m, IN-K : 172.8 ; $T_{BC} = 1$, $P_{AB} = -0.8$

$(1)(D_c^Q) = \dfrac{1}{(29 \times 10^3)(200)} \left[(1382.4)(288)(1/3)(-129.6) \right]$ $D_c^Q = -2.965 \text{ in.}$

$f_{cc} = \dfrac{1}{29 \times 10^3} \left\{ \left[\dfrac{(172.8)(288)(1/2)(115.2)}{200} \right] + \left[\dfrac{(1)(1)(360)}{0.5} \right] + \left[\dfrac{(-0.8)(0.8)(288)}{10} \right] \right\}$

$= 0.5197 \text{ in/k}$

$-2.965 + 0.5197\, T_{BC} = 0$ $\underline{\underline{T_{BC} = 5.71^k}}$

$M_A = (0.4)(24)(12) - (\tfrac{4}{5})(5.71)(18) = \underline{\underline{32.98^{\text{ft-k}}}}$ ↻

b) FROM EQN. (7-49): $\delta W_I = p\, \alpha\, C\, L$

$(1)(D_c^Q) = (1)(6.5 \times 10^{-6})(-100)(360) = -0.234 \text{ in.}$

$-0.234 + 0.5197\, T_{BC} = 0$ $\underline{\underline{T_{BC} = 0.450^k}}$

$M_A = (0.450)(4/5)(18) = \underline{\underline{6.48^{\text{ft-k}}}}$ ↻

10-26

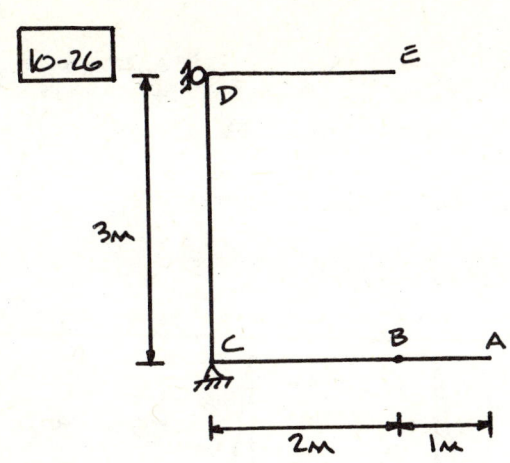

$I = 165 \times 10^6 \text{ mm}^4 = 1.65 \times 10^{-4} \text{ m}^4$

$A = 975 \text{ mm}^2 = 9.75 \times 10^{-4} \text{ m}^2$

$E = 70 \times 10^6 \text{ kN/m}^2$

a) A MEMBER 10 mm SHORT OF "BE" IS PLACED BETWEEN "BE". DETERMINE THE AXIAL FORCE IN THE NEW MEMBER.

USE T_{BE} AS REDUNDANT: $D_E^Q + f_{EE} T_{EB} = 0$

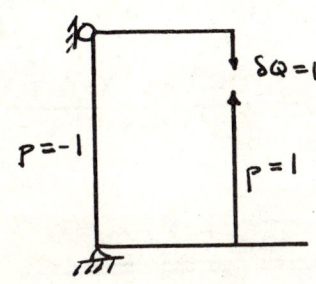

m, kN-m

$D_E^Q = -0.01 \text{ m}$

$f_{EE} = \dfrac{1}{70 \times 10^6} \left\{ \left[\dfrac{(2.0)(2)(\frac{1}{2})(1.33)(2) + (2.0)(3)(2.0)}{1.65 \times 10^{-4}} \right] + \left[\dfrac{(1)(1)(3) + (-1)(-1)(3)}{9.75 \times 10^{-4}} \right] \right\}$

$= 1.5875 \times 10^{-3} \text{ m/kN}$

$-0.01 + 1.5875 T_{EB} = 0 \qquad T_{EB} = 6.30 \text{ kN}$

b) MEMBER "BE" EXACTLY FITS, LOAD OF -20^{kN} IS APPLIED AT A. DETERMINE T_{BE}.

M, kN-m   m SAME AS FOR (a).
$P_{DC} = 0$

$(1)(D_E^Q) = \dfrac{1}{(70 \times 10^6)(1.65 \times 10^{-4})} \left[(20)(2)(-1.0) + (2)(\tfrac{1}{2})(-1.33) + (60)(3)(\tfrac{1}{2})(-2.0) \right]$

$D_E^Q = -2.367 \times 10^{-2}$

$-2.367 \times 10^{-2} + 1.5875 \times 10^{-3} T_{BE} = 0 \qquad \underline{T_{BE} = 14.91^{kN}}$

10-27

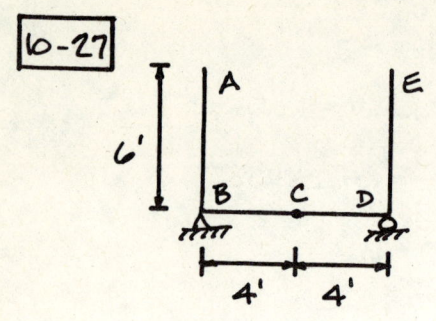

a) AN EXACT FIT MEMBER IS INSERTED IN AE. FIND T_{AE} IF A 1.5 k/ft LOAD ACTS TO THE LEFT ON AB.

USE T_{AE} AS REDUNDANT.

AT A: $D_A^Q + f_{AA} T_{AE} = 0$

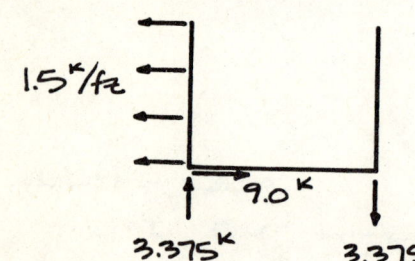
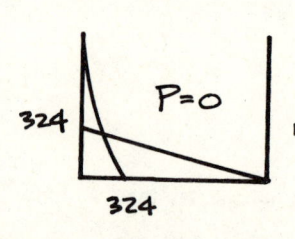
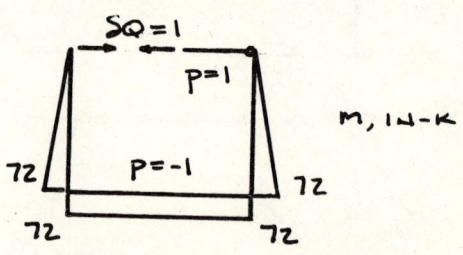

$I = 100 \text{ in}^4 \quad A = 4 \text{ in}^2 \quad E = 10,000 \text{ ksi}$

$(1)(D_A^Q) = \dfrac{1}{(10,000)(100)} \left[(324)(72)(\tfrac{1}{3})(-54) + (324)(96)(\tfrac{1}{2})(-72) \right] \quad D_Q^A = -1.54 \text{ in.}$

$f_{AA} = \dfrac{1}{10,000} \left\{ \dfrac{(72)(72)(\tfrac{1}{2})(48)(2) + (72)(96)(72)}{100} + \dfrac{(1)(1)(96) + (-1)(-1)(96)}{4} \right\}$

$= 0.7513 \text{ in/k}$

$-1.54 + 0.7513 (T_{AE}) = 0 \qquad \underline{T_{AE} = 2.05^k}$

b) WITH NO LOAD, THE DISTANCE BETWEEN AE IS 8.05 FEET. A MEMBER OF LENGTH 7.95 FEET IS INSERTED IN AE. DETERMINE THE VALUE OF VERTICAL FORCE AT C WHICH WOULD RESULT IN A PERFECT FIT FOR AE.

WE NEED TO FIND f_{AC}.

FOR A UNIT VERTICAL FORCE AT C:

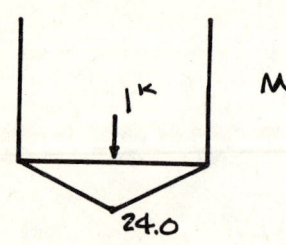

M IS SAME AS IN PART (a).
M AND m BOTH DRAWN ON TENSION FACE.

$f_{AC} = \dfrac{1}{(10,000)(100)} \left[(24)(48)(\tfrac{1}{2})(72)(2) \right] = 0.0829 \text{ in/k}$

$D_A^Q = -(8.05 - 7.95)(12) = -1.2 \text{ in.}$

$-1.2 + 0.0829 \, Q_c = 0$

$\underline{Q_c = 14.47^k \downarrow}$

10-28

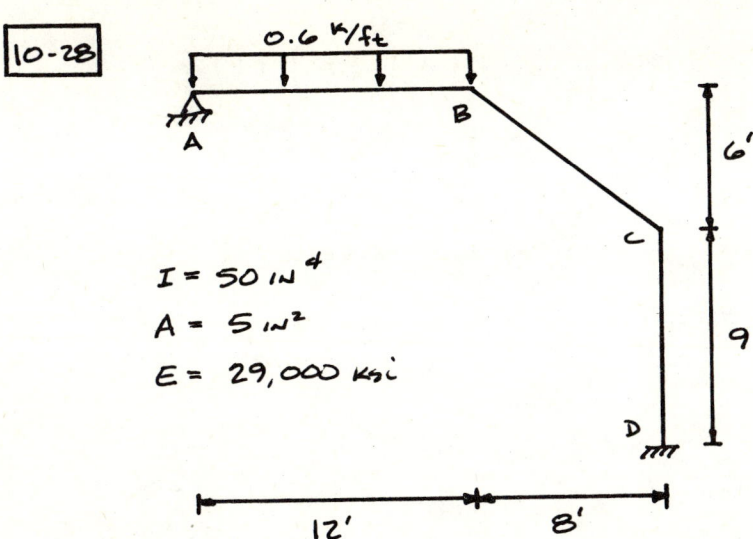

$I = 50 \text{ in}^4$
$A = 5 \text{ in}^2$
$E = 29,000 \text{ ksi}$

a) WITH LOAD SHOWN, "A" MOVES 0.4 IN. TO THE LEFT. CONSIDER R_{AX} AND R_{AY} THE REDUNDANTS.

$$\begin{Bmatrix} D^Q_{AH} \\ D^Q_{AV} \end{Bmatrix} + \begin{bmatrix} f_{AHAH} & f_{AHAV} \\ f_{AVAH} & f_{AVAV} \end{bmatrix} \begin{Bmatrix} R_{AH} \\ R_{AV} \end{Bmatrix} = \begin{Bmatrix} -0.4 \\ 0 \end{Bmatrix}$$

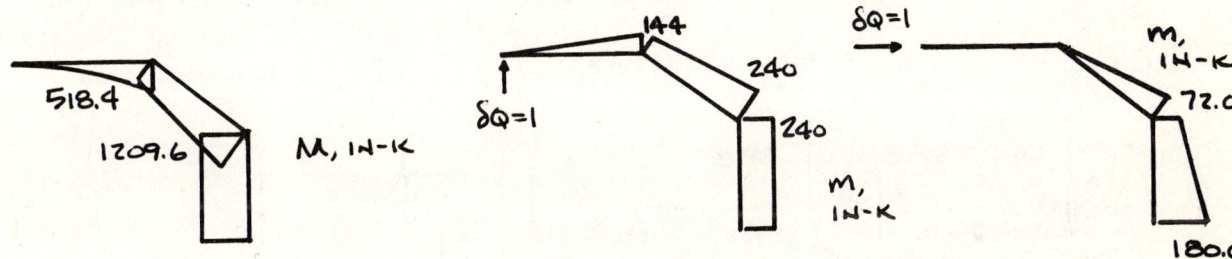

$(1)(D^Q_{AV}) = \frac{1}{(29,000)(50)} \big[(518.4)(144)(\tfrac{1}{3})(-108) + (518.4)(120)(-192) +$
$\qquad\qquad (691.2)(120)(\tfrac{1}{2})(-208) + (1209.6)(108)(-240) \big]$

$D^Q_{AV} = -37.662 \text{ in.}$

$(1)(D^Q_{AH}) = \frac{1}{(29,000)(50)} \big[(518.4)(120)(-36) + (691.2)(120)(\tfrac{1}{2})(-48) + (1209.6)(108)(-126) \big]$

$D^Q_{AH} = -14.269 \text{ in.}$

$f_{AVAH} = \frac{1}{(29,000)(50)} \big[(144)(120)(36) + (96)(120)(\tfrac{1}{2})(48) + (240)(108)(126) \big] = 2.872 \tfrac{\text{in}}{\text{k}}$

$f_{AHAH} = \frac{1}{(29,000)(50)} \big[(72)(120)(\tfrac{1}{2})(48) + (72)(108)(126) + (108)(108)(\tfrac{1}{2})(144) \big] = 1.398 \tfrac{\text{in}}{\text{k}}$

$f_{AVAV} = \frac{1}{(29,000)(50)} \big[(144)(144)(\tfrac{1}{2})(96) + (144)(120)(192) + (96)(120)(\tfrac{1}{2})(208) + (240)(108)(240) \big]$

$\qquad = 8.091 \tfrac{\text{in}}{\text{k}}$

10-28 (cont)

$$\begin{Bmatrix} -14.269 \\ -37.662 \end{Bmatrix} + \begin{bmatrix} 1.398 & 2.872 \\ 2.872 & 8.091 \end{bmatrix} \begin{Bmatrix} R_{AH} \\ R_{AV} \end{Bmatrix} = \begin{Bmatrix} -0.4 \\ 0 \end{Bmatrix}$$

$\underline{\underline{R_{AH} = 1.322^k \longrightarrow}} \qquad \underline{\underline{R_{AV} = 4.186^k \uparrow}}$

b) BC UNDERGOES $\Delta T = +120°F$. FIND CHANGE IN MOMENT AT D.

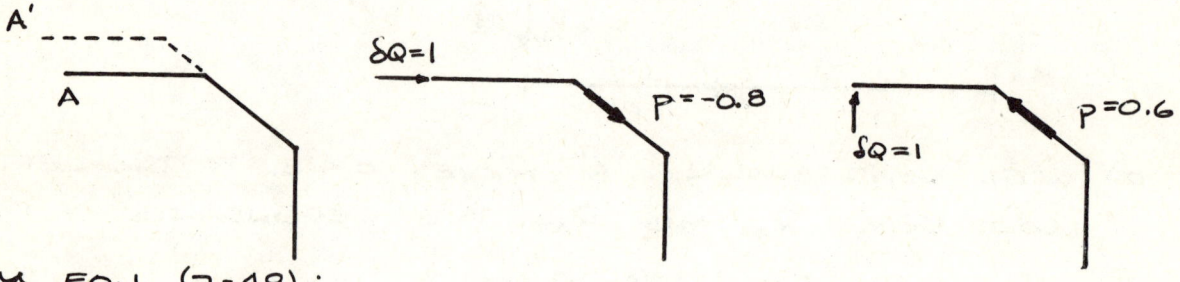

FROM EQN. (7-49):
$$\delta W_I = p \alpha c L$$

$(1)(D_{AH}) = -(0.8)(6.5 \times 10^{-6})(120)(120) \qquad D_{AH} = -0.07488$ IN.

$(1)(D_{AV}) = (0.6)(6.5 \times 10^{-6})(120)(120) \qquad D_{AV} = 0.05616$ IN.

$$\begin{Bmatrix} -0.07488 \\ 0.05616 \end{Bmatrix} + \begin{bmatrix} 1.398 & 2.872 \\ 2.872 & 8.091 \end{bmatrix} \begin{Bmatrix} R_{AH} \\ R_{AV} \end{Bmatrix} = \begin{Bmatrix} 0 \\ 0 \end{Bmatrix}$$

$R_{AH} = 0.2505^k \longrightarrow \qquad R_{AV} = 0.0958^k \downarrow$

$\Delta M_D = (0.2505)(15) - (0.0958)(20) = \underline{\underline{1.842^{ft-k} \circlearrowleft}}$

10-29

A beam with support at A (fixed), 4^k point load at 6', support B (pin) at 12', 0.6 k/ft distributed load over 12' span to support C (pin) at k. Spans: 6', 6', 12'.

GENERAL EQUATION:
$$M_i L_i + 2 M_j (L_i + L_j) + M_k L_j = -\frac{6 A_i \bar{x}_i}{L_i} - \frac{6 A_j \bar{x}_j}{L_j}$$

a) WITH j AT B:

$$M_A (12) + 2 M_B (12+12) + 0 = -\frac{(6)[(\frac{1}{2})(12)(12)](6)}{12} - \frac{(6)[(\frac{2}{3})(12)(10.8)](6)}{12}$$

$$12 M_A + 48 M_B = -475.2$$

10-29 (CONT)

WITH j AT A:
$$0 + 2M_A(12) + M_B(12) = 0 - \frac{(6)[(\frac{1}{2} \times 12 \times 12)](6)}{12}$$

$$24M_A + 12M_B = -216$$

SOLVING SIMULTANEOUSLY:

$$\underline{\underline{M_A = -4.63 \text{ ft-k}}} \qquad \underline{\underline{M_B = -8.74 \text{ ft-k}}}$$

b)

$\Sigma M_B = 0$

$$4.63 + (4)(6) - 8.74 - 12R_{AY} = 0 \qquad \underline{\underline{R_{AY} = 1.66^k \uparrow}}$$

$$\underline{\underline{R_{AH} = 0}}$$

$\Sigma M_C = 0$

$$4.63 + (4)(18) + (0.6)(12)(6) - 12R_B - (1.66)(24) = 0 \qquad \underline{\underline{R_B = 6.67^k \uparrow}}$$

$\Sigma F_Y = 0$

$$1.66 + 6.67 - 4 - 7.2 + R_C = 0 \qquad \underline{\underline{R_C = 2.87^k \uparrow}}$$

10-30

GENERAL EQUATION:
$$M_i L_i + 2M_j(L_i + L_j) + M_k L_j = -6\frac{A_i \bar{x}_i}{L_i} - 6\frac{A_j \bar{x}_j}{L_j}$$

WITH j AT B:
$$0 + 2M_B(3+4) + M_C(4) = \frac{-(6)[(\frac{2}{3} \times 3 \times 22.5)](1.5)}{3} - \frac{(6)[(\frac{1}{2} \times 4 \times 40)](2)}{4}$$

$$14M_B + 4M_C = -375$$

WITH j AT C:
$$M_B(4) + 2M_C(4+3) + (24)(3) = \frac{-(6)[(\frac{1}{2} \times 4 \times 40)](2)}{4} - \frac{(6)[(\frac{2}{3} \times 3 \times 13.5)](1.5)}{3}$$

10-30 (CONT)

$$4M_B + 14M_C = -249$$

SOLVING SIMULTANEOUSLY:

$$M_B = -23.63 \text{ kN-m} \qquad M_C = -11.03 \text{ kN-m}$$

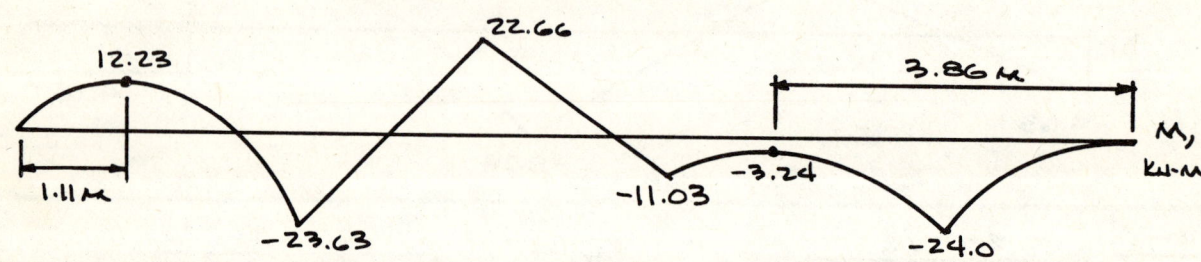

$\Sigma M_C = 0 \quad \circlearrowleft^+$

$11.03 + 3R_D - (12)(5)(2.5) = 0 \qquad \underline{R_D = 46.32^{kN} \uparrow}$

$\Sigma M_B = 0$

$23.63 + (46.32)(7) + 4R_C - (12)(5)(6.5) - (40)(2) = 0$

$\underline{R_C = 30.53^{kN} \uparrow}$

$\Sigma M_B = 0$

$-3R_{AV} - 23.63 + (20)(3)(1.5) = 0 \qquad \underline{R_{AV} = 22.12^{kN} \uparrow}$

$\underline{R_{AH} = 0}$

$\Sigma M_C = 0$

$-(22.12)(7) - 4R_B - 11.03 + (40)(2) + (20)(3)(5.5) = 0$

$\underline{R_B = 61.03^{kN} \uparrow}$

10-31

a) [Beam diagram: A to B with distributed load w over $3L/4$ from A, remaining $L/4$ to B, with x measured from B side]

$$FEM_{AB} = \int_0^{3L/4} w \frac{(3L/4 - x)(L/4 + x)^2}{L^2} dx$$

$$= \frac{w}{L^2} \int_0^{3L/4} (3L/4 - x)(L^2/16 + (L/2)x + x^2) dx$$

$$= \frac{w}{L^2} \int_0^{3L/4} \left(\frac{3L^3}{64} + \frac{5L^2 x}{16} + \frac{Lx^2}{4} - x^3\right) dx$$

$$= \frac{w}{L^2} \left(\frac{3L^3 x}{64} + \frac{5L^2 x^2}{32} + \frac{Lx^3}{12} - \frac{x^4}{4}\right)\Big|_0^{3L/4}$$

$$= \frac{w}{L^2} \left(\frac{9}{256} L^4 + \frac{45}{512} L^4 + \frac{27}{768} L^4 - \frac{81}{1024} L^4\right)$$

10-31 (CONT)

$$FEM_{AB} = wL^2\left(\frac{81}{1024}\right) \curvearrowleft$$

$$FEM_{BA} = w\int_0^{3L/4} \frac{(3L/4-x)^2(L/4+x)}{L^2}dx$$

$$= \frac{w}{L^2}\int_0^{3L/4}\left(\frac{9L^2}{16} - \frac{6Lx}{4} + x^2\right)(L/4 + x)dx$$

$$= \frac{w}{L^2}\int_0^{3L/4}\left(\frac{9L^3}{64} + \frac{3L^2 x}{16} - \frac{5Lx^2}{4} + x^3\right)dx$$

$$= \frac{w}{L^2}\left(\frac{9L^3 x}{64} + \frac{3L^2 x^2}{32} - \frac{5Lx^3}{12} + \frac{x^4}{4}\right)\Big|_0^{3L/4}$$

$$= \frac{w}{L^2}\left(\frac{27L^4}{256} + \frac{27L^4}{512} - \frac{135L^4}{768} + \frac{81L^4}{1024}\right) = wL^2\left(\frac{63}{1024}\right) \curvearrowright$$

b)

20 kN/m at A, 30 kN/m at B, span 5 m

USE SUPERPOSITION: CONSTANT LOAD OF 20 kN/m AND A VARYING LOAD OF 2 kN/m/m

$$FEM_{AB} = \frac{wl^2}{12} + \frac{w'l^2}{30}$$

$$= \frac{(20)(5)^2}{12} + \frac{(10)(5)^2}{30} = \underline{\underline{50 \text{ kN-m}}} \curvearrowleft$$

$$FEM_{BA} = \frac{wl^2}{12} + \frac{w'l^2}{20}$$

$$= \frac{(20)(5)^2}{12} + \frac{(10)(5)^2}{20} = \underline{\underline{54.17 \text{ kN-m}}} \curvearrowright$$

c)

2 k/ft triangular load, 8' + 8'

$$FEM_{AB} = \int_0^{L/2} \frac{w(L-x)^2(x)}{L^2}dx + \int_{L/2}^{L} \frac{w/8(L-x)(L-x)^2 x}{L^2}dx$$

$$= \int_0^{L/2} \frac{w}{L^2}(L^2 x - 2x^2 L + x^3)dx + \frac{w}{8L^2}\int_{L/2}^{L}(L^3 x - 3L^2 x^2 + 3Lx^3 - x^4)dx$$

$$= \frac{w}{L^2}\left(\frac{L^2 x^2}{2} - \frac{2x^3 L}{3} + \frac{x^4}{4}\right)\Big|_0^8 + \frac{w}{8L^2}\left(\frac{L^3 x^2}{2} - L^2 x^3 + \frac{3Lx^4}{4} - \frac{x^5}{5}\right)\Big|_8^{16}$$

$$= \frac{2}{256}(3754.7) + \frac{2}{8(256)}(9830.4) = 29.33^{ft-k} + 9.6^{ft-k}$$

$$\underline{\underline{FEM_{AB} = 38.93 \text{ ft-k}}} \curvearrowleft$$

10-31 (CONT)   c) (CONT)

$$FEM_{BA} = \int_0^8 \frac{2(16-x)(x)^2}{256}dx + \int_8^{16} \frac{\frac{2}{8}(L-x)(L-x)x^2}{256}dx$$

$$= \frac{2}{256}\int_0^8 (16x^2 - x^3)dx + \frac{1}{1024}\int_8^{16}(L^2x^2 - 2x^3L + x^4)dx$$

$$= \frac{2}{256}\left(\frac{16x^3}{3} - \frac{x^4}{4}\right)\bigg|_0^8 + \frac{1}{1024}\left(\frac{L^2 x^3}{3} - \frac{x^4 L}{2} + \frac{x^5}{5}\right)\bigg|_8^{16}$$

$$= 13.33 \text{ ft-k} + 17.07 \text{ ft-k}$$

$$\underline{\underline{FEM_{BA} = 30.40 \text{ ft-k} \curvearrowleft}}$$

d)

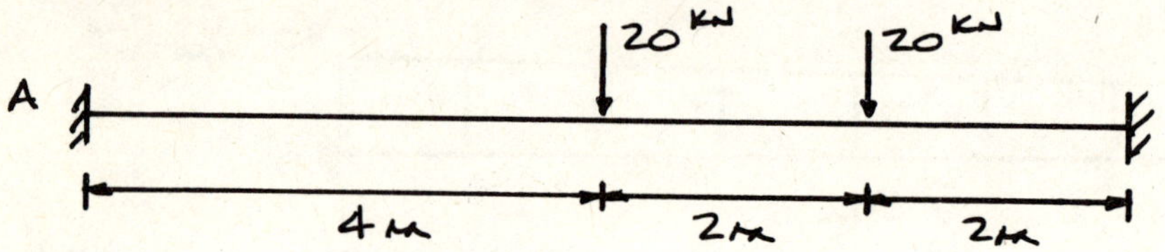

[Beam diagram: Fixed at A, fixed at B, with two 20 kN loads. Segments: 4m, 2m, 2m]

$$FEM_{AB} = \sum \frac{Qab^2}{L^2}$$

$$= \frac{(20)(4)(4)^2}{(8)^2} + \frac{(20)(6)(2)^2}{(8)^2}$$

$$= 20 + 7.5$$

$$\underline{\underline{FEM_{AB} = 27.5 \text{ kN-m} \curvearrowright}}$$

$$FEM_{BA} = \sum \frac{Qa^2b}{L^2}$$

$$= \frac{(20)(4)^2(4)}{(8)^2} + \frac{(20)(6)^2(2)}{(8)^2}$$

$$= 20 + 22.5$$

$$\underline{\underline{FEM_{BA} = 42.5 \text{ kN-m} \curvearrowleft}}$$

11-1

a) $\phi_A = \phi_C = 0 \qquad \beta_{AB} = \beta_{BC} = 0$

$$M_{AB} = \frac{-(20)(2)(1)^2}{(3)^2} + \frac{2EI}{3}\phi_B = -4.44 + \frac{2EI}{3}\phi_B$$

$$M_{BA} = \frac{(20)(2)^2(1)}{(3)^2} + \frac{4EI}{3}\phi_B = 8.89 + \frac{4EI}{3}\phi_B$$

$$M_{BC} = \frac{-(8)(4)^2}{12} + \frac{4EI}{4}\phi_B = -10.67 + EI\phi_B$$

$$M_{CB} = 10.67 + \frac{EI}{2}\phi_B$$

AT B: $M_{BA} + M_{BC} = 0$

$$8.89 + \frac{4EI}{3}\phi_B - 10.67 + EI\phi_B = 0$$

$$-1.78 + \frac{7EI}{3}\phi_B = 0 \qquad \phi_B = \frac{0.762}{EI}$$

$\underline{\underline{M_{AB} = -3.93 \text{ kN-m}}} \qquad \underline{\underline{M_{BA} = -M_{BC} = 9.91 \text{ kN-m}}}$

$\underline{\underline{M_{CB} = 11.05 \text{ kN-m}}}$

$\Sigma M_B = 0$

$9.91 + 3R_A - 3.93 - (20)(1) = 0 \qquad \underline{\underline{R_A = 4.67 \text{ kN}}}$

$9.91 + 4R_C - 11.05 - (8)(4)(2) = 0 \qquad \underline{\underline{R_C = 16.28 \text{ kN}}}$

$\Sigma F_v = 0$

$4.67 + 16.28 + R_B - 20 - 32 = 0 \qquad \underline{\underline{R_B = 31.05 \text{ kN}}}$

b)

11-2

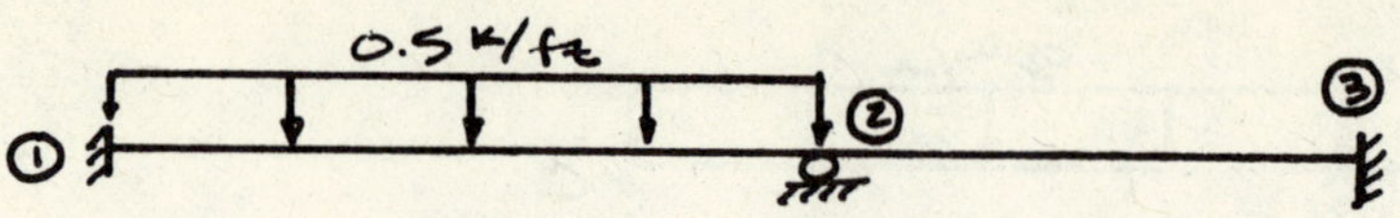

a)
$$\phi_1 = \phi_3 = 0 \qquad \beta_{12} = \beta_{23} = 0$$

$$M_{12} = \frac{-(0.5)(16)^2}{12} + \frac{2EI}{16}\phi_2 = -10.667 + \frac{2EI}{16}\phi_2$$

$$M_{21} = 10.667 + \frac{4EI}{16}\phi_2$$

$$M_{23} = 0 + \frac{4EI}{12}\phi_2 \qquad M_{32} = 0 + \frac{2EI}{12}\phi_2$$

AT ②: $M_{21} + M_{23} = 0$

$$10.667 + \frac{4EI}{16}\phi_2 + \frac{4EI}{12}\phi_2 = 0 \qquad \phi_2 = \frac{-18.29}{EI}$$

$\underline{M_{12} = -12.95 \text{ ft-k}} \qquad \underline{M_{21} = -M_{23} = 6.095 \text{ ft-k}} \qquad \underline{M_{32} = -3.05 \text{ ft-k}}$

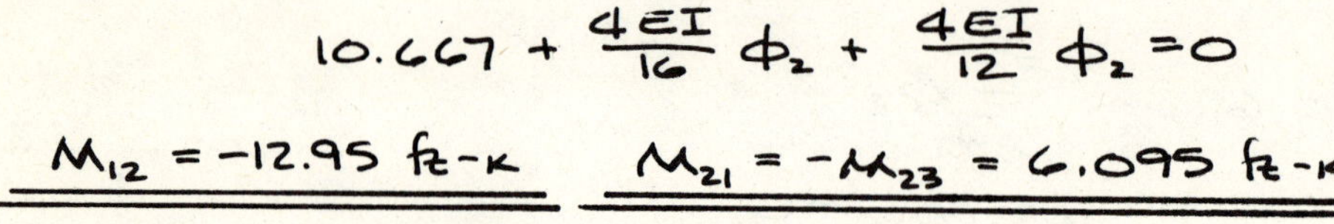

$\Sigma M_② = 0$

$$12.95 + (0.5)(16)(8) - 6.095 - 16 R_1 = 0 \qquad \underline{R_1 = 4.43^k}$$

$$6.095 + 3.05 - 12 R_3 = 0 \qquad \underline{R_3 = 0.76^k}$$

$\Sigma F_v = 0$

b) $\qquad 4.43 + R_2 - (0.5)(16) - 0.76 = 0 \qquad \underline{R_2 = 4.33^k}$

V, k — 4.43, 8.86', -3.57, 0.76

M, ft-k — -12.95, 6.67, -6.07, 3.05

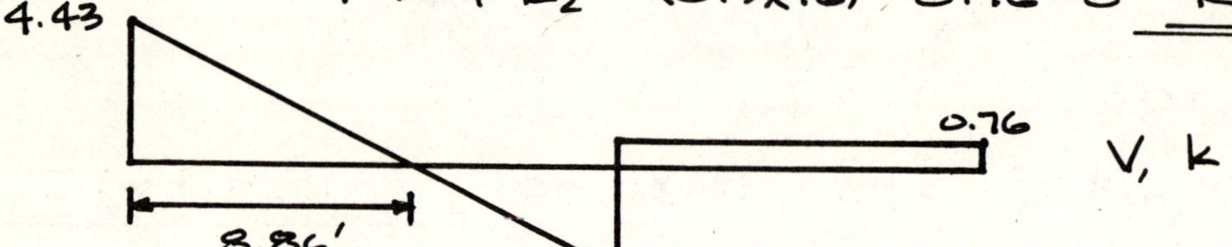

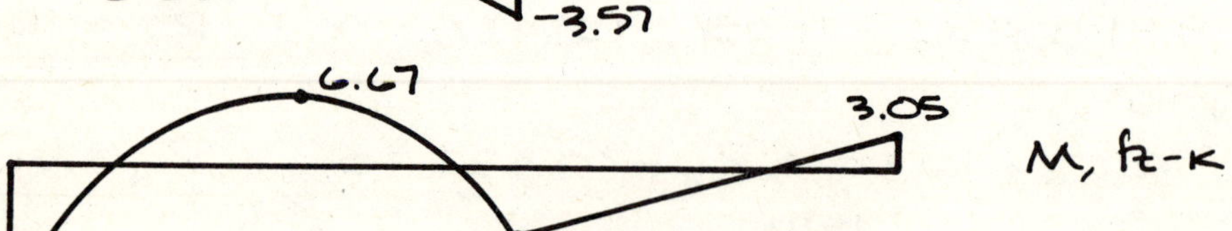

11-3

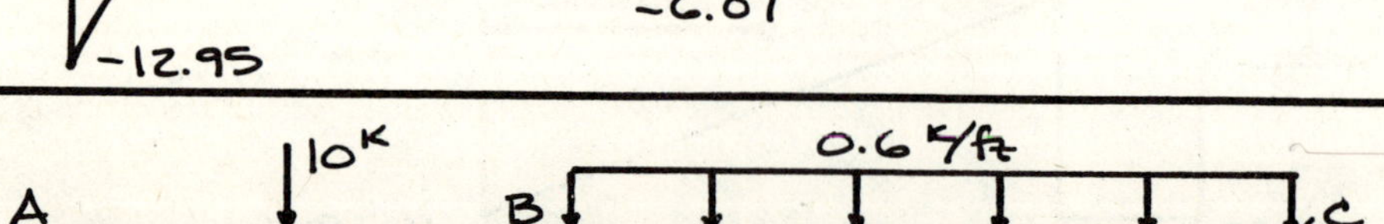

11-3 (CONT) a) $\beta_{BA} = \beta_{BC} = 0 \qquad \phi_C = 0$

USING THE SIMPLIFIED EQUATION FOR AB:

$$M_{BA} = \frac{(10)(8)(6)^2}{(14)^2} - \left(\frac{1}{2}\right)\left[\frac{-(10)(6)(8)^2}{(14)^2}\right] + \frac{3EI}{14}\phi_B = 24.49 + \frac{3EI}{14}\phi_B$$

$$M_{BC} = -20 + \frac{4EI}{20}\phi_B$$

$$M_{CB} = 20 + \frac{2EI}{20}\phi_B$$

AT B: $M_{BC} + M_{BA} = 0$

$$-20 + \frac{4EI}{20}\phi_B + 24.49 + \frac{3EI}{14}\phi_B = 0 \qquad \phi_B = \frac{36.46}{EI}$$

$\underline{\underline{M_{AB} = 0}} \qquad \underline{\underline{M_{BA} = -M_{BC} = 22.16 \text{ ft-k}}} \qquad \underline{\underline{M_{CB} = 18.92 \text{ ft-k}}}$

$\Sigma M_B = 0 \qquad -22.16 - 14 R_A + (10)(8) = 0 \qquad \underline{\underline{R_A = 4.13^k}}$

$22.16 + 20 R_C - 18.92 - (0.6 \times 20 \times 10) = 0$
$\underline{\underline{R_C = 5.84^k}}$

$\Sigma F_V = 0$
$-10 - (0.6)(20) + 4.13 + 5.84 + R_B = 0 \qquad \underline{\underline{R_B = 12.03^k}}$

b) V, k diagram: 4.13, -5.87, 6.16, 9.73', -5.84

M, k-ft diagram: 24.78, -22.16, 9.47, -18.92

11-4 Beam ABCD: 10 kN/m over 6m from A to B, 40 kN at 3m past C. Spans: 6m (A–B), 5m (B–C), 3m, 3m (to D).

11-4 (CONT) a) $\phi_A = \phi_D = 0$ $\quad \beta_{BA} = \beta_{BC} = \beta_{CD} = 0$

$$M_{AB} = \frac{-(10)(6)^2}{12} + \frac{2EI}{6}\phi_B = -30 + \frac{EI}{3}\phi_B$$

$$M_{BA} = 30 + \frac{2EI}{3}\phi_B$$

$$M_{BC} = 0 + \frac{4EI}{5}\phi_B + \frac{2EI}{5}\phi_C$$

$$M_{CB} = \frac{2EI}{5}\phi_B + \frac{4EI}{5}\phi_C$$

$$M_{CD} = \frac{-(40)(6)}{8} + \frac{2EI}{3}\phi_C = -30 + \frac{2EI}{3}\phi_C \qquad M_{DC} = 30 + \frac{EI}{3}\phi_C$$

$$M_{BA} + M_{BC} = 0 \qquad M_{CB} + M_{CD} = 0$$

$$30 + \frac{2EI}{3}\phi_B + \frac{4EI}{5}\phi_B + \frac{2EI}{5}\phi_C = 0$$

$$-30 + \frac{2EI}{5}\phi_B + \frac{4EI}{5}\phi_C + \frac{2EI}{3}\phi_C = 0$$

$$EI \begin{bmatrix} 1.467 & 0.40 \\ 0.40 & 1.467 \end{bmatrix} \begin{Bmatrix} \phi_B \\ \phi_C \end{Bmatrix} = \begin{Bmatrix} -30 \\ 30 \end{Bmatrix} \qquad \begin{array}{l} \phi_B = -28.125/EI \\ \phi_C = 28.125/EI \end{array}$$

$M_{AB} = -39.38$ kN-m $\qquad M_{BA} = -M_{BC} = 11.25$ kN-m

$M_{CB} = -M_{CD} = 11.25$ kN-m $\qquad M_{DC} = 39.38$ kN-m

$\sum M_B = 0$

$$39.38 + (10)(6)(3) - 11.25 - 6R_A = 0 \qquad \underline{R_A = 34.69^{kN}}$$

$\sum M_C = 0$

$$6R_D + 11.25 - 39.38 - (40)(3) = 0 \qquad \underline{R_D = 24.69^{kN}}$$

$\sum M_B = 0$

$$(24.69)(11) + 5R_C + 11.25 - 39.38 - (40)(8) = 0$$

$$\underline{R_C = 15.31^{kN}}$$

11-4 (CONT) $\Sigma F_y = 0$

$$34.69 + 24.69 + 15.31 + R_B - 40 - 60 = 0$$

$$\underline{R_B = 25.31 \text{ kN}}$$

b)

V, kN diagram: 34.69, 3.469 m, -25.31, 15.31, -24.69

M, kN-m diagram: -39.38, 20.79, -11.25, -11.25, 34.69, -39.38

11-5

Beam ABCDE with loads: 20 kN/m on AB, 40 kN at midpoint of BC, 12 kN/m on CDE. Supports at A, B, C, D. Spans: AB=3m, BC=2m+2m, CD=3m, DE=2m.

a) $\beta_{BA} = \beta_{BC} = \beta_{CD} = 0$

USING SIMPLIFIED EQN. FOR AB:

$$M_{BA} = \frac{(20)(3)^2}{12} - \left[\frac{-(20)(3)^2}{24}\right] + \frac{3EI}{3}\phi_B = 22.5 + EI\phi_B$$

$$M_{BC} = \frac{-(40)(4)}{8} + \frac{4EI}{4}\phi_B + \frac{2EI}{4}\phi_C = -20 + EI\phi_B + \frac{EI}{2}\phi_C$$

$$M_{CB} = 20 + \frac{EI}{2}\phi_B + EI\phi_C$$

$$M_{CD} = \frac{-(12)(3)^2}{12} + \frac{4EI}{3}\phi_C + \frac{2EI}{3}\phi_D = -9 + \frac{4EI}{3}\phi_C + \frac{2EI}{3}\phi_D$$

$$M_{DC} = 9 + \frac{2EI}{3}\phi_C + \frac{4EI}{3}\phi_D$$

$$M_{DE} = -(12)(2)(1) = -24$$

$M_{BA} + M_{BC} = 0 \qquad M_{CB} + M_{CD} = 0 \qquad M_{DC} + M_{DE} = 0$

$$22.5 + EI\phi_B - 20 + EI\phi_B + \frac{EI}{2}\phi_C = 0$$

$$20 + \frac{EI}{2}\phi_B + EI\phi_C - 9 + \frac{4EI}{3}\phi_C + \frac{2EI}{3}\phi_D = 0$$

11-5 (CONT) $9 + \frac{2EI}{3}\phi_C + \frac{4EI}{3}\phi_D - 24 = 0$

$$EI \begin{bmatrix} 2 & 1/2 & 0 \\ 1/2 & 2\,1/3 & 2/3 \\ 0 & 2/3 & 4/3 \end{bmatrix} \begin{Bmatrix} \phi_B \\ \phi_C \\ \phi_D \end{Bmatrix} = \begin{Bmatrix} -2.5 \\ -11 \\ 15 \end{Bmatrix} \qquad \begin{aligned} \phi_B &= 1.133/EI \\ \phi_C &= -9.533/EI \\ \phi_D &= 16.017/EI \end{aligned}$$

$\underline{\underline{M_{BA} = -M_{BC} = 23.63 \text{ kN-m}}} \qquad \underline{\underline{M_{CB} = -M_{CD} = 11.03 \text{ kN-m}}}$

$\underline{\underline{M_{DC} = -M_{DE} = 24 \text{ kN-m}}}$

b)

[Beam diagram with loads: 20 (distributed), 40 (point), 12 (distributed); moments 23.63, 23.63, 11.03, 11.03, 24, 24; reactions R_A, R_B, R_C, R_D]

$\Sigma M_B = 0 \qquad 3R_A - 23.63 + (20)(3)(1.5) = 0 \qquad \underline{R_A = 22.12 \text{ kN}}$

$\Sigma M_C = 0 \qquad 3R_D + 11.03 - (12)(5)(2.5) = 0 \qquad \underline{R_D = 46.32 \text{ kN}}$

$\Sigma M_B = 0 \qquad (46.32)(7) + 4R_C + 23.63 - (40)(2) - (12)(5)(6.5) = 0$

$\underline{R_C = 30.53 \text{ kN}}$

$\Sigma F_v = 0 \qquad 22.12 + 46.32 + 30.53 + R_B - 60 - 40 - 60 = 0$

$\underline{R_B = 61.03 \text{ kN}}$

[Moment diagram with values: 12.23, 22.66, -23.64, -11.03, -3.24, -24.0, 1.11m, 3.86m, M, kN-m]

11-6

[Frame diagram: column AB (18', I) fixed at A, beam BC (24', 2I) with 0.4 k/ft distributed load, roller at C]

$\beta_{BC} = \beta_{BA} = 0 \qquad \phi_A = 0$

$M_{AB} = \frac{2EI}{18}\phi_B$

$M_{BA} = \frac{4EI}{18}\phi_B$

USING SIMPLIFIED EQN. FOR BC:

$M_{BC} = -\frac{(0.4)(24)^2}{12} - \frac{(0.4)(24)^2}{(2)(12)} + \frac{3EI}{24}(2)\phi_B$

$= -28.8 + \frac{6EI}{24}\phi_B$

11-6 (CONT)

AT B: $M_{BA} + M_{BC} = 0$

$$\frac{4EI}{18}\phi_B + \frac{EI}{4}\phi_B = 28.8 \qquad \phi_B = 60.99/EI$$

$\underline{M_{AB} = 6.78 \text{ ft-k}}$ $\underline{M_{BA} = -M_{BC} = 13.56 \text{ ft-k}}$

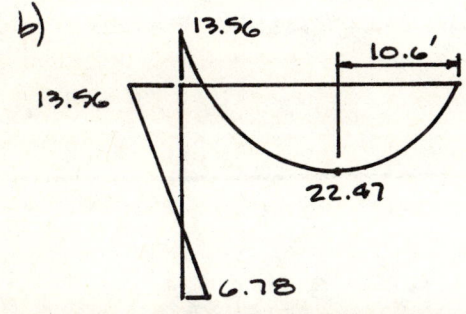

$\Sigma M_C = 0$

$13.56 + (0.4)(24)(12) - 24R_{BV} = 0$

$R_{AV} = 5.36^k$

ON AB, $R_{AV} = R_{BV} = 5.36^k$

$\Sigma M_B = 0$

$13.56 + 24R_{CV} - (0.4)(24)(12) = 0$

$R_{CV} = 4.24^k$

$\Sigma M_B = 0$ ON AB:

$18 R_{AH} - 6.78 - 13.56 = 0$

$R_{AH} = 1.13^k$

$\Sigma F_H = 0$

$1.13 - R_{CH} = 0 \qquad R_{CH} = 1.13^k$

b)

[Moment diagram: 13.56 at top, 13.56 on left side, 22.47 at midspan (10.6'), 6.78 at bottom]

M, ft-k
(DRAWN ON TENSION FACE)

11-7

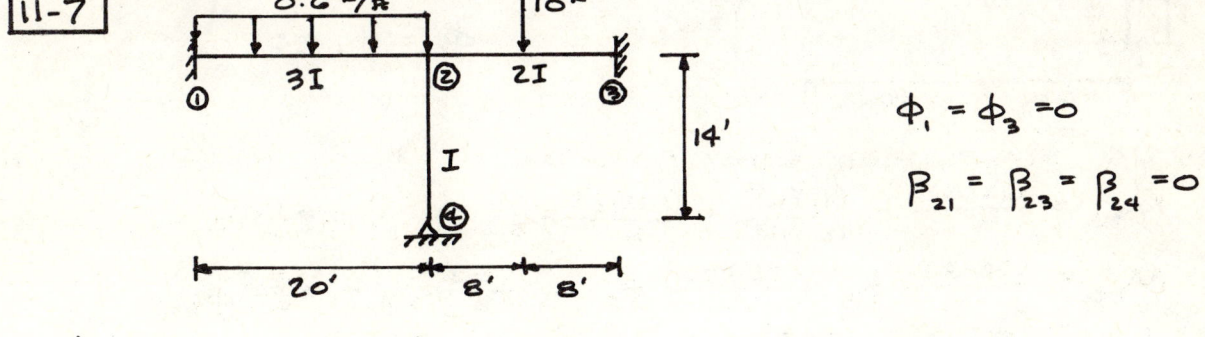

$\phi_1 = \phi_3 = 0$

$\beta_{21} = \beta_{23} = \beta_{24} = 0$

a) $M_{12} = -\dfrac{(0.6)(20)^2}{12} + \dfrac{(2E)(3I)}{20}\phi_2 = -20 + \dfrac{3EI}{10}\phi_2$

$M_{21} = 20 + \dfrac{3EI}{5}\phi_2$

$M_{23} = -\dfrac{(10)(16)}{8} + \dfrac{(4E)(2I)}{16}\phi_2 = -20 + \dfrac{EI}{2}\phi_2$

11-7 (CONT)

$$M_{32} = 20 + \frac{EI}{4}\phi_2 \qquad\qquad M_{24} = \frac{3EI}{14}\phi_2$$

AT ②: $M_{21} + M_{23} + M_{24} = 0$

$$20 + \frac{3EI}{5}\phi_2 - 20 + \frac{EI}{2}\phi_2 + \frac{3EI}{14}\phi_2 = 0 \qquad \phi_2 = 0$$

$\underline{M_{12} = -20 \text{ ft-k}} \qquad \underline{M_{21} = -M_{23} = 20 \text{ ft-k}} \qquad \underline{M_{24} = 0}$

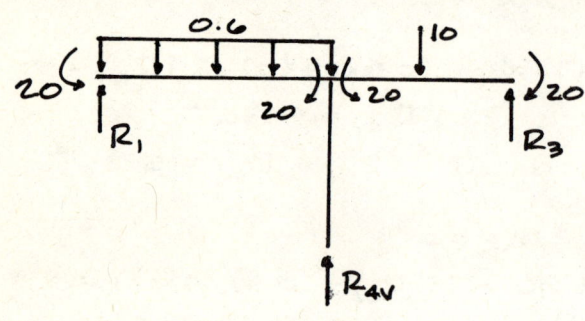

$\Sigma M_② = 0$
$(0.6)(20)(10) + 20 - 20 - 20R_1 = 0$
$R_1 = 6^k$
$16R_3 + 20 - 20 - (10)(8) = 0$
$R_3 = 5^k$
$\Sigma F_V = 0$
$6 + 5 + R_{4V} - 10 - 12 = 0$
$R_{4V} = 11^k$

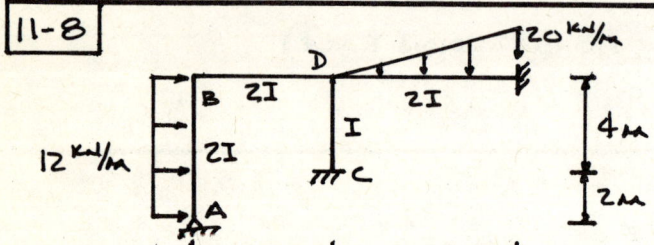

M, ft-k
(DRAWN ON TENSION FACE)

11-8

$\beta_{BA} = \beta_{BD} = \beta_{DC} = \beta_{DE} = 0$

$\phi_C = \phi_E = 0$

a) USING SIMPLIFIED EQN. FOR BA:

$$M_{BA} = \frac{(12)(6)^2}{12} - \frac{(12)(6)^2}{(2)(12)} + \frac{(3E)(2I)}{6}\phi_B = 54 + EI\phi_B$$

$$M_{BD} = \frac{(4E)(2I)}{6}\phi_B + \frac{(2E)(2I)}{6}\phi_D = \frac{4EI}{3}\phi_B + \frac{2EI}{3}\phi_D$$

$$M_{DB} = \frac{2EI}{3}\phi_B + \frac{4EI}{3}\phi_D$$

$$M_{DC} = \frac{4EI}{4}\phi_D = EI\phi_D$$

$$M_{DE} = \frac{-(20)(8)^2}{30} + \frac{(4E)(2I)}{8}\phi_D = -42.67 + EI\phi_D$$

11-8 (CONT) $\quad M_{ED} = \frac{(20)(8)^2}{20} + \frac{(2)(EI)}{8}\phi_D = 64 + \frac{EI}{2}\phi_D$

AT B: $\quad M_{BA} + M_{BD} = 0$

AT D: $\quad M_{DB} + M_{DC} + M_{DE} = 0$

$$54 + EI\phi_B + \frac{4EI}{3}\phi_B + \frac{2EI}{3}\phi_D = 0$$

$$\frac{2EI}{3}\phi_B + \frac{4EI}{3}\phi_D + EI\phi_D - 42.67 + EI\phi_D = 0$$

$$EI \begin{bmatrix} 7/3 & 2/3 \\ 2/3 & 10/3 \end{bmatrix} \begin{Bmatrix} \phi_B \\ \phi_D \end{Bmatrix} = \begin{Bmatrix} -54 \\ 42.67 \end{Bmatrix} \qquad \begin{aligned} \phi_B &= -28.42/EI \\ \phi_D &= 18.48/EI \end{aligned}$$

$\underline{M_{BA} = -M_{BD} = 25.58} \quad \underline{M_{DB} = 5.69} \quad \underline{M_{DC} = 18.48} \quad \underline{M_{DE} = -24.19}$

$\underline{M_{CD} = 9.24} \quad \underline{M_{ED} = 73.24} \qquad$ (ALL MOMENTS IN KN-M)

b)

$\Sigma M_B = 0$
$(12)(6)(3) - 25.58 - 6R_{AH} = 0$
$\quad R_{AH} = 31.74 \text{ kN}$

$\Sigma M_D = 0$
$(12)(6)(3) - 5.69 - (31.74)(6) - 6R_{AV} = 0$
$\quad R_{AV} = 3.31 \text{ kN}$

$\Sigma M_D = 0$
$-18.48 - 9.24 + 4R_{CH} = 0 \quad R_{CH} = 6.93 \text{ kN}$

$24.19 - 73.24 - (½)(20)(8)(8)(⅔) + 8R_{EV} = 0 \quad R_{EV} = 59.46 \text{ kN}$

$\Sigma F_Y = 0$
$3.31 + R_{CV} + 59.46 - (½)(20)(8) = 0 \quad R_{CV} = 17.23 \text{ kN}$

M, kN-m
(DRAWN ON TENSION FACE)

11-9

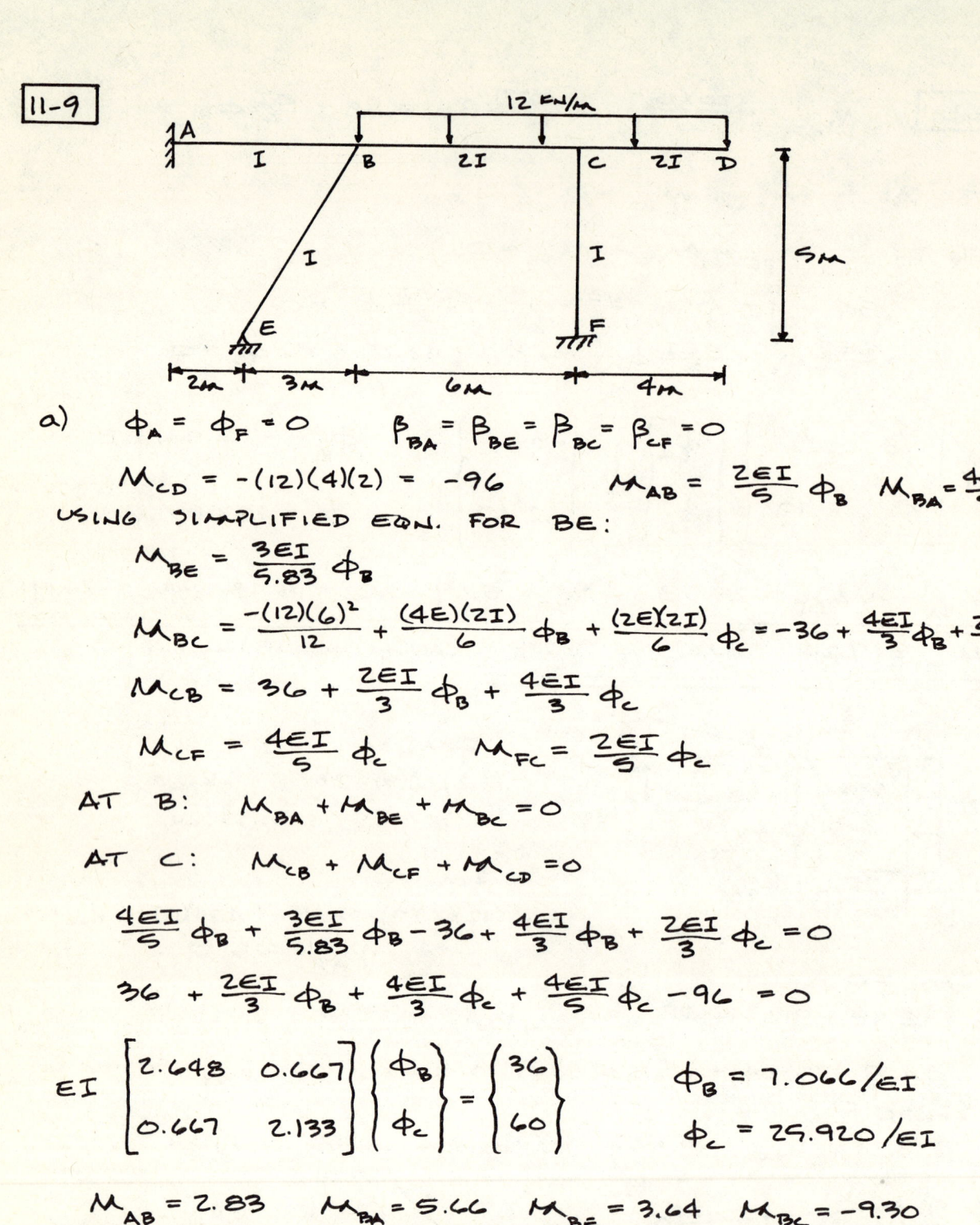

a) $\phi_A = \phi_F = 0$ $\beta_{BA} = \beta_{BE} = \beta_{BC} = \beta_{CF} = 0$

$M_{CD} = -(12)(4)(2) = -96$ $M_{AB} = \frac{2EI}{5}\phi_B$ $M_{BA} = \frac{4EI}{5}\phi_B$

USING SIMPLIFIED EQN. FOR BE:

$M_{BE} = \frac{3EI}{5.83}\phi_B$

$M_{BC} = \frac{-(12)(6)^2}{12} + \frac{(4E)(2I)}{6}\phi_B + \frac{(2E)(2I)}{6}\phi_C = -36 + \frac{4EI}{3}\phi_B + \frac{2EI}{3}\phi_C$

$M_{CB} = 36 + \frac{2EI}{3}\phi_B + \frac{4EI}{3}\phi_C$

$M_{CF} = \frac{4EI}{5}\phi_C$ $M_{FC} = \frac{2EI}{5}\phi_C$

AT B: $M_{BA} + M_{BE} + M_{BC} = 0$

AT C: $M_{CB} + M_{CF} + M_{CD} = 0$

$\frac{4EI}{5}\phi_B + \frac{3EI}{5.83}\phi_B - 36 + \frac{4EI}{3}\phi_B + \frac{2EI}{3}\phi_C = 0$

$36 + \frac{2EI}{3}\phi_B + \frac{4EI}{3}\phi_C + \frac{4EI}{5}\phi_C - 96 = 0$

$EI \begin{bmatrix} 2.648 & 0.667 \\ 0.667 & 2.133 \end{bmatrix} \begin{Bmatrix} \phi_B \\ \phi_C \end{Bmatrix} = \begin{Bmatrix} 36 \\ 60 \end{Bmatrix}$ $\phi_B = 7.066/EI$
     $\phi_C = 29.920/EI$

$M_{AB} = 2.83$ $M_{BA} = 5.66$ $M_{BE} = 3.64$ $M_{BC} = -9.30$

$M_{CB} = 79.27$ $M_{CD} = -96$ $M_{CF} = 20.74$ $M_{FC} = 10.37$

(ALL MOMENTS IN kN-m)

b)

$\Sigma M_B = 0$
$2.83 + 5.66 - 5R_A = 0$ $R_A = 1.70$ kN
$\Sigma M_C = 0$
$-20.74 - 10.37 + 5R_{FH} = 0$ $R_{FH} = 6.22$ kN

11-9 (CONT)

$\Sigma M_B = 0$

$9.30 + (6.22)(5) + 6R_{FV} - 10.37 - (12)(10)(5) = 0 \quad R_{FV} = 94.5 \text{ kN}$

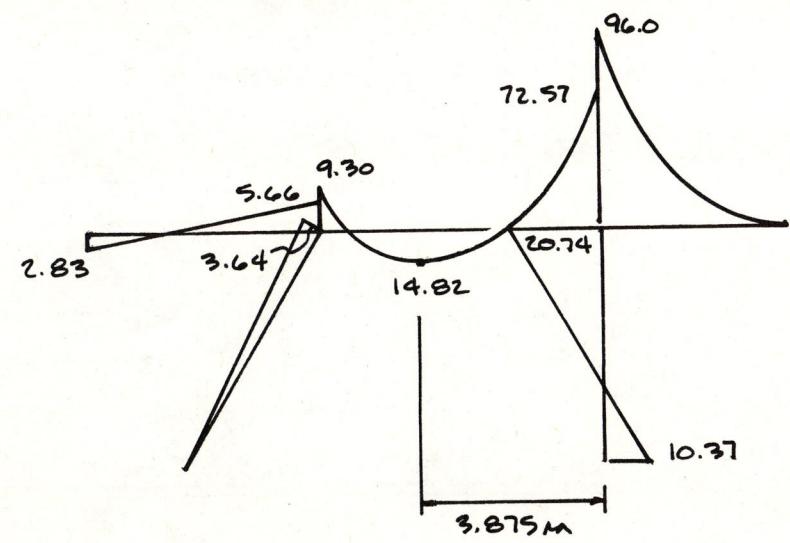

M, kN-m
(DRAWN ON TENSION FACE)

11-10

$\phi_1 = 0$

$\beta_{21} = \beta_{34} = \beta$

a) $M_{12} = \dfrac{2EI}{14}\phi_2 - \dfrac{6EI}{14}\beta = \dfrac{EI}{7}\phi_2 - \dfrac{3EI}{7}\beta$

$M_{21} = \dfrac{4EI}{14}\phi_2 - \dfrac{6EI}{14}\beta = \dfrac{2EI}{7}\phi_2 - \dfrac{3EI}{7}\beta$

$M_{23} = -\dfrac{(0.4)(22)^2}{12} + \dfrac{(4E)(2I)}{22}\phi_2 + \dfrac{(2E)(2I)}{22}\phi_3 = -16.13 + \dfrac{4EI}{11}\phi_2 + \dfrac{2EI}{11}\phi_3$

$M_{32} = 16.13 + \dfrac{2EI}{11}\phi_2 + \dfrac{4EI}{11}\phi_3$

USING SIMPLIFIED EQN. FOR 34:

$M_{34} = \dfrac{3EI}{14}(\phi_3 - \beta)$

AT ②: $M_{21} + M_{23} = 0 = \left(\dfrac{2}{7} + \dfrac{4}{11}\right)EI\phi_2 + \dfrac{2EI}{11}\phi_3 - \dfrac{3EI}{7}\beta - 16.13$

AT ③: $M_{32} + M_{34} = 0 = \dfrac{2EI}{11}\phi_2 + \left(\dfrac{4}{11} + \dfrac{3}{14}\right)EI\phi_3 - \dfrac{3EI}{14}\beta + 16.13$

$\Sigma F_H = 0 \quad V_{12} + V_{43} = 0$

$\Sigma M_②$ ON 21: $V_{12} = \dfrac{M_{12} + M_{21}}{14}$

$= \left(\dfrac{EI}{7}\phi_2 - \dfrac{3EI}{7}\beta + \dfrac{2EI}{7}\phi_2 - \dfrac{3EI}{7}\beta\right)\left(\dfrac{1}{14}\right)$

$= \dfrac{1}{98}(3EI\phi_2 - 6EI\beta)$

11-10 (CONT)

ΣM_3 on 34: $V_{43} = \frac{M_{34}}{14} = \left(\frac{1}{14}\right)\left(\frac{3EI}{14}\phi_3 - \frac{3EI}{14}\beta\right)$

$\qquad = \frac{1}{196}(3EI\phi_3 - 3EI\beta)$

$\therefore 6EI\phi_2 - 12EI\beta + 3EI\phi_3 - 3EI\beta = 0$

$2EI\phi_2 + EI\phi_3 - 5EI\beta = 0$

$EI \begin{bmatrix} 0.649 & 0.182 & -0.429 \\ 0.182 & 0.579 & -0.214 \\ 2 & 1 & 5 \end{bmatrix} \begin{Bmatrix} \phi_2 \\ \phi_3 \\ \beta \end{Bmatrix} = \begin{Bmatrix} 16.13 \\ -16.13 \\ 0 \end{Bmatrix}$

$\phi_2 = 41.37/EI$
$\phi_3 = -37.62/EI$
$\beta = 9.02/EI$

$\underline{M_{12} = 2.04\ \text{ft-k}}$ $\underline{M_{21} = -M_{23} = 7.94\ \text{ft-k}}$ $\underline{M_{32} = -M_{34} = 9.98\ \text{ft-k}}$

$\underline{M_{43} = 0}$

b)

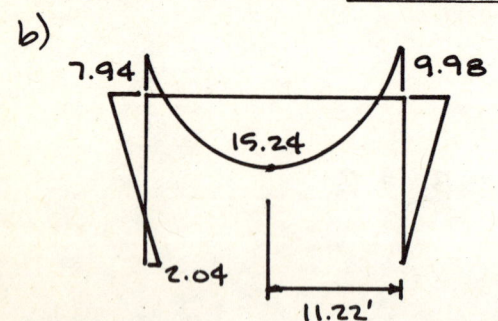

M, ft-k
(DRAWN ON TENSION FACE)

11-11

$\phi_A = \phi_D = 0$

$\beta_{BA} = \beta_{CD} = \beta$

$\beta_{BC} = \beta_{CB} = 0$

a) $M_{AB} = \frac{-(4)(16)}{8} + \frac{2EI}{16}\phi_B - \frac{6EI}{16}\beta = -8 + \frac{EI}{8}\phi_B - \frac{3EI}{8}\beta$

$M_{BA} = 8 + \frac{2EI}{8}\phi_B - \frac{3EI}{8}\beta$

$M_{BC} = \frac{(4E)(2I)}{24}\phi_B + \frac{(2E)(2I)}{24}\phi_C = \frac{EI}{3}\phi_B + \frac{EI}{6}\phi_C$

$M_{CB} = \frac{EI}{6}\phi_B + \frac{EI}{3}\phi_C$

$M_{CD} = \frac{4EI}{16}\phi_C - \frac{6EI}{16}\beta = \frac{2EI}{8}\phi_C - \frac{3EI}{8}\beta$

$M_{DC} = \frac{EI}{8}\phi_C - \frac{3EI}{8}\beta$

11-11 (CONT) AT B:

$$M_{BA} + M_{BC} = 0 = 8 + \left(\tfrac{2}{8} + \tfrac{1}{3}\right)EI\phi_B + \tfrac{EI}{6}\phi_C - \tfrac{3EI}{8}\beta$$

AT C:

$$M_{CB} + M_{CD} = 0 = \tfrac{EI}{6}\phi_B + \left(\tfrac{1}{3} + \tfrac{2}{8}\right)EI\phi_C - \tfrac{3EI}{8}\beta$$

$\Sigma F_H = 0$

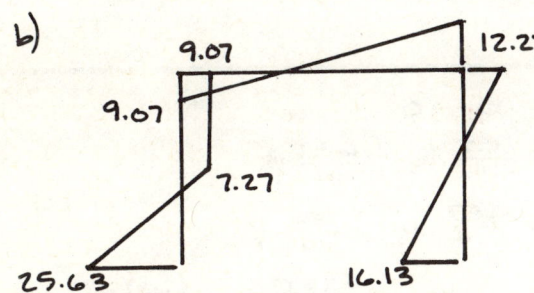

$6 - V_A - V_D = 0$

$6 + \dfrac{M_{AB} + M_{BA}}{16} - 2 + \dfrac{M_{CD} + M_{DC}}{16} = 0$

$$64 + \tfrac{3}{8}EI\phi_B + \tfrac{3}{8}EI\phi_C - 1.5 EI\beta = 0$$

$$EI \begin{bmatrix} 0.583 & 0.167 & -0.375 \\ 0.167 & 0.583 & -0.375 \\ 0.375 & 0.375 & -1.5 \end{bmatrix} \begin{Bmatrix} \phi_B \\ \phi_C \\ \beta \end{Bmatrix} = \begin{Bmatrix} -8 \\ 0 \\ -64 \end{Bmatrix}$$

$\phi_B = 11.72/EI$
$\phi_C = 30.95/EI$
$\beta = 53.33/EI$

$\underline{M_{AB} = -26.53 \text{ ft-k}}$ $\underline{M_{BA} = -M_{BC} = -9.07 \text{ ft-k}}$

$\underline{M_{CB} = -M_{CD} = 12.27 \text{ ft-k}}$ $\underline{M_{DC} = -16.13 \text{ ft-k}}$

b) [Moment diagram: 9.07, 12.27, 9.07, 7.27, 25.63, 16.13]

M, ft-k (DRAWN ON TENSION FACE)

11-12

[Frame diagram: 20 kN at ②, 3m above ①, 2m below ①, 6m span to ④]

$\Delta_2 = \Delta_3 = \Delta$

$\beta_{12} = \dfrac{\Delta}{3}$ $\beta_{34} = \dfrac{\Delta}{5}$

USING SIMPLIFIED EQN. FOR 12 AND 34:

$$M_{21} = \tfrac{3EI}{3}(\phi_2 - \beta) = EI\left(\phi_2 - \tfrac{\Delta}{3}\right)$$

$M_{23} = \tfrac{4EI}{6}\phi_2 + \tfrac{2EI}{6}\phi_3$ $M_{32} = \tfrac{2EI}{6}\phi_2 + \tfrac{4EI}{6}\phi_3$

$M_{34} = \tfrac{3EI}{5}(\phi_3 - \beta) = \tfrac{3EI}{5}\left(\phi_3 - \tfrac{\Delta}{5}\right)$

AT ②: $M_{21} + M_{23} = 1.667\phi_2 + 0.333\phi_3 - \tfrac{\Delta}{3} = 0$

11-12 (CONT)   AT ③: $M_{32} + M_{34} = 0.333\phi_2 + 1.267\phi_3 - \frac{3\Delta}{25} = 0$

$\Sigma F_H = 0$

$20 - V_1 - V_4 = 0$

$V_1 = -\frac{M_{21}}{3} = -\frac{EI}{3}(\phi_2 - \frac{\Delta}{3})$

$V_4 = -\frac{M_{34}}{5} = -\frac{3EI}{25}(\phi_3 - \frac{\Delta}{5})$

$20 + \frac{EI}{3}\phi_2 + \frac{3EI}{25}\phi_3 - 0.135 EI \Delta = 0$

$$EI \begin{bmatrix} 1.667 & 0.333 & -0.333 \\ 0.333 & 1.267 & -0.12 \\ 0.333 & 0.12 & -0.135 \end{bmatrix} \begin{Bmatrix} \phi_2 \\ \phi_3 \\ \Delta \end{Bmatrix} = \begin{Bmatrix} 0 \\ 0 \\ -20 \end{Bmatrix}$$

$\phi_2 = 57.75/EI$
$\phi_3 = 13.48/EI$
$\Delta = 302.5/EI$

$\underline{M_{12} = M_{43} = 0}$ $\underline{M_{21} = -M_{23} = -43.05 \text{ kN-m}}$ $\underline{M_{32} = -M_{34} = 28.24 \text{ kN-m}}$

b)

43.05   28.24

43.05

M, kN-m
(DRAWN ON TENSION FACE)

11-13

0.4 k/ft, 2I, 22', 14', I, I

a) $\phi_1 = \phi_4 = 0$

$M_{12} = \frac{2EI}{14}\phi_2 - \frac{6EI}{14}\beta$

$M_{21} = \frac{4EI}{14}\phi_2 - \frac{6EI}{14}\beta$

$M_{23} = -16.13 + \frac{(4E)(2I)}{22}\phi_2 + \frac{(2E)(2I)}{22}\phi_3$

$M_{32} = 16.13 + \frac{4EI}{22}\phi_2 + \frac{8EI}{22}\phi_3$

$M_{34} = \frac{4EI}{14}\phi_3 - \frac{6EI}{14}\beta$ $M_{43} = \frac{2EI}{14}\phi_3 - \frac{6EI}{14}\beta$

AT ②: $M_{21} + M_{23} = (\frac{4}{14} + \frac{8}{22})EI\phi_2 + \frac{4}{22}EI\phi_3 - \frac{6}{14}EI\beta - 16.13 = 0$

AT ③: $M_{32} + M_{34} = 16.13 + \frac{4}{22}EI\phi_2 + (\frac{4}{14} + \frac{8}{22})EI\phi_3 - \frac{6}{14}EI\beta = 0$

BY SYMMETRY: $\phi_2 = -\phi_3$

$$EI \begin{bmatrix} 0.4675 & -0.4286 \\ -0.4675 & -0.4286 \end{bmatrix} \begin{Bmatrix} \phi_2 \\ \beta \end{Bmatrix} = \begin{Bmatrix} 16.13 \\ -16.13 \end{Bmatrix}$$

$\phi_2 = 34.50/EI$
$\phi_3 = -34.50/EI$
$\beta = 0$

11-13 (CONT) $\underline{M_{12} = 4.93 \text{ ft-k}}$ $\underline{M_{21} = -M_{23} = 9.86 \text{ ft-k}}$

$\underline{M_{32} = -M_{34} = 9.86 \text{ ft-k}}$ $\underline{M_{43} = -4.93 \text{ ft-k}}$

b)

M, ft-k
(DRAWN ON TENSION FACE)

11-14

$\phi_A = \phi_D = 0$

$\Delta_B = \Delta_C = \Delta$

$\beta = \dfrac{\Delta}{L}$

$M_{AB} = \dfrac{-(5)(5)^2}{12} + \dfrac{2EI}{5}\phi_B - \dfrac{6EI}{5}\beta_{BA} = -10.417 + \dfrac{2EI}{5}\phi_B - \dfrac{6EI}{25}\Delta$

$M_{BA} = 10.417 + \dfrac{4EI}{5}\phi_B - \dfrac{6EI}{25}\Delta$

$M_{BC} = \dfrac{4EI}{4}\phi_B + \dfrac{2EI}{4}\phi_C \qquad M_{CB} = \dfrac{2EI}{4}\phi_B + \dfrac{4EI}{4}\phi_C$

$M_{CD} = \dfrac{-(15)(6)}{8} + \dfrac{4EI}{6}\phi_C + \dfrac{6EI}{6}\beta_{CD} = -11.25 + \dfrac{4EI}{6}\phi_C + \dfrac{EI}{6}\Delta$

$M_{DC} = 11.25 + \dfrac{2EI}{6}\phi_C + \dfrac{EI}{6}\Delta$

AT B: $M_{BA} + M_{BC} = 10.417 + \left(\dfrac{4}{5} + \dfrac{4}{4}\right)EI\phi_B + \left(\dfrac{2}{4}\right)EI\phi_C - \dfrac{6EI}{25}\Delta = 0$

AT C: $M_{CB} + M_{CD} = -11.25 + \left(\dfrac{2}{4}\right)EI\phi_B + \left(\dfrac{4}{6} + \dfrac{4}{4}\right)EI\phi_C + \dfrac{EI}{6}\Delta = 0$

$\Sigma F_v = 0 \qquad 40 - V_A - V_D = 0$

$V_A = -\dfrac{M_{AB} + M_{BA}}{5} + 12.5 = -\dfrac{1}{5}\left[\left(\dfrac{2}{5} + \dfrac{4}{5}\right)EI\phi_B - \dfrac{12EI}{25}\Delta\right] + 12.5$

$V_D = \dfrac{M_{CD} + M_{DC}}{6} + 7.5 = \dfrac{1}{6}\left[\left(\dfrac{4}{6} + \dfrac{2}{6}\right)EI\phi_C + \dfrac{2EI}{6}\Delta\right] + 7.5$

$20 + \left(\dfrac{2}{25} + \dfrac{4}{25}\right)EI\phi_B - \left(\dfrac{4}{36} + \dfrac{2}{36}\right)\phi_C - 0.152\, EI\Delta = 0$

11-14 (CONT)

$$EI\begin{bmatrix} 1.80 & 0.5 & -0.24 \\ 0.5 & 1.667 & 0.167 \\ 0.24 & -0.167 & -0.152 \end{bmatrix} \begin{Bmatrix} \phi_B \\ \phi_C \\ \Delta \end{Bmatrix} = \begin{Bmatrix} -10.417 \\ 11.25 \\ -20 \end{Bmatrix} \quad \begin{array}{l} \phi_B = 26.10/EI \\ \phi_C = -20.68/EI \\ \Delta = 196.0/EI \end{array}$$

$\underline{\underline{M_{AB} = -47.03 \text{ kN-m}}} \quad \underline{\underline{M_{BA} = -M_{BC} = -15.75 \text{ kN-m}}}$

$\underline{\underline{M_{CB} = -M_{CD} = -7.63 \text{ kN-m}}} \quad \underline{\underline{M_{DC} = 37.02 \text{ kN-m}}}$

11-15

$\phi_1 = \phi_4 = 0$

$\Delta_2 = \Delta_{3H} = \Delta \qquad \beta_{21} = \dfrac{\Delta}{L_{21}}$

$\beta_{34} = \dfrac{1}{L_{34}}\left(\dfrac{\Delta_{3H}}{\cos\theta}\right)$

$\beta_{32} = \dfrac{1}{L_{23}}(\Delta_{3H}\tan\theta)$

$M_{12} = \dfrac{2EI}{22}\phi_2 - \dfrac{6EI}{22}\beta_{21} = \dfrac{2EI}{22}\phi_2 - \dfrac{6EI}{484}\Delta$

$M_{21} = \dfrac{4EI}{22}\phi_2 - \dfrac{6EI}{484}\Delta$

$M_{23} = \dfrac{-(1.2)(16)^2}{12} + \dfrac{4EI}{16}\phi_2 + \dfrac{2EI}{16}\phi_3 - \dfrac{6EI}{16}\beta_{32} = -25.6 + \dfrac{4EI}{16}\phi_2 + \dfrac{2EI}{16}\phi_3 + \dfrac{2.73EI}{256}\Delta$

$M_{32} = 25.6 + \dfrac{2EI}{16}\phi_2 + \dfrac{4EI}{16}\phi_3 + \dfrac{2.73EI}{256}\Delta$

$M_{34} = \dfrac{4EI}{24.17}\phi_3 - \dfrac{6EI}{24.17}\beta = \dfrac{4EI}{24.17}\phi_3 - \dfrac{6.59EI}{584}\Delta$

$M_{43} = \dfrac{2EI}{24.17}\phi_3 - \dfrac{6.59EI}{584}\Delta$

$M_{21} + M_{23} = -25.6 + \left(\dfrac{4}{22} + \dfrac{4}{16}\right)EI\phi_2 + \dfrac{2}{16}EI\phi_3 - \dfrac{6EI}{484}\Delta + \dfrac{2.73EI}{256}\Delta = 0$

$M_{32} + M_{34} = 25.6 + \dfrac{2}{16}EI\phi_2 + \left(\dfrac{4}{16} + \dfrac{4}{24.17}\right)EI\phi_3 - \dfrac{6.59EI}{584}\Delta + \dfrac{2.73EI}{256}\Delta = 0$

11-15 (CONT)

$\Sigma M_0 = 0$

$M_{12} + M_{43} + 57.2 V_1 + 62.84 V_4 + (1.2)(16)(8) = 0$

$V_1 = -\dfrac{M_{12} + M_{21}}{22} = -\dfrac{1}{22}\left[\left(\dfrac{2}{22} + \dfrac{4}{22}\right)EI\phi_2 - \dfrac{12EI}{484}\Delta\right]$

$V_4 = -\dfrac{M_{34} + M_{43}}{24.17} = -\dfrac{1}{24.17}\left[\left(\dfrac{4}{24.17} + \dfrac{2}{24.17}\right)EI\phi_3 - \dfrac{13.18 EI}{584}\Delta\right]$

$\dfrac{2EI}{22}\phi_2 - \dfrac{6EI}{484}\Delta + \dfrac{2EI}{24.17}\phi_3 - \dfrac{6.59 EI}{584}\Delta - (2.6)\left(\dfrac{6EI}{22}\phi_2 - \dfrac{12EI}{484}\Delta\right) -$

$(2.6)\left(\dfrac{6EI}{24.17}\phi_3 - \dfrac{13.18 EI}{584}\Delta\right) + 153.6 = 0$

$-0.618 EI\phi_2 - 0.563 EI\phi_3 + 0.0995\Delta + 153.6 = 0$

$EI \begin{bmatrix} 0.432 & 0.125 & -0.00173 \\ 0.125 & 0.415 & -0.00062 \\ -0.618 & -0.563 & 0.0995 \end{bmatrix} \begin{Bmatrix} \phi_2 \\ \phi_3 \\ \Delta \end{Bmatrix} = \begin{Bmatrix} 25.6 \\ -25.6 \\ -153.6 \end{Bmatrix} \quad \begin{array}{l} \phi_2 = 78.39/EI \\ \phi_3 = -87.62/EI \\ \Delta = -1552.6/EI \end{array}$

$\underline{\underline{M_{12} = 26.37 \text{ ft-k}}} \quad \underline{\underline{M_{21} = -M_{23} = 33.50 \text{ ft-k}}}$

$\underline{\underline{M_{32} = -M_{34} = -3.03 \text{ ft-k}}} \quad \underline{\underline{M_{43} = 10.27 \text{ ft-k}}}$

11-16

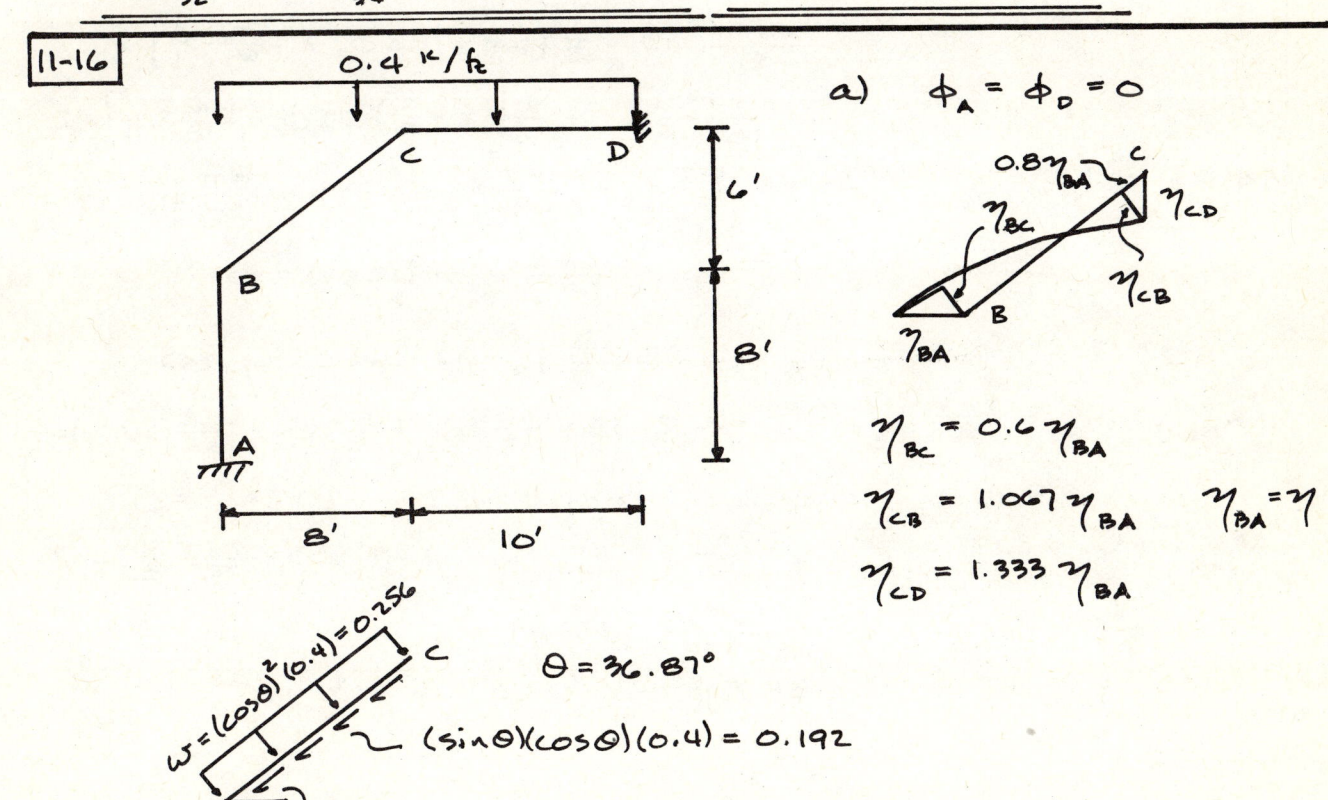

a) $\phi_A = \phi_D = 0$

$\eta_{BC} = 0.6\,\eta_{BA}$

$\eta_{CB} = 1.067\,\eta_{BA} \quad \eta_{BA} = \eta$

$\eta_{CD} = 1.333\,\eta_{BA}$

$\theta = 36.87°$

$w = (\cos\theta)^2(0.4) = 0.256$

$(\sin\theta)(\cos\theta)(0.4) = 0.192$

11-16 (CONT)

AT B: 1.024, 0.96, 1.28, 0.576, 0.768, 0.768

AT C: 1.28, 1.024, 0.768, 0.768, 0.96, 0.576

$$M_{AB} = \frac{2EI}{8}\phi_B - \frac{6EI}{8}\beta_{BA} = \frac{EI}{4}\phi_B + \frac{6EI}{64}\eta$$

$$M_{BA} = \frac{2EI}{4}\phi_B + \frac{6EI}{64}\eta$$

$$M_{BC} = \frac{-(0.256)(10)^2}{12} + \frac{4EI}{10}\phi_B + \frac{2EI}{10}\phi_C - \frac{6EI}{10}\beta_{BC}$$

$$= -2.133 + \frac{2EI}{5}\phi_B + \frac{EI}{5}\phi_C - \frac{(6EI)(1.667\eta)}{100}$$

$$M_{CB} = 2.133 + \frac{EI}{5}\phi_B + \frac{2EI}{5}\phi_C - \frac{(6EI)(1.667\eta)}{100}$$

$$M_{CD} = \frac{-(0.4)(10)^2}{12} + \frac{4EI}{10}\phi_C - \frac{(6EI)}{10}(-\beta_{CD})$$

$$M_{DC} = 3.333 + \frac{EI}{5} + \frac{(6EI)(1.333\eta)}{100}$$

$\Sigma M_O = 0$

$(0.4)(18)(9) - 14 V_A + M_{AB} + M_{DC} - 18 V_D = 0$

$$V_A = \frac{M_{AB} + M_{BA}}{8} = \frac{1}{8}\left[\left(\frac{1}{4} + \frac{2}{4}\right)EI\phi_B + \frac{12EI}{64}\eta\right]$$

$$V_D = \frac{M_{CD} + M_{DC}}{10} + 2 = \frac{1}{10}\left[\left(\frac{1}{5} + \frac{2}{5}\right)EI\phi_C + \frac{16EI}{100}\eta\right] + 2$$

$$64.8 - \frac{14}{8}\left(\frac{3EI}{4}\phi_B + \frac{12EI}{64}\eta\right) + \frac{EI}{4}\phi_B + \frac{6EI}{64}\eta + 3.333 + \frac{EI}{5}\phi_C +$$

$$\frac{8EI}{100}\eta - \frac{18}{10}\left(\frac{3EI}{5}\phi_C + \frac{16EI}{100}\eta\right) - (18)(2) = 0$$

$$32.13 - 1.062 EI\phi_B - 0.88 EI\phi_C - 0.442 EI\eta = 0$$

$$M_{BA} + M_{BC} = \frac{2EI}{4}\phi_B + \frac{6EI}{64}\eta - 2.133 + \frac{2EI}{5}\phi_B + \frac{EI}{5}\phi_C - \frac{6EI}{100}(1.667\eta) = 0$$

$$0.9 EI\phi_B + 0.2 EI\phi_C - 0.00625 EI\eta - 2.133 = 0$$

$$M_{CB} + M_{CD} = 2.133 + \frac{EI}{5}\phi_B + \frac{2EI}{5}\phi_C - \frac{6EI}{100}(1.667\eta) - 3.333 + \frac{2EI}{5}\phi_C +$$

$$\frac{6EI}{100}(1.333\eta) = 0$$

$$0.2 EI\phi_B + 0.8 EI\phi_C - 0.02 EI\eta - 1.2 = 0$$

11-16 (CONT)

$$EI \begin{bmatrix} -1.062 & -0.88 & -0.442 \\ 0.90 & 0.20 & -0.00625 \\ 0.20 & 0.80 & -0.02 \end{bmatrix} \begin{Bmatrix} \phi_B \\ \phi_C \\ \eta \end{Bmatrix} = \begin{Bmatrix} -32.13 \\ 2.133 \\ 1.20 \end{Bmatrix} \quad \begin{array}{l} \phi_B = 2.25/EI \\ \phi_C = 2.50/EI \\ \eta = 62.32/EI \end{array}$$

$\underline{M_{AB} = 6.40 \text{ ft-k}}$ $\underline{M_{BA} = -M_{BC} = 6.97 \text{ ft-k}}$

$\underline{M_{CB} = -M_{CD} = -2.65 \text{ ft-k}}$ $\underline{M_{DC} = 8.82 \text{ ft-k}}$

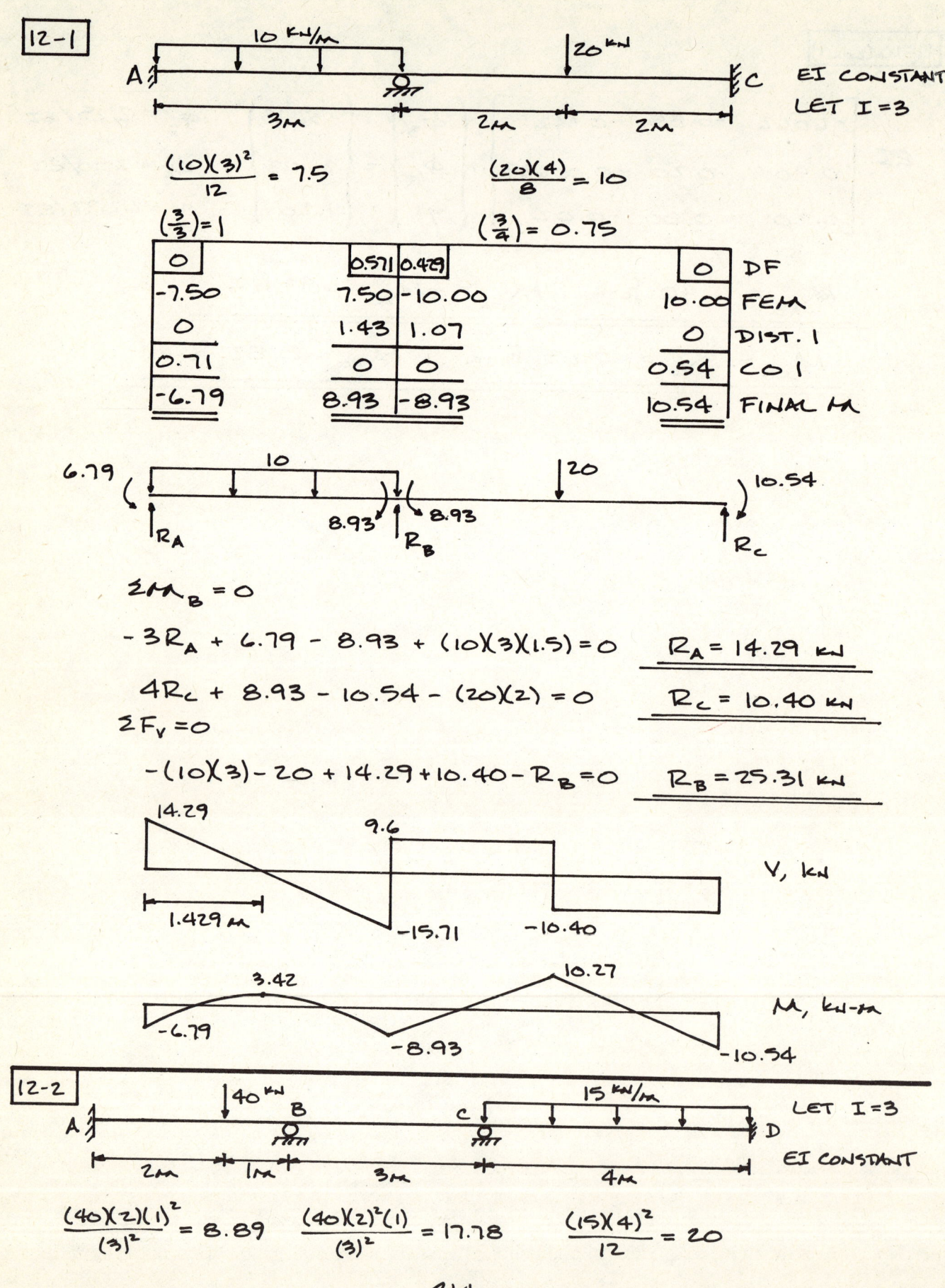

12-2 (CONT)

$(\frac{3}{3})=1$			$(\frac{3}{3})=1$			$(\frac{3}{4})=0.75$	
0	0.5	0.5		0.571	0.429	0	
-8.89	17.78	0		0	-20	20	FEM
0	-8.89	-8.89		11.42	8.58	0	DIST. 1
-4.44	0	5.71		-4.44	0	4.29	CO 1
0	-2.86	-2.85		2.54	1.90	0	DIST. 2
-1.43	0	1.27		-1.43	0	0.95	CO 2
0	-0.64	-0.63		0.82	0.61	0	DIST. 3
-0.32	0	0.41		-0.32	0	0.31	CO 3
0	-0.20	-0.21		0.18	0.14	0	DIST. 4
-0.10	0	0.09		-0.10	0	0.07	CO 4
0	-0.05	-0.04		0.06	0.04	0	DIST. 5
-15.18	5.14	-5.14		8.73	-8.73	25.62	FINAL M

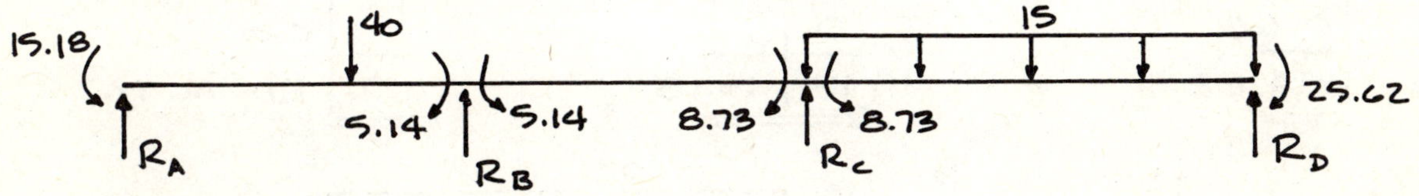

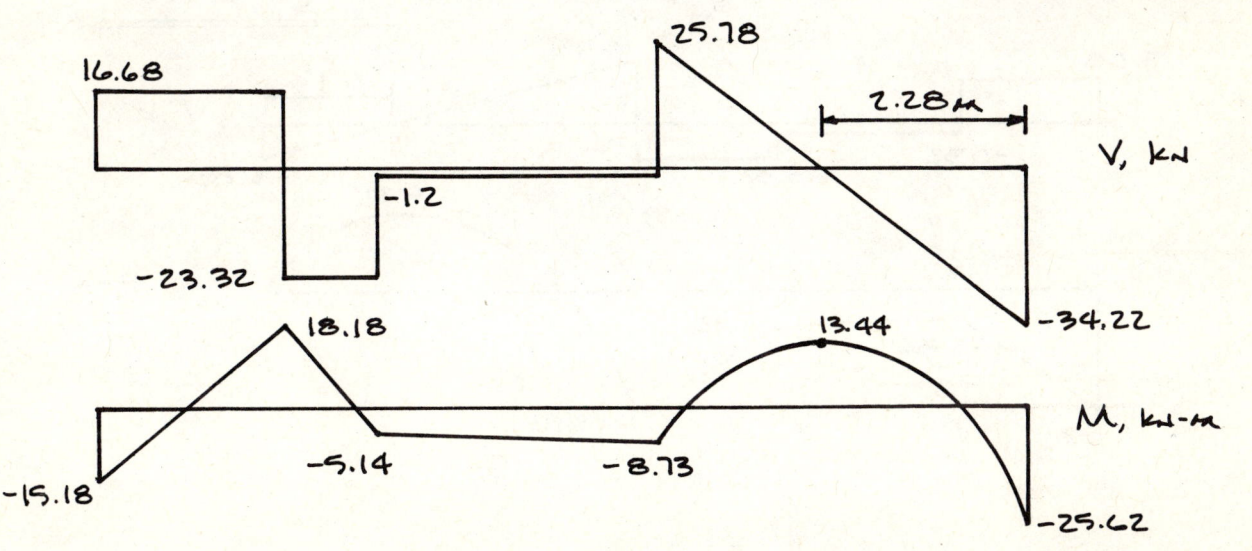

$\Sigma M_B = 0$
$15.18 + (40)(1) - 5.14 - 3R_A = 0 \quad \underline{R_A = 16.68 \text{ kN}}$

$\Sigma M_C = 0$
$15.18 + (40)(4) - 8.73 - (16.68)(6) - 3R_B = 0 \quad \underline{R_B = 22.12 \text{ kN}}$

$4R_D + 8.73 - 25.62 - (15)(4)(2) = 0 \quad \underline{R_D = 34.22 \text{ kN}}$

$\Sigma F_v = 0$
$16.68 - 40 + 22.12 + 34.22 - 60 + R_C = 0 \quad \underline{R_C = 26.98 \text{ kN}}$

215

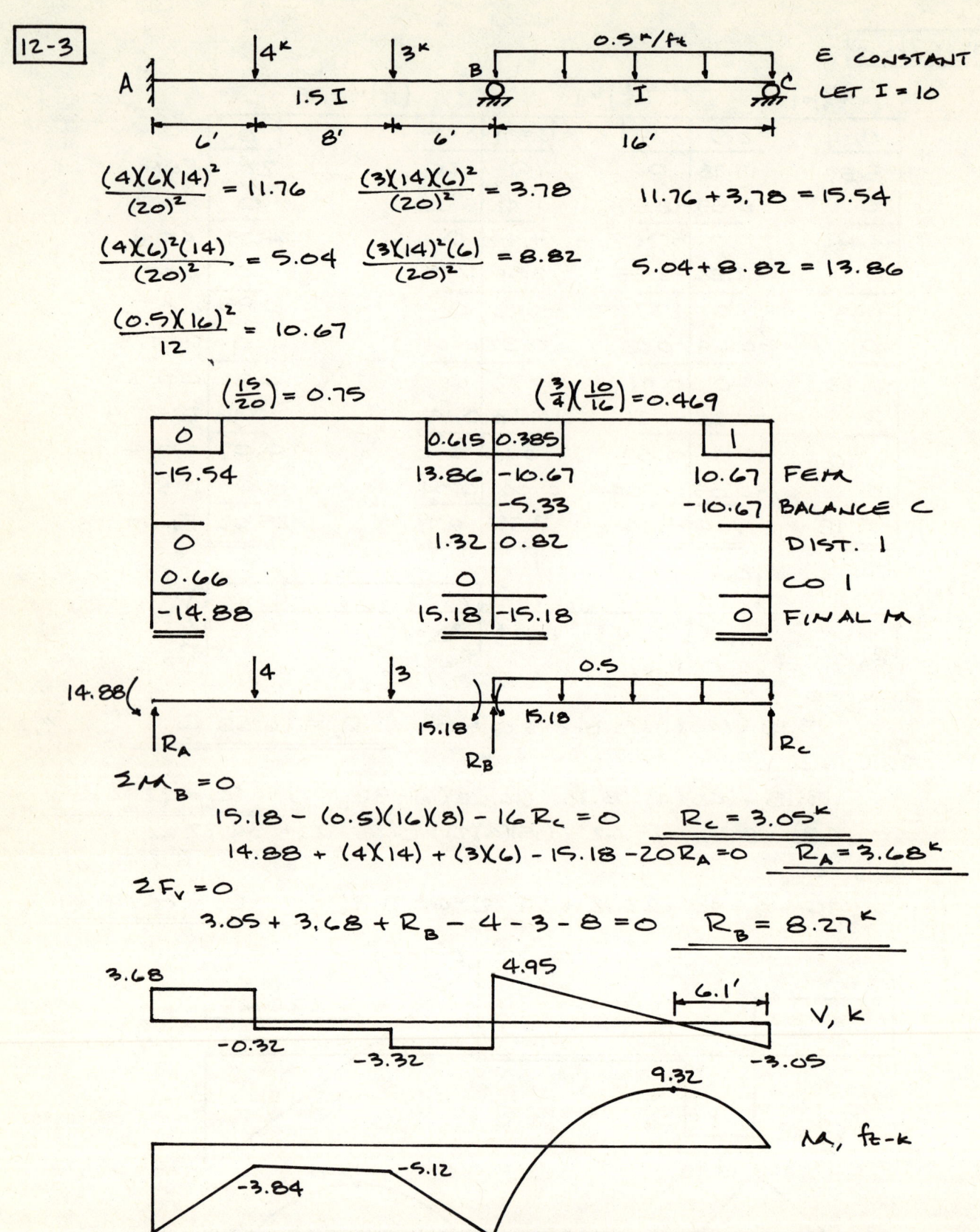

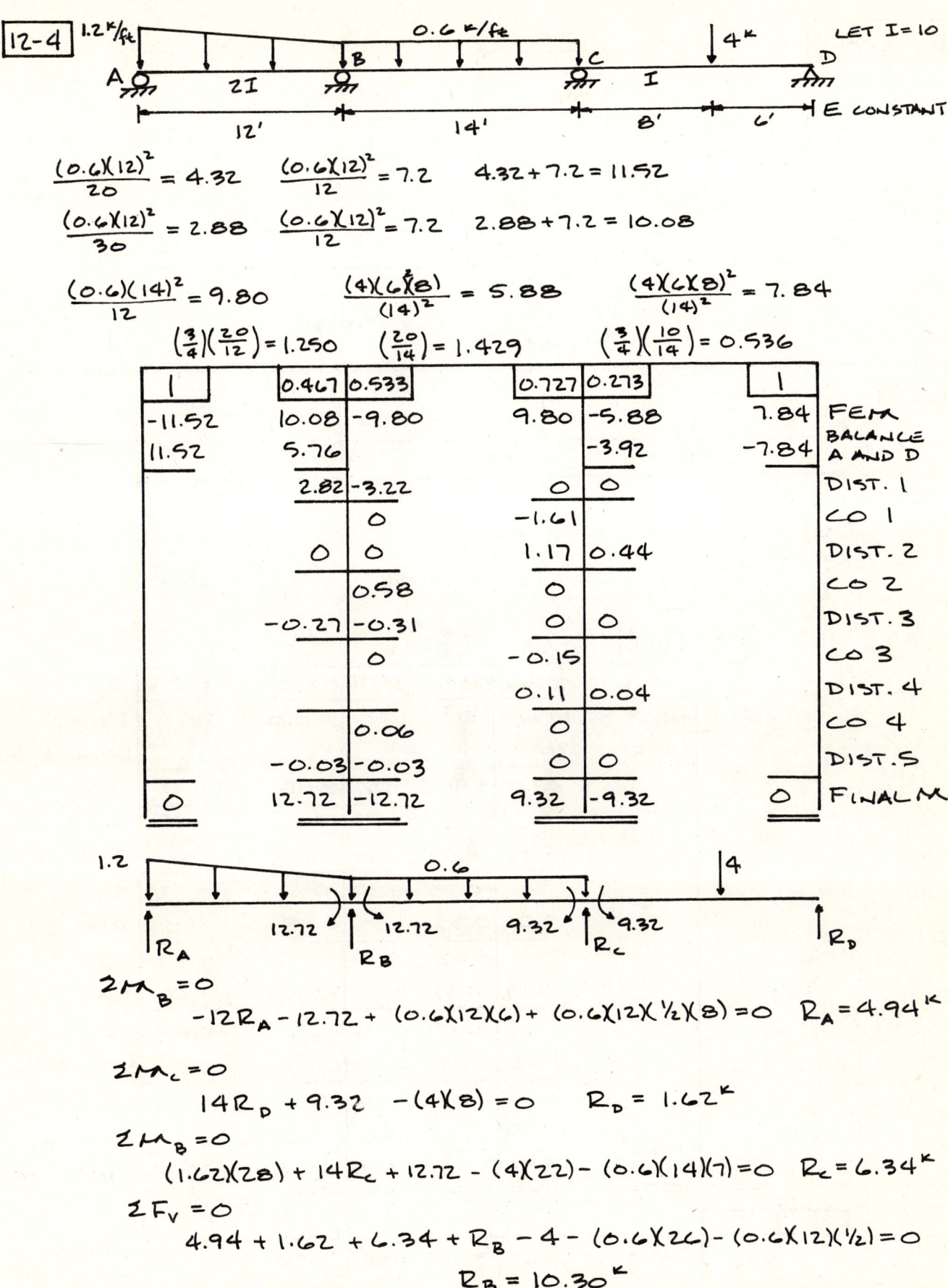

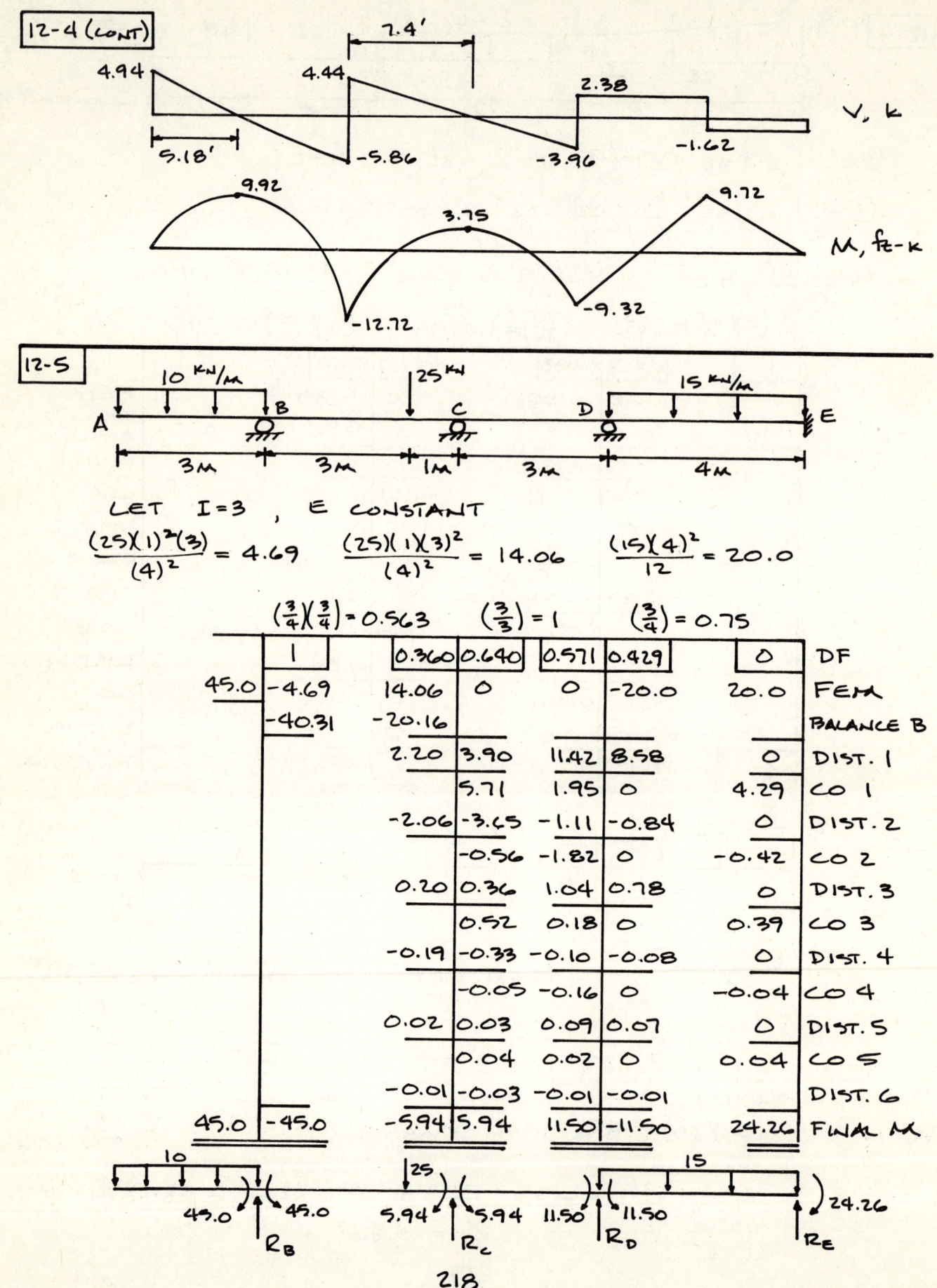

12-5 (CONT)

$\Sigma M_C = 0$

$(10)(3)(5.5) + (25)(1) - 5.94 - 4R_B = 0 \quad \underline{R_B = 46.02 \text{ kN}}$

$\Sigma M_D = 0$

$(10)(3)(8.5) + (25)(4) - 11.50 - (46.02)(7) - 3R_C = 0 \quad \underline{R_C = 7.13 \text{ kN}}$

$\Sigma M_E = 0$

$(10)(3)(12.5) + (25)(8) - 24.26 - (46.02)(11) - (7.13)(7) - 4R_D + (15)(4)(2) = 0$

$\underline{R_D = 28.65 \text{ kN}}$

$\Sigma F_v = 0$

$46.02 + 7.13 + 28.65 + R_E - 25 - (3)(10) - (4)(15) = 0$

$\underline{R_E = 33.2 \text{ kN}}$

V, kN diagram: 16.02, −30.0, −8.98, −1.85, 26.8, 2.21 m, −33.2

M, kN-m diagram: −45.0, 3.1, −5.9, −11.5, 12.5, −24.2

12-6

Beam A —— B —— C —— 30 kN
15 kN/m between B and C
3m, 3m, 2m
LET I = 3

$\dfrac{(15)(3)^2}{12} = 11.25$

$\left(\dfrac{3}{4}\right)\left(\dfrac{3}{3}\right) = 0.75 \quad \left(\dfrac{3}{4}\right)\left(\dfrac{3}{3}\right) = 0.75$

1	0.5	0.5	1	DF
0	0	−11.25	11.25	−60 FEM
0	0	24.38	48.75	BALANCE C
	−6.56	−6.56		DIST. 1
0	−6.56	6.56	60.0	−60.0 FINAL M

12-7

Beam A — B — C — D — E
20 kN/m from A to B, 40 kN at midspan, 12 kN/m from C to E
3m, 2m, 2m, 3m, 2m
LET I = 12

219

12-7 (CONT)

$\left(\frac{3}{4}\right)\left(\frac{12}{3}\right) = 3$ $\left(\frac{12}{4}\right) = 3$ $\left(\frac{3}{4}\right)\left(\frac{12}{3}\right) = 3$

1	0.5	0.5	0.5	0.5	1		
							DF
-15.0	15.0	-20.0	20.0	-9.0	9.0	-24.0	FEM
15.0	7.5			7.5	15.0		BALANCE A AND D
	-1.25	-1.25	-9.25	-9.25			DIST. 1
		-4.62	-0.62				CO 1
	2.31	2.31	0.31	0.31			DIST. 2
		0.16	1.16				CO 2
	-0.08	-0.08	-0.58	-0.58			DIST. 3
		-0.29	-0.04				CO 3
	0.15	0.14	0.02	0.02			DIST. 4
		0.01	0.07				CO 4
	0	-0.01	-0.03	-0.04			DIST. 5
0	23.63	-23.63	11.04	-11.04	24.0	-24.0	FINAL M

$-FEM_{AB} = FEM_{BA} = \frac{(20)(3)^2}{12} = 15$ $-FEM_{BC} = FEM_{CB} = \frac{(40)(4)}{8} = 20.0$

$-FEM_{CD} = FEM_{DC} = \frac{(12)(3)^2}{12} = 9.0$

12-8

[Beam diagram: A to B (6m) with 10 kN/m distributed load, B to C (5m), C to D (3m + 3m) with 40 kN point load at midspan. LET I = 6]

$\frac{(10)(6)^2}{12} = 30$ $\frac{(40)(6)}{8} = 30$

$\left(\frac{6}{6}\right) = 1$ $\left(\frac{6}{5}\right) = 1.2$ $\left(\frac{6}{6}\right) = 1$

0	0.455	0.545	0.545	0.455	0	
						DF
-30.0	30.0	0	0	-30.0	30.0	FEM
0	-13.65	-16.35	16.35	13.65	0	DIST. 1
-6.82	0	8.18	-8.18	0	6.82	CO 1
0	-3.72	-4.46	4.46	3.72	0	DIST. 2
-1.86	0	2.23	-2.23	0	1.86	CO 2
0	-1.01	-1.22	1.22	1.01	0	DIST. 3
-0.50	0	0.61	-0.61	0	0.50	CO 3
0	-0.28	-0.33	0.33	0.28	0	DIST. 4
-0.14	0	0.16	-0.16	0	0.14	CO 4
0	-0.07	-0.09	0.09	0.07	0	DIST. 5
-39.32	-11.27	11.27	11.27	-11.27	39.32	FINAL M

12-9

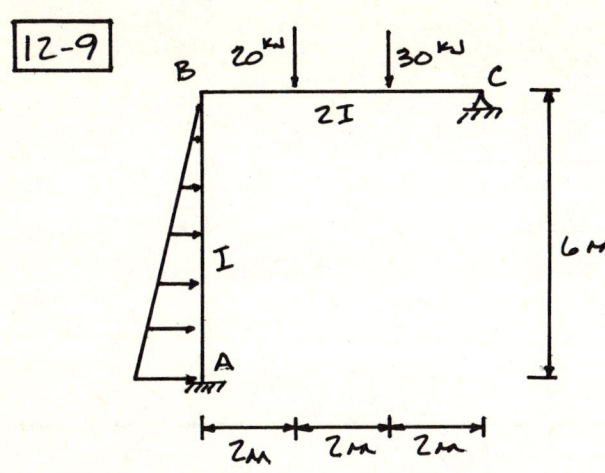

LET $I = 6$

$FEM_{AB} = \dfrac{(15)(6)^2}{20} = 27.0$

$FEM_{BA} = \dfrac{(15)(6)^2}{30} = 18.0$

$FEM_{BC} = \dfrac{(20)(2)(4)^2}{(6)^2} + \dfrac{(30)(4)(2)^2}{(6)^2} = 31.11$

$FEM_{CB} = \dfrac{(20)(2)^2(4)}{(6)^2} + \dfrac{(30)(4)^2(2)}{(6)^2} = 35.56$

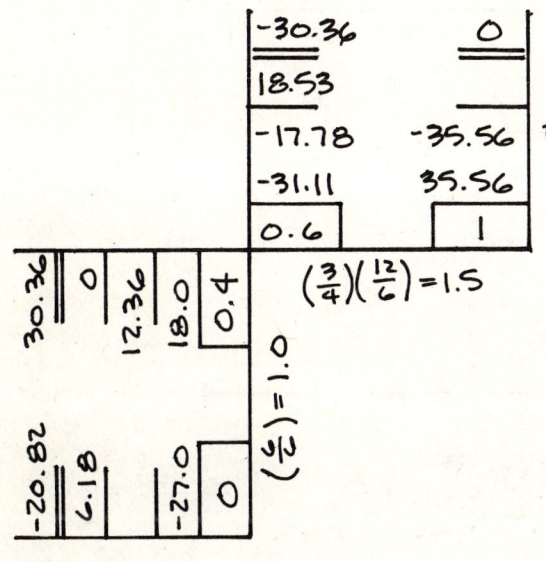

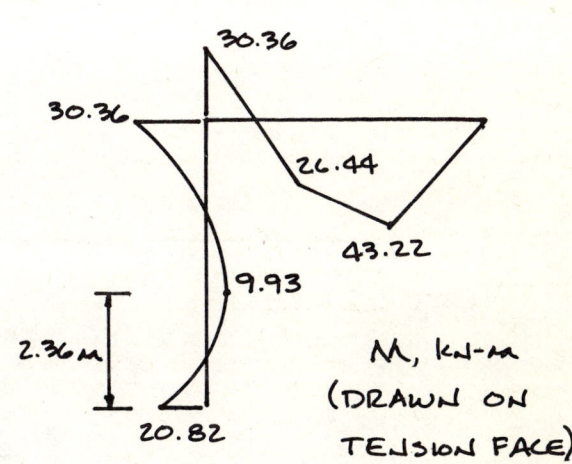

M, kN-m (DRAWN ON TENSION FACE)

12-10

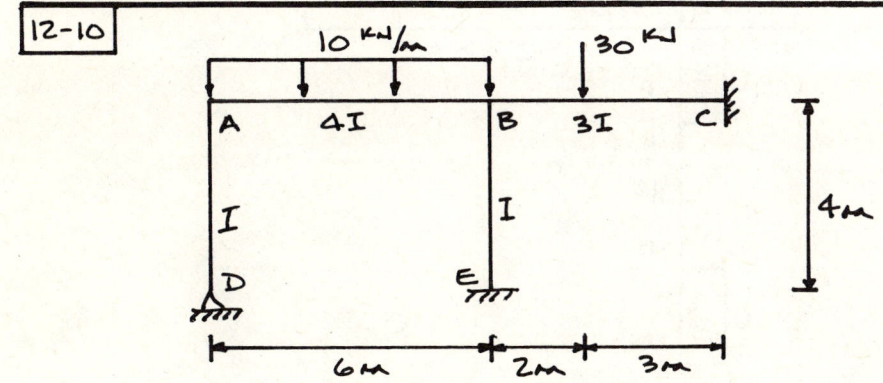

USING THE COMPUTER PROGRAM OF APPENDIX B:

$FEM's \{X1\}: \begin{Bmatrix} DA \\ AD \\ AB \\ BA \\ EB \\ BE \\ BC \\ CB \end{Bmatrix} = \begin{Bmatrix} 0 \\ 0 \\ -30.0 \\ 30.0 \\ 0 \\ 0 \\ -21.6 \\ 14.4 \end{Bmatrix}$ 10 CYCLE RESULTS: $\begin{Bmatrix} 0 \\ 7.65 \\ -7.65 \\ 33.93 \\ -1.81 \\ -3.62 \\ -30.30 \\ 10.05 \end{Bmatrix}$

12-10 (CONT)

33.93
30.30
10.05
7.65
3.62
13.82
25.17
1.81
2.56m

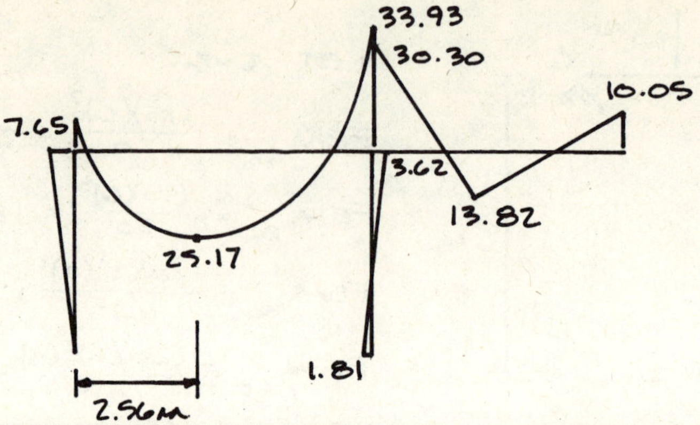

M, kN-m
(DRAWN ON TENSION FACE)

12-11

0.6 k/ft
10 k
①
3I
②
2I
③
I
④
14'
20'
8'
8'

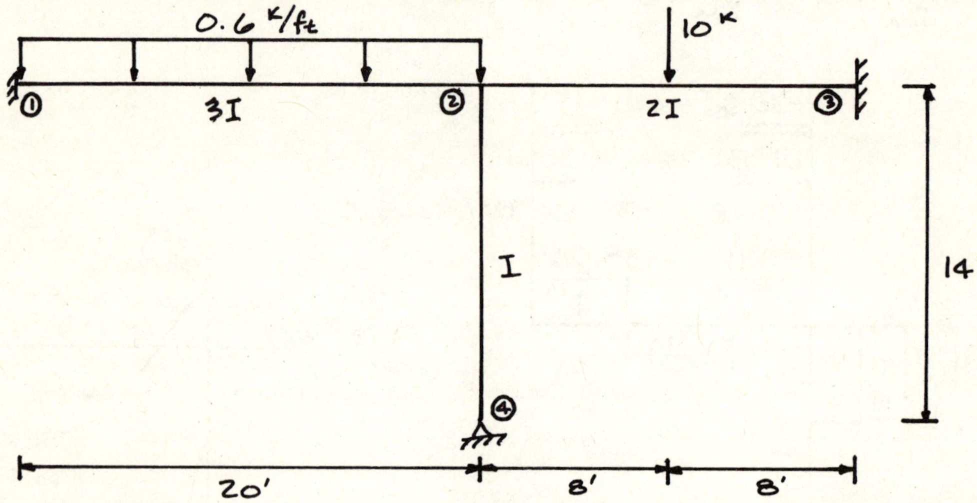

LET I = 20

$$\frac{(0.6)(20)^2}{12} = 20 \qquad \frac{(10)(16)}{8} = 20$$

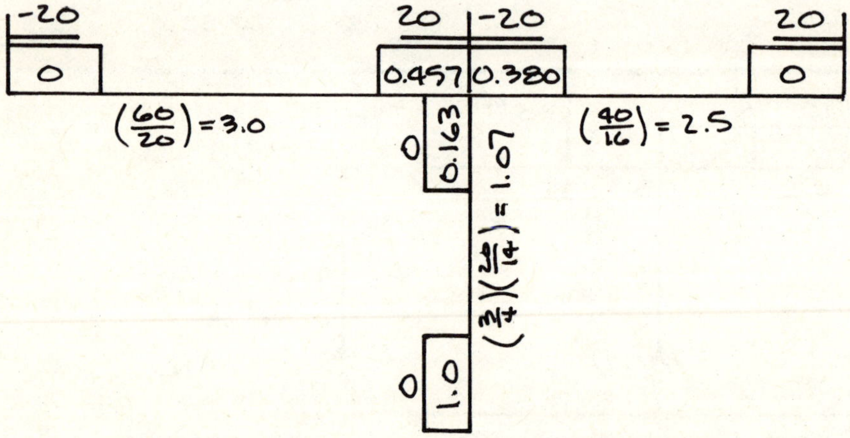

-20
0
20
-20
0.457
0.380
20
0
$\left(\frac{60}{20}\right) = 3.0$
$\left(\frac{40}{16}\right) = 2.5$
0
0.163
$\left(\frac{3}{4}\right)\left(\frac{20}{14}\right) = 1.07$
0
1.0

NO DISTRIBUTION REQUIRED.

12-12

20 kN/m
12 kN/m
B
2I
D
2I
E
I
I
C
A
4m
2m
6m
8m

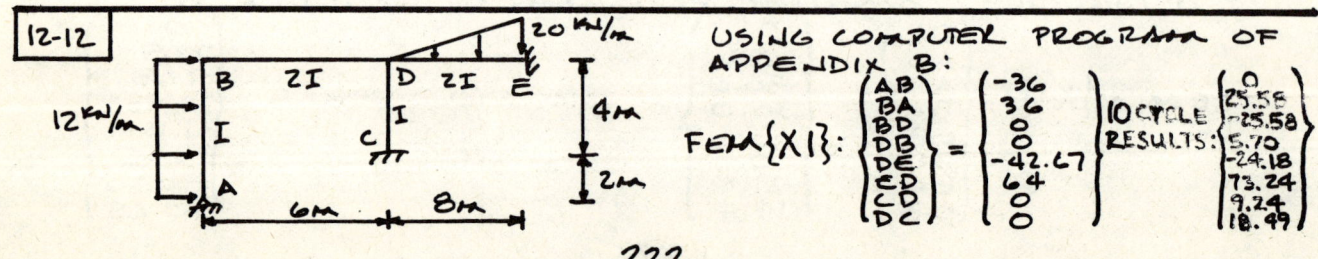

USING COMPUTER PROGRAM OF APPENDIX B:

$$\text{FEM}\{X1\}: \begin{Bmatrix} AB \\ BA \\ BD \\ DB \\ DE \\ ED \\ CD \\ DC \end{Bmatrix} = \begin{Bmatrix} -36 \\ 36 \\ 0 \\ 0 \\ -42.67 \\ 64 \\ 0 \\ 0 \end{Bmatrix} \quad \text{10 CYCLE RESULTS:} \begin{Bmatrix} 0 \\ 25.58 \\ -25.58 \\ 5.70 \\ -24.18 \\ 73.24 \\ 9.24 \\ 18.49 \end{Bmatrix}$$

12-13

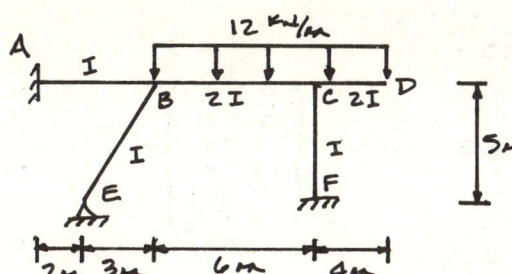

USING THE COMPUTER PROGRAM OF APPENDIX B: LET $I_{CD} = 0$.

$$FEM's \{XI\}: \begin{Bmatrix} AB \\ BA \\ EB \\ BE \\ BC \\ CB \\ FC \\ CF \\ CD \\ DC \end{Bmatrix} = \begin{Bmatrix} 0 \\ 0 \\ 0 \\ 0 \\ -36 \\ 36 \\ 0 \\ 0 \\ -96 \\ 0 \end{Bmatrix}$$

10 CYCLE RESULTS: $\begin{Bmatrix} 2.83 \\ 5.66 \\ 0 \\ 3.64 \\ -9.30 \\ 75.27 \\ 10.37 \\ 20.73 \\ -96 \\ 0 \end{Bmatrix}$

12-14

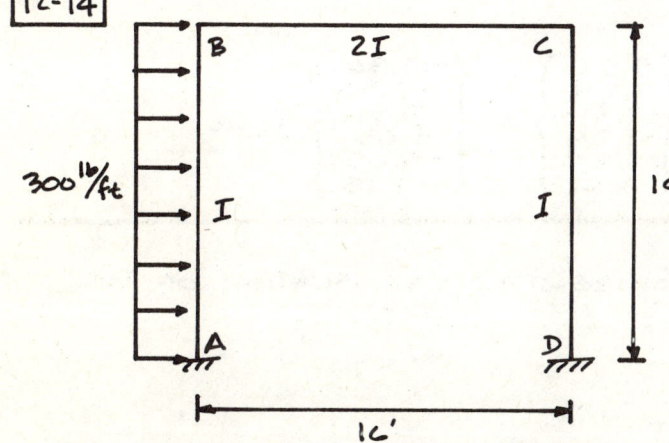

a) HORIZONTAL TRANSLATION OF BC.

b) USING THE COMPUTER PROGRAM OF APPENDIX B:

TRANSLATION PREVENTED —

$$FEM's \{XI\}: \begin{Bmatrix} AB \\ BA \\ BC \\ CB \\ CD \\ DC \end{Bmatrix} = \begin{Bmatrix} -4.9 \\ 4.9 \\ 0 \\ 0 \\ 0 \\ 0 \end{Bmatrix}$$

10 CYCLE RESULTS: $\begin{Bmatrix} -5.89 \\ 2.92 \\ -2.92 \\ -0.63 \\ 0.63 \\ 0.32 \end{Bmatrix}$

$\Sigma M_B = 0$
$5.89 + (0.3)(14)(7) - 2.92 - 14 V_A = 0 \quad V_A = 2.31^K$
$\Sigma M_C = 0$
$14 V_D - 0.32 - 0.63 = 0 \quad V_D = 0.07^K$
$\Sigma F_H = 0$
$(0.3)(14) + 0.07 - 2.31 - X = 0 \quad X = 1.96^K$

12-14 (CONT) CORRECTION ANALYSIS —

$$\{X1\} = \begin{Bmatrix} 10 \\ 10 \\ 0 \\ 0 \\ 10 \\ 10 \end{Bmatrix} \qquad \text{10 CYCLE RESULTS:} \begin{Bmatrix} 8.62 \\ 7.24 \\ -7.24 \\ -7.24 \\ 7.24 \\ 8.62 \end{Bmatrix}$$

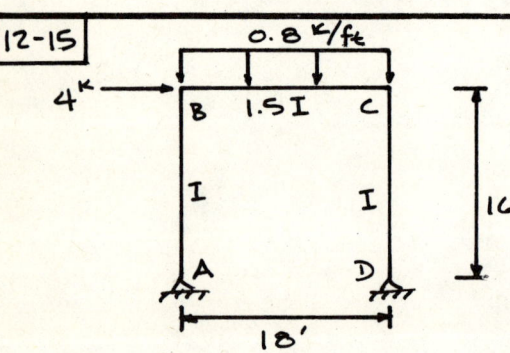

$\Sigma M_B = 0$

$14 V_A - 8.62 - 7.24 = 0 \qquad V_A = 1.13^K \; (= V_D)$

$X' = (2)(1.13) = 2.26$

$\dfrac{X}{X'} = \dfrac{1.96}{-2.26} = -0.867$

FINAL RESULTS:

$$\begin{Bmatrix} -5.89 \\ 2.92 \\ -2.92 \\ -0.63 \\ 0.63 \\ 0.32 \end{Bmatrix} + (-0.867) \begin{Bmatrix} 8.62 \\ 7.24 \\ -7.24 \\ -7.24 \\ 7.24 \\ 8.62 \end{Bmatrix} = \begin{Bmatrix} -13.36 \\ -3.36 \\ 3.36 \\ 5.65 \\ -5.65 \\ -7.15 \end{Bmatrix} \text{ft-k}$$

12-15

a) HORIZONTAL TRANSLATION OF BC.

b) USING THE COMPUTER PROGRAM OF APPENDIX B: TRANSLATION PREVENTED —

$$\text{FEM's} \{X1\} = \begin{Bmatrix} AB \\ BA \\ BC \\ CB \\ CD \\ DC \end{Bmatrix} = \begin{Bmatrix} 0 \\ 0 \\ -21.6 \\ 21.6 \\ 0 \\ 0 \end{Bmatrix} \qquad \text{10 CYCLE RESULTS:} \begin{Bmatrix} 0 \\ 11.44 \\ -11.44 \\ 11.44 \\ -11.44 \\ 0 \end{Bmatrix}$$

$\Sigma M_B = 0$

$16 V_A - 11.44 = 0 \qquad V_A = 0.715$

$\Sigma M_C = 0$

$-16 V_D + 11.44 = 0 \qquad V_D = 0.715$

$\Sigma F_H = 0$

$4 + 0.715 - 0.715 - X = 0$

$X = 4$

12-15 (CONT) CORRECTION ANALYSIS —

$$\{X_1\}: \begin{Bmatrix} -5 \\ -5 \\ 0 \\ 0 \\ -5 \\ -5 \end{Bmatrix} \quad \text{10 CYCLE RESULTS:} \begin{Bmatrix} 0 \\ -1.818 \\ 1.818 \\ 1.818 \\ -1.818 \\ 0 \end{Bmatrix}$$

$\Sigma M_B = 0$
$1.82 - 16 V_A = 0 \quad V_A = 0.114 \; (=V_D)$
$X' = (2)(0.114) = 0.228$
$\dfrac{X}{X'} = \dfrac{4}{0.228} = 17.58$

FINAL RESULTS:

$$\begin{Bmatrix} 0 \\ 11.44 \\ -11.44 \\ 11.44 \\ -11.44 \\ 0 \end{Bmatrix} + (17.58)\begin{Bmatrix} 0 \\ -1.818 \\ 1.818 \\ 1.818 \\ -1.818 \\ 0 \end{Bmatrix} = \begin{Bmatrix} 0 \\ -20.52 \\ 20.52 \\ 43.40 \\ -43.40 \\ 0 \end{Bmatrix} \text{ ft-k}$$

12-16

a) VERTICAL TRANSLATION OF BC.

b) USING COMPUTER PROGRAM OF APPENDIX B:
TRANSLATION PREVENTED:

$$\text{FEM's } \{X_1\}: \begin{Bmatrix} AB \\ BA \\ BC \\ CB \\ CD \\ DC \end{Bmatrix} = \begin{Bmatrix} -30 \\ 30 \\ 0 \\ 0 \\ -15 \\ 15 \end{Bmatrix} \quad \text{10 CYCLE RESULTS:} \begin{Bmatrix} 0 \\ 22 \\ -22 \\ 2 \\ -2 \\ 21.5 \end{Bmatrix}$$

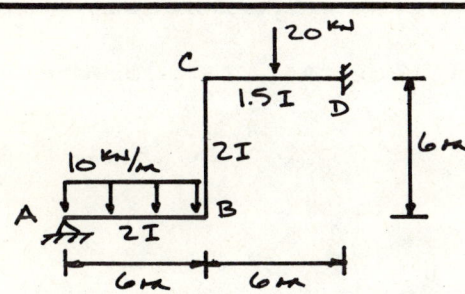

$\Sigma M_B = 0$
$(10)(6)(3) - 22.0 - 6 V_A = 0 \quad V_A = 26.33$
$\Sigma M_C = 0$
$2.0 + 6 V_D - (20)(3) - 21.5 = 0 \quad V_D = 13.25$
$\Sigma F_y = 0$
$26.33 + 13.25 + X - (10)(6) - 20 = 0$
$X = 40.42$

12-16 (CONT)

CORRECTION ANALYSIS:

$$\{X1\} : \begin{Bmatrix} -5 \\ -5 \\ 0 \\ 0 \\ 3.75 \\ 3.75 \end{Bmatrix} \qquad \text{10 CYCLE RESULTS:} \begin{Bmatrix} 0 \\ -0.833 \\ 0.833 \\ -1.67 \\ 1.67 \\ 2.71 \end{Bmatrix}$$

$\Sigma M_B = 0$
$0.833 - 6V_A = 0 \qquad V_A = 0.139$

$\Sigma M_C = 0$
$6V_D - 2.71 - 1.67 = 0 \qquad V_D = 0.73$

$X' = V_A + V_D = 0.139 + 0.73 = 0.869$

$\dfrac{X}{X'} = \dfrac{40.42}{0.869} = 46.51$

FINAL RESULTS:

$$\begin{Bmatrix} 0 \\ 22 \\ -22 \\ 2 \\ -2 \\ 21.5 \end{Bmatrix} + (46.51) \begin{Bmatrix} 0 \\ -0.833 \\ 0.833 \\ -1.67 \\ 1.67 \\ 2.71 \end{Bmatrix} = \begin{Bmatrix} 0 \\ -16.76 \\ 16.76 \\ -75.52 \\ 75.52 \\ 147.6 \end{Bmatrix} \text{ KN-M}$$

12-17

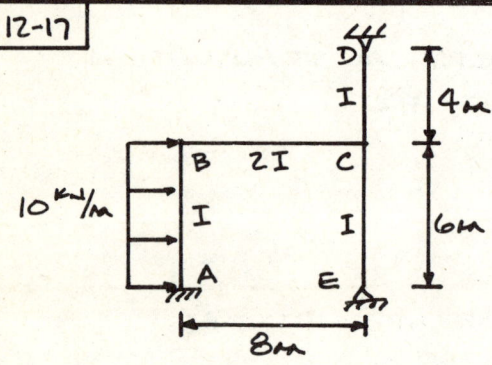

a) HORIZONTAL TRANSLATION OF BC.

b) USING THE COMPUTER PROGRAM OF APPENDIX B:
   TRANSLATION PREVENTED —

$$\text{FEM's }\{X1\} : \begin{Bmatrix} AB \\ BA \\ BC \\ CB \\ EC \\ CE \\ CD \\ DC \end{Bmatrix} = \begin{Bmatrix} -30 \\ 30 \\ 0 \\ 0 \\ 0 \\ 0 \\ 0 \\ 0 \end{Bmatrix} \qquad \text{10 CYCLE RESULTS:} \begin{Bmatrix} -36.43 \\ 17.14 \\ -17.14 \\ -5.36 \\ 0 \\ 2.14 \\ 0 \\ 3.22 \end{Bmatrix}$$

$\Sigma M_B = 0$
$36.43 + (10)(6)(3) - 17.14 - 6V_A = 0 \qquad V_A = 33.22$

$\Sigma M_C = 0$
$6V_E - 2.14 = 0 \qquad V_E = 0.357$
$4V_D - 3.22 = 0 \qquad V_D = 0.805$

12-17 (CONT) $\Sigma F_H = 0$

$(10)(6) + 0.397 - 33.22 - 0.805 - X = 0 \quad X = 26.33$

CORRECTION ANALYSIS —

$$\{X1\}: \begin{Bmatrix} -5 \\ -5 \\ 0 \\ 0 \\ 0 \\ -2.5 \\ 0 \\ 5.62 \end{Bmatrix} \quad \text{10 CYCLE RESULTS:} \begin{Bmatrix} -3.78 \\ -2.56 \\ 2.56 \\ -3.72 \\ 0 \\ -3.60 \\ 0 \\ 3.97 \end{Bmatrix}$$

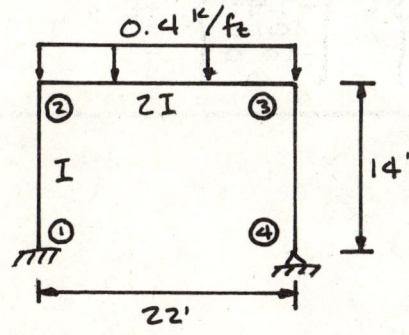

$\Sigma M_B = 0$
$3.78 + 2.56 - 6V_A = 0 \quad V_A = 1.06$

$\Sigma M_C = 0$
$3.60 - 6V_E = 0 \quad V_E = 0.60$
$4V_D - 3.97 = 0 \quad V_D = 0.99$

$\Sigma F_H = 0$
$1.06 + 0.60 + 0.99 - X' = 0$
$X' = 2.65$

$\dfrac{X}{X'} = \dfrac{26.33}{2.65} = 9.94$

$$\begin{Bmatrix} -36.43 \\ 17.14 \\ -17.14 \\ -5.36 \\ 0 \\ 2.14 \\ 0 \\ 3.22 \end{Bmatrix} + (9.94) \begin{Bmatrix} -3.78 \\ -2.56 \\ 2.56 \\ -3.72 \\ 0 \\ -3.60 \\ 0 \\ 3.97 \end{Bmatrix} = \begin{Bmatrix} -74.0 \\ -8.31 \\ 8.31 \\ -9.06 \\ 0 \\ -33.64 \\ 0 \\ 42.68 \end{Bmatrix} \text{kN-m}$$

12-18

[Frame: 0.4 k/ft on top; joints ② 2I ③ on top, I on left side, joints ① and ④ at base; height 14', width 22'; ① fixed, ④ pinned]

USING THE COMPUTER PROGRAM OF APPENDIX B:
TRANSLATION OF ② - ③ PREVENTED —

$$\text{FEM's}\{X1\}: \begin{Bmatrix} 12 \\ 21 \\ 23 \\ 32 \\ 34 \\ 43 \end{Bmatrix} = \begin{Bmatrix} 0 \\ 0 \\ -16.13 \\ 16.13 \\ 0 \\ 0 \end{Bmatrix} \quad \text{10 CYCLE RESULTS:} \begin{Bmatrix} 5.12 \\ 10.23 \\ -10.23 \\ 8.40 \\ -8.40 \\ 0 \end{Bmatrix}$$

12-18 (CONT)

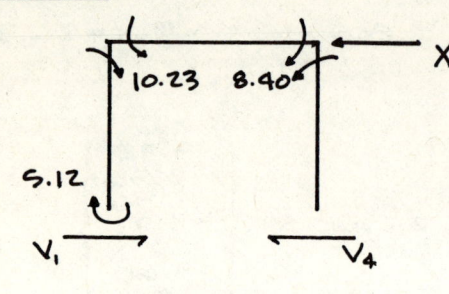

$\Sigma M_2 = 0$
$14V_1 - 10.23 - 5.12 = 0 \quad V_1 = 1.10$
$\Sigma M_3 = 0$
$8.40 - 14V_4 = 0 \quad V_4 = 0.60$
$\Sigma F_H = 0$
$1.10 - 0.60 - X = 0 \quad X = 0.50$

CORRECTION ANALYSIS:

$\{XI\}: \begin{Bmatrix} -5 \\ -5 \\ 0 \\ 0 \\ -2.5 \\ 0 \end{Bmatrix}$ 10 CYCLE RESULTS: $\begin{Bmatrix} -3.98 \\ -2.97 \\ 2.97 \\ 2.05 \\ -2.05 \\ 0 \end{Bmatrix}$

$\Sigma M_2 = 0$
$2.97 + 3.98 - 14V_1 = 0 \quad V_1 = 0.496$
$\Sigma M_3 = 0$
$2.05 - 14V_4 = 0 \quad V_4 = 0.146$
$\Sigma F_H = 0$
$0.496 + 0.146 - X' = 0 \quad X' = 0.642$

$\dfrac{X}{X'} = \dfrac{0.50}{0.642} = 0.779$

FINAL RESULTS:

$\begin{Bmatrix} 5.12 \\ 10.23 \\ -10.23 \\ 8.40 \\ -8.40 \\ 0 \end{Bmatrix} + (0.779) \begin{Bmatrix} -3.98 \\ -2.97 \\ 2.97 \\ 2.05 \\ -2.05 \\ 0 \end{Bmatrix} = \begin{Bmatrix} 2.02 \\ 7.92 \\ -7.92 \\ 10.0 \\ -10.0 \\ 0 \end{Bmatrix}$ ft-k

12-19

USING THE COMPUTER PROGRAM OF APPENDIX B:
TRANSLATION OF BC PREVENTED—

FEM's $\{XI\}: \begin{Bmatrix} AB \\ BA \\ BC \\ CB \\ CD \\ DC \end{Bmatrix} = \begin{Bmatrix} -8 \\ 8 \\ 0 \\ 0 \\ 0 \\ 0 \end{Bmatrix}$ 10 CYCLE RESULTS: $\begin{Bmatrix} -9.87 \\ 4.27 \\ -4.27 \\ -1.07 \\ 1.07 \\ 0.53 \end{Bmatrix}$

12-19 (CONT)

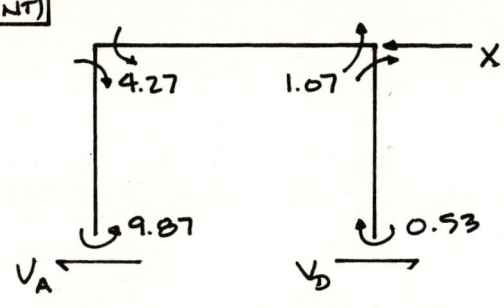

$\Sigma M_B = 0$
$9.87 + (4)(8) - 4.27 - 16 V_A = 0$
$\quad V_A = 2.35$
$\Sigma M_C = 0$
$16 V_D - 1.07 - 0.53 = 0 \quad V_D = 0.1$
$\Sigma F_H = 0$
$2 + 4 + 0.1 - 2.35 - X = 0 \quad X = 3.75$

CORRECTION ANALYSIS —

$\{X1\}: \begin{Bmatrix} -5 \\ -5 \\ 0 \\ 0 \\ -5 \\ -5 \end{Bmatrix}$
10 CYCLE RESULTS: $\begin{Bmatrix} -4.17 \\ -3.33 \\ 3.33 \\ 3.33 \\ -3.33 \\ -4.17 \end{Bmatrix}$

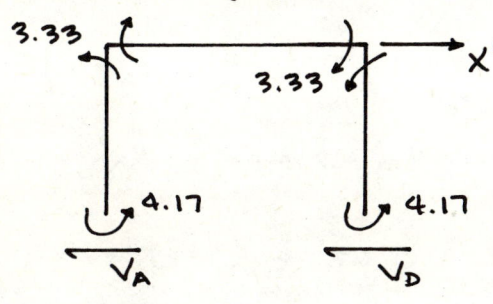

$\Sigma M_B = 0$
$4.17 + 3.33 - 16 V_A = 0 \quad V_A = 0.469$
$\quad\quad\quad\quad\quad\quad\quad\quad\quad (= V_D)$
$\Sigma F_H = 0$
$X' - (2)(0.469) = 0 \quad X' = 0.938$

$\dfrac{X}{X'} = \dfrac{3.75}{0.938} = 4.0$

FINAL RESULTS —

$\begin{Bmatrix} -9.87 \\ 4.27 \\ -4.27 \\ -1.07 \\ 1.07 \\ 0.53 \end{Bmatrix} + (4.0) \begin{Bmatrix} -4.17 \\ -3.33 \\ 3.33 \\ 3.33 \\ -3.33 \\ -4.17 \end{Bmatrix} = \begin{Bmatrix} -26.55 \\ -9.05 \\ 9.05 \\ 12.25 \\ -12.25 \\ -16.15 \end{Bmatrix}$ ft-k

---

12-20

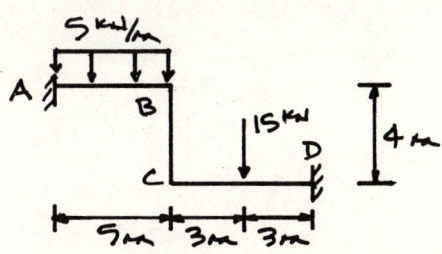

USING THE COMPUTER PROGRAM OF APPENDIX B:
VERTICAL TRANSLATION OF BC PREVENTED —

FEM's $\{X1\}: \begin{Bmatrix} AB \\ BA \\ BC \\ CB \\ CD \\ DC \end{Bmatrix} = \begin{Bmatrix} -10.42 \\ 10.42 \\ 0 \\ 0 \\ -11.25 \\ 11.25 \end{Bmatrix}$ 10 CYCLE RESULTS: $\begin{Bmatrix} -13.76 \\ 3.73 \\ -3.73 \\ 5.08 \\ -5.08 \\ 14.34 \end{Bmatrix}$

12-20 (cont.)

$\Sigma M_B = 0$
$(5)(5)(2.5) + 13.76 - 3.73 - 5V_A = 0 \quad V_A = 14.51$

$\Sigma M_C = 0$
$(15)(3) - 5.08 + 14.34 - 6V_D = 0 \quad V_D = 9.04$

$\Sigma F_v = 0$
$(5)(5) + 15 - 14.51 - 9.04 - X = 0$
$X = 16.45$

CORRECTION ANALYSIS —

$\{X1\} = \begin{Bmatrix} -5 \\ -5 \\ 0 \\ 0 \\ 3.47 \\ 3.47 \end{Bmatrix}$ 10 CYCLE RESULTS: $\begin{Bmatrix} -3.54 \\ -2.07 \\ 2.07 \\ -1.35 \\ 1.35 \\ 2.41 \end{Bmatrix}$

$\Sigma M_B = 0$
$3.54 + 2.07 - 5V_A = 0 \quad V_A = 1.12$

$\Sigma M_C = 0$
$6V_D - 1.35 - 2.41 = 0 \quad V_D = 0.627$

$\Sigma F_v = 0$
$1.12 + 0.627 - X' = 0 \quad X' = 1.75$

$\dfrac{X}{X'} = \dfrac{16.45}{1.75} = 9.40$

FINAL RESULTS —

$\begin{Bmatrix} -13.76 \\ 3.73 \\ -3.73 \\ 5.08 \\ -5.08 \\ 14.34 \end{Bmatrix} + (9.40) \begin{Bmatrix} -3.54 \\ -2.07 \\ 2.07 \\ -1.35 \\ 1.35 \\ 2.41 \end{Bmatrix} = \begin{Bmatrix} -47.04 \\ -15.73 \\ 15.73 \\ -7.61 \\ 7.61 \\ 36.99 \end{Bmatrix}$ kN-m

12-21

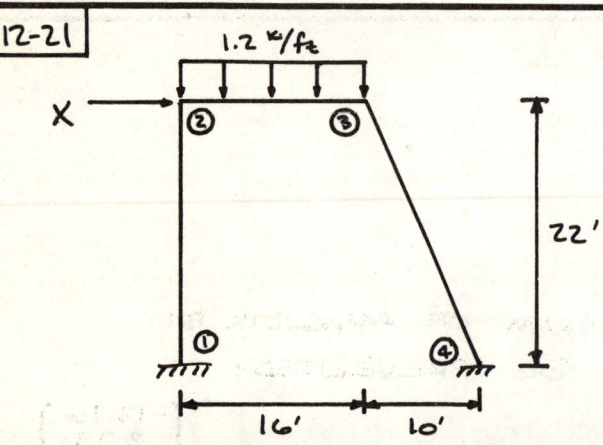

USING THE COMPUTER PROGRAM OF APPENDIX B:
HORIZONTAL TRANSLATION OF ②—③ PREVENTED —

12-21 (CONT)

FEM's $\{X1\}$: $\begin{Bmatrix} 12 \\ 21 \\ 23 \\ 32 \\ 34 \\ 43 \end{Bmatrix} = \begin{Bmatrix} 0 \\ 0 \\ -25.6 \\ 25.6 \\ 0 \\ 0 \end{Bmatrix}$ 10 CYCLE RESULTS: $\begin{Bmatrix} 7.68 \\ 15.36 \\ -15.36 \\ 14.40 \\ -14.40 \\ -7.20 \end{Bmatrix}$

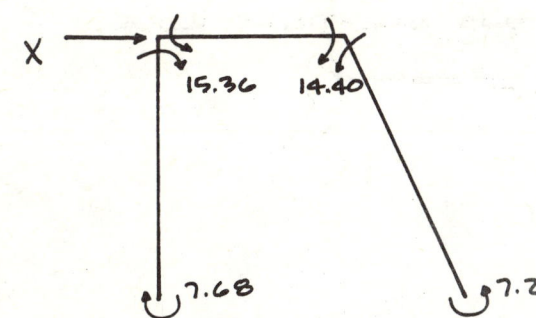

ON 23: $\Sigma M_3 = 0$
$16 V_{23} - 15.36 - (1.2)(16)(8) + 14.40 = 0$
$V_{23} = 9.66 \quad \therefore R_{IV} = 9.66 \uparrow$

$\Sigma M_4 = 0$ (FOR ENTIRE STRUCTURE)
$(9.66)(26) - (1.2)(16)(18) + 7.68 - 7.20 + 22X = 0$
$X = 4.27$

CORRECTION ANALYSIS —

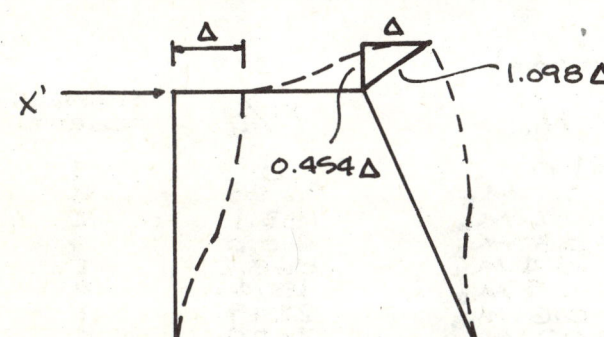

ASSUME $FEM_{12} = FEM_{21} = -5$

$FEM_{34} = FEM_{43} = \left(\dfrac{1.098\Delta}{(24.17)^2}\right)\left(\dfrac{(22)^2}{\Delta}\right)(-5)$
$= -4.548$

$FEM_{23} = FEM_{32} = \left(\dfrac{0.454\Delta}{(16)^2}\right)\left(\dfrac{(22)^2}{\Delta}\right)(5)$
$= 4.301$

$\{X1\}: \begin{Bmatrix} -5 \\ -5 \\ 4.301 \\ 4.301 \\ -4.548 \\ -4.548 \end{Bmatrix}$ 10 CYCLE RESULTS: $\begin{Bmatrix} -4.86 \\ -4.71 \\ 4.71 \\ 4.53 \\ -4.53 \\ -4.54 \end{Bmatrix}$

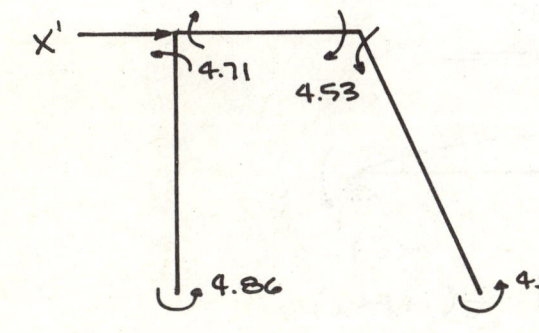

ON 23: $\Sigma M_3 = 0$
$V_{23} = \dfrac{4.71 + 4.53}{16} = 0.578 \quad R_{IV} = 0.578 \downarrow$

$\Sigma M_4 = 0$ (FOR ENTIRE STRUCTURE)
$22X' - (0.578)(26) - 4.86 - 4.54 = 0$
$X' = 1.11$

$\dfrac{X}{X'} = \dfrac{4.27}{1.11} = 3.85$

FINAL RESULTS:

$\begin{Bmatrix} 7.68 \\ 15.36 \\ -15.36 \\ 14.40 \\ -14.40 \\ -7.20 \end{Bmatrix} - (3.85) \begin{Bmatrix} -4.86 \\ -4.71 \\ 4.71 \\ 4.53 \\ -4.53 \\ -4.54 \end{Bmatrix} = \begin{Bmatrix} 26.39 \\ 33.49 \\ -33.49 \\ -3.04 \\ 3.04 \\ 10.27 \end{Bmatrix}$ ft-k

12-22

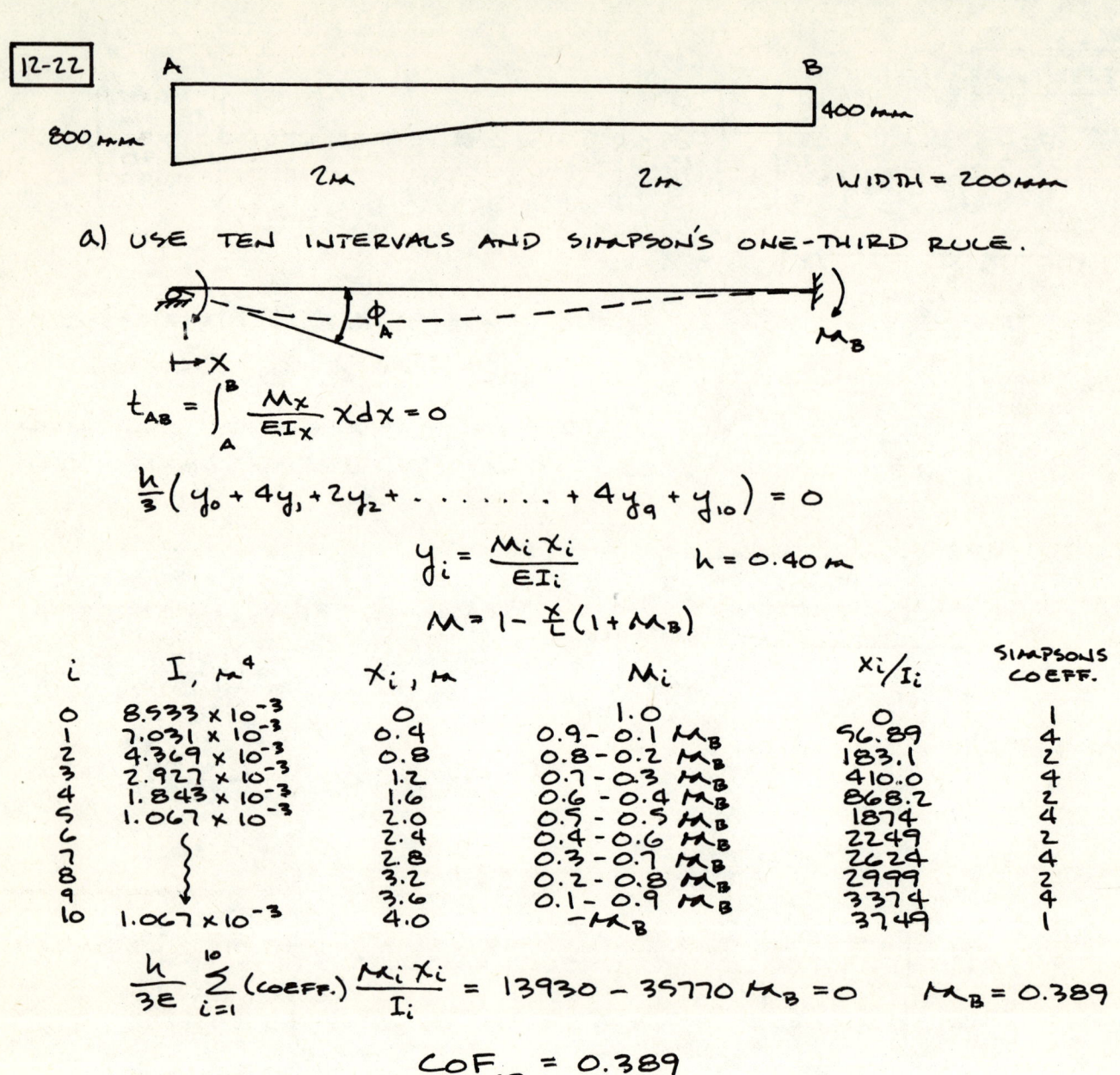

a) USE TEN INTERVALS AND SIMPSON'S ONE-THIRD RULE.

$$t_{AB} = \int_A^B \frac{M_x}{EI_x} x\, dx = 0$$

$$\frac{h}{3}(y_0 + 4y_1 + 2y_2 + \ldots\ldots + 4y_9 + y_{10}) = 0$$

$$y_i = \frac{M_i x_i}{EI_i} \qquad h = 0.40\, m$$

$$M = 1 - \frac{x}{L}(1 + M_B)$$

i	I, m^4	x_i, m	M_i	x_i/I_i	SIMPSONS COEFF.
0	8.533×10^{-3}	0	1.0	0	1
1	7.031×10^{-3}	0.4	$0.9 - 0.1 M_B$	56.89	4
2	4.369×10^{-3}	0.8	$0.8 - 0.2 M_B$	183.1	2
3	2.927×10^{-3}	1.2	$0.7 - 0.3 M_B$	410.0	4
4	1.843×10^{-3}	1.6	$0.6 - 0.4 M_B$	868.2	2
5	1.067×10^{-3}	2.0	$0.5 - 0.5 M_B$	1874	4
6		2.4	$0.4 - 0.6 M_B$	2249	2
7		2.8	$0.3 - 0.7 M_B$	2624	4
8		3.2	$0.2 - 0.8 M_B$	2999	2
9		3.6	$0.1 - 0.9 M_B$	3374	4
10	1.067×10^{-3}	4.0	$-M_B$	3749	1

$$\frac{h}{3E} \sum_{i=1}^{10} (\text{COEFF.}) \frac{M_i x_i}{I_i} = 13930 - 35770 M_B = 0 \qquad M_B = 0.389$$

$$\underline{\underline{COF_{AB} = 0.389}}$$

b)

$$t_{BA} = \int_B^A \frac{M_x}{EI_x} x\, dx \qquad M = 1 - \frac{x}{L}(1 + M_A)$$

12-22 (CONT)

i	I, in^4	x_i, ft	M_i	x_i/I_i	SIMPSONS COEFF.
0	1.067×10^{-3}	0	-1.0	0	1
1		0.4	$-0.9 + 0.1 M_A$	374.9	4
2		0.8	$-0.8 + 0.2 M_A$	749.8	2
3		1.2	$-0.7 + 0.3 M_A$	1125	4
4		1.6	$-0.6 + 0.4 M_A$	1500	2
5	1.067×10^{-3}	2.0	$-0.5 + 0.5 M_A$	1874	4
6	1.843×10^{-3}	2.4	$-0.4 + 0.6 M_A$	1302	2
7	2.927×10^{-3}	2.8	$-0.3 + 0.7 M_A$	956.6	4
8	4.369×10^{-3}	3.2	$-0.2 + 0.8 M_A$	732.4	2
9	7.031×10^{-3}	3.6	$-0.1 + 0.9 M_A$	512.0	4
10	8.533×10^{-3}	4.0	M_A	468.8	1

$$\frac{h}{3E} \sum_{i=1}^{10} (COEFF.) \frac{M_i x_i}{I_i} = -13930 + 14470 M_A = 0 \quad M_A = 0.963$$

$$\underline{COF_{BA} = 0.963}$$

c) $K_{AA} = \frac{1}{\phi_A}$

$$\phi_B^{\,0} - \phi_A = \int_A^B \frac{M_x}{EI_x} dx = \frac{h}{3}(y_0 + 4y_1 + \ldots + 4y_9 + y_{10})$$

$$y_i = \frac{M_i}{I_i}$$

$$\frac{0.40}{3E} \sum_{i=1}^{10}(COEFF.)\left(\frac{M_i}{I_i}\right) = \frac{0.40}{3E}(610.6) = \frac{81.41}{E}$$

$$\underline{K_{AA} = 0.01228 E}$$

12-23

A ———— 12' ———— B, WIDTH = 9 IN., 2.69', 1.25', $y = 0.01 x^2$, $(0.01)(12)^2 + 1.25 = 2.69$

a) USING SIMPSON'S ONE-THIRD RULE AND 12 INTERVALS.

$$t_{AB} = \int_A^B \frac{M_x}{EI_x} x\, dx = 0$$

$$\frac{h}{3}(y_0 + 4y_1 + 2y_2 + \ldots + 4y_{11} + y_{12}) = 0 \qquad y_i = \frac{M_i x_i}{EI_i}$$

$$M = 1 - \frac{x}{L}(1 + M_B) \qquad L = 12' \quad h = 1'$$

12-23 (CONT)

i	x_i, ft	d_i, ft	I_i, ft^4	M_i	x_i/I_i	SIMPSONS COEFF.
0	0	2.69	1.22	1.0	0	1
1	1	2.46	0.930	$0.917 - 0.083 M_B$	1.08	4
2	2	2.25	0.712	$0.833 - 0.167 M_B$	2.81	2
3	3	2.06	0.546	$0.750 - 0.250 M_B$	5.49	4
4	4	1.89	0.422	$0.667 - 0.333 M_B$	9.48	2
5	5	1.74	0.329	$0.583 - 0.417 M_B$	15.2	4
6	6	1.61	0.261	$0.50 - 0.50 M_B$	23.0	2
7	7	1.50	0.211	$0.417 - 0.583 M_B$	33.2	4
8	8	1.41	0.175	$0.333 - 0.667 M_B$	45.7	2
9	9	1.34	0.150	$0.250 - 0.750 M_B$	60.0	4
10	10	1.29	0.134	$0.167 - 0.833 M_B$	74.6	2
11	11	1.26	0.125	$0.083 - 0.917 M_B$	88.0	4
12	12	1.25	0.122	$-M_B$	98.4	1

$$\frac{h}{3} \sum_{i=1}^{12} (\text{COEFF.}) \frac{M_i x_i}{I_i} = 296 - 925 M_B = 0 \qquad M_B = 0.320$$

$$\underline{COF_{AB} = 0.320}$$

b)

$$t_{BA} = \int_B^A \frac{M_x}{E I_x} x\, dx = 0$$

$$M = 1 - \frac{x}{L}(1 + M_A)$$

i	x_i, ft	I_i, ft^4	M_i	x_i/I_i	SIMPSONS COEFF.
0	0	0.122	-1.0	0	1
1	1	0.125	$-0.917 + 0.083 M_A$	8.0	4
2	2	0.134	$-0.833 + 0.167 M_A$	14.9	2
3	3	0.150	$-0.750 + 0.250 M_A$	20.0	4
4	4	0.175	$-0.667 + 0.333 M_A$	22.9	2
5	5	0.211	$-0.583 + 0.417 M_A$	23.7	4
6	6	0.261	$-0.50 + 0.50 M_A$	23.0	2
7	7	0.329	$-0.417 + 0.583 M_A$	21.3	4
8	8	0.422	$-0.333 + 0.667 M_A$	19.0	2
9	9	0.546	$-0.250 + 0.750 M_A$	16.5	4
10	10	0.712	$-0.167 + 0.833 M_A$	14.0	2
11	11	0.930	$-0.083 + 0.917 M_A$	11.8	4
12	12	1.22	M_A	9.84	1

$$\frac{h}{3} \sum_{i=1}^{12} (\text{COEFF}) \frac{M_i x_i}{I_i} = -296 + 306 M_A \qquad M_A = 0.966$$

$$\underline{COF_{BA} = 0.966}$$

c)

$$K_{AA} = 1/\phi_A$$

$$\phi_B^{\to 0} - \phi_A = \int_A^B \frac{M_x}{E I_x} dx = \frac{h}{3}(y_0 + 4y_1 + \cdots + 4y_{11} + y_{12})$$

$$y_i = \frac{M_i}{I_i}$$

$$\frac{1}{3E} \sum_{i=1}^{12} (\text{COEFF}) \frac{M_i}{I_i} = \frac{1}{3E}(4.89) = 1.63E \qquad \underline{K_{AA} = 0.614 E}$$

13-1

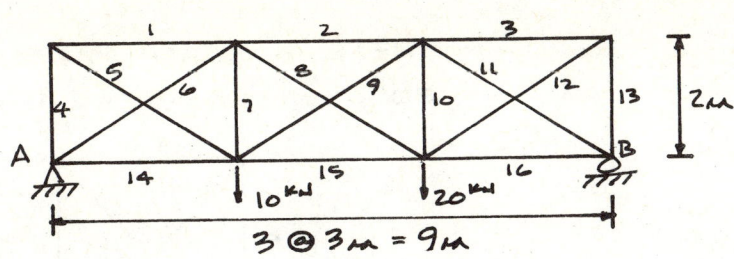

REACTIONS:

$\Sigma M_A = 0$
$9R_B - (10)(3) - (20)(6) = 0 \qquad R_B = 16.67^{kN}$

$\Sigma F_V = 0$
$R_A + 16.67 - 10 - 20 = 0 \qquad R_A = 13.33^{kN}$

a) DIAGONALS CARRY TENSION ONLY:

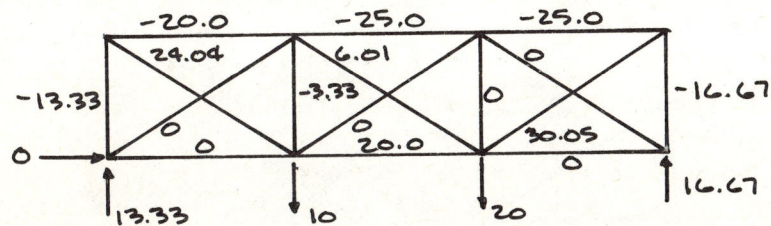

b) SHEAR FORCE IN EACH PANEL DIVIDED EQUALLY BETWEEN DIAGONALS:

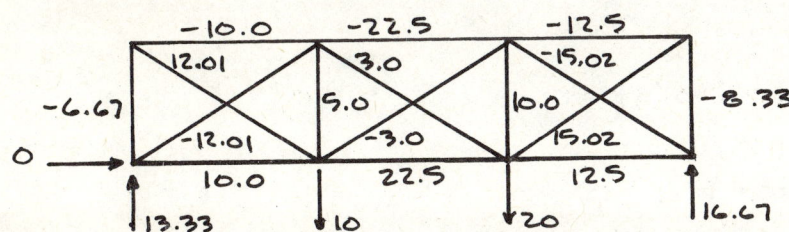

13-2

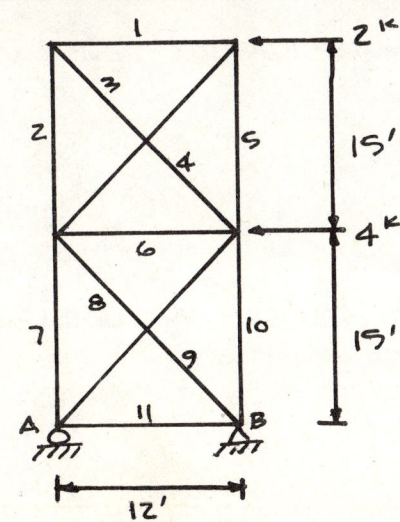

REACTIONS:

$\Sigma F_H = 0 \Rightarrow R_{AH} = 6^k \rightarrow$

$\Sigma M_A = 0$
$12 R_{BV} - (4)(15) - (2)(30) = 0$
$R_{BV} = 10^k \downarrow$

$\Sigma F_V = 0 \Rightarrow R_{AV} = 10^k \uparrow$

13-2 (CONT)

a) DIAGONALS CARRY TENSION ONLY:

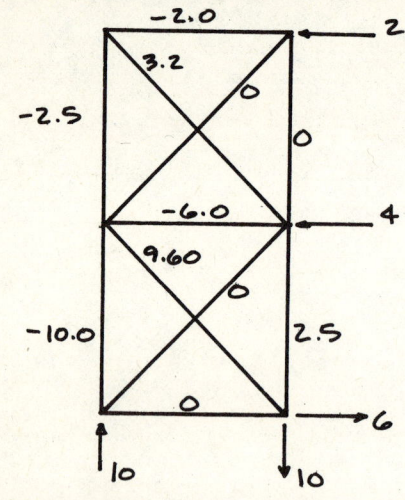

b) SHEAR IN EACH PANEL DIVIDED EQUALLY BETWEEN DIAGONALS:

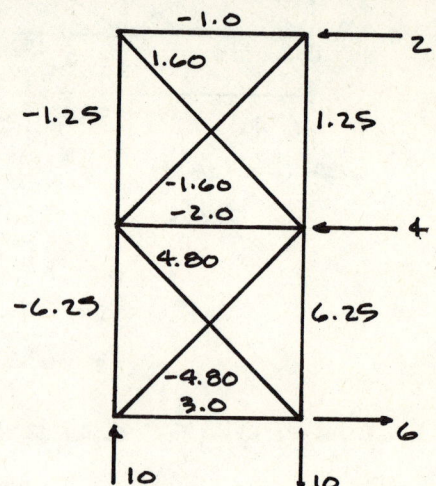

13-3

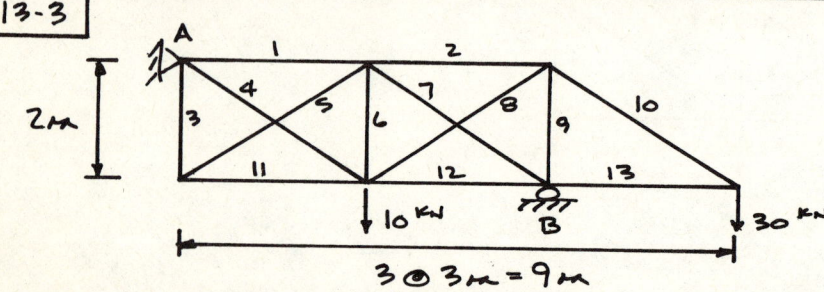

REACTIONS:

$\Sigma M_A = 0$

$6R_B - (10)(3) - (30)(9) = 0 \qquad R_B = 50^{kN} \uparrow$

$\Sigma F_V = 0$

$50 - 30 - 10 - R_{AV} = 0 \qquad R_{AV} = 10^{kN} \downarrow$

$\Sigma F_H = 0 \Rightarrow R_{AH} = 0$

a) DIAGONALS IN LEFT TWO PANELS CARRY TENSION ONLY:

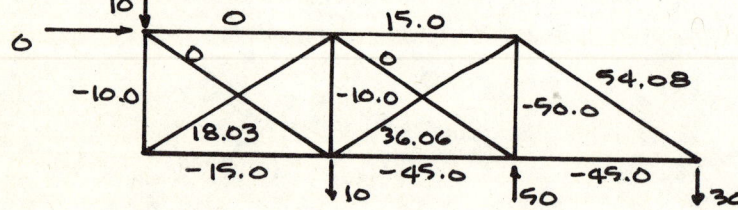

b) SHEAR IN LEFT TWO PANELS DIVIDED EQUALLY BETWEEN DIAGONALS:

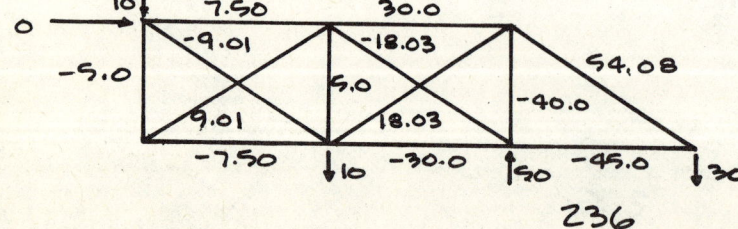

13-4

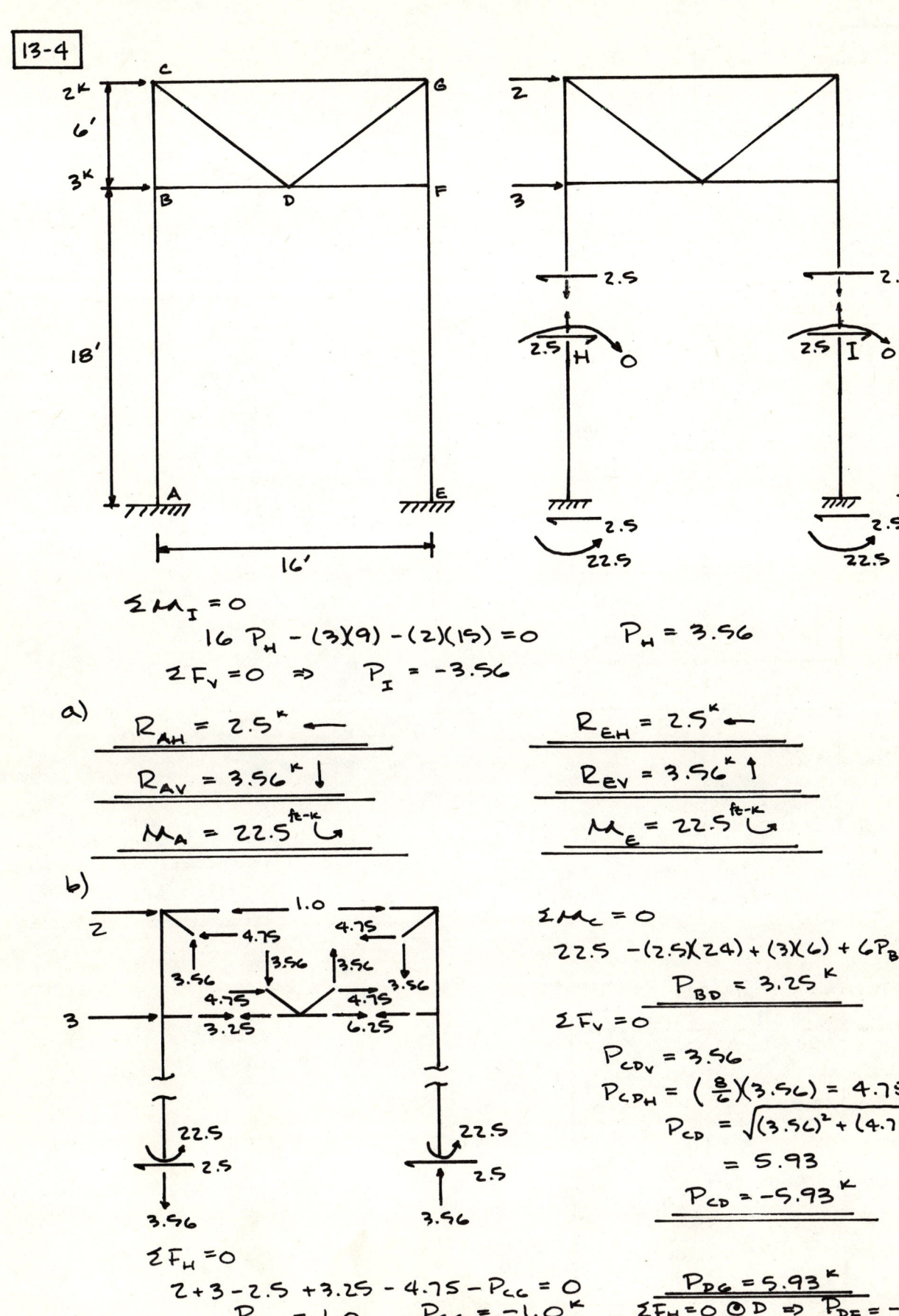

$\Sigma M_I = 0$
$16 P_H - (3)(9) - (2)(15) = 0 \qquad P_H = 3.56$
$\Sigma F_V = 0 \Rightarrow P_I = -3.56$

a)
$\underline{R_{AH} = 2.5^k \leftarrow}$ $\underline{R_{EH} = 2.5^k \leftarrow}$

$\underline{R_{AV} = 3.56^k \downarrow}$ $\underline{R_{EV} = 3.56^k \uparrow}$

$\underline{M_A = 22.5^{ft-k} \circlearrowleft}$ $\underline{M_E = 22.5^{ft-k} \circlearrowleft}$

b)

$\Sigma M_c = 0$
$22.5 - (2.5)(24) + (3)(6) + 6 P_{BD} = 0$
$\underline{P_{BD} = 3.25^k}$

$\Sigma F_V = 0$
$P_{CD_V} = 3.56$
$P_{CD_H} = (\frac{8}{6})(3.56) = 4.75$
$P_{CD} = \sqrt{(3.56)^2 + (4.75)^2}$
$\qquad = 5.93$
$\underline{P_{CD} = -5.93^k}$

$\Sigma F_H = 0$
$2 + 3 - 2.5 + 3.25 - 4.75 - P_{CG} = 0$
$P_{CG} = 1.0 \quad \underline{P_{CG} = -1.0^k}$

$\underline{P_{DG} = 5.93^k}$
$\Sigma F_H = 0 \text{ @ } D \Rightarrow \underline{P_{DF} = -6.25^k}$

237

13-4 (CONT)

c)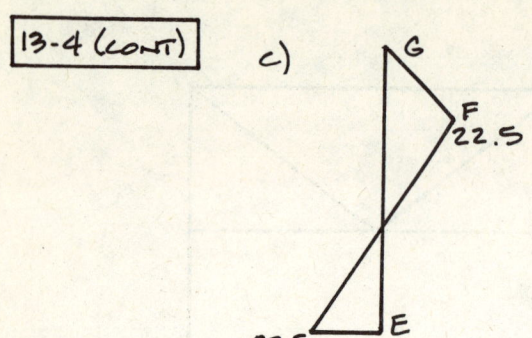

M, ft-k
(DRAWN ON TENSION FACE)

13-5

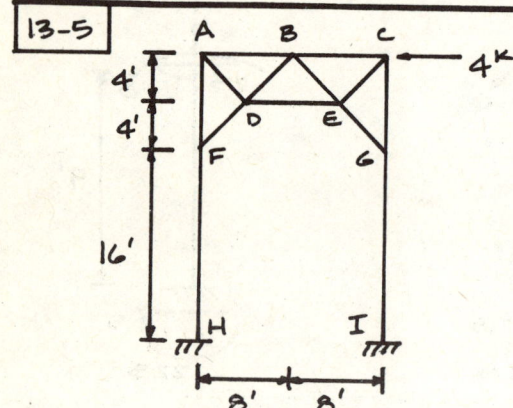

a) FBD:

$V_H = V_I = \frac{4}{2} = 2$

$M_H = M_I = (2)(8) = 16$

FBD:

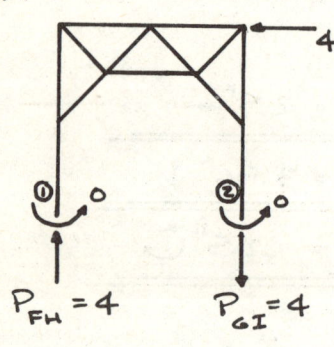

$\Sigma M_\textcircled{1} = 0$

$(4)(16) - 16 P_{GI} = 0 \quad P_{GI} = 4$

$\Sigma F_v = 0 \Rightarrow P_{FH} = 4$

$\underline{\underline{R_{H_H} = 2^k \rightarrow \quad R_{H_V} = 4^k \uparrow \quad M_H = 16^{ft-k} \circlearrowleft}}$

$\underline{\underline{R_{I_H} = 2^k \rightarrow \quad R_{I_V} = 4^k \downarrow \quad M_I = 16^{ft-k} \circlearrowleft}}$

b)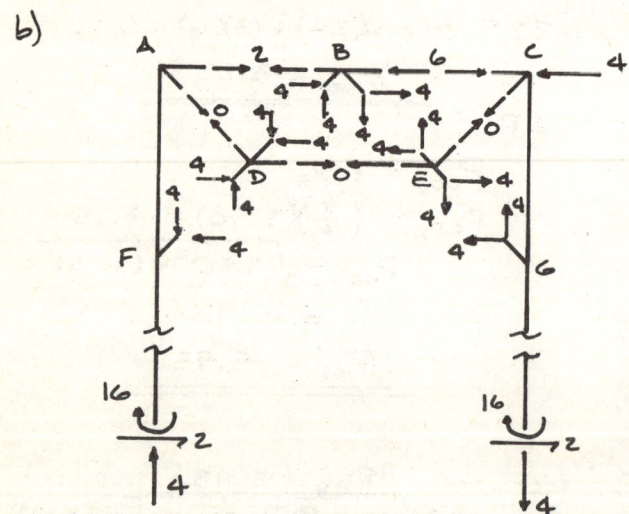

$\Sigma M_A = 0$

$-16 + (2)(24) - 8 P_{DF_H} = 0$

$P_{DF_H} = 4 \quad \therefore P_{DF_V} = 4$

$\Sigma F_V = 0$

$4 - 4 + P_{AD_V} = 0$

$P_{AD_V} = 0 \quad \therefore P_{AD} = 0$

$\Sigma F_H = 0$

$2 - 4 + P_{AB} = 0$

$P_{AB} = 2$

13-5 (CONT)

$P_{AB} = 2$
$P_{AD} = 0$
$P_{BC} = -6$
$P_{BD} = -5.66$
$P_{BE} = 5.66$ KIPS
$P_{CE} = 0$
$P_{DE} = 0$
$P_{DF} = -5.66$
$P_{EG} = 5.66$

c)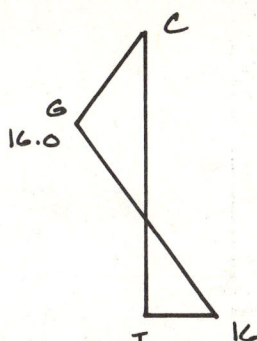

M, ft-k
(DRAWN ON TENSION FACE)

13-6

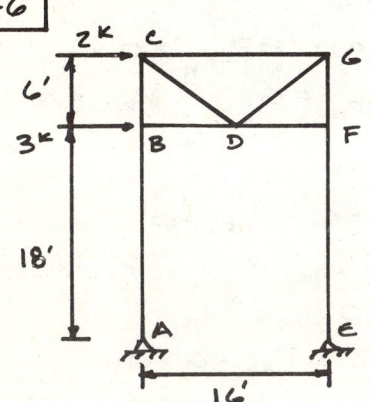

a) $\Sigma M_A = 0$
$-(2)(24) - (3)(18) + 16 R_{EV} = 0$
$\underline{R_{EV} = 6.38^k \uparrow}$
$\Sigma F_V = 0 \Rightarrow \underline{R_{AV} = 6.38^k \downarrow}$

ASSUME $R_{EH} = R_{AH}$
$\therefore \underline{R_{EH} = 2.5^k \leftarrow}$

$\underline{R_{AH} = 2.5^k \leftarrow}$

b)

(joint diagram with values: 2, 1.0, C, 8.5, 8.5, G, 6.38, 6.38, 6.38, 6.38, 8.5, 8.5, 6.38, 3, B, 7, D, 10, F, A 2.5, E 2.5, 6.38, 6.38)

$\Sigma M_C = 0$
$(3)(6) - (2.5)(24) + 6 P_{BD} = 0$
$P_{BD} = 7$

$\Sigma F_V = 0$
$-6.38 + P_{CD_V} = 0$
$P_{CD_V} = 6.38$
$P_{CD_H} = (\frac{8}{6})(6.38) = 8.50$

$\Sigma F_H = 0$
$3 + 2 + 7 - 2.5 - 8.5 - P_{CG} = 0$
$P_{CG} = 1.0$

c)

(moment diagram: G, F 45.0, E)

M, ft-k
(DRAWN ON TENSION FACE)

$P_{BD} = 7$
$P_{CD} = -10.63$
$P_{CG} = -1.0$ KIPS
$P_{DG} = 10.63$
$P_{DF} = -10.0$

239

13-7

a) $\Sigma M_H = 0$
$(4 \times 24) - 16 R_{IV} = 0$ $\underline{\underline{R_{IV} = 6.0^k \downarrow}}$
$\Sigma F_V = 0 \Rightarrow \underline{\underline{R_{HV} = 6.0^k \uparrow}}$

ASSUME $R_{HH} = R_{IH}$

$\therefore \underline{\underline{R_{HH} = 2^k \rightarrow}}$

$\underline{\underline{R_{IH} = 2^k \rightarrow}}$

b)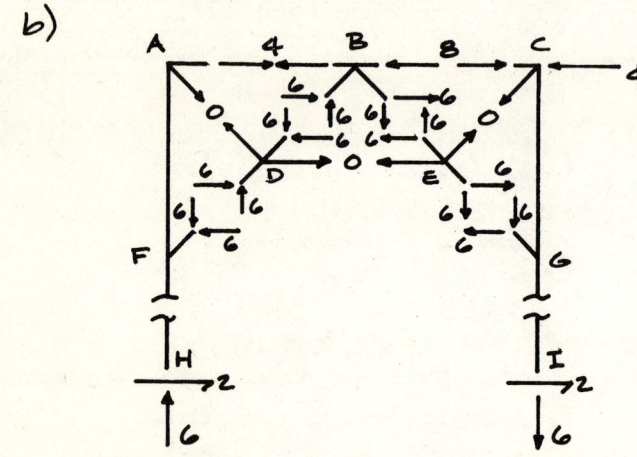

$\Sigma M_A = 0$
$(2)(24) - 8 P_{DF_H} = 0$
$P_{DF_H} = 6 \quad \therefore P_{DF_V} = 6$

$\Sigma F_V = 0$
$6 - 6 - P_{AD_V} = 0$
$P_{AD_V} = 0 \quad \therefore P_{AD} = 0$

$\Sigma F_H = 0$
$2 + P_{AB} - 6 = 0$
$P_{AB} = 4$

$\Sigma M_C = 0$
$(2)(24) - 8 P_{EG_H} = 0$
$P_{EG_H} = 6 \quad \therefore P_{EG_V} = 6$

$P_{AB} = 4$
$P_{AD} = 0$
$P_{BC} = -8$
$P_{BD} = -8.49$
$P_{BE} = 8.49$
$P_{CE} = 0$
$P_{DE} = 0$
$P_{DF} = -8.49$
$P_{EG} = 8.49$

c)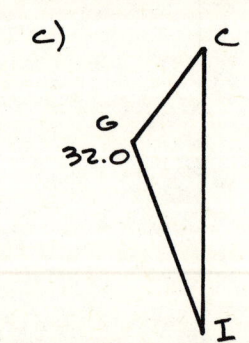

G 32.0

M, ft-k
(DRAWN ON TENSION FACE)

13-8

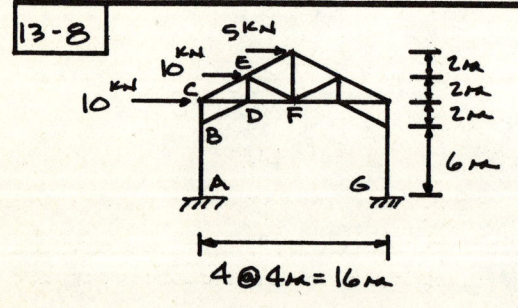

4 @ 4m = 16m

FBD:

$\frac{1}{2}(10 + 10 + 5) = 12.5$

13-8 (CONT) $M_A = (12.5)(3) = 37.5$ $M_G = (12.5)(3) = 37.5$

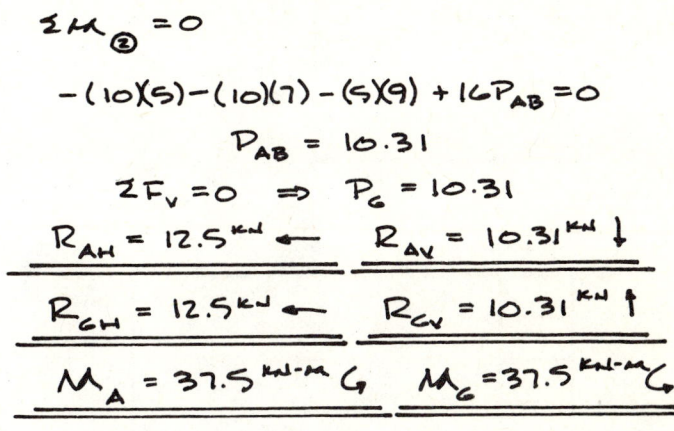

$\Sigma M_{②} = 0$

$-(10)(5) - (10)(7) - (5)(9) + 16 P_{AB} = 0$

$P_{AB} = 10.31$

$\Sigma F_V = 0 \Rightarrow P_G = 10.31$

$\underline{R_{AH} = 12.5^{kN} \leftarrow}$ $\underline{R_{AV} = 10.31^{kN} \downarrow}$

$\underline{R_{GH} = 12.5^{kN} \leftarrow}$ $\underline{R_{GV} = 10.31^{kN} \uparrow}$

$\underline{M_A = 37.5^{kN-m} \circlearrowright}$ $\underline{M_G = 37.5^{kN-m} \circlearrowright}$

b)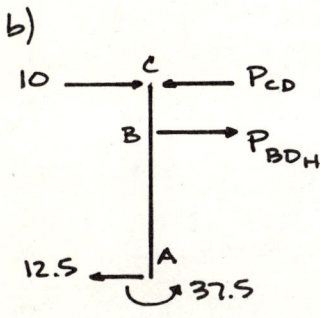

$\Sigma M_C = 0$

$37.5 + 2 P_{BD_H} - (12.5)(8) = 0$

$P_{BD_H} = 31.25$

$\Sigma F_H = 0$

$31.25 + 10 - 12.5 - P_{CD} = 0$ $P_{CD} = 28.75$

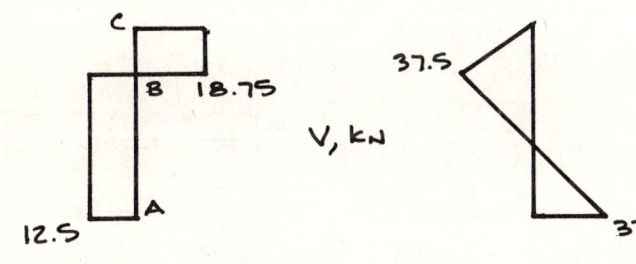

M, kN-m
(DRAWN ON COMPRESSION FACE)

c) $P_{BD} = \frac{\sqrt{5}}{2} P_{BD_H} = \left(\frac{\sqrt{5}}{2}\right)(31.25) = 34.94$

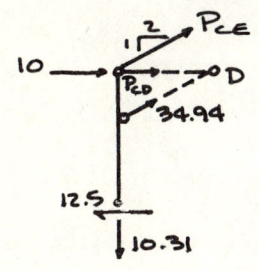

$\Sigma M_D = 0$

$(12.5)(5) - (10.31)(4) + \left(\frac{1}{\sqrt{5}}\right)(P_{CE})(4) = 0$ $P_{CE} = -11.88$

$\Sigma F_H = 0$

$-12.5 + 10 + P_{CD} + \left(\frac{2}{\sqrt{5}}\right)(34.94 - 11.88) = 0$

$P_{CD} = -18.13$

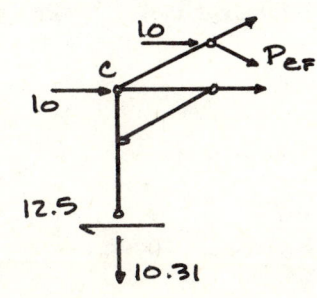

$\Sigma M_C = 0$

$(10)(2) + (12.5)(5) + (8)\left(\frac{1}{\sqrt{5}}\right) P_{EF} = 0$

$\underline{P_{EF} = -23.06^{kN}}$

$\underline{P_{BD} = 34.94^{kN} \quad P_{CD} = -18.13^{kN} \quad P_{CE} = -11.88^{kN}}$

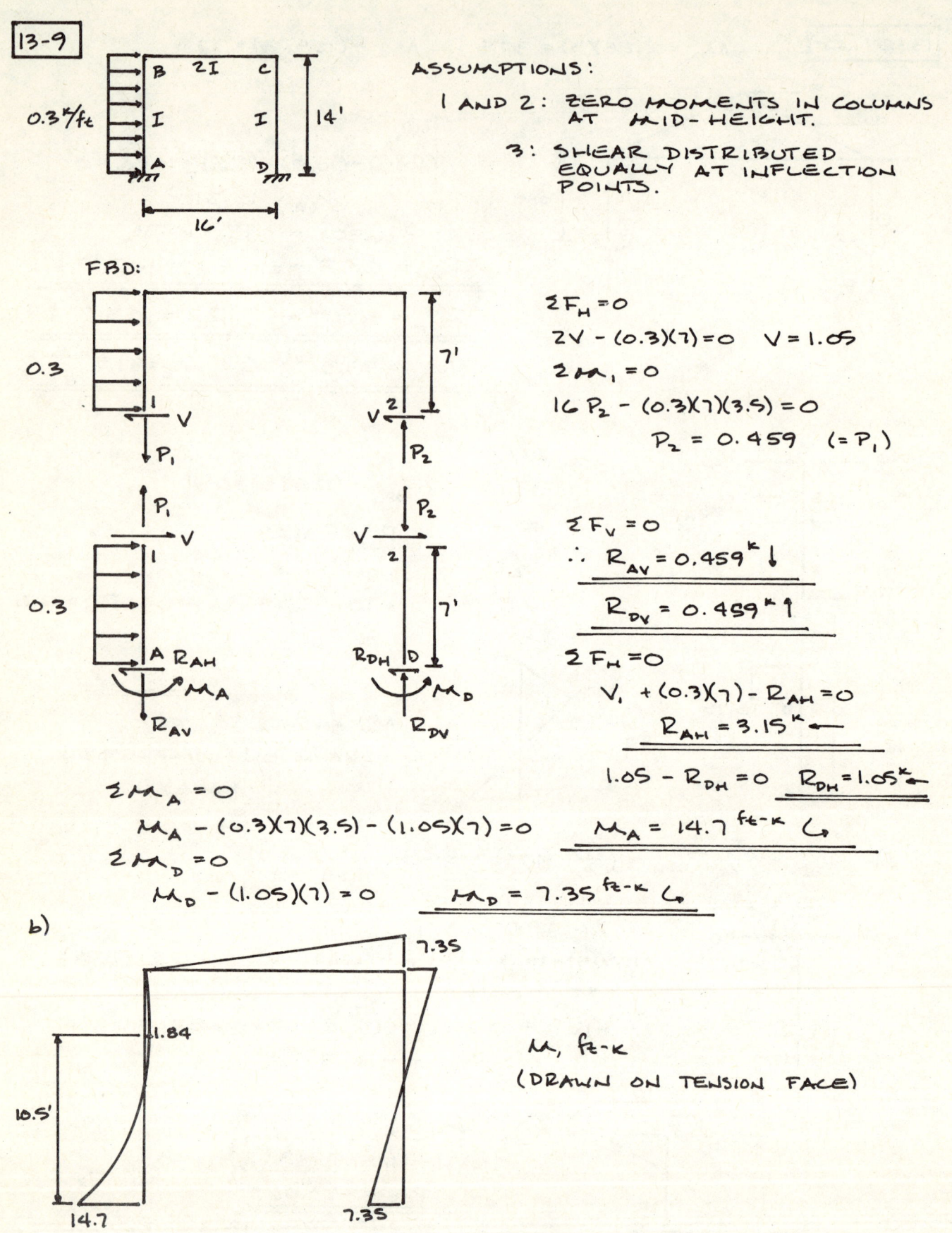

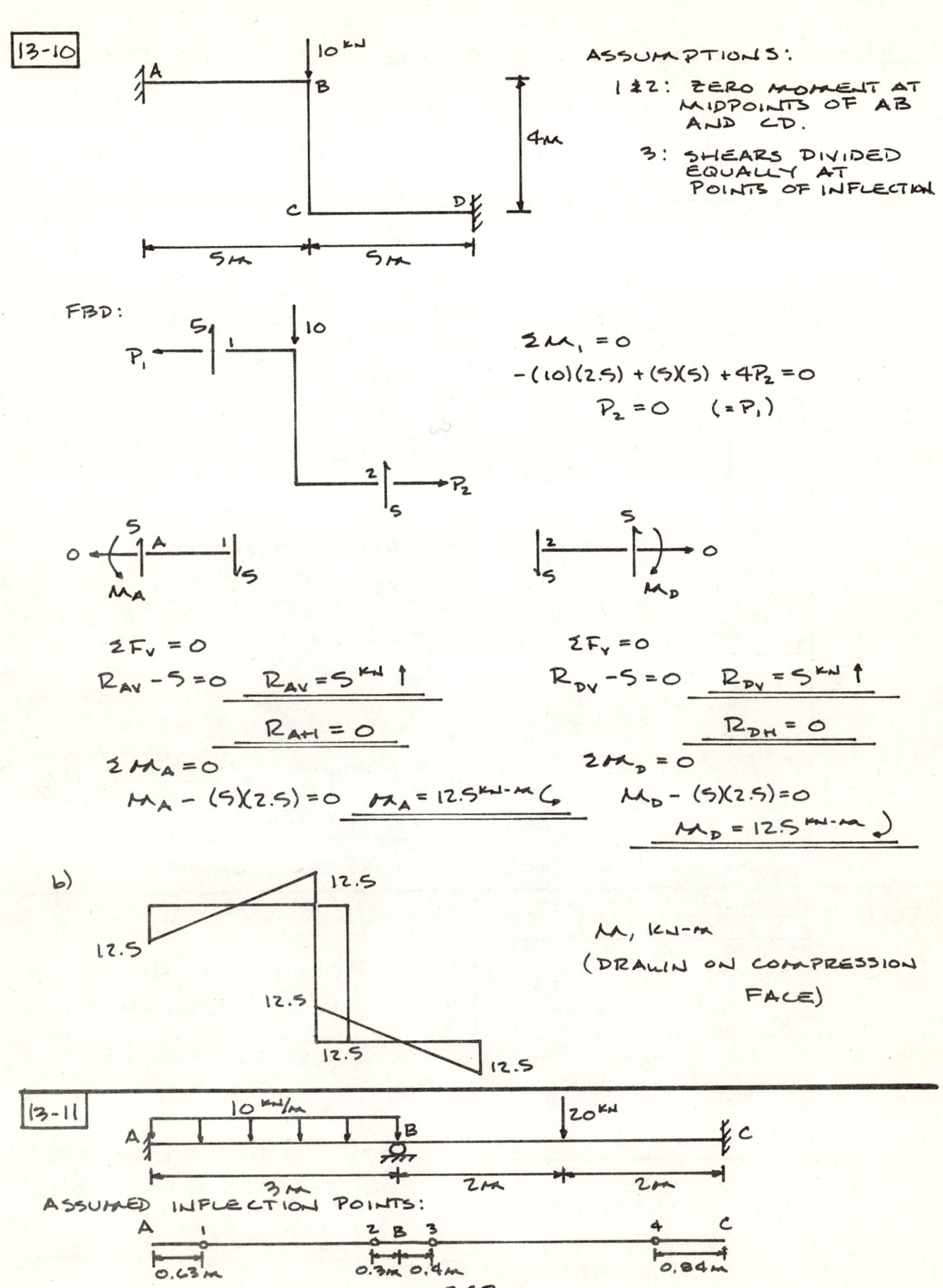

13-11 (CONT) $(0.21)(3) = 0.63$ $(0.1)(3) = 0.30$ $(0.1)(4) = 0.40$ $(0.21)(4) = 0.84$

$V_1 = V_2 = (\frac{1}{2})(10)(2.07) = 10.35$

$\Sigma M_4 = 0$
$-2.76 V_3 + (20)(1.16) = 0$ $V_3 = 8.41$
$\Sigma F_y = 0$
$V_4 + 8.41 - 20 = 0$ $V_4 = 11.59$

$\Sigma F_y = 0$
$10.35 + (10)(0.63) - R_{AV} = 0$ $R_{AV} = 16.65$
$\Sigma M_A = 0$
$M_A - (10.35)(0.63) - (10)(0.63)^2(\frac{1}{2}) = 0$
$\underline{M_A = 8.51 \text{ kN-m}}$ ↶

$\Sigma F_y = 0$
$R_{CV} = 11.59$
$\Sigma M_C = 0$
$(11.59)(0.84) - M_C = 0$ $\underline{M_C = 9.74 \text{ kN-m}}$ ↷

$\underline{M_B = (8.41)(0.4) = 3.36 \text{ kN-m}}$

SEE ANSWERS TO PROB. 12-1 FOR TRUE VALUES.

13-12

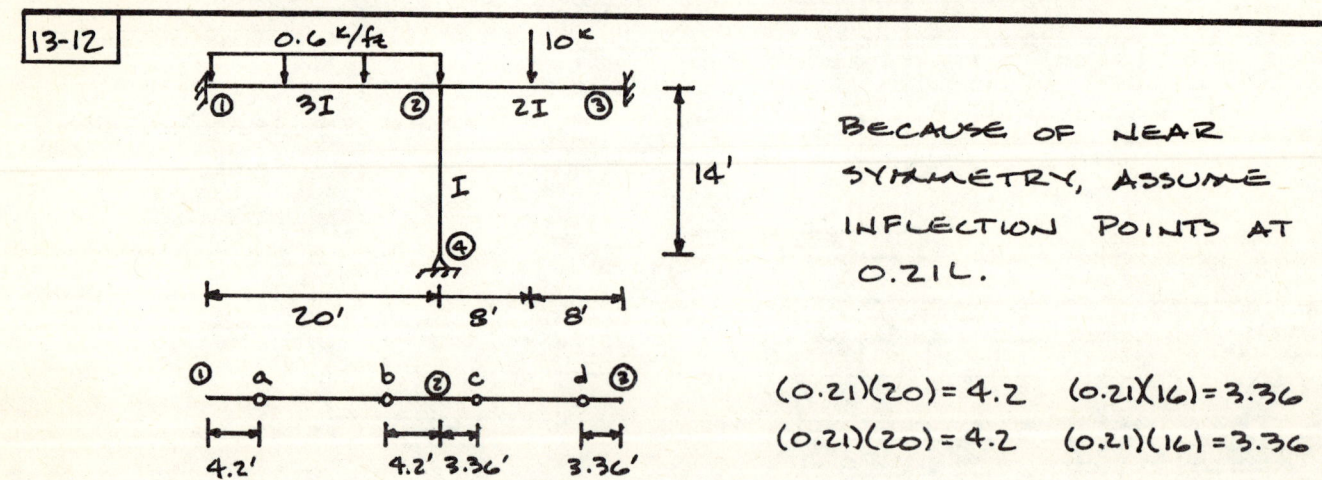

BECAUSE OF NEAR SYMMETRY, ASSUME INFLECTION POINTS AT $0.21 L$.

$(0.21)(20) = 4.2$ $(0.21)(16) = 3.36$
$(0.21)(20) = 4.2$ $(0.21)(16) = 3.36$

13-12 (CONT)

$V_a = V_b = (\frac{1}{2})(0.6)(11.6) = 3.48$

$\Sigma M_d = 0$
$(10)(4.64) - 9.28 V_c = 0 \quad V_c = 5.0$
$\Sigma F_v = 0 \Rightarrow V_d = 5.0$

$\Sigma F_v = 0$
$R_{1v} - 3.48 - (0.6)(4.2) = 0 \quad R_{1v} = 6.0$
$\Sigma M_1 = 0$
$M_1 - (3.48)(4.2) - (0.6)(4.2)(2.1) = 0$
$M_1 = 19.91^{\text{ft-k}} \circlearrowleft$

$\Sigma F_v = 0 \Rightarrow R_{3v} = 5.0$
$\Sigma M_3 = 0$
$-M_3 + (5.0)(3.36) = 0 \quad M_3 = 16.80^{\text{ft-k}} \circlearrowright$

$P_{3-4} = 6.0 + 5.0 = 11.0 \quad \therefore R_{4v} = 11.0$

$\Sigma M_2 = 0$ on ①-②:
$19.91 + (0.6)(20)(10) - (6.0)(20) - M_{21} = 0 \quad \underline{M_{21} = 19.91^{\text{ft-k}} \circlearrowright}$

$\Sigma M_2 = 0$ on ②-③:
$-(10)(8) - 16.8 + (5.0)(16) + M_{23} = 0 \quad \underline{M_{23} = 16.80^{\text{ft-k}} \circlearrowleft}$

$\Sigma M_2 = 0$:
$-19.91 + 16.8 + M_{24} = 0 \quad \underline{M_{24} = 3.11^{\text{ft-k}} \circlearrowleft}$

13-13

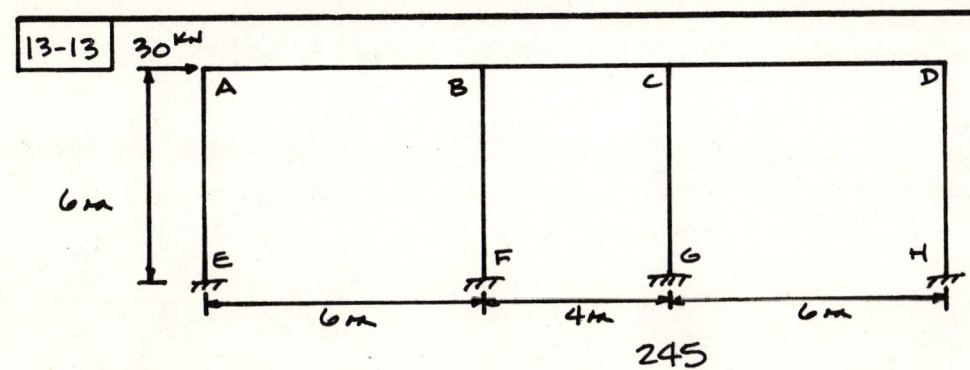

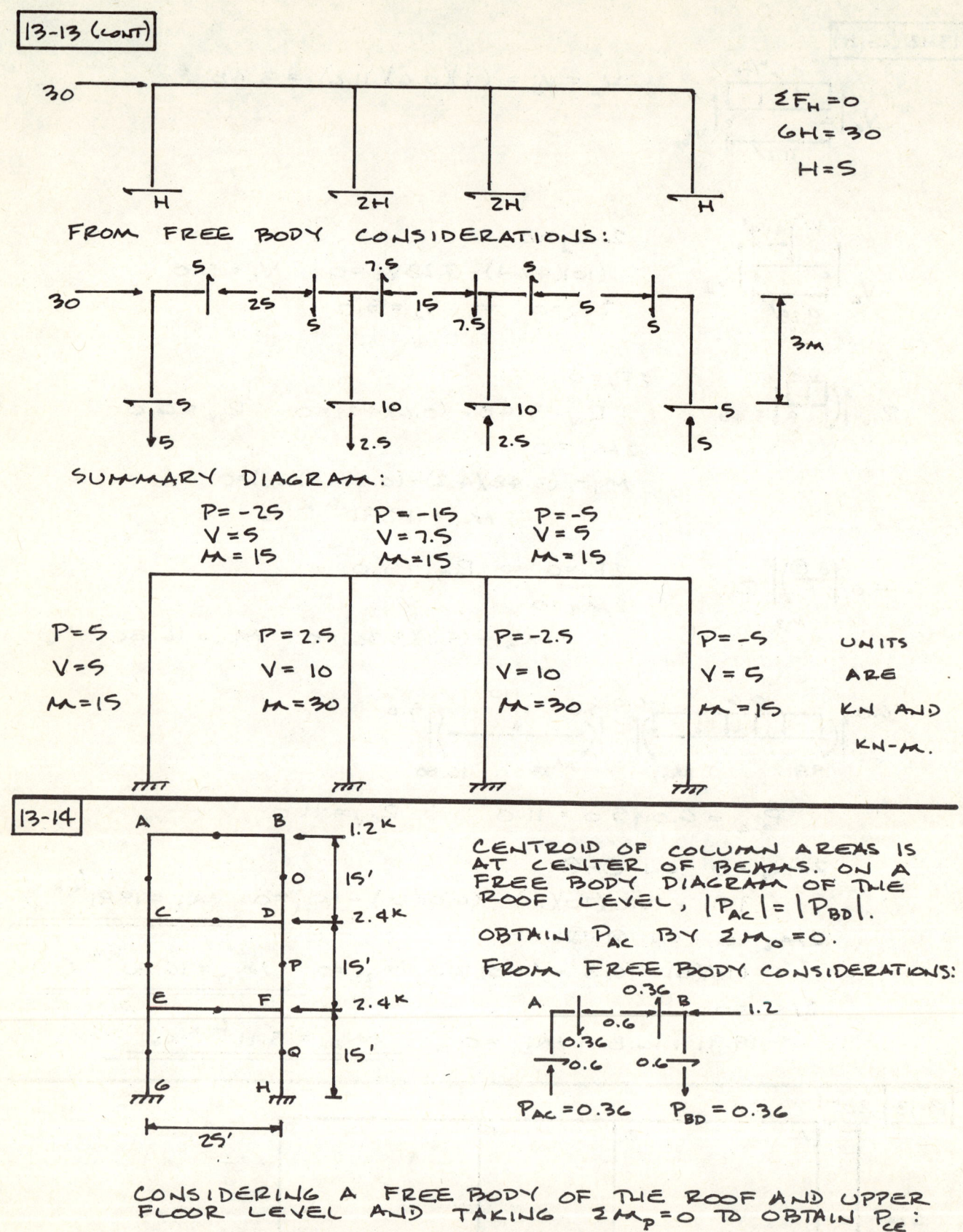

13-14 (CONT) FROM FREE BODY CONSIDERATIONS:

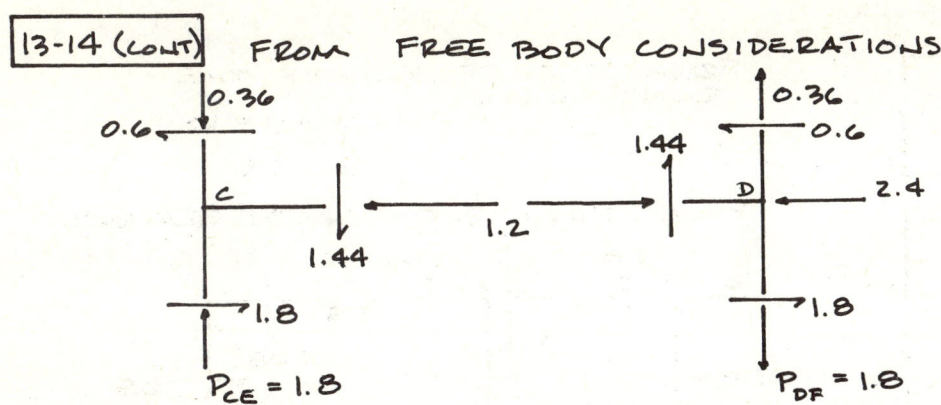

CONSIDERING A FREE BODY DIAGRAM OF THE ROOF AND UPPER TWO FLOORS AND TAKING $\Sigma M_O = 0$ TO OBTAIN P_{EG}:

$$-(2.4 \times 7.5) - (2.4 \times 22.5) - (1.2 \times 37.5) + 25 P_{EG} = 0$$

$$P_{EG} = 4.68 \quad (= P_{FH})$$

FROM FREE BODY CONSIDERATIONS:

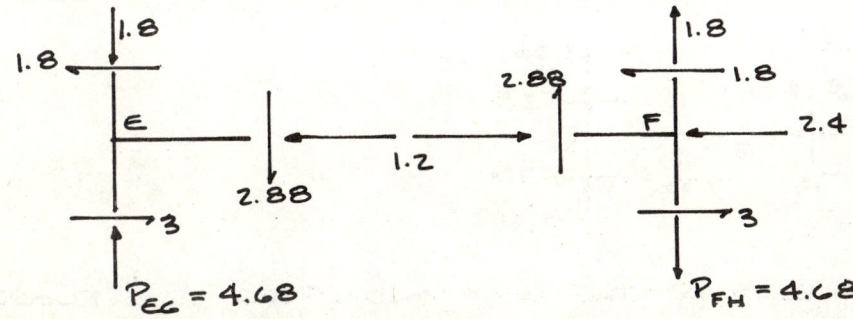

SUMMARY DIAGRAM:

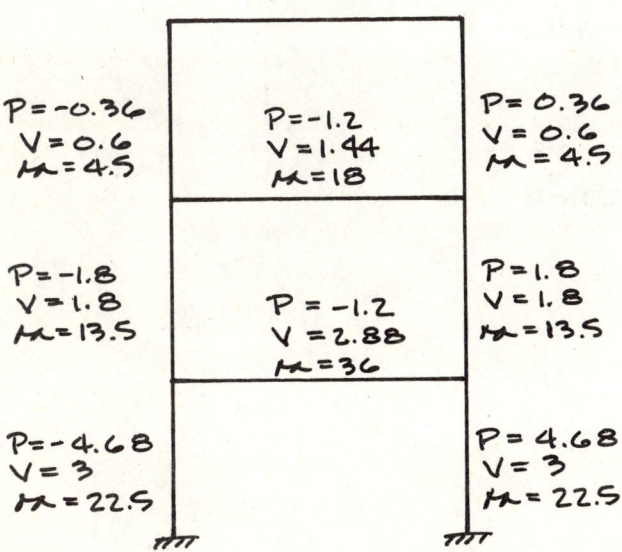

UNITS ARE K AND ft-k.

13-15

FROM A FREE BODY OF THE ROOF LEVEL:
$$H + 2H + H = 10$$
$$H = 2.5$$

FROM FREE BODY CONSIDERATIONS:

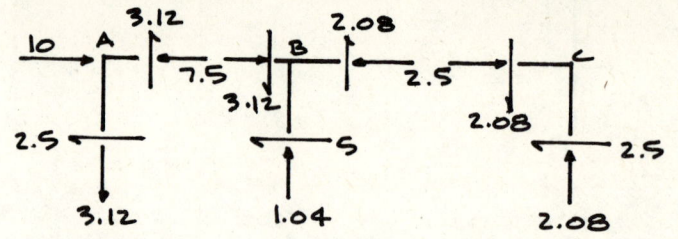

FROM A FREE BODY OF THE ROOF AND UPPER FLOOR LEVEL,
$$H = 7.5$$

FROM FREE BODY CONSIDERATIONS AT THE UPPER FLOOR LEVEL:

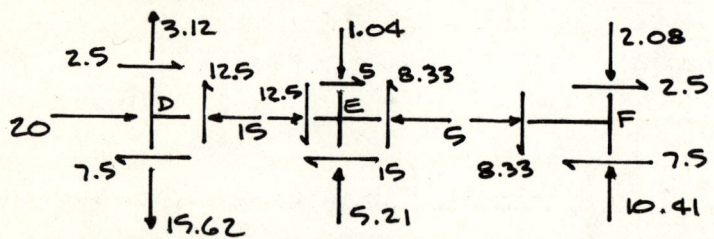

FROM A FREE BODY OF THE ROOF AND UPPER TWO FLOORS,
$$H = 12.5$$

FROM FREE BODY CONSIDERATIONS AT THE SECOND FLOOR LEVEL:

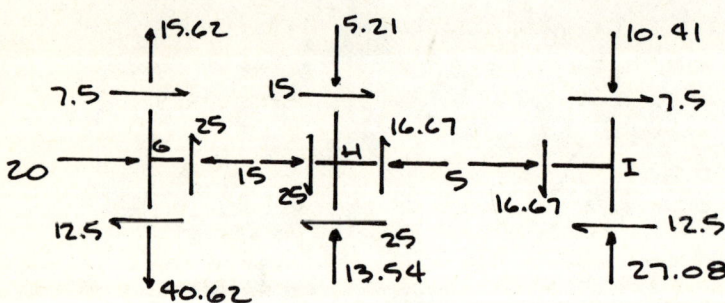

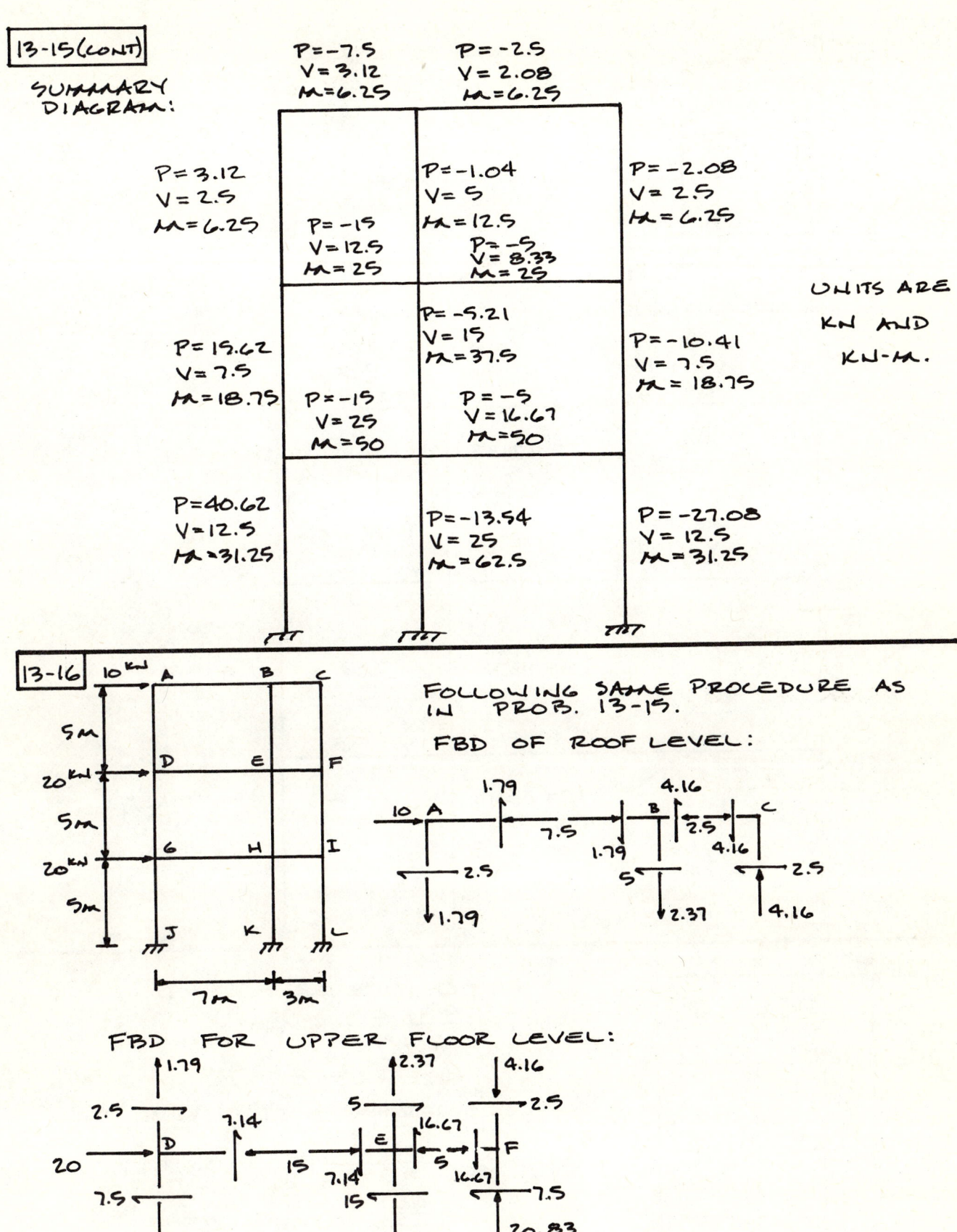

13-16 (CONT) FBD FOR THE SECOND FLOOR LEVEL:

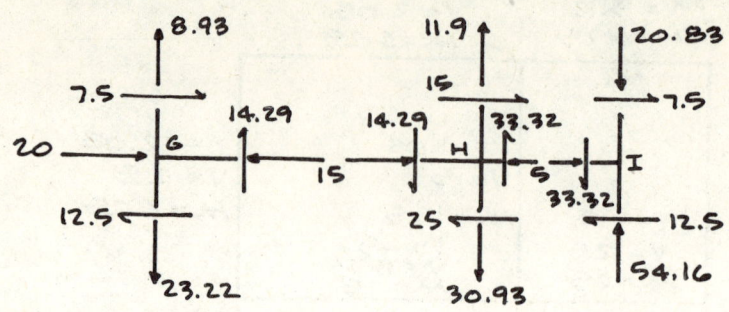

SUMMARY DIAGRAM:

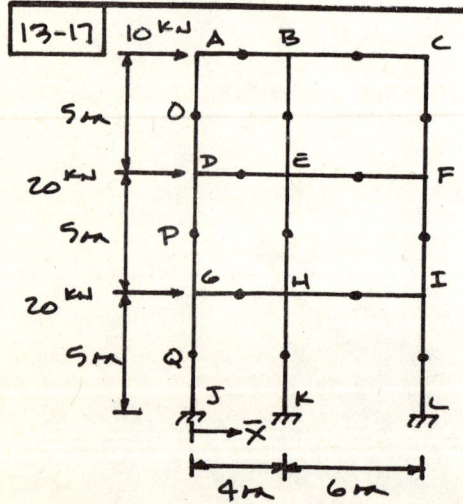

13-17

BY CANTILEVER METHOD:
$$\bar{x} = \frac{4A + 10A}{3A} = 4.67$$

$10 - 4.67 = 5.33$

CONSIDERING A FBD ABOVE THE LEVEL AT O:

$$P_{BE} = \frac{0.667}{5.33}|P_{CF}| = 0.125|P_{CF}|$$

$$P_{AD} = \frac{4.67}{5.33}|P_{CF}| = 0.875|P_{CF}|$$

$\Sigma M_O = 0$

$10 P_{CF} - (0.125 P_{CF})(4) - (10)(2.5) = 0$

250

13-17 (CONT)

$$P_{CF} = 2.63$$
$$\therefore P_{BE} = (0.125)(2.63) = 0.329$$
$$P_{AD} = (0.875)(2.63) = 2.30$$

FROM FBD CONSIDERATIONS:

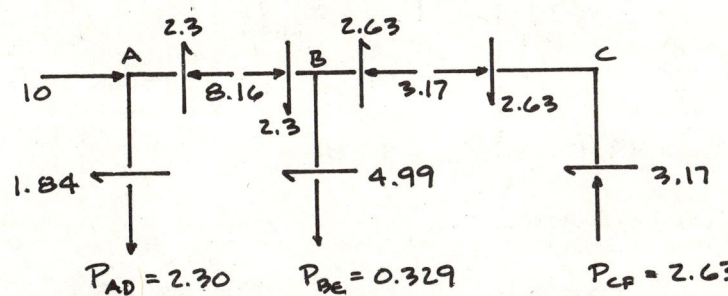

CONSIDERING A FBD ABOVE LEVEL P:
$$P_{DG} = 0.875|P_{FI}| \qquad P_{EH} = 0.125|P_{FI}|$$
$$\Sigma M_P = 0$$
$$-(20)(2.5) - (10)(7.5) - (0.125 P_{FI})(4) + 10 P_{FI} = 0$$
$$P_{FI} = 13.16$$
$$P_{EH} = (0.125)(13.16) = 1.64$$
$$P_{DG} = (0.875)(13.16) = 11.52$$

FROM FBD CONSIDERATIONS:

(diagram with values: 2.30, 0.329, 2.63, 1.84, 4.99, 3.17, 9.22, 10.53, 20 → D, 16.3, 6.27, F, 9.22, 10.53, 5.54, 15.02, 9.44, $P_{DE} = 11.52$, $P_{EH} = 1.64$, $P_{FI} = 13.16$)

CONSIDERING A FBD ABOVE LEVEL Q:
$$P_{GJ} = 0.875|P_{IL}| \qquad P_{HK} = 0.125|P_{IL}|$$
$$\Sigma M_Q = 0$$
$$-(20)(2.5) - (20)(7.5) - (10)(12.5) - (0.125 P_{IL})(4) + 10 P_{IL} = 0$$
$$P_{IL} = 34.21$$
$$P_{GJ} = (0.875)(34.21) = 29.93$$
$$P_{HK} = (0.125)(34.21) = 4.28$$

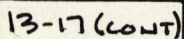 (CONT)   FROM FBD CONSIDERATIONS:

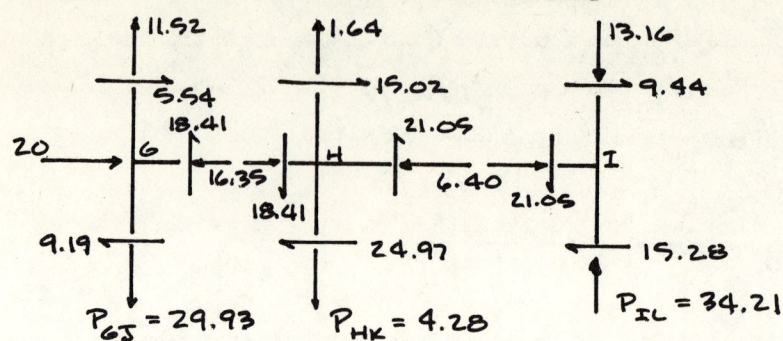

SUMMARY DIAGRAM:

	P = -8.16 V = 2.30 M = 4.60	P = -3.17 V = 2.63 M = 7.89	
P = 2.30 V = 1.84 M = 4.60	P = 0.329 V = 4.99 M = 12.48		P = -2.63 V = 3.17 M = 7.89
	P = -16.3 V = 9.22 M = 18.44	P = -6.27 V = 10.93 M = 31.59	
P = 11.52 V = 5.54 M = 13.85	P = 1.64 V = 15.02 M = 37.55		P = -13.16 V = 9.44 M = 23.6
	P = -16.35 V = 18.41 M = 36.82	P = -6.40 V = 21.05 M = 63.15	
P = 29.93 V = 9.19 M = 22.98	P = 4.28 V = 24.97 M = 62.42		P = -34.21 V = 15.82 M = 39.55

13-18

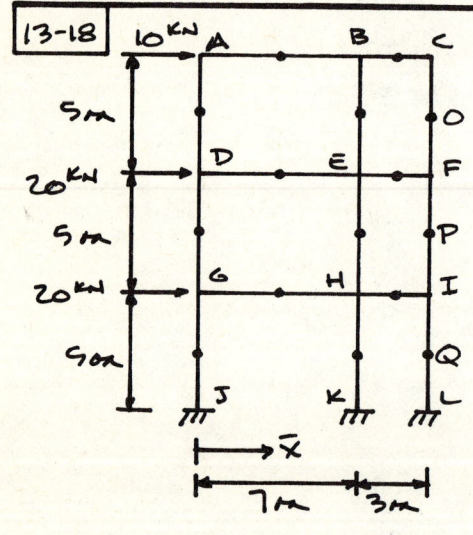

$\bar{x} = \dfrac{(7)(2A) + 10A}{4A} = 6.0$

CONSIDERING A FBD ABOVE THE LEVEL AT O:

$P_{BE} = \dfrac{(2)(1.0)}{6.0} |P_{AD}| = 0.333 |P_{AD}|$

$P_{CF} = \dfrac{4.0}{6.0} |P_{AD}| = 0.667 |P_{AD}|$

$\Sigma M_O = 0$

$10 P_{AD} - (0.333)(P_{AD})(3) - (10)(2.5) = 0$

$P_{AD} = 2.778$

13-18 (cont)

$$P_{BE} = (0.333)(2.778) = 0.925$$

$$P_{CF} = (0.667)(2.778) = 1.853$$

FROM FBD CONSIDERATIONS:

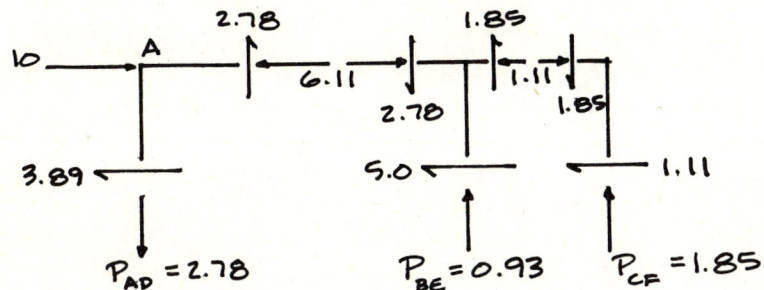

CONSIDERING A FBD ABOVE LEVEL P:

$$P_{EH} = 0.333|P_{DG}| \qquad P_{FI} = 0.667|P_{DG}|$$

$$\Sigma M_P = 0$$

$$-(20)(2.5) - (10)(7.5) - (0.333)(P_{DG})(3) + 10 P_{DG} = 0 \qquad P_{DG} = 13.89$$

$$P_{EH} = (0.333)(13.89) = 4.63 \qquad P_{FI} = (0.667)(13.89) = 9.26$$

FROM FBD CONSIDERATIONS:

```
    ↑2.78        0.93↓         1.85↓
  →3.89       5.0→          →1.11
       11.11        7.40
  →  D  ←|    →  E  ←|→  F
       12.23       2.23
                11.11       7.40
  11.66←         15.0←
   P_DG=13.89   P_EH=4.63   P_FI=9.26
```

20→

CONSIDERING A FBD ABOVE LEVEL Q:

$$P_{HK} = 0.333|P_{GJ}| \qquad P_{IL} = 0.667|P_{GJ}|$$

$$\Sigma M_Q = 0$$

$$-(20)(2.5) - (20)(7.5) - (10)(12.5) - (0.333)(P_{GJ})(3) + 10 P_{GJ} = 0$$

$$P_{GJ} = 36.11$$

$$P_{HK} = (0.333)(36.11) = 12.03 \qquad P_{IL} = (0.667)(36.11) = 24.08$$

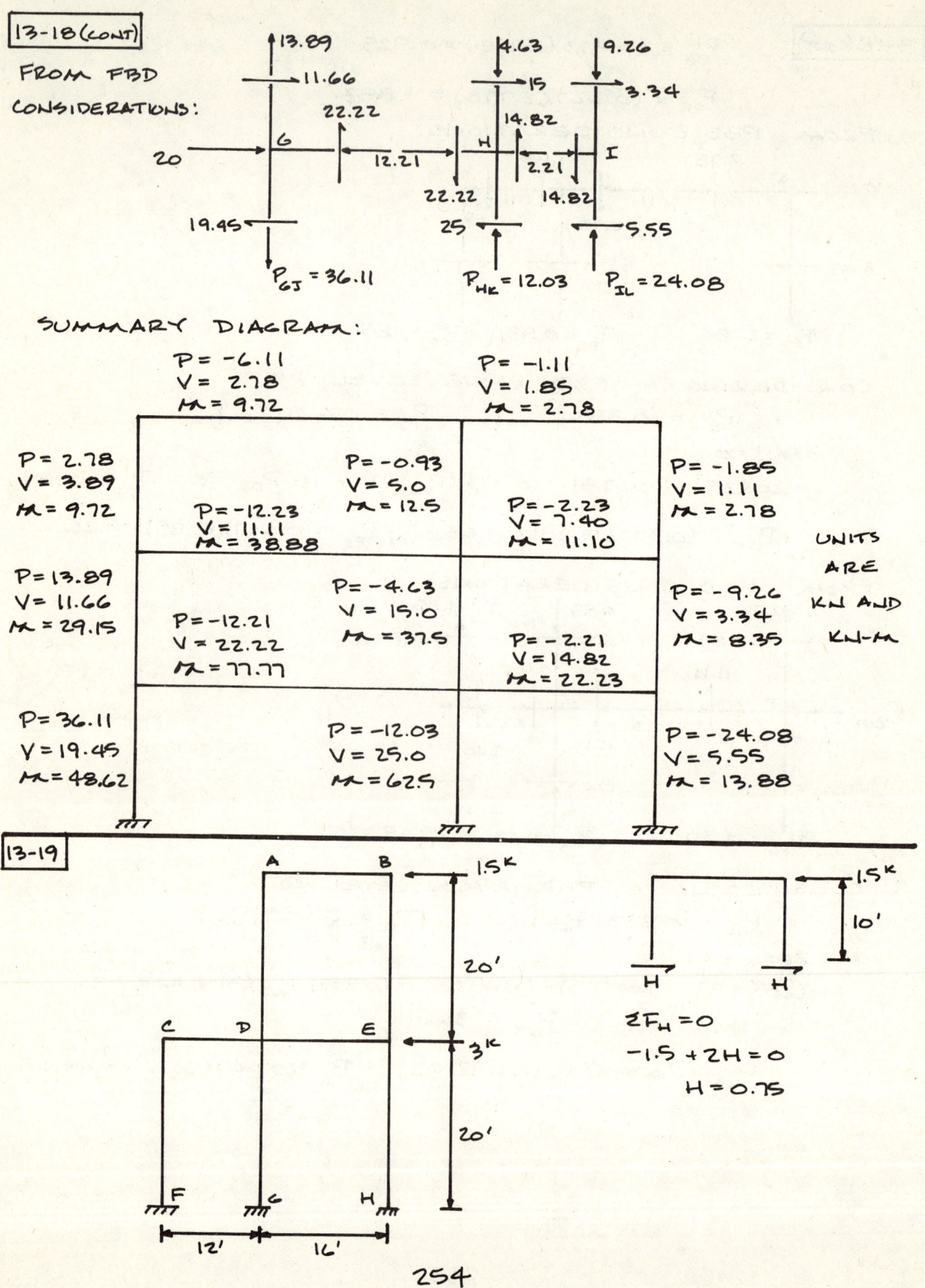

13-19 (CONT) FROM FBD CONSIDERATIONS:

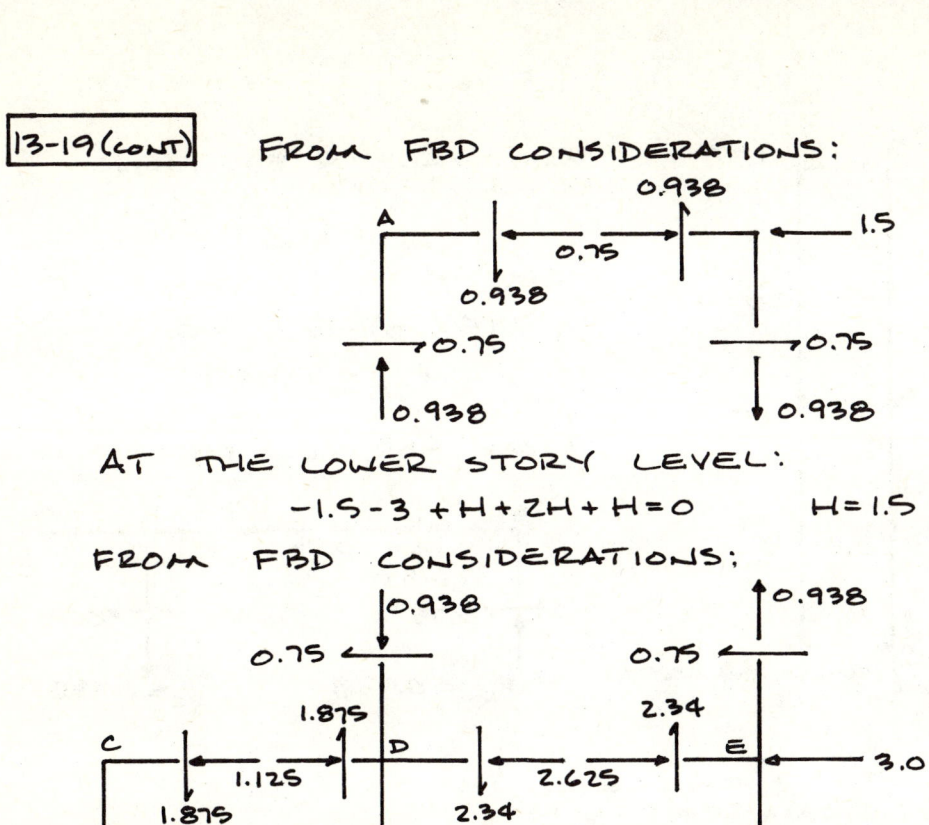

AT THE LOWER STORY LEVEL:
$$-1.5 - 3 + H + 2H + H = 0 \qquad H = 1.5$$

FROM FBD CONSIDERATIONS:

SUMMARY DIAGRAM:

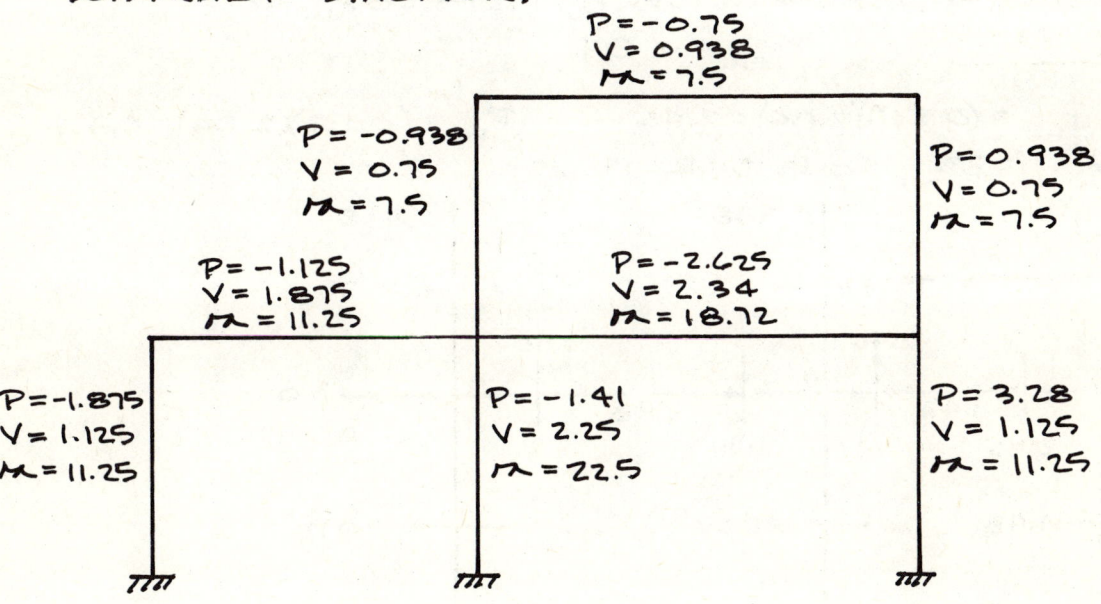

UNITS ARE K AND ft-K.

13-20

CONSIDERING A FBD ABOVE LEVEL AT O:

$$|P_{AD}| = |P_{BE}|$$
$$\Sigma M_O = 0$$
$$(1.5)(10) - 16 P_{BE} = 0$$
$$P_{BE} = 0.938$$

FROM FBD CONSIDERATIONS:

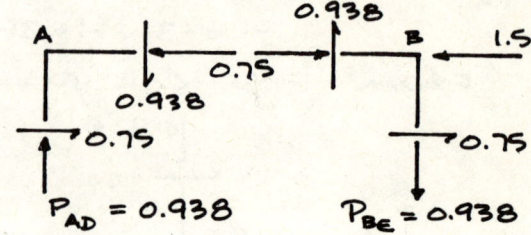

CONSIDERING A FBD ABOVE LEVEL P:

$$\bar{x} = \frac{(16)(2A) + 28A}{4A} = 15$$

$$P_{CF} = \left(\frac{13}{15}\right)|P_{EH}| = 0.867|P_{EH}| \qquad P_{DG} = (2)\left(\frac{1}{15}\right)|P_{EH}| = 0.133|P_{EH}|$$

$$\Sigma M_P = 0$$
$$(3)(10) + (1.5)(30) + (0.133)(P_{EH})(12) - 28 P_{EH} = 0$$
$$P_{EH} = 2.84$$

$$P_{CF} = (0.867)(2.84) = 2.46 \qquad P_{DG} = (0.133)(2.84) = 0.378$$

FROM FBD CONSIDERATIONS:

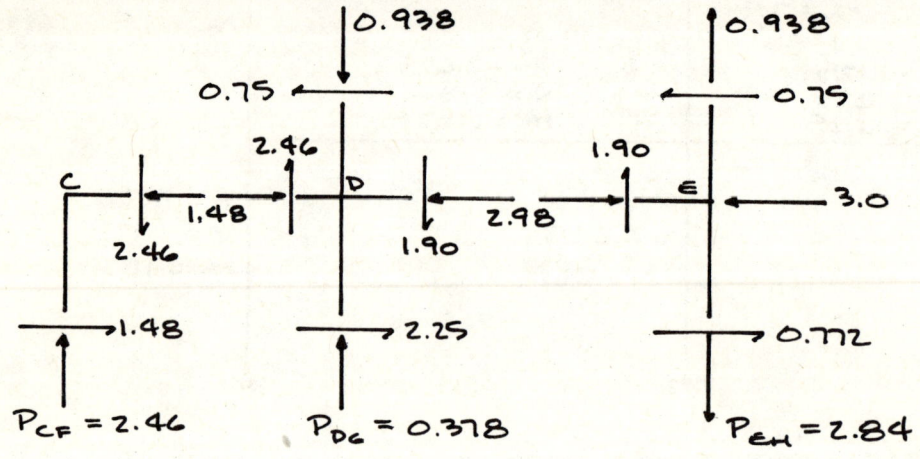

13-20(CONT) SUMMARY DIAGRAM:

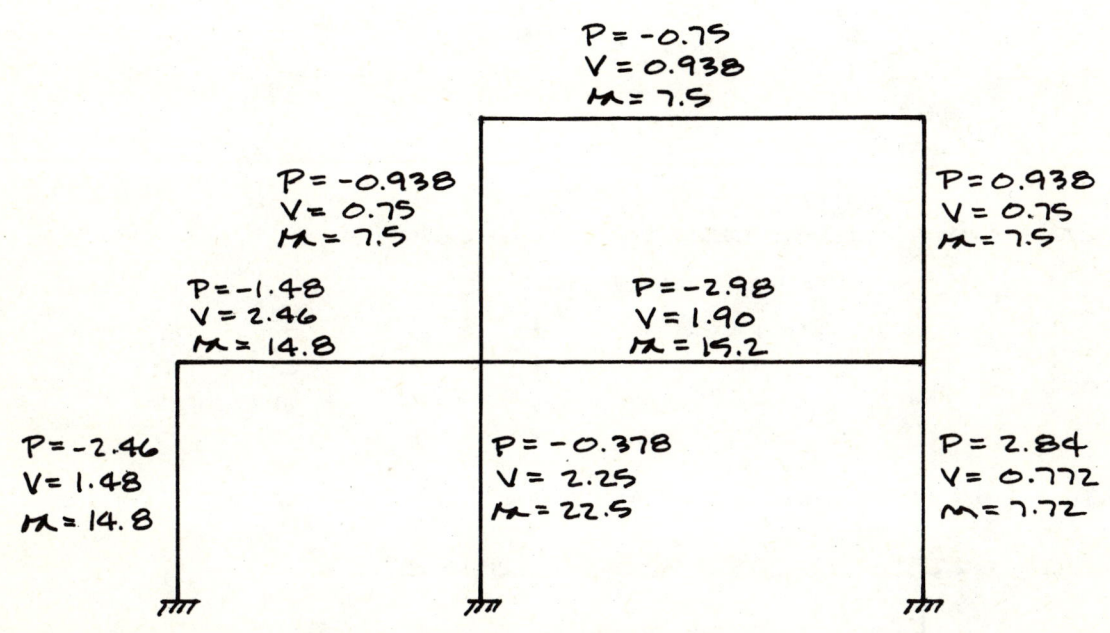

UNITS ARE K AND ft-k.

14-1

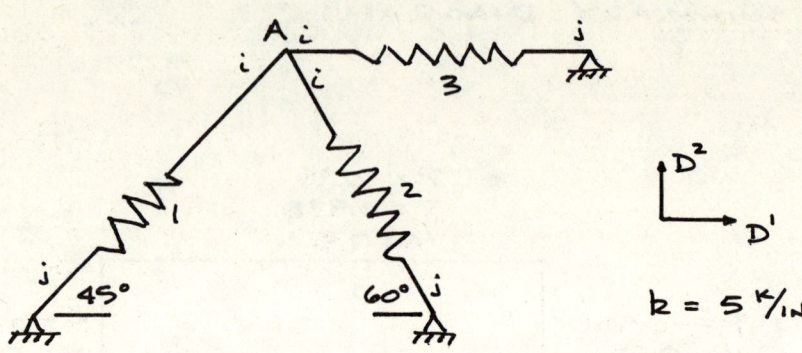

$k = 5 \text{ k/in}$

USING CODE NUMBERS TO DEVELOP $[K]$

$\begin{Bmatrix} D_A^1 \\ D_A^2 \end{Bmatrix} \begin{matrix} 1 \\ 2 \end{matrix}$

CODE NUMBERS:

ELEMENT	d_i^1	d_i^2	d_j^1	d_j^2
1	1	2	0	0
2	1	2	0	0
3	1	2	0	0

USING $[k]$ OF EQN. (14-9) WITH $\frac{EA}{L}$ REPLACED BY k.

$\omega_1 = 225° \qquad \omega_2 = 300° \qquad \omega_3 = 0°$

$$[K] = (5) \begin{bmatrix} c_1^2 + c_2^2 + c_3^2 & S_1 C_1 + S_2 C_2 + S_3 C_3 \\ \text{SYM.} & S_1^2 + S_2^2 + S_3^2 \end{bmatrix}$$

$$= (5) \begin{bmatrix} 1.750 & 0.067 \\ \text{SYM.} & 1.250 \end{bmatrix}$$

14-2

USING CODE NUMBERS TO DEVELOP $[K]$.

TWO DEGREES OF FREEDOM, D_2^X, D_2^Y.

$\omega_1 = \tan^{-1}(\frac{4}{3}) = 53.13°$

$\omega_2 = \tan^{-1}(\frac{2}{7}) = 15.95°$

$L_1 = \sqrt{3^2 + 4^2} = 5.0 \qquad C_1 = \frac{3}{5} = 0.6 \qquad S_1 = \frac{4}{5} = 0.8$

$L_2 = \sqrt{2^2 + 7^2} = 7.28 \qquad C_2 = \frac{7}{7.28} = 0.9615 \qquad S_2 = \frac{2}{7.28} = 0.2747$

CODE NUMBERS:

$\begin{Bmatrix} D_2^X \\ D_2^Y \end{Bmatrix} \begin{matrix} 1 \\ 2 \end{matrix}$

MEMBER	d_i^1	d_i^2	d_j^1	d_j^2
1	1	2	0	0
2	1	2	0	0

258

14-2 (CONT) USING THE GENERAL FORM OF $[k]$ IN EQN. (14-9):

$$[K] = EA \begin{bmatrix} \frac{C_1^2}{L_1} + \frac{C_2^2}{L_2} & \frac{S_1 C_1}{L_1} + \frac{S_2 C_2}{L_2} \\ \frac{S_1 C_1}{L_1} + \frac{S_2 C_2}{L_2} & \frac{S_1^2}{L_1} + \frac{S_2^2}{L_2} \end{bmatrix} = EA \begin{bmatrix} 0.1990 & 0.1323 \\ 0.1323 & 0.1384 \end{bmatrix}$$

14-3 USING CODE NUMBERS TO DEVELOP $[K]$. TWO DEGREES OF FREEDOM, D_2^X, D_2^Y.

$L_1 = \sqrt{(4-0)^2 + (10-0)^2} = 10.77$

$C_1 = \frac{4}{10.77} = 0.3714 \qquad S_1 = \frac{10}{10.77} = 0.9285$

$L_2 = \sqrt{(13-4)^2 + (8-10)^2} = 9.22$

$C_2 = \frac{9}{9.22} = 0.9761 \qquad S_2 = \frac{-2}{9.22} = -0.2619$

CODE NUMBERS:

$\begin{Bmatrix} D_2^X \\ D_2^Y \end{Bmatrix} \begin{matrix} 1 \\ 2 \end{matrix}$

MEMBER	d_i^1	d_i^2	d_j^1	d_j^2
1	0	0	1	2
2	1	2	0	0

USING THE GENERAL FORM OF $[k]$ IN EQN. (14-9):

$$[K] = EA \begin{bmatrix} \frac{C_1^2}{L_1} + \frac{C_2^2}{L_2} & \frac{S_1 C_1}{L_1} + \frac{S_2 C_2}{L_2} \\ \frac{S_1 C_1}{L_1} + \frac{S_2 C_2}{L_2} & \frac{S_1^2}{L_1} + \frac{S_2^2}{L_2} \end{bmatrix} = EA \begin{bmatrix} 0.1161 & 0.0091 \\ 0.0091 & 0.0852 \end{bmatrix}$$

14-4

$E = 10 \times 10^3$ ksi
$A = 2$ in^2

a) $L = \sqrt{(102-85)^2 + (136-42)^2}$
$= \underline{95.52 \text{ in.}}$

b) $\sin\omega = \frac{(136-42)}{95.52} = \underline{0.9840}$

$\cos\omega = \frac{(102-85)}{95.52} = \underline{0.1780}$

c) FROM EQN. (14-9):

$$[k] = \frac{EA}{L} \begin{bmatrix} c^2 & sc & -c^2 & -sc \\ & s^2 & -sc & -s^2 \\ & & c^2 & sc \\ \text{SYM.} & & & s^2 \end{bmatrix}$$

14-4 (CONT)

$$\frac{EA}{L} = \frac{(10 \times 10^3)(2)}{95.52} = 209.4 \text{ k/in.}$$

$$[k] = 209.4 \text{ k/in} \begin{bmatrix} 0.0317 & 0.1752 & -0.0317 & -0.1752 \\ & 0.9683 & -0.1752 & -0.9683 \\ \text{SYM.} & & 0.0317 & 0.1752 \\ & & & 0.9683 \end{bmatrix}$$

d)

$$\{q\} = [k]\{d\}$$

$$\begin{Bmatrix} q_i^1 \\ q_i^2 \\ q_j^1 \\ q_j^2 \end{Bmatrix} = 209.4 \text{ k/in} \begin{bmatrix} 0.0317 & - & - & - \\ 0.1752 & - & - & - \\ -0.0317 & - & - & - \\ -0.1752 & - & - & - \end{bmatrix} \begin{Bmatrix} 0.1 \text{ in} \\ 0 \\ 0 \\ 0 \end{Bmatrix}$$

$q_i^1 = (209.4)(0.0317)(0.1) = \underline{\underline{0.664}}$

$q_i^2 = (209.4)(0.1752)(0.1) = \underline{\underline{3.669}}$ KIPS

$q_j^1 = (209.4)(-0.0317)(0.1) = \underline{\underline{-0.664}}$

$q_j^2 = (209.4)(-0.1752)(0.1) = \underline{\underline{-3.669}}$

e)

$$\sin\omega = \frac{42 - 136}{95.52} = \underline{\underline{-0.9840}}$$

$$\cos\omega = \frac{85 - 102}{95.52} = \underline{\underline{-0.1780}}$$

f) COLUMN 3, $d_j^1 = 0.1$ IN.

$d_i^1 = d_i^2 = d_j^2 = 0$

14-5

a) $L = \sqrt{(280-205)^2 + (110-48)^2}$

$= \underline{\underline{97.31 \text{ in.}}}$

$A = 2 \text{ in}^2$

$E = 10 \times 10^3 \text{ ksi}$

b) $\sin\omega = \frac{110-48}{97.31} = \underline{\underline{0.6371}}$

$\cos\omega = \frac{280-205}{97.31} = \underline{\underline{0.7707}}$

c) $\frac{EA}{L} = \frac{(10 \times 10^3)(2)}{97.31} = \underline{\underline{205.5 \text{ k/in.}}}$

14-5 (CONT)

FROM EQ. (14-9):

$$[k] = \frac{EA}{L}\begin{bmatrix} c^2 & sc & -c^2 & -sc \\ & s^2 & -sc & -s^2 \\ \text{SYM.} & & c^2 & sc \\ & & & s^2 \end{bmatrix} = 205.5 \text{ k/in} \begin{bmatrix} 0.5940 & 0.4910 & -0.5940 & -0.4910 \\ & 0.4059 & -0.4910 & -0.4059 \\ \text{SYM.} & & 0.5940 & 0.4910 \\ & & & 0.4059 \end{bmatrix}$$

d)

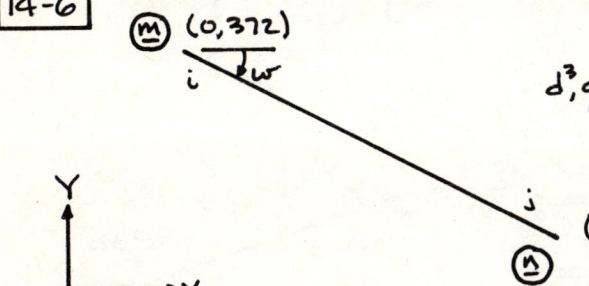

$$\begin{Bmatrix} q_i^1 \\ q_i^2 \\ q_j^1 \\ q_j^2 \end{Bmatrix} = 205.5 \begin{bmatrix} X & - & - & - \\ X & - & - & - \\ X & - & - & - \\ X & - & - & - \end{bmatrix} \begin{Bmatrix} 0.1 \\ 0 \\ 0 \\ 0 \end{Bmatrix}$$

$q_i^1 = (205.5)(0.5940)(0.1) = \underline{12.21}$
$q_i^2 = (205.5)(0.4910)(0.1) = \underline{10.09}$
$q_j^1 = (205.5)(-0.5940)(0.1) = \underline{-12.21}$
$q_j^2 = (205.5)(-0.4910)(0.1) = \underline{-10.09}$

KIPS

e) $\sin\omega = \frac{48-110}{97.31} = \underline{-0.6371}$

$\cos\omega = \frac{205-280}{97.31} = \underline{-0.7707}$

f) COLUMN 3, $d_j^1 = 0.1$ in.
$d_i^1 = d_i^2 = d_j^2 = 0$

14-6

$(0, 372)$ ⓜ

$(240, 252)$ ⓐ

$A = 5 \text{ in}^2$
$I = 25 \text{ in}^4$
$E = 10 \times 10^3 \text{ ksi}$

a) $L = \sqrt{(240-0)^2 + (252-372)^2} = \underline{268.3 \text{ in}}$

b) $\sin\omega = \frac{(252-372)}{268.3} = \underline{-0.4473}$ $\cos\omega = \frac{(240-0)}{268.3} = \underline{0.8945}$

c) $\frac{E}{L} = \frac{10 \times 10^3}{268.3} = 37.27 \text{ k/in}^3$

14-6 (CONT)

$$[k] = 37.27 \begin{bmatrix} 4.001 & -1.999 & 0.250 & -4.001 & 1.999 & 0.250 \\ & 1.004 & 0.500 & 1.999 & -1.004 & 0.500 \\ & & 100.0 & -0.250 & -0.500 & 50.00 \\ & & & 4.001 & -1.999 & -0.250 \\ & & & & 1.004 & -0.500 \\ & & & & & 100.0 \end{bmatrix}$$

d)

$$\begin{Bmatrix} q_i^1 \\ q_i^2 \\ q_i^3 \\ q_j^1 \\ q_j^2 \\ q_j^3 \end{Bmatrix} = 37.27^{k/in^3} \begin{bmatrix} 4.001 & - & - & - & - & - \\ -1.999 & - & - & - & - & - \\ 0.250 & - & - & - & - & - \\ -4.001 & - & - & - & - & - \\ 1.999 & - & - & - & - & - \\ 0.250 & - & - & - & - & - \end{bmatrix} \begin{Bmatrix} 0.1 \text{ in.} \\ 0 \\ 0 \\ 0 \\ 0 \\ 0 \end{Bmatrix}$$

$q_i^1 = (37.27)(4.001)(0.1) = \underline{\underline{14.91^k}}$

$q_i^2 = (37.27)(-1.999)(0.1) = \underline{\underline{-7.45^k}}$

$q_i^3 = (37.27)(0.25)(0.1) = \underline{\underline{0.932^{in-k}}}$

$q_j^1 = (37.27)(-4.001)(0.1) = \underline{\underline{-14.91^k}}$

$q_j^2 = (37.27)(1.999)(0.1) = \underline{\underline{7.45^k}}$

$q_j^3 = (37.27)(0.25)(0.1) = \underline{\underline{0.932^{in-k}}}$

e)

$\sin\omega = \dfrac{372-252}{268.3} = \underline{\underline{0.4473}}$

$\cos\omega = \dfrac{0-240}{268.3} = \underline{\underline{-0.8945}}$

f) COLUMN 4, $d_j^1 = 0.1$ IN.
ALL OTHER $d = 0$.

14-7 USING THE 2D TRUSS PROGRAM OF APPENDIX B.

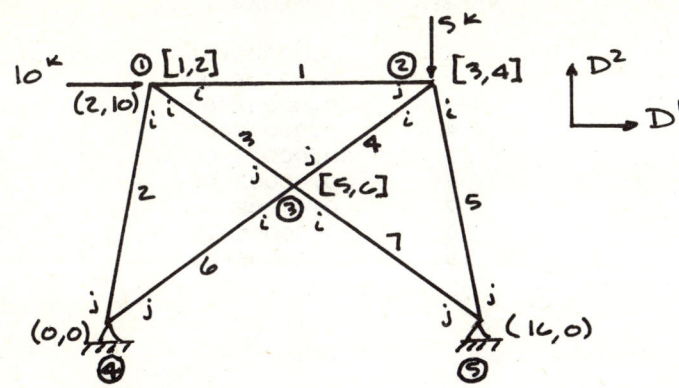

$A = 1.5 \text{ in}^2 = 0.01042 \text{ ft}^2$

$E = 10 \times 10^3 \text{ ksi} = 1.44 \times 10^6 \text{ ksf}$

MEMBER NUMBER	CODE NUMBERS			
1	1	2	3	4
2	1	2	0	0
3	1	2	5	6
4	3	4	5	6
5	3	4	0	0
6	5	6	0	0
7	5	6	0	0

DISPLACEMENT NUMBER	LOAD
1	0.1000E+02
2	0.0000E+00
3	0.0000E+00
4	-.5000E+01
5	0.0000E+00
6	0.0000E+00

OUTPUT:

NUMBER	DEFLECTIONS	AXIAL FORCE
1	0.9710E-02	-.3726E+01
2	0.6667E-03	0.3764E+01
3	0.6731E-02	-.6654E+01
4	-.3321E-02	0.2891E+01
5	0.4135E-02	-.6734E+01
6	-.1932E-02	0.3224E+01
7		-.6703E+01

14-8 USING THE 2D TRUSS PROGRAM OF APPENDIX B.

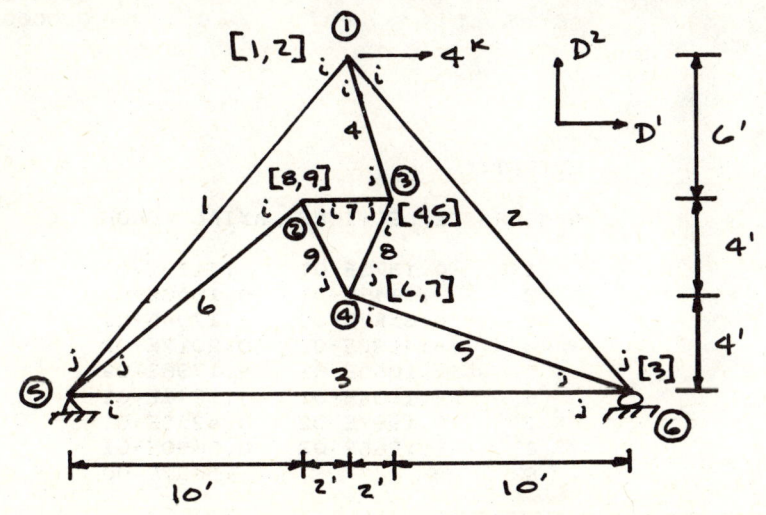

$A = 1.0 \text{ in}^2 = 0.00694 \text{ ft}^2$

$E = 29 \times 10^3 \text{ ksi} = 4.176 \times 10^6 \text{ ksf}$

14-8 (CONT)

MEMBER NUMBER	CODE NUMBERS				DISPLACEMENT NUMBER	LOAD
1	1	2	0	0	1	0.4000E+01
2	1	2	3	0	2	0.0000E+00
3	0	0	3	0	3	0.0000E+00
4	1	2	4	5	4	0.0000E+00
5	6	7	3	0	5	0.0000E+00
6	8	9	0	0	6	0.0000E+00
7	8	9	4	5	7	0.0000E+00
8	4	5	6	7	8	0.0000E+00
9	8	9	6	7	9	-.1000E+02

OUTPUT:

NUMBER	DEFLECTIONS	AXIAL FORCE
1	0.7616E-02	0.1541E+01
2	-.5236E-02	-.6555E+01
3	0.7316E-02	0.8835E+01
4	0.4213E-02	0.4013E+01
5	-.7294E-02	-.4816E+01
6	0.6478E-02	-.7476E+01
7	-.9160E-02	-.3173E+01
8	0.4651E-02	0.4256E+01
9	-.1110E-01	-.5959E+01

14-9 USING THE 2D TRUSS PROGRAM OF APPENDIX B.

$A = 1.0 \text{ in}^2 = 0.00694 \text{ in}^2$
$E = 29 \times 10^3 \text{ ksi} = 4.176 \times 10^6 \text{ ksf}$

DISPLACEMENT NUMBER	LOAD
1	0.0000E+00
2	-.1000E+02
3	0.0000E+00
4	0.0000E+00
5	0.0000E+00
6	0.0000E+00
7	0.0000E+00
8	0.0000E+00

MEMBER NUMBER	CODE NUMBERS			
1	1	2	3	4
2	1	2	5	6
3	3	4	5	6
4	5	6	0	7
5	3	4	0	7
6	3	4	0	0
7	0	7	0	0
8	0	7	8	0
9	0	0	8	0

OUTPUT:

NUMBER	DEFLECTIONS	AXIAL FORCE
1	0.1575E-01	-.1179E+02
2	-.4843E-01	0.1650E+02
3	0.6587E-02	-.1794E+02
4	-.4632E-02	0.2017E+02
5	-.1065E-01	-.1796E+02
6	-.1634E-01	-.1946E+02
7	0.1997E-02	0.4255E+01
8	-.1368E-03	0.5690E+01
9		-.5662E+00

14-10 Using the 2D Truss Program of Appendix B.

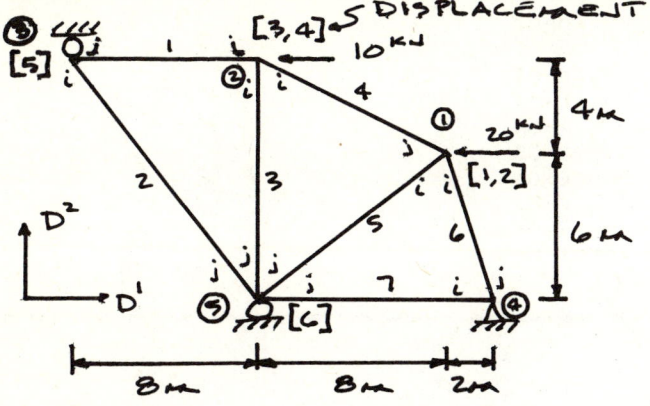

$A = 1000 \text{ mm}^2 = 0.001 \text{ m}^2$

$E = 200 \text{ GPa} = 200 \times 10^6 \text{ kPa}$

MEMBER NUMBER	CODE NUMBERS			
1	3	4	5	0
2	5	0	6	0
3	3	4	6	0
4	3	4	1	2
5	1	2	6	0
6	1	2	0	0
7	0	0	6	0

DISPLACEMENT NUMBER	LOAD
1	-.2000E+02
2	0.0000E+00
3	-.1000E+02
4	0.0000E+00
5	0.0000E+00
6	0.0000E+00

OUTPUT:

NUMBER	DEFLECTIONS	AXIAL FORCE
1	-.2466E-02	-.6496E+01
2	-.2773E-03	0.1040E+02
3	-.2567E-02	-.1752E+01
4	-.8761E-04	0.3918E+01
5	-.2307E-02	-.2292E+02
6	-.1242E-02	0.1634E+02
7		0.2483E+02

14-11 Using the 3D Truss Program of Appendix B.

NODE	X, Y, Z COORDINATES	DISPLACEMENT NUMBERS
①	(9, 6, 3)	[1, 2, 3]
②	(0, 0, 6)	[4]
③	(12, 0, 6)	[5]
④	(12, 0, 0)	[6]
⑤	(0, 0, 0)	[7, 8]

$A = 1000 \text{ mm}^2 = 0.001 \text{ m}^2 \qquad E = 200 \text{ GPa} = 200 \times 10^6 \text{ kPa}$

MEMBER NUMBER	CODE NUMBERS					
1	1	2	3	4	0	0
2	1	2	3	0	0	5
3	1	2	3	6	0	0
4	1	2	3	7	0	8
5	4	0	0	0	0	5
6	0	0	5	6	0	0
7	6	0	0	7	0	8
8	4	0	0	7	0	8

DISPLACEMENT NUMBER	LOAD
1	0.1500E+02
2	-.5000E+02
3	0.2500E+02
4	0.0000E+00
5	0.0000E+00
6	0.0000E+00
7	0.0000E+00
8	0.0000E+00

14-11 (CONT)

OUTPUT:

NUMBER	DEFLECTIONS	AXIAL FORCE
1	0.5802E-03	-.9354E+01
2	-.1264E-02	-.5511E+02
3	0.2528E-02	0.4768E-05
4	-.4500E-03	-.5492E-05
5	0.6750E-03	0.7500E+01
6	0.5802E-03	0.2250E+02
7	0.5802E-03	0.1907E-05
8	-.4828E-10	0.1609E-05

14-12

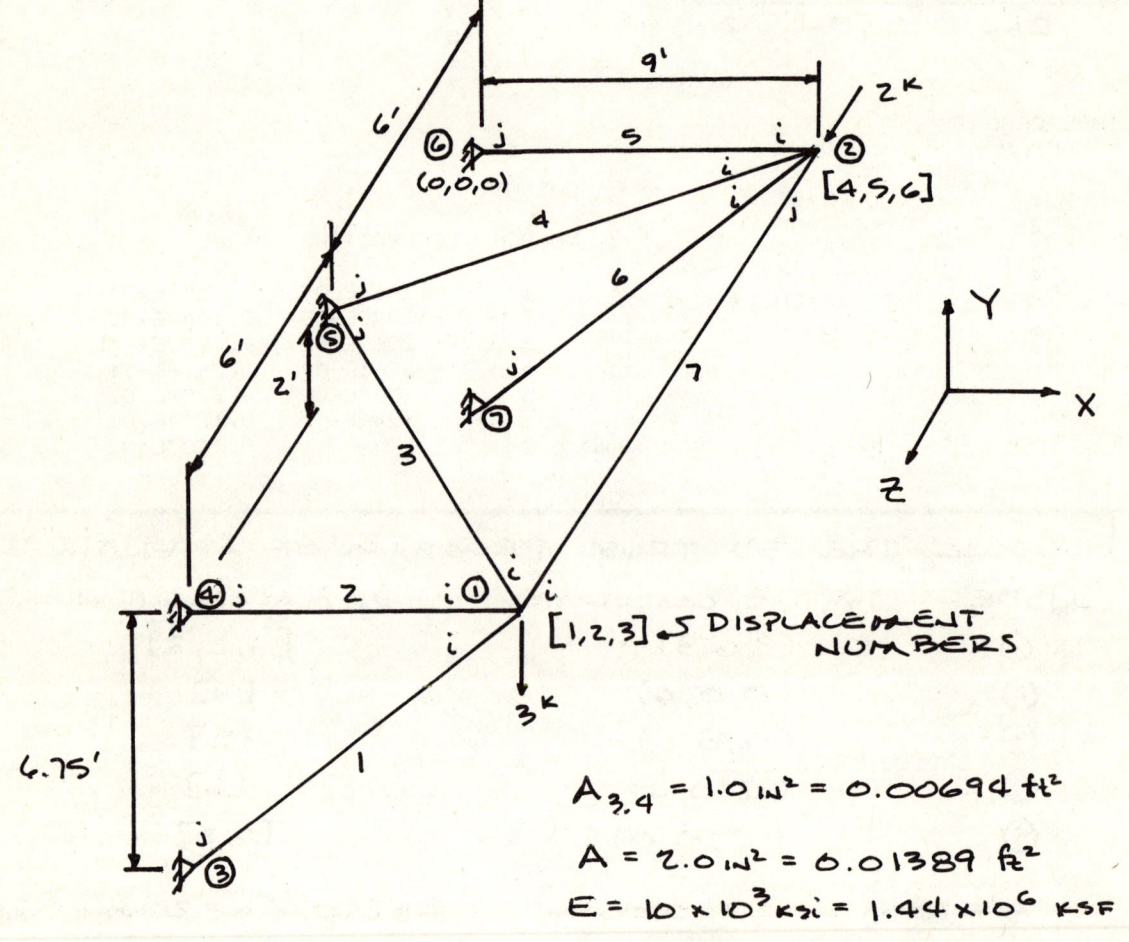

$A_{3,4} = 1.0 \text{ in}^2 = 0.00694 \text{ ft}^2$

$A = 2.0 \text{ in}^2 = 0.01389 \text{ ft}^2$

$E = 10 \times 10^3 \text{ ksi} = 1.44 \times 10^6 \text{ ksf}$

MEMBER NUMBER	CODE NUMBERS						DISPLACEMENT NUMBER	LOAD
1	1	2	3	0	0	0	1	0.0000E+00
2	1	2	3	0	0	0	2	-.3000E+01
3	1	2	3	0	0	0	3	0.0000E+00
4	4	5	6	0	0	0	4	0.0000E+00
5	4	5	6	0	0	0	5	0.0000E+00
6	4	5	6	0	0	0	6	0.2000E+01
7	1	2	3	4	5	6		

14-12 (CONT)

OUTPUT:

NUMBER	DEFLECTIONS	AXIAL FORCE
1	0.5926E-03	-.4233E+01
2	-.4759E-02	0.1317E+01
3	0.2629E-02	0.2530E+01
4	0.5426E-03	-.1137E+01
5	-.1047E-02	0.1206E+01
6	0.3457E-02	-.3446E+00
7		-.1380E+01

14-13

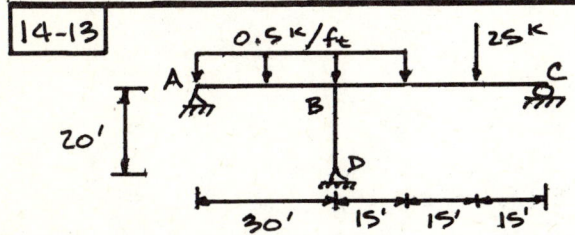

ABC: $A = 30 \text{ in}^2 = 0.2083 \text{ ft}^2$
$I = 4000 \text{ in}^4 = 0.1929 \text{ ft}^4$

BD: $A = 20 \text{ in}^2 = 0.1389 \text{ ft}^2$
$I = 1500 \text{ in}^4 = 0.0723 \text{ ft}^4$

$E = 29,000 \text{ ksi} = 4.176 \times 10^6 \text{ ksf}$

$\dfrac{(0.5)(30)^2}{12} = 37.5 \qquad \dfrac{(0.5)(15)^2}{12} = 9.38$

USING THE FRAME PROGRAM OF APPENDIX B:
LOADING FOR ANALYSIS —

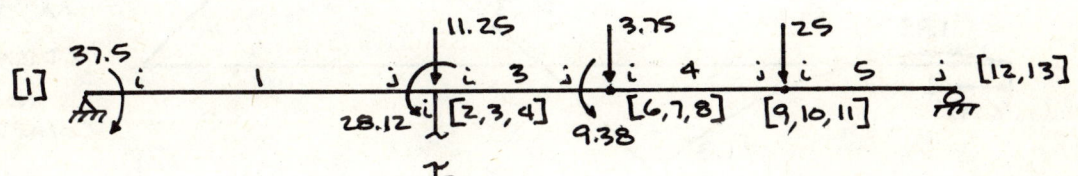

MEMBER NUMBER	CODE NUMBERS					
1	0	0	1	2	3	4
2	2	3	4	0	0	5
3	2	3	4	6	7	8
4	6	7	8	9	10	11
5	9	10	11	12	0	13

DISPLACEMENT NUMBER	LOAD
1	-.3750E+02
2	0.0000E+00
3	-.1125E+02
4	0.2812E+02
5	0.0000E+00
6	0.0000E+00
7	-.3750E+01
8	0.9380E+01
9	0.0000E+00
10	-.2500E+02
11	0.0000E+00
12	0.0000E+00
13	0.0000E+00

14-13 (CONT)

OUTPUT:

NUMBER	DEFLECTIONS	AXIAL FORCE	MOMENT(I)	MOMENT(J)
1	0.2065E-04	0.1899E+01	-.3750E+02	-.8382E+02
2	0.6549E-04	-.2967E+02	-.3798E+02	0.1907E-05
3	-.1023E-02	0.0000E+00	0.1499E+03	0.6568E+02
4	-.8419E-03	0.0000E+00	-.5630E+02	0.2156E+03
5	0.4160E-03	0.0000E+00	-.2156E+03	0.0000E+00
6	0.6549E-04			
7	-.2455E-01			
8	-.1626E-02			
9	0.6549E-04			
10	-.3366E-01			
11	0.9058E-03			
12	0.6549E-04			
13	0.2914E-02			

CORRECTIONS:

$$\left\{\begin{array}{c} M_i \\ M_{j\,(1)} \\ \hline M_i \\ M_{j\,(3)} \end{array}\right\} = \left\{\begin{array}{c} -37.50 \\ -83.82 \\ 149.9 \\ 65.68 \end{array}\right\} \begin{array}{l} +37.5 = 0 \\ -37.5 = -121.3 \\ +9.38 = 159.3 \\ -9.38 = 56.3 \end{array}$$

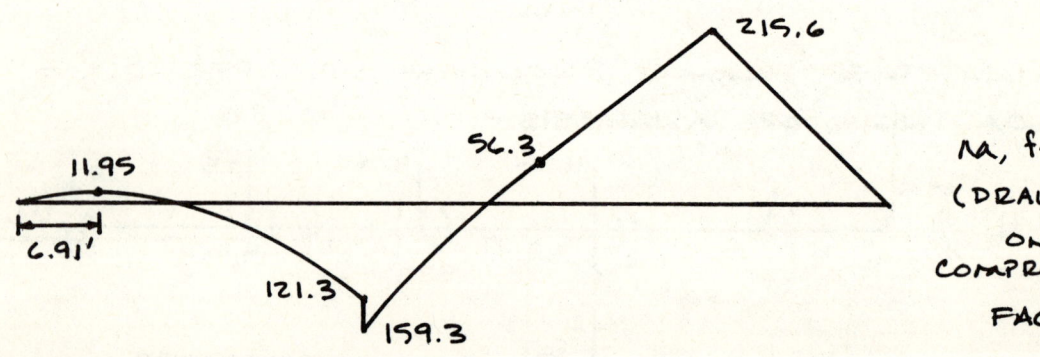

M, ft-k (DRAWN ON COMPRESSION FACE)

14-14 USING THE FRAME PROGRAM OF APPENDIX B.

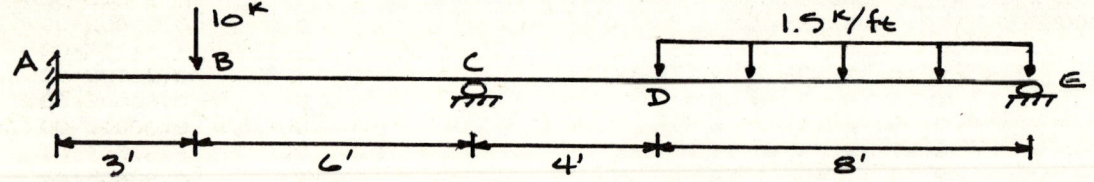

ABC: $I = 300 \text{ in}^4 = 0.01447 \text{ ft}^4$ $A = 25 \text{ in}^2 = 0.1736 \text{ ft}^2$
CDE: $I = 400 \text{ in}^4 = 0.01929 \text{ ft}^4$ $A = 30 \text{ in}^2 = 0.2083 \text{ ft}^2$
$E = 4 \times 10^3 \text{ ksi} = 5.76 \times 10^5 \text{ ksf}$

LOADING FOR ANALYSIS:

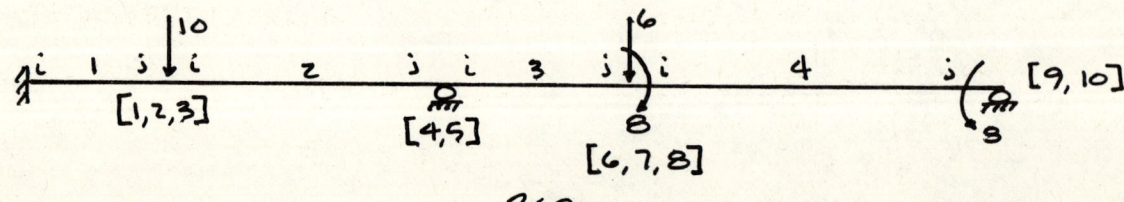

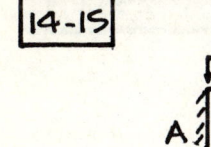

MEMBER NUMBER	CODE NUMBERS					
1	0	0	0	1	2	3
2	1	2	3	4	0	5
3	4	0	5	6	7	8
4	6	7	8	9	0	10

DISPLACEMENT NUMBER	LOAD
1	0.0000E+00
2	-.1000E+02
3	0.0000E+00
4	0.0000E+00
5	0.0000E+00
6	0.0000E+00
7	-.6000E+01
8	-.8000E+01
9	0.0000E+00
10	0.8000E+01

OUTPUT:

NUMBER	DEFLECTIONS	AXIAL FORCE	MOMENT(I)	MOMENT(J)
1	0.0000E+00	0.0000E+00	0.9905E+01	0.8889E+01
2	-.1965E-02	0.0000E+00	-.8889E+01	-.1352E+02
3	-.1828E-03	0.0000E+00	0.1352E+02	0.6984E+01
4	0.0000E+00	0.0000E+00	-.1498E+02	0.8000E+01
5	-.1851E-02			
6	0.0000E+00			
7	-.1222E-01			
8	-.3029E-02			
9	0.0000E+00			
10	0.5246E-02			

CORRECTIONS:

$$\begin{Bmatrix} M_i \\ M_j \end{Bmatrix}_{(4)} = \begin{Bmatrix} -14.98 \\ 8.00 \end{Bmatrix} \begin{matrix} +8.0 = -6.98 \\ -8.0 = 0 \end{matrix}$$

14-15

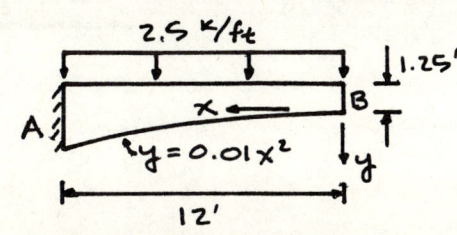

$b = 9_{IN} = 0.75\,ft$

FIND Δ_B, IN INCHES.

$E = 4 \times 10^3\,ksi = 5.76 \times 10^5\,ksf$

USING THE FRAME PROGRAM OF APPENDIX B.
USE 4 SEGMENTS, $h = 3\,ft$. WORKING IN K AND ft.

$d_{10.5} = 1.25 + 0.01(10.5)^2 = 2.353 \qquad A_{10.5} = (2.353)(0.75) = 1.765$

$d_{7.5} = 1.25 + 0.01(7.5)^2 = 1.813 \qquad A_{7.5} = (1.813)(0.75) = 1.360$

$d_{4.5} = 1.25 + 0.01(4.5)^2 = 1.453 \qquad A_{4.5} = (1.453)(0.75) = 1.090$

$d_{1.5} = 1.25 + 0.01(1.5)^2 = 1.273 \qquad A_{1.5} = (1.273)(0.75) = 0.955$

$I_{10.5} = 0.814 \qquad\qquad I_{4.5} = 0.192$

$I_{7.5} = 0.372 \qquad\qquad I_{1.5} = 0.129$

14-15 (cont)

$$FEM = \frac{(2.5)(3)^2}{12} = 1.875$$

$$V = (2.5)(3)(½) = 3.75$$

LOADING FOR ANALYSIS:

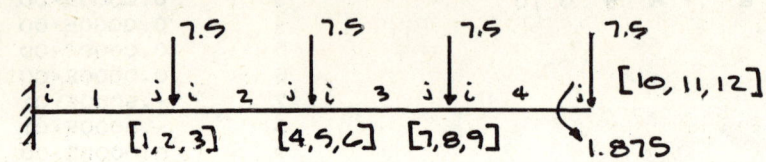

MEMBER NUMBER	CODE NUMBERS					
1	0	0	0	1	2	3
2	1	2	3	4	5	6
3	4	5	6	7	8	9
4	7	8	9	10	11	12

DISPLACEMENT NUMBER	LOAD
1	0.0000E+00
2	-.7500E+01
3	0.0000E+00
4	0.0000E+00
5	-.7500E+01
6	0.0000E+00
7	0.0000E+00
8	-.7500E+01
9	0.0000E+00
10	0.0000E+00
11	-.3750E+01
12	0.1875E+01

OUTPUT:

NUMBER	DEFLECTIONS	AXIAL FORCE	MOMENT(I)	MOMENT(J)
1	0.0000E+00	0.0000E+00	0.1781E+03	-.9938E+02
2	-.1458E-02	0.0000E+00	0.9938E+02	-.4312E+02
3	-.8878E-03	0.0000E+00	0.4312E+02	-.9375E+01
4	0.0000E+00	0.0000E+00	0.9375E+01	0.1875E+01
5	-.5814E-02			
6	-.1885E-02			
7	0.0000E+00			
8	-.1277E-01			
9	-.2597E-02			
10	0.0000E+00			
11	-.2090E-01			
12	-.2749E-02			

$$\Delta_B = 0.0209 \text{ ft} = 0.25 \text{ in.} \downarrow$$

14-16

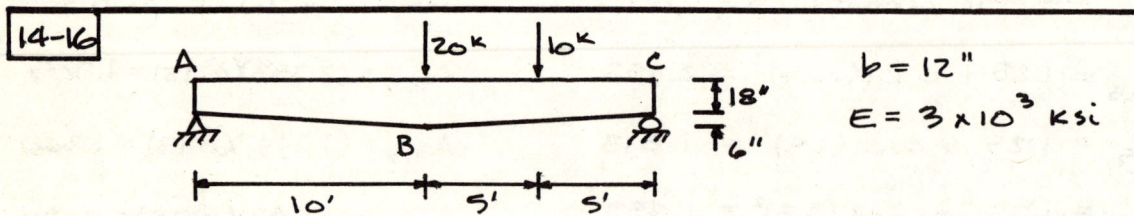

$b = 12"$
$E = 3 \times 10^3 \text{ ksi}$

USING THE FRAME PROGRAM OF APPENDIX B. WORKING IN K AND INCHES AND USING 4 SEGMENTS.

270

14-16(CONT) LOADING FOR ANALYSIS:

$$I_1 = \frac{(12)(19.5)^3}{12} = 7,415 \qquad A_1 = (12)(19.5) = 234$$

$$I_2 = \frac{(12)(22.5)^3}{12} = 11,390 \qquad A_2 = (12)(22.5) = 270$$

```
MEMBER              CODE
NUMBER              NUMBERS              DISPLACEMENT
                                         NUMBER        LOAD
   1       0  0  1  2  3  4
   2       2  3  4  5  6  7                 1       0.0000E+00
   3       5  6  7  8  9 10                 2       0.0000E+00
   4       8  9 10 11  0 12                 3       0.0000E+00
                                            4       0.0000E+00
                                            5       0.0000E+00
                                            6      -.2000E+02
                                            7       0.0000E+00
                                            8       0.0000E+00
                                            9      -.1000E+02
                                           10       0.0000E+00
                                           11       0.0000E+00
                                           12       0.0000E+00
```

OUTPUT:

```
NUMBER   DEFLECTIONS   AXIAL FORCE    MOMENT(I)      MOMENT(J)

   1     -.3142E-02    0.0000E+00    0.0000E+00    0.7500E+03
   2      0.0000E+00   0.0000E+00   -.7500E+03    0.1500E+04
   3     -.1683E+00    0.0000E+00   -.1500E+04    0.1050E+04
   4     -.2131E-02    0.0000E+00   -.1050E+04   -.4883E-03
   5      0.0000E+00
   6     -.2435E+00
   7     -.1552E-03
   8      0.0000E+00
   9     -.1817E+00
  10      0.2084E-02
  11      0.0000E+00
  12      0.3500E-02
```

14-17

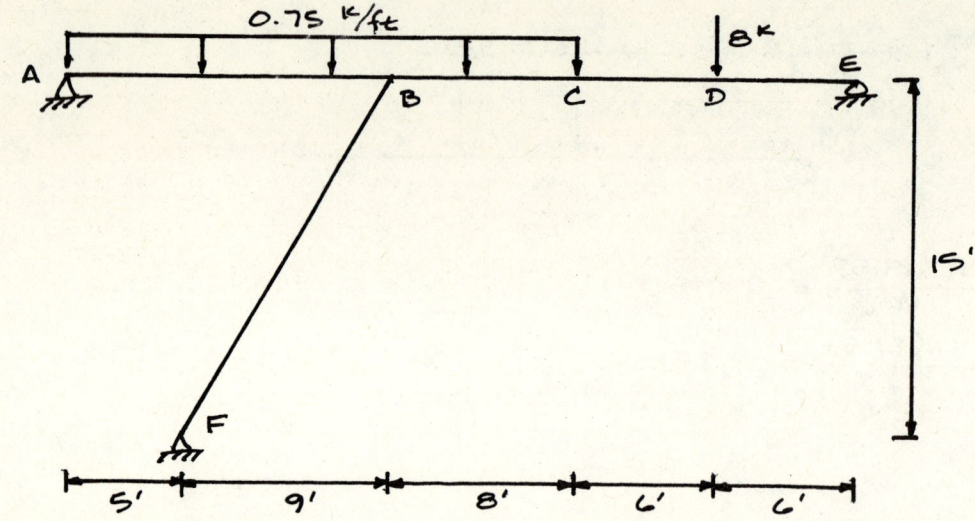

AE: $A = 16 \text{ in}^2 = 0.1111 \text{ ft}^2 \quad I = 2500 \text{ in}^4 = 0.1206 \text{ ft}^4$

BF: $A = 12 \text{ in}^2 = 0.0833 \text{ ft}^2 \quad I = 1200 \text{ in}^4 = 0.0579 \text{ ft}^4$

$E = 29 \times 10^3 \text{ ksi} = 4.176 \times 10^6 \text{ ksf}$

$\dfrac{(0.75)(14)^2}{12} = 12.25 \qquad \dfrac{(0.75)(8)^2}{12} = 4.0$

USING FRAME PROGRAM OF APPENDIX B.
LOADING FOR ANALYSIS:

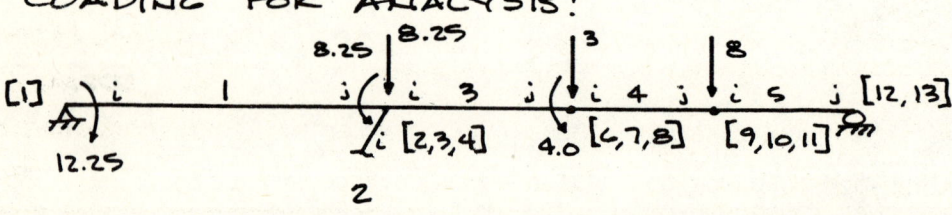

MEMBER NUMBER	CODE NUMBERS						DISPLACEMENT NUMBER	LOAD
1	0	0	1	2	3	4	1	-.1225E+02
2	2	3	4	0	0	5	2	0.0000E+00
3	2	3	4	6	7	8	3	-.8250E+01
4	6	7	8	9	10	11	4	0.8250E+01
5	9	10	11	12	0	13	5	0.0000E+00
							6	0.0000E+00
							7	-.3000E+01
							8	0.4000E+01
							9	0.0000E+00
							10	-.8000E+01
							11	0.0000E+00
							12	0.0000E+00
							13	0.0000E+00

14-17 (CONT)

OUTPUT:

NUMBER	DEFLECTIONS	AXIAL FORCE	MOMENT(I)	MOMENT(J)
1	-.1579E-03	0.9283E+01	-.1225E+02	-.9087E+01
2	0.2801E-03	-.1779E+02	-.2679E+01	-.1192E-06
3	-.1211E-02	-.1907E-05	0.2002E+02	0.2319E+02
4	-.1140E-03	0.0000E+00	-.1919E+02	0.3360E+02
5	-.1706E-04	0.0000E+00	-.3360E+02	0.3052E-04
6	0.2801E-03			
7	-.2480E-02			
8	-.8875E-04			
9	0.2801E-03			
10	-.2155E-02			
11	0.2257E-03			
12	0.2801E-03			
13	0.4258E-03			

CORRECTIONS:

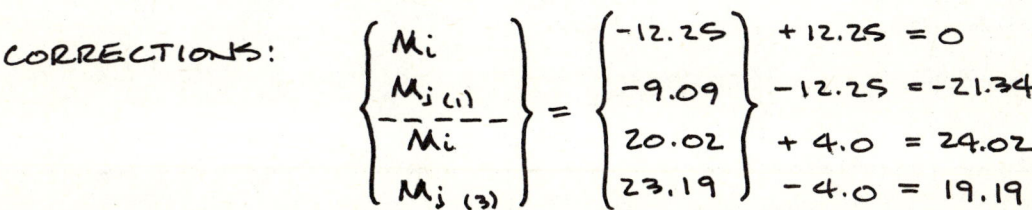

$$\begin{Bmatrix} M_i \\ M_{j\,(1)} \\ \hline M_i \\ M_{j\,(3)} \end{Bmatrix} = \begin{Bmatrix} -12.25 \\ -9.09 \\ 20.02 \\ 23.19 \end{Bmatrix} \begin{matrix} +12.25 = 0 \\ -12.25 = -21.34 \\ +4.0 = 24.02 \\ -4.0 = 19.19 \end{matrix}$$

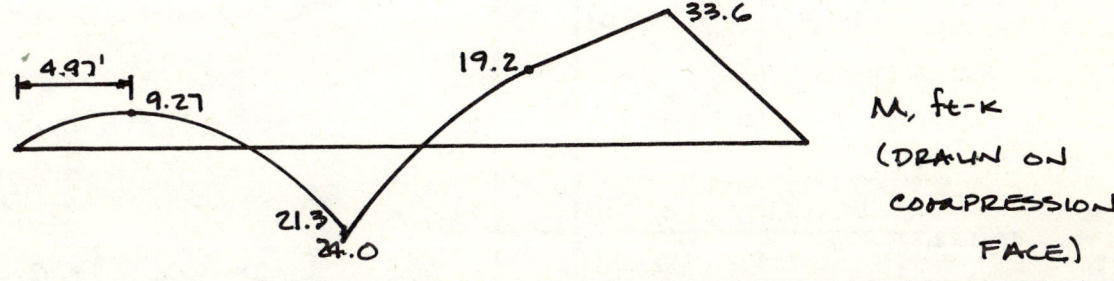

M, ft-k (DRAWN ON COMPRESSION FACE)

14-18

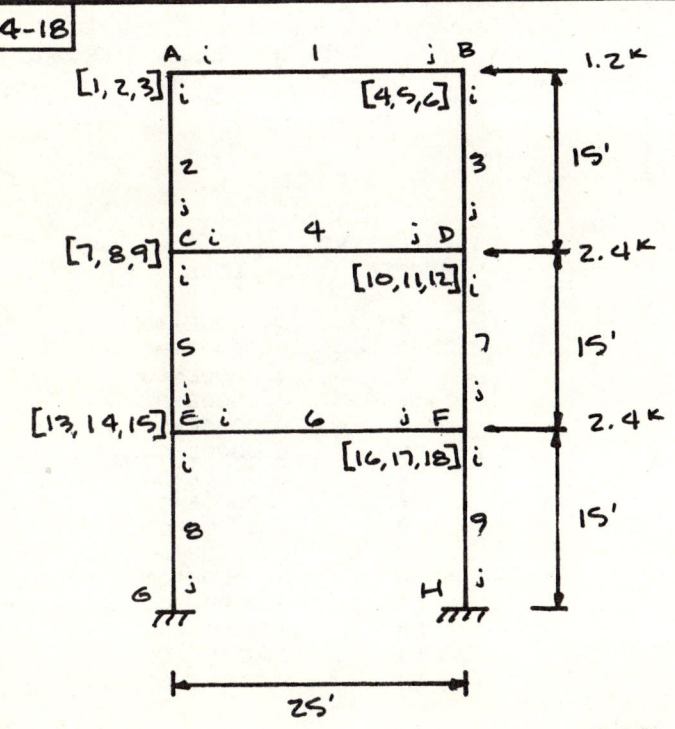

USING THE FRAME PROGRAM OF APPENDIX B.

$I = 500 \text{ in}^4 = 0.02411 \text{ ft}^4$

$A = 15 \text{ in}^2 = 0.1042 \text{ ft}^2$

$E = 29 \times 10^3 \text{ ksi} = 4.176 \times 10^6 \text{ ksf}$

MEMBER NUMBER	CODE NUMBERS
1	1 2 3 4 5 6
2	1 2 3 7 8 9
3	4 5 6 10 11 12
4	7 8 9 10 11 12
5	7 8 9 13 14 15
6	10 11 12 16 17 18
7	13 14 15 16 17 18
8	13 14 15 0 0 0
9	16 17 18 0 0 0

14-18 (CONT)

DISPLACEMENT NUMBER	LOAD
1	0.0000E+00
2	0.0000E+00
3	0.0000E+00
4	-.1200E+01
5	0.0000E+00
6	0.0000E+00
7	0.0000E+00
8	0.0000E+00
9	0.0000E+00
10	-.2400E+01
11	0.0000E+00
12	0.0000E+00
13	0.0000E+00
14	0.0000E+00
15	0.0000E+00
16	-.2400E+01
17	0.0000E+00
18	0.0000E+00

OUTPUT:

NUMBER	DEFLECTIONS	AXIAL FORCE	MOMENT(I)	MOMENT(J)
1	-.4510E-01	-.6012E+00	0.7337E+01	0.7321E+01
2	-.2299E-03	-.5863E+00	-.7337E+01	-.1681E+01
3	0.3227E-03	0.5863E+00	-.7321E+01	-.1662E+01
4	-.4513E-01	-.1201E+01	0.1756E+02	0.1755E+02
5	0.2299E-03	-.1991E+01	-.1588E+02	-.1115E+02
6	0.3207E-03	0.1991E+01	-.1588E+02	-.1109E+02
7	-.3542E-01	-.1190E+01	0.2624E+02	0.2627E+02
8	-.2096E-03	-.4091E+01	-.1509E+02	-.2980E+02
9	0.7441E-03	0.4091E+01	-.1518E+02	-.2994E+02
10	-.3548E-01			
11	0.2096E-03			
12	0.7423E-03			
13	-.1658E-01			
14	-.1410E-03			
15	0.1096E-02			
16	-.1665E-01			
17	0.1410E-03			
18	0.1099E-02			

14-19

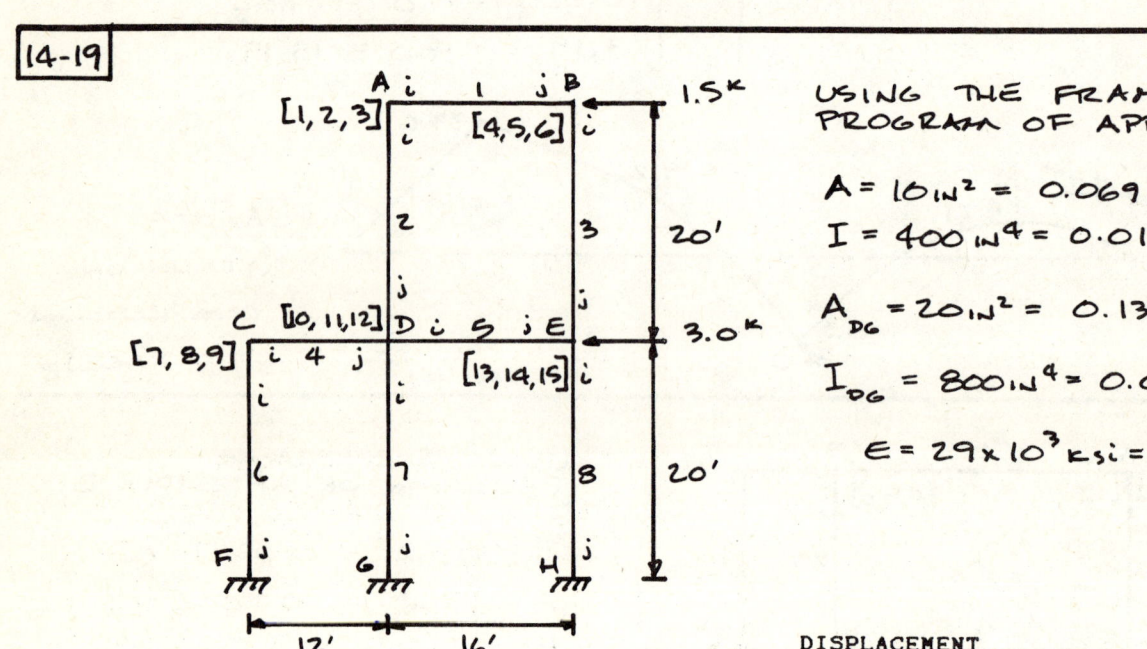

USING THE FRAME PROGRAM OF APPENDIX B.

$A = 10 \text{ in}^2 = 0.069 \text{ ft}^2$

$I = 400 \text{ in}^4 = 0.0193 \text{ ft}^4$

$A_{DG} = 20 \text{ in}^2 = 0.138 \text{ ft}^2$

$I_{DG} = 800 \text{ in}^4 = 0.0386 \text{ ft}^4$

$E = 29 \times 10^3 \text{ ksi} = 4.176 \times 10^6 \text{ ksf}$

MEMBER NUMBER	CODE NUMBERS
1	1 2 3 4 5 6
2	1 2 3 10 11 12
3	4 5 6 13 14 15
4	7 8 9 10 11 12
5	10 11 12 13 14 15
6	7 8 9 0 0 0
7	10 11 12 0 0 0
8	13 14 15 0 0 0

DISPLACEMENT NUMBER	LOAD
1	0.0000E+00
2	0.0000E+00
3	0.0000E+00
4	-.1500E+01
5	0.0000E+00
6	0.0000E+00
7	0.0000E+00
8	0.0000E+00
9	0.0000E+00
10	0.0000E+00
11	0.0000E+00
12	0.0000E+00
13	-.3000E+01
14	0.0000E+00
15	0.0000E+00

14-19 (CONT)

OUTPUT:

NUMBER	DEFLECTIONS	AXIAL FORCE	MOMENT(I)	MOMENT(J)
1	-.1947E-01	-.8167E+00	0.7886E+01	0.7361E+01
2	-.6494E-04	-.9529E+00	-.7886E+01	-.8450E+01
3	0.2954E-03	0.9529E+00	-.7361E+01	-.6303E+01
4	-.1951E-01	-.2755E+01	0.1377E+02	0.1128E+02
5	0.2086E-03	-.3208E+01	0.8048E+01	0.9551E+01
6	0.2433E-03	-.2087E+01	-.1377E+02	-.1929E+02
7	-.7388E-02	0.3455E-01	-.1088E+02	-.1451E+02
8	-.8693E-04	0.2053E+01	-.3248E+01	-.6267E+01
9	0.4109E-03			
10	-.7503E-02			
11	0.1199E-05			
12	0.2254E-03			
13	-.7681E-02			
14	0.1425E-03			
15	0.3746E-03			

14-20

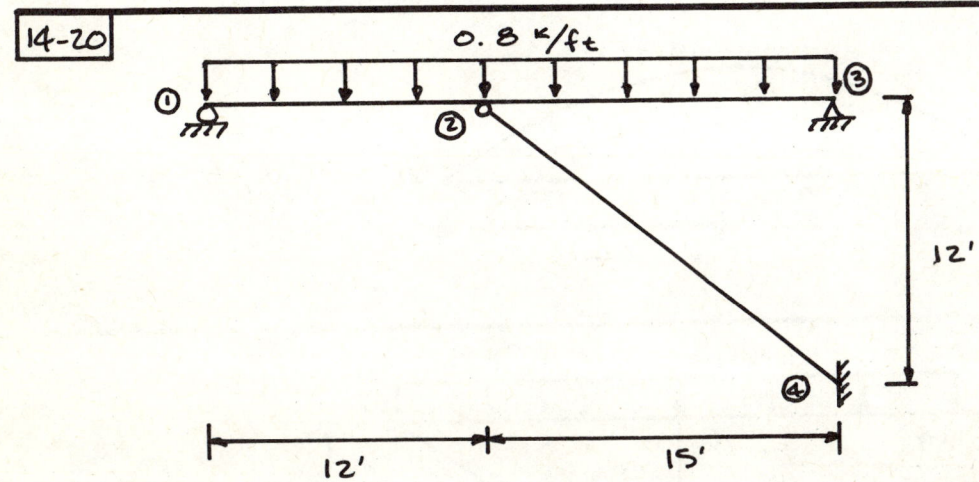

USING THE FRAME PROGRAM OF APPENDIX B.

$\frac{(0.8)(12)^2}{12} = 9.6$ $\frac{(0.8)(15)^2}{12} = 15.0$

$I = 0.00482$ ft^4
$A = 0.0347$ ft^2
$E = 4.176 \times 10^6$ ksf

LOADING FOR ANALYSIS:

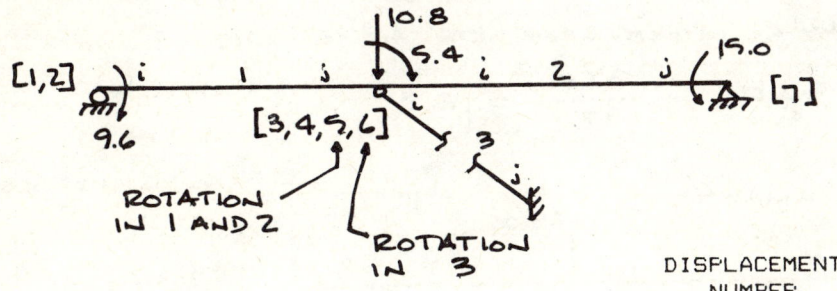

MEMBER NUMBER	CODE NUMBERS					
1	1	0	2	3	4	5
2	3	4	5	0	0	6
3	3	4	7	0	0	0

DISPLACEMENT NUMBER	LOAD
1	0.0000E+00
2	-.9600E+01
3	0.0000E+00
4	-.1080E+02
5	-.5400E+01
6	0.1500E+02
7	0.0000E+00

14-20 (CONT)

OUTPUT:

NUMBER	DEFLECTIONS	AXIAL FORCE	MOMENT(I)	MOMENT(J)
1	-.1712E-02	0.0000E+00	-.9600E+01	-.7071E+01
2	-.1759E-02	0.1654E+02	0.1671E+01	0.1500E+02
3	-.1712E-02	-.2122E+02	-.2384E-06	-.1024E+01
4	-.6644E-02			
5	-.1005E-02			
6	0.3961E-02			
7	0.4887E-03			

CORRECTIONS:

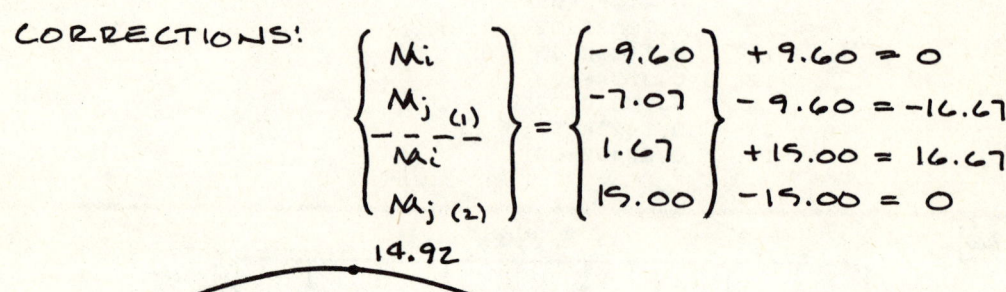

$$\begin{Bmatrix} M_i \\ M_{j\,(1)} \\ \hline M_i \\ M_{j\,(2)} \end{Bmatrix} = \begin{Bmatrix} -9.60 \\ -7.07 \\ 1.67 \\ 15.00 \end{Bmatrix} \begin{matrix} +9.60 = 0 \\ -9.60 = -16.67 \\ +15.00 = 16.67 \\ -15.00 = 0 \end{matrix}$$

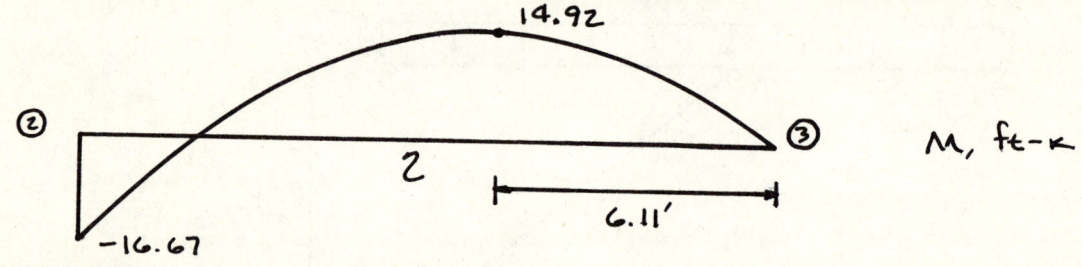

M, ft-k

14-21

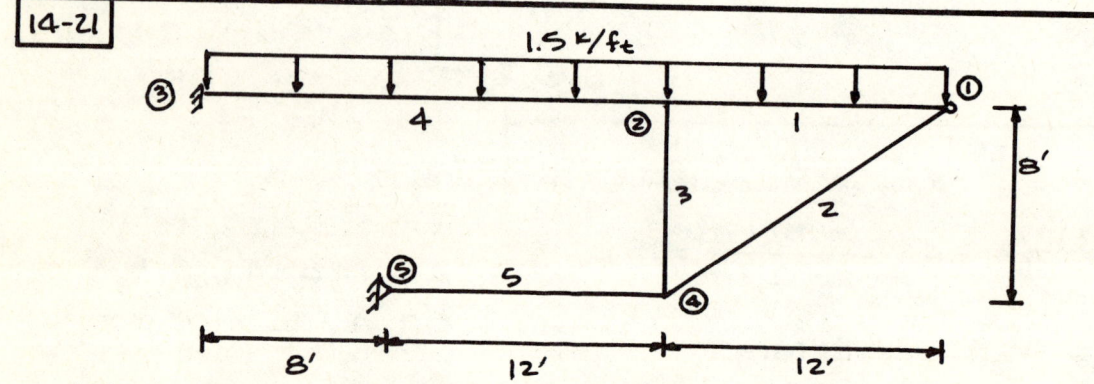

USING THE FRAME PROGRAM OF APPENDIX B.

$\dfrac{(1.5)(20)^2}{12} = 50.0 \qquad \dfrac{(1.5)(12)^2}{12} = 18.0$

$A = 0.12 \text{ ft}^2$
$I = 0.045 \text{ ft}^4$
$E = 4.32 \times 10^6 \text{ ksf}$

LOADING FOR ANALYSIS:

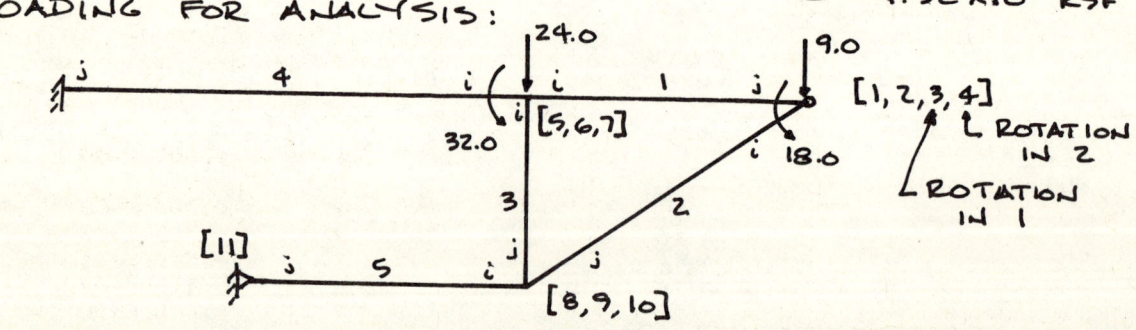

14-21 (CONT)

MEMBER NUMBER	CODE NUMBERS
1	1 2 3 5 6 7
2	1 2 4 8 9 10
3	5 6 7 8 9 10
4	5 6 7 0 0 0
5	8 9 10 0 0 11

DISPLACEMENT NUMBER	LOAD
1	0.0000E+00
2	-.9000E+01
3	0.1800E+02
4	0.0000E+00
5	0.0000E+00
6	-.2400E+02
7	0.3200E+02
8	0.0000E+00
9	0.0000E+00
10	0.0000E+00
11	0.0000E+00

OUTPUT:

NUMBER	DEFLECTIONS	AXIAL FORCE	MOMENT(I)	MOMENT(J)
1	0.2409E-02	0.1848E+02	0.1800E+02	-.1228E+02
2	-.7379E-01	-.2011E+02	-.1526E-04	-.4557E+02
3	-.2738E-04	-.7598E+01	-.1152E+03	-.1479E+03
4	0.5554E-04	0.5136E+02	0.1594E+03	0.1781E+03
5	0.1982E-02	-.5136E+02	0.1935E+03	0.0000E+00
6	-.6750E-01			
7	-.9619E-03			
8	-.1189E-02			
9	-.6739E-01			
10	-.1635E-02			
11	-.7606E-02			

CORRECTIONS:
$$\begin{Bmatrix} M_i \\ M_{j(1)} \\ \hline M_i \\ M_{j(4)} \end{Bmatrix} = \begin{Bmatrix} 18.0 \\ -12.3 \\ 159.4 \\ 178.1 \end{Bmatrix} \begin{matrix} -18.0 = 0 \\ +18.0 = 5.7 \\ -50.0 = 109.4 \\ +50.0 = 228.1 \end{matrix}$$

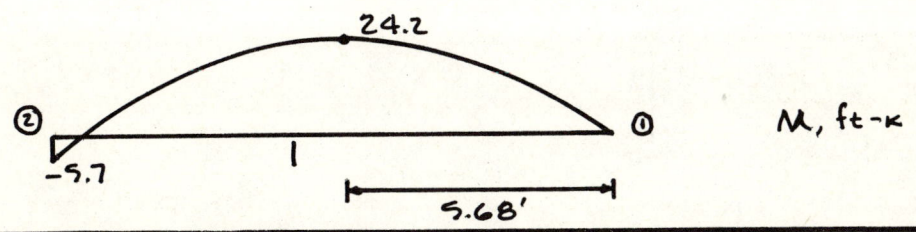

M, ft-k

14-22

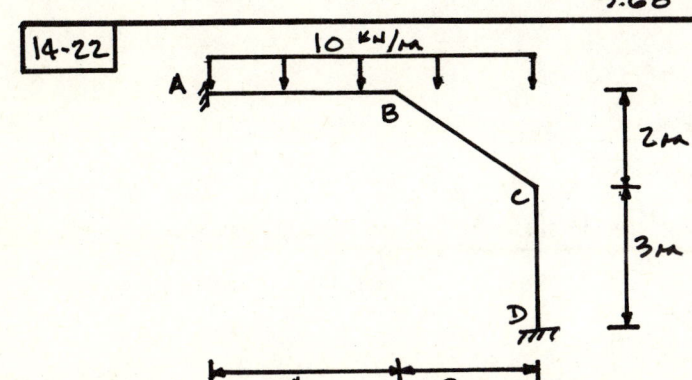

USING THE FRAME PROGRAM OF APPENDIX B.

$I = 200 \times 10^6 \text{ mm}^4 = 2 \times 10^{-4} \text{ m}^4$

$A = 3 \times 10^3 \text{ mm}^2 = 3 \times 10^{-3} \text{ m}^2$

$E = 200 \text{ GPa} = 200 \times 10^6 \text{ kPa}$

14-22 (CONT) $\dfrac{(10)(4)^2}{12} = 13.33$

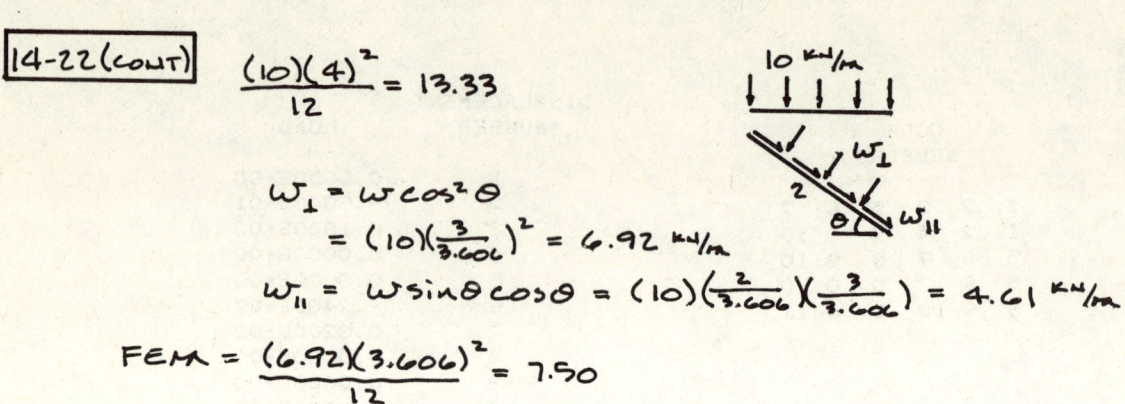

$$W_\perp = W\cos^2\theta = (10)\left(\dfrac{3}{3.606}\right)^2 = 6.92 \text{ kN/m}$$

$$W_{||} = W\sin\theta\cos\theta = (10)\left(\dfrac{2}{3.606}\right)\left(\dfrac{3}{3.606}\right) = 4.61 \text{ kN/m}$$

$$FEM = \dfrac{(6.92)(3.606)^2}{12} = 7.50$$

$\dfrac{1}{2}(W_\perp)(3.606) = (0.5)(6.92)(3.606) = 12.5$ $\cos\theta(12.5) = 10.4$

$\dfrac{1}{2}(W_{||})(3.606) = (0.5)(4.61)(3.606) = 8.33$ $\sin\theta(12.5) = 6.93$

$\cos\theta(8.33) = 6.93$

$\sin\theta(8.33) = 4.62$

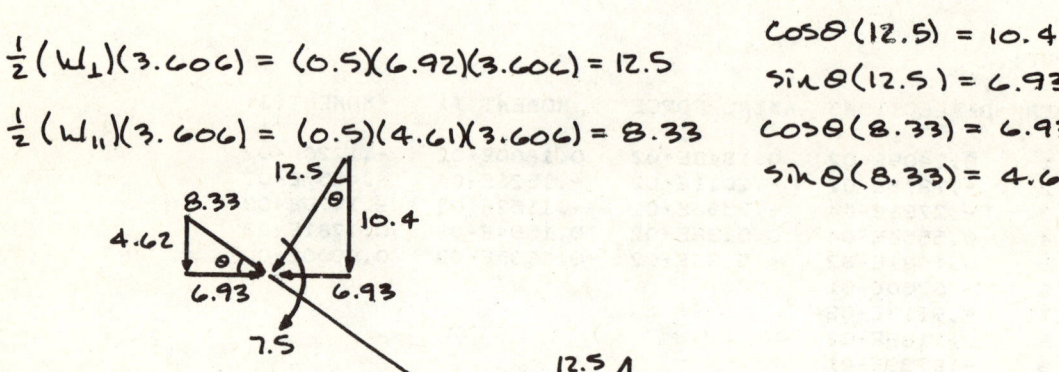

LOADING FOR ANALYSIS:

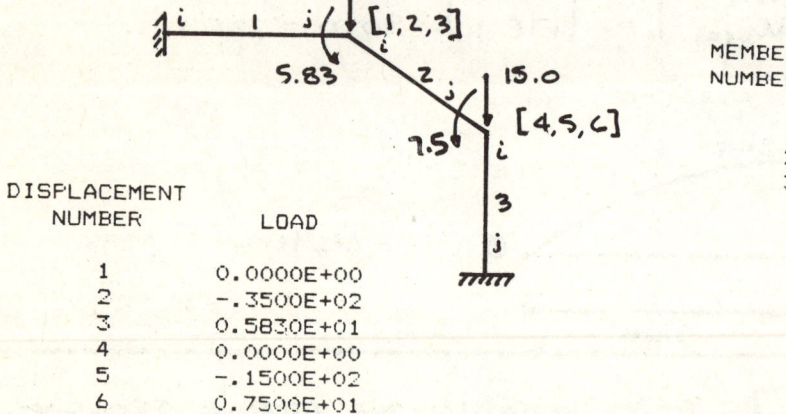

MEMBER NUMBER	CODE NUMBERS					
1	0	0	0	1	2	3
2	1	2	3	4	5	6
3	4	5	6	0	0	0

DISPLACEMENT NUMBER	LOAD
1	0.0000E+00
2	-.3500E+02
3	0.5830E+01
4	0.0000E+00
5	-.1500E+02
6	0.7500E+01

OUTPUT:

NUMBER	DEFLECTIONS	AXIAL FORCE	MOMENT(I)	MOMENT(J)
1	-.1012E-03	-.1518E+02	0.2403E+02	0.2561E+02
2	-.1497E-02	-.2516E+02	-.1978E+02	-.1762E+02
3	0.7884E-04	-.3759E+02	0.2512E+02	0.2043E+02
4	0.5898E-03			
5	-.1879E-03			
6	0.1761E-03			

14-22(CONT) CORRECTIONS:

$$\left\{\begin{array}{c} M_i \\ M_{j(1)} \\ \hline M_i \\ M_{j(2)} \end{array}\right\} = \left\{\begin{array}{c} 24.03 \\ 25.61 \\ -19.78 \\ -17.62 \end{array}\right\} \begin{array}{l} +13.33 = 37.36 \\ -13.33 = 12.28 \\ +7.5 = -12.28 \\ -7.5 = -25.12 \end{array}$$

$$\left\{\begin{array}{c} P_i \\ P_{j(2)} \end{array}\right\} = \left\{\begin{array}{c} 25.16 \\ -25.16 \end{array}\right\} \begin{array}{l} -8.33 = 16.83 \\ -8.33 = -33.49 \end{array}$$

14-23

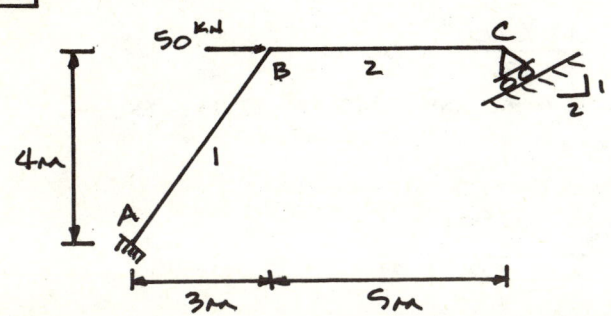

$A = 4 \times 10^3 \, mm^2 = 0.004 \, m^2$
$I = 250 \times 10^6 \, mm^4 = 2.5 \times 10^{-4} \, m^4$
$E = 200 \, GPa = 200 \times 10^6 \, kPa$

USING THE FRAME PROGRAM OF APPENDIX B.
AT C USE A PINNED-PINNED MEMBER WHICH IS $\perp$ TO INCLINE ON WHICH ROLLER RESTS.
FOR MEMBER 3: $A = (1000)(0.004) = 4 \, m^2$
$I = 2.5 \times 10^{-4} \, m^4$

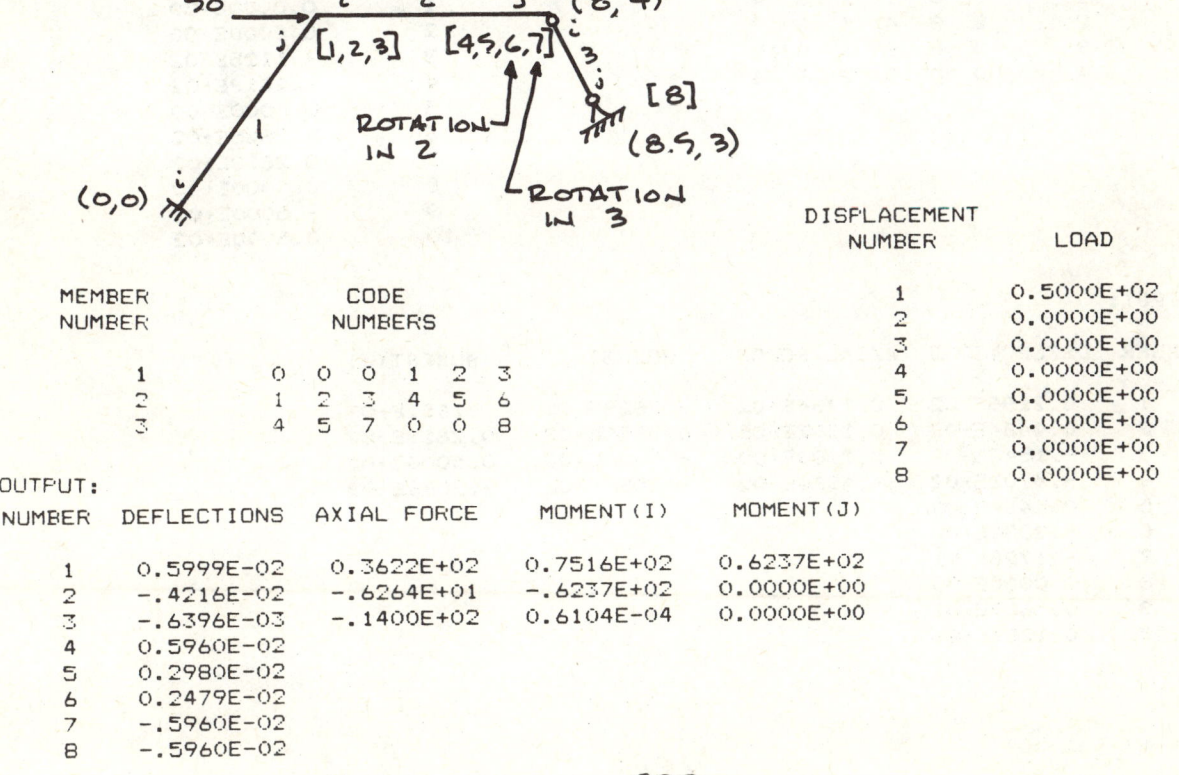

MEMBER NUMBER	CODE NUMBERS					
1	0	0	0	1	2	3
2	1	2	3	4	5	6
3	4	5	7	0	0	8

DISPLACEMENT NUMBER	LOAD
1	0.5000E+02
2	0.0000E+00
3	0.0000E+00
4	0.0000E+00
5	0.0000E+00
6	0.0000E+00
7	0.0000E+00
8	0.0000E+00

OUTPUT:

NUMBER	DEFLECTIONS	AXIAL FORCE	MOMENT(I)	MOMENT(J)
1	0.5999E-02	0.3622E+02	0.7516E+02	0.6237E+02
2	-.4216E-02	-.6264E+01	-.6237E+02	0.0000E+00
3	-.6396E-03	-.1400E+02	0.6104E-04	0.0000E+00
4	0.5960E-02			
5	0.2980E-02			
6	0.2479E-02			
7	-.5960E-02			
8	-.5960E-02			

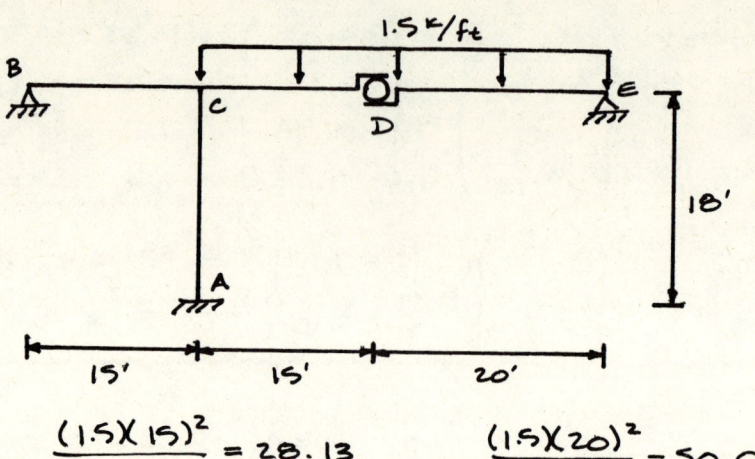

$$\frac{(1.5 \times 15)^2}{12} = 28.13 \qquad \frac{(1.5 \times 20)^2}{12} = 50.0$$

USING THE FRAME PROGRAM OF APPENDIX B.
LOADING FOR ANALYSIS:

```
MEMBER          CODE                    DISPLACEMENT
NUMBER         NUMBERS                    NUMBER      LOAD

   1      0  0  1  2  3  4                  1      0.0000E+00
   2      2  3  4  5  6  7                  2      0.0000E+00
   3      8  6  9  0  0  10                 3     -.1125E+02
   4      0  0  0  2  3  4                  4     -.2813E+02
                                            5      0.0000E+00
                                            6     -.2625E+02
                                            7      0.2813E+02
                                            8      0.0000E+00
                                            9     -.5000E+02
                                           10      0.5000E+02
```

OUTPUT:

```
NUMBER   DEFLECTIONS    AXIAL FORCE    MOMENT(I)      MOMENT(J)

   1      0.2196E-02     0.1734E+02    -.7629E-05    -.1851E+03
   2      0.4484E-03     0.1907E-05     0.3656E+03    0.2813E+02
   3     -.1547E-02      0.0000E+00    -.5000E+02     0.5000E+02
   4     -.4702E-02     -.4984E+02     -.1035E+03    -.2086E+03
   5      0.4484E-03
   6     -.2031E+00
   7     -.1728E-01
   8      0.0000E+00
   9      0.7669E-02
  10      0.1264E-01
```

14-24 (CONT)

CORRECTIONS:

$$\begin{Bmatrix} M_i \\ M_{j(2)} \\ \overline{M_i} \\ M_{j(3)} \end{Bmatrix} = \begin{Bmatrix} 365.6 \\ 28.1 \\ -50.0 \\ 50.0 \end{Bmatrix} \begin{matrix} +28.1 = 393.7 \\ -28.1 = 0 \\ +50.0 = 0 \\ -50.0 = 0 \end{matrix}$$

14-25

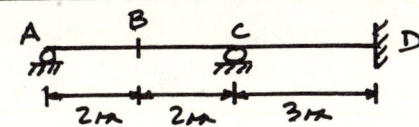

USING THE FRAME PROGRAM OF APPENDIX B.
WORKING IN METERS AND KILONEWTONS.
USE VALUES: $A = 0.003 \text{ m}^2$
$I = 2.5 \times 10^{-4} \text{ m}^4$
$E = 200 \times 10^6 \text{ kPa}$

a) REMOVE THE REACTION AT C AND APPLY A UNIT LOAD UPWARD.

LOADING FOR ANALYSIS:

i END AT THE LEFT END OF EACH SEGMENT.

MEMBER NUMBER	CODE NUMBERS					
1	1	0	2	3	4	5
2	3	4	5	6	7	8
3	6	7	8	9	10	11
4	9	10	11	12	13	14
5	12	13	14	15	16	17
6	15	16	17	18	19	20
7	17	18	19	0	0	0

EXTERNAL LOAD = 1.0 WITH DISPLACEMENT NO. 13, ALL OTHERS EQUAL TO ZERO.

OUTPUT:

NUMBER	DEFLECTIONS
1	-.8985E-05
2	0.1304E-04
3	-.8985E-05
4	0.1271E-04
5	0.1203E-04
6	-.8985E-05
7	0.2338E-04
8	0.8985E-05
9	-.8985E-05
10	0.3000E-04
11	0.3913E-05
12	-.8985E-05
13	0.3053E-04
14	-.3188E-05
15	-.8985E-05
16	0.2628E-04
17	-.2319E-05
18	-.8985E-05
19	0.1797E-04
20	-.1130E-04

14-25 (CONT)

$$f_{cc} = d_{13} = 3.05 \times 10^{-5} \text{ m}$$

$$f_{xc} = \begin{cases} D_4 = 1.27 \times 10^{-5} \\ D_7 = 2.34 \times 10^{-5} \\ D_{10} = 3.0 \times 10^{-5} \\ D_{16} = 2.63 \times 10^{-5} \\ D_{19} = 1.80 \times 10^{-5} \end{cases}$$

$$R_{cv} = \frac{f_{xc}}{f_{cc}} \Rightarrow$$

R_c (kN)
1.0
0.416
0.767
0.984
0.862
0.590

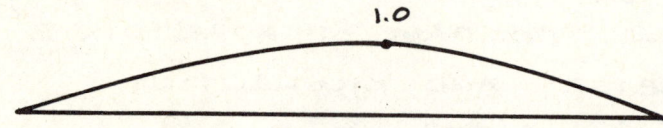

IL, R_c

b) INSERT A PIN AT B AND APPLY A UNIT MOMENT AT EACH SIDE OF B.

LOADING FOR ANALYSIS:

MEMBER NUMBER	CODE NUMBERS					
1	1	0	2	3	4	5
2	3	4	5	6	7	8
3	6	7	9	10	11	12
4	10	11	12	13	0	14
5	13	0	14	15	16	17
6	15	16	17	18	19	20
7	18	19	20	0	0	0

EXTERNAL LOADS:
$Q_8 = 1.0$
$Q_9 = -1.0$
ALL OTHERS ZERO.

OUTPUT:

NUMBER	DEFLECTIONS
1	0.0000E+00
2	0.5667E-04
3	0.0000E+00
4	0.5833E-04
5	0.6167E-04
6	0.0000E+00
7	0.1267E-03
8	0.7667E-04
9	-.9000E-04
10	0.0000E+00
11	0.4833E-04
12	-.6500E-04
13	0.0000E+00
14	-.3000E-04
15	0.0000E+00
16	-.1333E-04
17	-.5684E-12
18	0.0000E+00
19	-.6667E-05
20	0.1000E-04

$$\frac{1}{f_{BB}} = \frac{1}{|D_8|+|D_9|} = \frac{1}{(7.67+9.00)\times 10^{-5}} = 6.0 \times 10^3$$

$$f_{xB} \begin{cases} D_4 = 5.83 \times 10^{-5} \\ D_7 = 1.27 \times 10^{-4} \\ D_{11} = 4.83 \times 10^{-5} \\ D_C = 0 \\ D_{16} = -1.33 \times 10^{-5} \\ D_{19} = -6.67 \times 10^{-6} \end{cases} \times (6.0 \times 10^3)$$

M_B
0
0.350
0.762
0.290
0
-0.0798
-0.0400
0

14-25 (CONT)

IL, M_B

14-26

ABC: $A = 30 \text{ in}^2 = 0.208 \text{ ft}^2$
$I = 4000 \text{ in}^4 = 0.193 \text{ ft}^4$
BD: $A = 20 \text{ in}^2 = 0.139 \text{ ft}^2$
$I = 1500 \text{ in}^4 = 0.0723 \text{ ft}^4$
$E = 29 \times 10^3 \text{ ksi} = 4.176 \times 10^6 \text{ ksf}$

USING FRAME PROGRAM OF APPENDIX B.
WORKING IN KIPS AND FEET.

a) REMOVE R_{AV} AND APPLY A UNIT LOAD UPWARD AT A.

i END AT THE LEFT END OF HORIZONTAL MEMBERS.

MEMBER NUMBER	CODE NUMBERS					
1	0	1	2	3	4	5
2	3	4	5	6	7	8
3	6	7	8	9	10	11
4	9	10	11	12	13	14
5	12	13	14	15	16	17
6	15	16	17	18	19	20
7	18	19	20	0	0	21
8	18	19	20	22	23	24
9	22	23	24	25	26	27
10	25	26	27	28	29	30
11	28	29	30	31	32	33
12	31	32	33	34	35	36
13	34	35	36	37	38	39
14	37	38	39	40	41	42
15	40	41	42	43	44	45
16	43	44	45	46	0	47

EXTERNAL LOAD:
$Q_1 = 1.0$
ALL OTHERS ZERO.

14-26 (CONT)

OUTPUT:

NUMBER	DEFLECTIONS
1	0.2034E-01
2	-.8624E-03
3	0.3948E-05
4	0.1605E-01
5	-.8469E-03
6	0.7896E-05
7	0.1192E-01
8	-.8003E-03
9	0.1184E-04
10	0.8097E-02
11	-.7228E-03
12	0.1579E-04
13	0.4742E-02
14	-.6142E-03
15	0.1974E-04
16	0.2007E-02
17	-.4747E-03
18	0.2369E-04
19	0.4692E-04
20	-.3041E-03
21	0.1503E-03
22	0.2369E-04
23	-.1230E-02
24	-.2087E-03
25	0.2369E-04
26	-.2058E-02
27	-.1245E-03
28	0.2369E-04
29	-.2494E-02
30	-.5155E-04
31	0.2369E-04
32	-.2593E-02
33	0.1018E-04
34	0.2369E-04
35	-.2411E-02
36	0.6068E-04
37	0.2369E-04
38	-.2004E-02
39	0.9996E-04
40	0.2369E-04
41	-.1430E-02
42	0.1280E-03
43	0.2369E-04
44	-.7430E-03
45	0.1449E-03
46	0.2369E-04
47	0.1505E-03

	$R_{AV}(k)$
$f_{AA} = D_1 = 0.0203$	1.0
$D_4 = 0.0160$	0.788
$D_7 = 0.0119$	0.586
$D_{10} = 0.00810$	0.399
$D_{13} = 0.00474$	0.233
$D_{16} = 0.00201$	0.0990
$D_{19} = 0.00005$	0.0025
$D_{23} = -0.00123$	-0.0606
$D_{26} = -0.00206$	-0.101
$D_{29} = -0.00249$	-0.123
$D_{32} = -0.00259$	-0.128
$D_{35} = -0.00241$	-0.119
$D_{38} = -0.00200$	-0.099
$D_{41} = -0.00143$	-0.0704
$D_{44} = -0.000743$	-0.0366

$$R_{AV} = \frac{f_{KA}}{f_{AA}} \Rightarrow$$

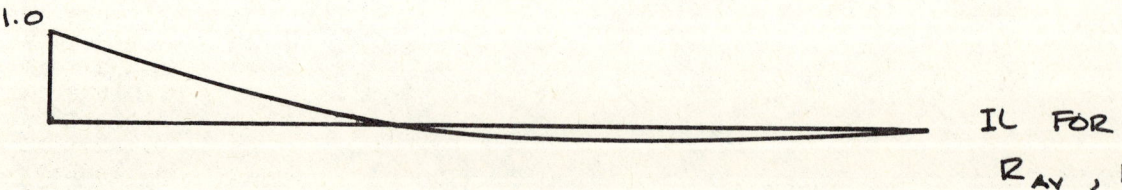

IL FOR $R_{AV, k}$

14-26 (CONT)

b) INSERT A PIN IN BD JUST BELOW B AND APPLY A UNIT MOMENT TO EACH SIDE OF THE PIN.

— ROTATION ABOVE PIN
— ROTATION BELOW PIN
[17,18,19,20]

[1] 1 2 3 4 5 6 7 8 9 10 11 12 13 14 15 16 [46,47]
[2,3,4] [8,9,10] [14,15,16] [22,23,24] [28,29,30] [34,35,36] [40,41,42]
[5,6,7] [11,12,13] 1 ft-k [25,26,27] [31,32,33] [37,38,39] [43,44,45]

j [21]

i AT THE LEFT END OF HORIZONTAL ELEMENTS.

MEMBER NUMBER	CODE NUMBERS
1	0 0 1 2 3 4
2	2 3 4 5 6 7
3	5 6 7 8 9 10
4	8 9 10 11 12 13
5	11 12 13 14 15 16
6	14 15 16 17 18 19
7	17 18 20 0 0 21
8	17 18 19 22 23 24
9	22 23 24 25 26 27
10	25 26 27 28 29 30
11	28 29 30 31 32 33
12	31 32 33 34 35 36
13	34 35 36 37 38 39
14	37 38 39 40 41 42
15	40 41 42 43 44 45
16	43 44 45 46 0 47

EXTERNAL LOADS:

$Q_{19} = 1.0$

$Q_{20} = -1.0$

ALL OTHERS ZERO.

OUTPUT:

NUMBER	DEFLECTIONS
1	-.3705E-05
2	0.2878E-06
3	-.1801E-04
4	-.3395E-05
5	0.5756E-06
6	-.3292E-04
7	-.2466E-05
8	0.8634E-06
9	-.4164E-04
10	-.9168E-06
11	0.1151E-05
12	-.4106E-04
13	0.1252E-05
14	0.1439E-05
15	-.2808E-04
16	0.4041E-05
17	0.1727E-05
18	0.3816E-06
19	0.7449E-05
20	-.2217E-04
21	0.1095E-04
22	0.1727E-05
23	0.3164E-04
24	0.5101E-05
25	0.1727E-05
26	0.5185E-04
27	0.3030E-05
28	0.1727E-05
29	0.6240E-04
30	0.1234E-05
31	0.1727E-05
32	0.6466E-04
33	-.2847E-06
34	0.1727E-05
35	0.6001E-04
36	-.1528E-05
37	0.1727E-05
38	0.4984E-04
39	-.2494E-05
40	0.1727E-05
41	0.3553E-04
42	-.3185E-05
43	0.1727E-05
44	0.1846E-04
45	-.3599E-05
46	0.1727E-05
47	-.3737E-05

14-26 (cont)

$$\frac{1}{f_{BB}} = \frac{1}{|D_{19}|+|D_{20}|} = \frac{1}{(7.95+22.2)\times 10^{-6}} = 3.37\times 10^{4}$$

$f_{XB} \begin{cases} D_3 = -1.80\times 10^{-5} \\ D_6 = -3.29\times 10^{-5} \\ D_9 = -4.16\times 10^{-5} \\ D_{12} = -4.11\times 10^{-5} \\ D_{15} = -2.81\times 10^{-5} \\ D_{18} = 3.82\times 10^{-7} \\ D_{23} = 3.16\times 10^{-5} \\ D_{26} = 5.18\times 10^{-5} \\ D_{29} = 6.24\times 10^{-5} \\ D_{32} = 6.47\times 10^{-5} \\ D_{35} = 6.00\times 10^{-5} \\ D_{38} = 4.98\times 10^{-5} \\ D_{41} = 3.55\times 10^{-5} \\ D_{44} = 1.85\times 10^{-5} \end{cases} \times (3.37\times 10^{4}) \Rightarrow$

M_B, ft-k (B-D)
0
-6.07×10^{-1}
-1.11
-1.40
-1.39
-9.48×10^{-1}
1.29×10^{-2}
1.07
1.75
2.11
2.18
2.02
1.68
1.20
6.24×10^{-1}
0

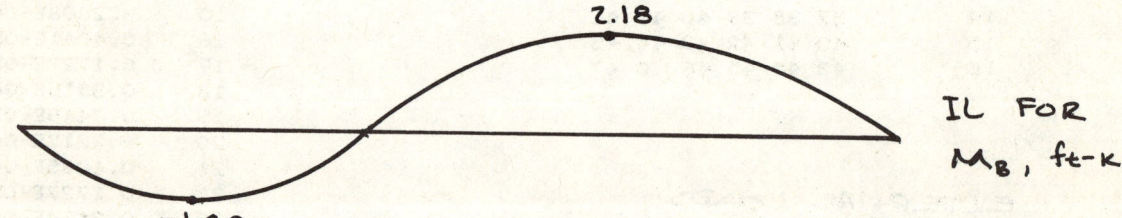

IL FOR M_B, ft-k

(POSITIVE M — COMPRESSION ON RIGHT FACE OF BD).

A-1
$\underline{A}$ — 2×2
$\underline{B}$ — 3×4
$\underline{C}$ — 4×1
$\underline{D}$ — 1×3
$\underline{E}$ — 3×3

A-2

a) $\underline{A} + \underline{G} = \begin{bmatrix} 2.25 & 0 \\ -1 & 7.5 \end{bmatrix}$

b) $\underline{D}(\underline{I} - \underline{E}) = \begin{bmatrix} -11 & 1 & -5 \end{bmatrix}$

c) $\underline{E}'\underline{A} = \begin{bmatrix} -\frac{1}{2} & 0 \\ -\frac{1}{2} & 2 \\ 2 & -4 \end{bmatrix}$

d) $\underline{D}\,\underline{B} = \begin{bmatrix} 10 & -7 & -2 & -7 \end{bmatrix}$

e) $\underline{B}\,\underline{C}\,\underline{D} = \begin{bmatrix} -7 & -7 & 21 \\ 7 & 7 & -21 \\ -7 & -7 & 21 \end{bmatrix}$

f) $\underline{B}'\underline{F}\underline{B} = \begin{bmatrix} 44 & -3 & 14 & 24 \\ -41 & 3 & 0 & -2 \\ -14 & 4 & 12 & 20 \\ -46 & 8 & 20 & 32 \end{bmatrix}$

g) $\underline{B}'\underline{D}' - \underline{C} = \begin{bmatrix} 8 \\ -7 \\ 2 \\ -8 \end{bmatrix}$

h) $\underline{D}\underline{F} + (\underline{B}\,\underline{C})' = \begin{bmatrix} 17 & -9 & 15 \end{bmatrix}$

A-3

$\underline{A}\,\underline{G} = \begin{bmatrix} 1.25 & 0 \\ -1.25 & 14.0 \end{bmatrix}$ $\qquad \underline{G}\,\underline{A} = \begin{bmatrix} 1.25 & 0 \\ -3.5 & 14.0 \end{bmatrix}$ $\qquad \underline{A}\,\underline{G} \neq \underline{G}\,\underline{A}$

A-4

$\underline{H} = \underline{D}'\underline{D} = \begin{bmatrix} 1 & 1 & -3 \\ 1 & 1 & -3 \\ -3 & -3 & 9 \end{bmatrix}$ $\qquad \underline{H}\underline{F} = \begin{bmatrix} -10 & 2 & -8 \\ -10 & 2 & -8 \\ 30 & -6 & 24 \end{bmatrix}$ $\qquad \underline{F}\underline{H} = \begin{bmatrix} 4 & 4 & -12 \\ 6 & 6 & -18 \\ -2 & -2 & 6 \end{bmatrix}$

A-5

$$\underline{G}^{-1} = \frac{1}{4.375}\begin{bmatrix} 3.50 & 0 \\ 0 & 1.25 \end{bmatrix} = \begin{bmatrix} 0.8 & 0 \\ 0 & 0.286 \end{bmatrix}$$

$$\underline{F}^{-1} = \frac{1}{-4}\begin{bmatrix} 7 & -5 & 1 \\ -3 & 1 & -1 \\ -9 & 7 & -3 \end{bmatrix} = \begin{bmatrix} -7/4 & 5/4 & -1/4 \\ 3/4 & -1/4 & 1/4 \\ 9/4 & -7/4 & 3/4 \end{bmatrix}$$

A-6

$$\begin{bmatrix} -1 & 2 & -1 & 1 & 0 & 0 \\ 0 & 3 & -1 & 0 & 1 & 0 \\ 3 & 1 & 2 & 0 & 0 & 1 \end{bmatrix}$$

$$\begin{bmatrix} 1 & -2 & 1 & -1 & 0 & 0 \\ 0 & 3 & -1 & 0 & 1 & 0 \\ 0 & 7 & -1 & 3 & 0 & 1 \end{bmatrix}$$

$$\begin{bmatrix} 1 & 0 & 1/3 & -1 & 2/3 & 0 \\ 0 & 1 & -1/3 & 0 & 1/3 & 0 \\ 0 & 0 & 4/3 & 3 & -7/3 & 1 \end{bmatrix}$$

$$\begin{bmatrix} 1 & 0 & 0 & -7/4 & 5/4 & -1/4 \\ 0 & 1 & 0 & 3/4 & -1/4 & 1/4 \\ 0 & 0 & 1 & 9/4 & -7/4 & 3/4 \end{bmatrix}$$

$$\underline{F}^{-1} = \begin{bmatrix} -7/4 & 5/4 & -1/4 \\ 3/4 & -1/4 & 1/4 \\ 9/4 & -7/4 & 3/4 \end{bmatrix}$$

A-7

$$\underline{A}\,\underline{G} = \begin{bmatrix} 1.25 & 0 \\ -1.25 & 14.0 \end{bmatrix}$$

$$\underline{E}\,\underline{B} = \begin{bmatrix} 2.5 & -2.5 & 0 & -1.5 \\ -4.5 & 2 & 1 & 2.5 \end{bmatrix}$$

$$\underline{X} = (\underline{A}\,\underline{G})^{-1} \underline{E}\,\underline{B} = \begin{bmatrix} 0.8 & 0 \\ 0.0715 & 0.0715 \end{bmatrix}\begin{bmatrix} 2.5 & -2.5 & 0 & -1.5 \\ -4.5 & 2 & 1 & 2.5 \end{bmatrix}$$

$$\underline{X} = \begin{bmatrix} 2.0 & -2.0 & 0 & -1.2 \\ -0.143 & -0.0358 & 0.0715 & 0.0715 \end{bmatrix}$$

A-8

$$FB = \begin{bmatrix} F_{11} & F_{12} \\ F_{21} & F_{22} \end{bmatrix} \begin{bmatrix} B_{11} & B_{12} \\ B_{21} & B_{22} \end{bmatrix} = \begin{bmatrix} F_{11}B_{11} + F_{12}B_{21} & F_{11}B_{12} + F_{12}B_{22} \\ F_{21}B_{11} + F_{22}B_{21} & F_{21}B_{12} + F_{22}B_{22} \end{bmatrix}$$

WHERE

$$F_{11} = \begin{bmatrix} -1 & 2 \end{bmatrix} \quad F_{12} = \begin{bmatrix} -1 \end{bmatrix} \quad F_{21} = \begin{bmatrix} 0 & 3 \\ 3 & 1 \end{bmatrix} \quad F_{22} = \begin{bmatrix} -1 \\ 2 \end{bmatrix}$$

$$B_{11} = \begin{bmatrix} 3 & 1 \\ -1 & 0 \end{bmatrix} \quad B_{12} = \begin{bmatrix} 0 & 1 \\ 2 & 3 \end{bmatrix} \quad B_{21} = \begin{bmatrix} 4 & -2 \end{bmatrix} \quad B_{22} = \begin{bmatrix} 0 & -1 \end{bmatrix}$$

$$FB = \begin{bmatrix} [-5 \ -1] + [-4 \ 2] & [4 \ 5] + [0 \ 1] \\ \begin{bmatrix} -3 & 0 \\ 8 & 3 \end{bmatrix} + \begin{bmatrix} -4 & 2 \\ 8 & -4 \end{bmatrix} & \begin{bmatrix} 6 & 9 \\ 2 & 6 \end{bmatrix} + \begin{bmatrix} 0 & 1 \\ 0 & -2 \end{bmatrix} \end{bmatrix}$$

$$= \begin{bmatrix} -9 & 1 & 4 & 6 \\ -7 & 2 & 6 & 10 \\ 16 & -1 & 2 & 4 \end{bmatrix}$$

A-9

$$A = \begin{bmatrix} \cos\omega & \sin\omega \\ -\sin\omega & \cos\omega \end{bmatrix}$$

$$A^{-1} = \frac{1}{\cos^2\omega + \sin^2\omega} \begin{bmatrix} \cos\omega & -\sin\omega \\ \sin\omega & \cos\omega \end{bmatrix} = \begin{bmatrix} \cos\omega & -\sin\omega \\ \sin\omega & \cos\omega \end{bmatrix}$$

$$A' = \begin{bmatrix} \cos\omega & -\sin\omega \\ \sin\omega & \cos\omega \end{bmatrix}$$

A-10

$$\begin{vmatrix} 1 & 1 & -3 & 1 \\ 0 & -5 & 1 & -2 \\ -2 & 0 & 4 & 0 \\ 1 & 0 & 3 & 2 \end{vmatrix}$$

EXPANDING ABOUT SECOND COLUMN:

$$(-1)\begin{vmatrix} 0 & 1 & -2 \\ -2 & 4 & 0 \\ 1 & 3 & 2 \end{vmatrix} - (5)\begin{vmatrix} 1 & -3 & -1 \\ -2 & 4 & 0 \\ 1 & 3 & 2 \end{vmatrix}$$

$$= (-1)\left[(2)\begin{vmatrix} 1 & -2 \\ 3 & 2 \end{vmatrix} + (1)\begin{vmatrix} 1 & -2 \\ 4 & 0 \end{vmatrix}\right] - (5)\left[(-1)\begin{vmatrix} -2 & 4 \\ 1 & 3 \end{vmatrix} + (2)\begin{vmatrix} 1 & -3 \\ -2 & 4 \end{vmatrix}\right]$$

$$= -54$$

A-11

$$A = \frac{1}{2}\begin{vmatrix} 1 & X_1 & Y_1 \\ 1 & X_2 & Y_2 \\ 1 & X_3 & Y_3 \end{vmatrix}$$

Points: ① (2,1), ② (8,2), ③ (9,8)

$$A = \frac{1}{2}\begin{vmatrix} 1 & 2 & 1 \\ 1 & 8 & 2 \\ 1 & 9 & 8 \end{vmatrix} = \frac{1}{2}\left[1\begin{vmatrix} 8 & 2 \\ 9 & 8 \end{vmatrix} - 1\begin{vmatrix} 2 & 1 \\ 9 & 8 \end{vmatrix} + 1\begin{vmatrix} 2 & 1 \\ 8 & 2 \end{vmatrix}\right] = 17.5$$

NUMBERING CLOCKWISE AROUND THE TRIANGLE:

$$A = \frac{1}{2}\begin{vmatrix} 1 & 2 & 1 \\ 1 & 9 & 8 \\ 1 & 8 & 2 \end{vmatrix} = \frac{1}{2}\left[1\begin{vmatrix} 9 & 8 \\ 8 & 2 \end{vmatrix} - 1\begin{vmatrix} 2 & 1 \\ 8 & 2 \end{vmatrix} + 1\begin{vmatrix} 2 & 1 \\ 9 & 8 \end{vmatrix}\right] = -17.5$$

IF TWO ROWS OF A DETERMINANT ARE INTERCHANGED, THE SIGN OF THE VALUE OF THE DETERMINANT IS CHANGED.

A-12

$$\begin{bmatrix} 12 & -8 & 8 \\ -6 & 0 & -10 \\ 7 & -2 & -3 \end{bmatrix}\begin{Bmatrix} X_1 \\ X_2 \\ X_3 \end{Bmatrix} = \begin{Bmatrix} -15 \\ -4 \\ 10 \end{Bmatrix} \quad |A| = (8)\begin{vmatrix} -6 & -10 \\ 7 & -3 \end{vmatrix} + (2)\begin{vmatrix} 12 & 8 \\ -6 & -10 \end{vmatrix} = 560$$

$$A^{-1} = \frac{1}{560}\begin{bmatrix} -20 & -40 & 80 \\ -88 & -92 & 72 \\ 12 & -32 & -48 \end{bmatrix} = \begin{bmatrix} -0.0357 & -0.0714 & 0.1429 \\ -0.1571 & -0.1643 & 0.1286 \\ 0.0214 & -0.0571 & -0.0857 \end{bmatrix}$$

USING THE GAUSS-JORDAN METHOD:

DIVIDE 1 BY 12:
$$X_1 - 0.667 X_2 + 0.667 X_3 = -1.250 \quad (1)'$$

MULTIPLY 1' BY 6 AND ADD TO 2:
$$-4.000 X_2 - 6.000 X_3 = -11.500 \quad (2)'$$

MULTIPLY 1' BY -7 AND ADD TO 3:
$$2.667 X_2 - 2.667 X_3 = 18.750 \quad (3)'$$

DIVIDE 2' BY -4.000:
$$X_2 + 1.500 X_3 = 2.875 \quad (2)''$$

MULTIPLY 2'' BY -2.667 AND ADD TO 3':
$$-11.667 X_3 = 11.082$$

BACK SUBSTITUTING: $X_3 = -0.95$, $X_2 = 4.30$, $X_1 = 2.25$

A-13

$$3.2 X_1 - 1.5 X_2 + 0.8 X_3 = -4.6 \quad (1)$$
$$-2.2 X_1 - 3.6 X_2 + 1.8 X_3 = 6.5 \quad (2)$$
$$0.6 X_1 + 2.4 X_2 - 1.2 X_3 = -2.8 \quad (3)$$

USE THE GAUSS-JORDAN METHOD:

DIVIDE 1 BY 3.2: $X_1 - 0.46875 X_2 + 0.2500 X_3 = -1.43750 \quad (1)'$
MULTIPLY 1' BY 2.2 AND ADD TO 2: $-4.63125 X_2 + 2.3500 X_3 = 3.33750 \quad (2)'$
MULTIPLY 1' BY -0.6 AND ADD TO 3: $2.68125 X_2 - 1.3500 X_3 = -1.93750 \quad (3)'$
DIVIDE 2' BY -4.63125: $X_2 - 0.50742 X_3 = -0.72065 \quad (2)''$
MULTIPLY 2'' BY -2.68125 AND ADD TO 3': $0.01052 X_3 = -0.00526$

BACK SUBSTITUTING: $X_3 = -0.50000$, $X_2 = -0.97436$, $X_1 = -1.76923$

NOTES

NOTES

NOTES

NOTES